북핵대비 민방위 및 국가비상대비업무

박계호

강원도 춘천 출생
춘천고등학교(1976)
육군사관학교(1980)
영남대학교 대학원(2001, 석사)
충남대학교 대학원(2012, 박사)
이탈리아 육군대학(1994)
육군 근무(1980~2012)
단국대학교 초빙교수(2013~2023)

저서

총력전의 이론과 실제(2013)
스위스의 무장중립정책과 위기관리(2015)
승리는 거저 주어지지 않는다[1]: 전쟁과 전쟁비용(2017)
핵과 국가비상대비업무(2019)
영국과 미국의 국가비상대비업무(2021)
국가 예비전력연구(국방대, 2022)
그 외 논문 및 정책연구 등

북핵대비 민방위 및 국가비상대비업무

2024년 1월 10일 초판 인쇄
2024년 1월 15일 초판 발행

지은이 박계호 | 펴낸이 이찬규 | 펴낸곳 북코리아 | 등록번호 제03-01240호
주소 13209 경기도 성남시 중원구 사기막골로 45번길 14 우림2차 A동 1007호
전화 02-704-7840 | 팩스 02-704-7848 |
이메일 ibookorea@naver.com | 홈페이지 www.북코리아.kr
ISBN 978-89-6324-434-1 (93390)

값 23,000원

한국전략문제연구소(KRIS)
위기관리연구 시리즈 1

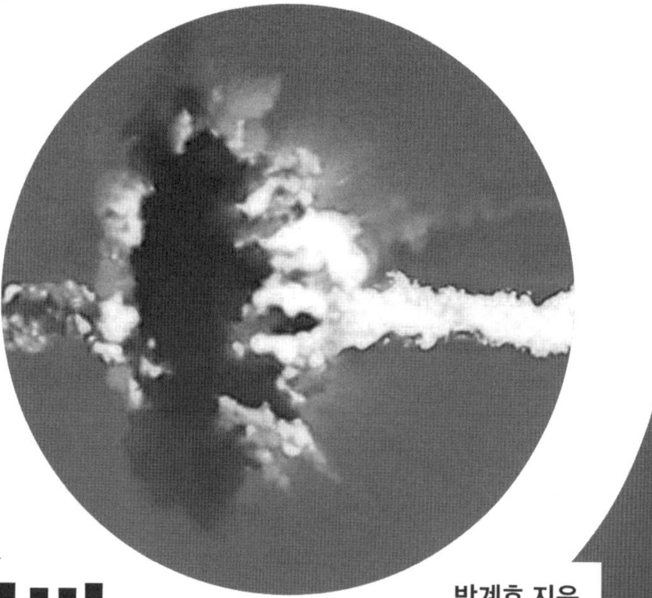

북핵대비 민방위 및 국가비상대비업무

박계호 지음

전투는 군인이 하고,
전쟁은 정부와 국민이 한다

북코리아

서문

1953년 7월 6·25전쟁이 휴전으로 끝나자마자 북한이 원자력에 관한 기초연구와 인력양성 등을 시작하면서 핵무기 개발에 전력을 기울여 온 이후 어느덧 70년이 넘게 지나고 있다. 이 70여 년의 기간을 이용하여 김씨 일가는 3대 세습 정권을 거치면서 독재체제를 공고히 하였고 국제사회를 속이고 수많은 인민을 굶어 죽이면서 6차례의 핵 실험을 하여 이제 북핵은 대한민국 안보의 최대 위협요인이자 국제사회의 안보를 위협하는 상황이 되었다.

북핵이 우리의 안보를 위태롭게 하는 동안 진보세력을 자처하거나 정권을 잡았던 일부에서는 “북핵이 미국을 향한 것이다”, “통일이 되면 북핵은 우리 것이 된다.”는 등 도무지 이해할 수 없는 궤변으로 북한의 핵무기 개발을 감싸거나 거들었고 못 본 척하였다. 심지어는 비밀리에 달러를 주면서 이 돈이 핵을 개발하는 데 사용되었을 가능성마저 야기하는 등 상식을 벗어나는 일이 발생하였다. 북핵이 이렇게 5천만 국민의 목을 죄어 오는 동안 어떤 유감스런 태도도 보이지 않고 있다.

북핵 위협이 가중되면서 군사적 대비책인 3축 체계와 한미 간의 확장억제 협의 등 여러 방안이 진행되고 있다. 미국의 안보관련 문서와 바이든 대통령은 동맹국이나 우방국에 대한 북한의 핵무기 사용이 김정은 정권의 종말이 될 것이라고 경고하였으며, 서울에서 핵협의그룹(NCG) 회의도 개최되었다. 8월 18일 미국 캠프 데이비드에서의 한미일 3국 정상의 안보협력의 확대 회담은 북핵에 대한 협력의 정점을 이루는 것으로 보인다. 그 어느 때보다 북핵문제를 포함한 한미, 한미일의 협조가 여러 분야에서 긴밀하게 진행되는 모습이다. 이와 별도로 한국의 핵개발, 핵개발 잠재력 확보, NATO식 핵공유 등의 주장이 언급되자 다른 편에서는 반대의견도 나오고 있다.

그런데 여기서 반드시 짚고 가야 할 문제이자 이 책의 핵심적 주제인 민방위 및 국가비상대비업무를 언급하지 않을 수 없다. 북핵이 대량살상무기인 만큼 이 문제는 군사적 대비는 물론 행정부의 비군사적 대비에 있어서도 한 치의 허점이 있어서는 안 된다. 그러나 내막을 보면 군사적 대비는 잘 되어 가고 있다고 생각하나 행정부의 고유한 업무인 민방위 및 국가비상대비업무는 느리고 불완전하며 국민도 아직 무엇을 알고 준비해야 할지 잘 모르는 것이 아닌가 생각된다. 이러한 문제의 인식이 이 책을 쓰는 동기가 되었다.

필자는 이미 2019년에 『핵과 국가비상대비업무』란 책을 출간한 바 있다. 이 책에서는 핵무기의 물리적 특성과 제2차 세계대전 종전시기인 1945년 7~8월, 미국의 히로시마 원폭 투하 과정 및 당시의 피해 발생과 피폭자들의 증언, 북핵 개발과정 및 공격시 예상되는 피해, 이러한 사항을 바탕으로 행정각부가 해야 할 업무 등을 제시하였다. 이 책은 김정은 정권이 핵공격을 할 시 행정각부가 할 업무가 무엇인지 식별이 안 된 상황에서 나름대로 의미 있는 책이었지만, 당시 민방위 업무와 국가비상대비업무의 제반 문제점에 대해서는 별로 언급하지 않았다. 이번의 책에서는 북한이 핵공격을 하였을 당시 예상되는 현상과 민방위 업무와 국가비상대비업무의 문제점을 포함하여 『북핵대비 민방위 및 국가비상대비업무』로 작성하였다. 이는 북핵에 대해 정부 차원에서는 민방위 및 국가비상대비 분야의 업무를 동시에 대비해야 할 필요성 때문이다.

북한이 6차 핵실험을 한 2017년 이래 7년이 지나면서 그동안 북한은 핵무기를 고도화 및 정밀화하고 극초음속 미사일을 개발하는 등으로 북한의 미사일이 한국에 도달하는 시간은 더 짧아지고 있다. 그러나 우리의 민방공 경보체계는 그에 상응할 만한 발전 또는 변화가 있었다고 말하기 어렵고 핵공격을 받으면 5천만여 명의 생존을 보장해야 할 대피소는 전국적으로 2만여 개소 있다고는 하나 어디에 있는지 잘 모른다. 대피소로 대피하였다고 할지라도 열복사선 및 폭풍, 방사선 및 낙진 등의 유입을 차단할 대비는 물론 내부에는 생존에 필요한 물자의 준비는 미흡하다. 국가비상대비 분야 역시 보완해야 할 소요가 많지만 아직 미흡하다. 이러한 민방위 업무나 국가비상대비 분야의 문제점들은 이를 해결할 방법이 전혀 없는 것도 아닌데 노력 또는 관심이 부족하여 발생하는 것이다.

북핵에 머뭇거릴 시간이 없다. 3축 체계의 구축과 한미 간 확장억제 등의 군사적 대비는 물론 민방위 및 국가비상대비 분야에서도 법령의 개정이나 대피소의 문제, 예산, 조직, 계획 및 훈련 등 무엇이 미흡한지 찾아서 속도감 있게 보완해야 한다.

이 책은 핵무기의 물리적 특성을 논하는 책은 아니다. 그러나 핵을 이해하는 차원에서 일부 포함하며 아울러 히로시마에서 발생하였던 사항과 교훈을 살펴보면서 우리의 민방위 및 국가비상대비 분야 문제점과 발전시켜야 할 사항을 중점적으로 언급한다. 여기 포함된 민방위 및 국가비상대비 관련 사항이 우리가 당면한 모든 문제를 포함한다고 생각하지는 않지만 그렇다고 여기 포함된 내용을 도외시하면서 종전처럼 업무를 수행한다면 북핵 상황에서 불행하게도 나는 물론, 가족과 친지 및 이웃 등 국민의 생명과 안전을 지킬 수 없다. 이 책을 보면 이 점을 유념해 주었으면 한다.

이 책에 대해 여러모로 유익한 조언을 해 주신 춘천고등학교 출신 상록안보포럼 여러분과 육군사관학교에서 동고고락을 같이한 7중대 동기생, 본인이 그간 국가비상대비 분야의 책을 여러 권 발행하는 동안 어려움에도 불구하고 기꺼이 이를 허락해주신 북코리아의 이찬규 사장님께 감사를 드린다.

울진비행훈련원에서 비행훈련을 하는 사랑하는 우리 아들 상원이가 훈련을 무사히 마치고 민항기 조종사로서 그 꿈을 마음껏 펼치기를 기대한다.

"박상원 파이팅!"

2024년 1월

서재에서

차례

표 차례

그림 차례

약어표

CPX	Command Post Exercise 지휘소연습
CWMD	Countering Weapons of Mass Destruction 대량살상무기 대응전략
DEFCON	Defense Readiness Condition 방어준비태세
DMZ	Demilitarized zone 비무장지대
EDSCG	Extended Deterrence Strategy and Consultation Group 확장억제 전략협의체
EMP	Electromagnetic Pulse 전자기펄스
FEMA	Federal Emergency Management Agency 연방재난관리청
ICBM	Intercontinental Ballistic Missile 대륙간탄도미사일
KAMD	Korea Air and Missile Defense 한국형미사일방어체계
KMPR	Korea Massive Punishment and Retaliation 대량응징보복
MCRC	Master Control and Reporting Center 중앙방공통제소
NATO	North Atlantic Treaty Organization 북대서양조약기구
NCG	Nuclear Consultative Group 핵협의그룹
NLL	Northern Limit Line 북방한계선
NPR	Nuclear Posture Review 핵태세검토보고서
NSS	National Security Strategy 국가안보전략서
SLBM	Submarine-Launched Ballistic missile 잠수함발사탄도미사일
TDF	Territorial Defence Forces 국토방위군
TEL	Transporter Erector Launcher 이동식 미사일 발사대
THADD	Terminal High Altitude Area Defense 종말단계고고도지역방어, 사드
TNT	Trinitrotoluene 폭약
TTX	Table Top Exercise 도상훈련
UAV	Unmanned Aerial Vehicle 무인기
WATCHCON	Watch Condition 정보감시태세
WFP	World Food Program 세계식량프로그램
WMD	Weapon of Mass Destruction 대량살상무기

1장
서론

1. 연구 필요성 및 목적

1) 연구 필요성

우리나라는 1945년 8월 15일 일본의 항복으로 제2차 세계대전의 종전과 동시 일제 36년으로부터 해방되었으나 이번에는 외세에 의하여 남북이 분단되는 상황에 처했다. 남북분단 이후 북한이 한반도의 적화를 목적으로 군사력을 증강하고 기습적인 도발로 6·25전쟁을 겪었으며 3년여 기간의 전쟁 끝에 휴전이 되었다. 종전 이후 70여 년 지속된 분단 및 현재의 대치 상황, 중국 및 러시아와 일본 등 주변의 강대국과 인접하는 지정학적 안보 환경으로 인해 정치 및 외교, 경제 및 군사 등 다방면에서 철저한 대비가 필요한 상황에 직면하고 있다.

이러한 대비는 직접적으로 안보위협이 되는 북한에 대한 대비로써 특히 북핵 등 대량살상무기(WMD)에 대한 국방부 차원의 군사적 대비는 물론 행정각부 차원에서 민방위 및 국가비상대비업무 등 비군사 분야에서의 대비도 시급하다. 또한 향후 일본의 독도 및 중국의 이어도 등 영토와 해양에 대한 영유권 주장과 남해 및 서해에서 일본 및 중국으로부터 야기될 수 있는 해양에서의 위협 또는 분쟁에서 국가의 주권 및 영토를 방어하기 위한 대비, 중국 및 러시아의 영공침범과 기타 국가의 우리나라 주권 훼손 행위 등에 대해서도 대비해야 한다.

중국 또는 러시아로부터 야기될 수 있는 한미동맹에 대한 위협과 한국의 경제와 직결되는 남중국해 및 동중국해에서 발생할 수 있는 분쟁 등으로 인한 문제도 염두에 두어야 하는 상황으로 발전될 수 있다. 이러한 제반 안보여건의 변화에 대비하여 한미동맹을 기본으로 하는 군사분야는 물론 비군사 분야로서 정부의 고유업무인 민방위 및 국가비상대비업무의 발전도 필요하다.

전 세계의 핵무기 보유량 추정치

냉전종식 이후 핵무기 감축을 위한 협상의 진전에도 불구하고 전 세계의 핵탄두 재고는 아직 높은 수준을 유지하고 있다. 전 세계에 있는 핵무기는 미사일, 항공기, 전함 및 잠수함에서 사용하기 위해 준비되어 있거나 일부는 폐기되는 과정에서 해체를 기다리고 있다.

〈표 1.1〉 1945~2022년 전 세계의 핵무기 보유량 변화(추정)[1]

구분	계	미국	러시아	영국	프랑스	중국	인도	파키스탄	이스라엘	남아공화국	북한
1945	2	2	-	-	-	-	-	-	-	-	-
1950	304	299	5	-	-	-	-	-	-	-	-
1955	2,632	2,422	200	10	-	-	-	-	-	-	-
1960	20,370	18,638	1,627	105	-	-	-	-	-	-	-
1965	37,591	31,139	6,144	271	32	5	-	-	-	-	-
1970	38,238	26,008	11,736	375	36	75	-	-	-	-	-
1975	47,462	27,519	19,235	500	188	180	-	-	20	-	-
1980	55,755	24,104	30,655	500	250	205	-	-	31	-	-
1985	62,927	23,368	38,582	350	360	222	-	-	42	3	-
1990	55,512	21,392	32,980	350	505	232	-	-	53	-	-
1995	30,144	10,904	18,179	234	500	234	-	-	63	-	-
2000	22,655	10,526	11,512	280	350	235	18	20	74	-	-
2005	16,387	8,360	7,000	285	350	235	38	44	80	-	-
2010	11,296	5,066	5,215	225	300	240	90	90	80	-	-
2015	10,166	4,751	4,500	215	300	260	110	125	80	-	5
2020	9,330	3,750	4,310	195	290	350	150	160	90	-	35
2022	9,440	3,708	4,477	180	290	350	160	165	90	-	20

1 https://ourworldindata.org/grapher/nuclear-warhead-stockpiles (검색일: 2023. 4. 6.) 이 자료는 미국 과학자협회의 자료이다. 각국이 핵탄두 숫자를 국가기밀로 취급하기 때문에 정확한 보유량은 알 수 없으며, 이 자료는 추산자료이다.

각국이 보유하고 있는 핵무기의 정확한 수는 국가적 기밀이므로 〈표 1.1〉에 제시된 보유량은 불확실할 수 있다. 모든 국가는 핵무기 정보를 제공하지 않으며, 다만 그 정도는 국가마다 다르다. 2010~2018년 어간에 미국은 그 수량을 공개했지만 2019년 들어 트럼프 행정부는 중단했다. 영국은 2021년 이후 더는 공개하지 않겠다고 발표했으며, 러시아와 중국은 물론 북한도 공개하지 않는다. 이스라엘은 핵무기 보유를 '긍정도 부정도 하지 않는다(Neither confirm nor deny)'는 정책을 초지일관하고 있다. 이처럼 핵무기 관련 사항은 국가 기밀로 관리된다.

또 다른 자료에서는 2023년 현재 전 세계 각국의 핵무기 보유량을 〈표 1.2〉와 같이 보여준다.

〈표 1.2〉 전 세계 핵무기 보유량(추정)[2]

구분	러시아	미국	중국	프랑스	영국	파키스탄	인도	이스라엘	북한
보유	5,889	5,224	410	290	170	170	164	90	30

북한 위협양상의 변화와 대비 필요성

북한의 위협은 시대를 달리하면서 김씨 일가의 한반도 적화전략, 핵 등 대량살상무기의 개발과 무기체계의 발전, 전략·전술의 변화에 따라 전방위적으로 확대 및 강화되는 추세를 보여 왔다. 6·25전쟁 이후 전후복구 기간을 거쳐 1962년 북한 조선노동당 제4기 5차 전원회

2 https://www.icanw.org/people_and_structure (검색일: 2023. 8. 10.), 이 자료는 스톡홀름 국제평화연구소의 연감(SIPRI YEAR BOOK 2023)에서 인용한 것이다. 미국은 NATO 국가인 이탈리아에 35, 터키에 20, 독일과 네덜란드 및 벨기에에 각각 15발 배치하였다고 이 자료는 제시하였다. 러시아가 벨라루스에 배치하였다는 핵무기 수는 포함하지 않았다.

의에서는 이른바 전장비의 현대화, 전군의 간부화, 전인민의 무장화, 전국의 요새화 등 소위 4대 군사노선을 국방에서의 자위원칙으로 채택하였으며 이는 북한의 정치노선 및 군사정책으로 현재도 계속 유효하다.

북한의 위협은 2000년 이전의 기간에는 특수부대의 병력과 재래식 무기의 위협이 주를 이루었으며 이 기간에는 무장공비의 침투와 휴전선 및 서북도서에서 도발, 해외에서의 테러 등이 빈발하였다. 도발의 대상에는 한국의 육·해군 장병 및 함정은 물론 주한미군 장병과 전투장비, 대통령에 이르기까지 다양하였으며, 남침용 땅굴을 4개나 굴설하는 등으로 변함없는 적화의도를 표출하였다.

최근 코로나19로 경제악화 등 여러 어려움에도 불구하고 신형 전차(M2020) 및 신형 방사포(KN-25) 등 재래식 무기의 현대화 및 배치로 전력을 증강하고 있다. 2021년 1월 이후 전략무기 부문 최우선 5대 과업으로 다양한 전술핵무기 개발과 초대형 핵탄두 생산 지속, 1만 5천 킬로미터 사거리의 명중률 제고, 극초음속활공탄두 개발, 수중 및 지상 고체 로켓엔진 대륙간 탄도미사일 개발, 핵잠수함과 수중 발사 핵전략무기 등의 보유를 추진하고 있다.

핵무기는 1960년대부터 개발하기 시작하여 지금까지 6차례의 핵실험을 거치면서 이제는 고도화 및 정밀화를 달성하는 과정으로 보이며, 전술핵무기 및 대륙간탄도미사일(ICBM)과 잠수함발사탄도미사일(SLBM) 개발 등에 이어 무인수중공격정 폭발시험과 여러 종류의 핵탄두를 공개하는 등 그 도발 양상이 어디까지 확대될 것인지 우려된다.

핵공격을 받을 시 인명과 시설 등의 피해는 핵무기의 위력이나 표면 및 공중, 표면하 등의 폭발 방법, 기상 및 지형, 대피소의 준비 및 신속한 대피 등의 여건과 상황에 따라 다르다. 그러나 1945년 8월 6일의 히로시마와 9일의 나가사키 사례에서 보듯 광범위하고 참혹하게 발생하며 그 피해는 장기간에 걸쳐 본인은 물론 후손에게도 나타난다. 북한이 핵공격을 할 시 핵무기의 위력이나 폭발방법, 공격 시기와 장소 등은 핵공격을 시도하려는 김정은 정권의 선택이지만 핵탄두를 탑재한 미사일 발사를 시도할 시, 발사기지 탐지 및 타격과 미사일 요격, 민방공 경보체계의 발전이나 대피소의 준비 및 신속한 대피, 생존물자의 준비, 신속한 인명구조 및 구호와 전재민 수용 등은 우리의 대비 정도에 따라 다르게 나타난다. 여기서 민방공 경보체계의 발전이나 대피소의 준비 및 신속한 대피, 생존물자의 준비, 신속한 인명구조 및 구호와 전재민 수용 등은 민방위 및 국가비상대비업무에 포함되며, 따라서 행정각부가 준비해야 할 비군사 분야에서의 대비도 소홀히 해서는 안 된다.

북핵 위협이 어제오늘의 문제가 아님에도 불구하고 지난 정부에서는 '북한이 핵 개발을 할 의지가 없다', '북한이 비핵화 의지를 천명하였다'라는 등으로 국민을 기망하거나 애써 외면하였으며 주로 군사 분야에서 대비가 우선되어 왔다고 해도 과언이 아니다. 그나마도 속도가 느려 무엇하나 제대로 됐다고 평가하기도 어렵다.

다행히 윤석열 정부 들어서 킬-체인(Kill-chain)과 한국형미사일방어(KAMD) 및 대량응징보복(KMPR) 전력의 강화, 사드(THADD)의 안정적 운용 준비와 확장억제를 위한 연습이 진행되는 등으로 발전되고 있다. 또한 윤석열 대통령이 미국을 국빈방문하면서 발표된 '워싱턴 선언'을 통해 핵 및 전략 기획을 토의하며, 비확산체제에 대한 북한의 위협을 관리하기 위해 새로운 핵협의그룹(NCG) 설립, 유사시 미국 핵작전에 대한 한국 재래식 지원의 공동 실행 및 기획 협력과 한반도에서의 핵억제 적용에 관한 연합 교육 및 훈련 활동 강화 등을 합의했다.

북핵위협이 심각해지면서 미국의 「2022 핵태세보고서(NPR)」에서는 동맹국에 대한 핵무기 사용이 김정은 정권의 종말을 맞을 것이라는 경고가 들어갔고 이어서 윤석열 대통령과 회담을 가졌던 바이든 대통령도 김정은 정권의 핵사용은 정권의 종말이 될 것임을 다시 강조하였다. 윤 대통령은 외신과의 인터뷰에서도 다시 이를 강조한 바 있다.

핵협의그룹 개최 합의에 따라 첫 회의가 7월 18일 서울에서 개최되었다. 미국의 상징적 조치로 핵무기를 탑재한 오하이급 전략핵잠수함인 켄터키 함(SSBN-737)도 냉전시기였던 1981년 이후 42년 만에 부산항에 왔다. 핵협의그룹이 출범하면서 한미는 한반도에서 유사시 미군의 핵전력 운용의 협의와 결정 및 실행에 한국 의견을 반영할 수 있는 '한미 일체형 확장억제' 시대가 열렸다고 밝혔다. 이날 국가안보실과 미국 국가안전보장회의(NSC) 대표는 핵협의그룹 출범 회의를 열고 미국의 핵 작전에 대한 한국의 비핵 지원의 공동 기획과 실행방안 등을 논의했다. 이날의 공동 발표에서 "미국과 동맹국에 대한 북한의 어떠한 핵 공격도 북한 정권의 종말로 귀결될 것"이라고 다시 경고하였다. 다음 날인 19일에는 켄터키 함을 방문한 윤 대통령도 "북한이 핵 도발을 꿈꿀 수 없게 하고 만일 북한이 도발한다면 정권의 종말로 이어질 것임을 분명히 경고한다"고 말했으며, 국방부와 통일부도 유사한 경고를 한 바 있다.

김정은 정권의 비이성적 핵위협이 심각한 상황에서 한국과 미국은 군사적 대응을 당연히 검토 또는 조치해야 하겠지만 이에 못지않게 비군사 분야에서의 대비도 필요하며 그것은 민방위 및 국가비상대비업무에 속한다.

북한 정권은 핵을 결코 협박용이나 시위용만으로 사용하고자 개발하지는 않았을 것이다. 남북 간에 어떤 위기상황이 발생할 경우, 김정은 체제의 경직성이나 무모한 리더십, 최근의 「핵무력정책법」 발표와 '핵무기 사용 5대 조건' 공언 등을 생각해 볼 때 실제 공격용으로 사용할 가능성이 크다. 김정은은 이를 뒷받침하는 여러 발언이나 행동을 수도 없이 하였다.

지난 8월 10일, 조선중앙통신은 김정은이 노동당 중앙군사위원회 제8기 제7차 확대회의에서 서울과 육·해·공군 3군 본부가 있는 충남 계룡대 부근으로 추정되는 지역을 손가락으로 가리키는 모습과 동시에 '공세적 전쟁준비' 발언을 했다고 보도하였으며,[3] 이러한 발언 또는 행동은 가면 갈수록 더욱 노골화할 것이다.

따라서 군사적 대비는 물론 비군사 분야에서의 대비도 병행해야 한다. 그동안 역대 정부에서는 주로 군사적 대비만 강조해 오면서 민방위 및 국가비상대비 분야에서는 적지 않게 늦었다고 판단되는 만큼 이제 속도를 내야겠다.

그 외에도 북한은 사이버(Cyber) 공격 역량의 강화로 전 세계에서 가장 많은 사이버전을 수행할 인력과 부대를 편성하여 다양한 활동을 전개하고 있다. 대량의 무인기(Drone) 배치 등 새로운 위협이 대두 및 강화되면서 이에 따라 우리도 군은 물론 정부 등에서 전천후로 대비해야 할 필요성도 커지고 있다. 2014년 및 2015년과 2022년의 무인기 침투 및 도발 사태에서 보듯이 북한은 무인기를 정찰용은 물론 전시 자폭용, 공격용, 화생제 살포 등 다양하게 사용할 목적으로 발전시키고 있다.

이러한 북한의 재래식 및 핵을 포함한 대량살상무기 등 비대칭무

---

3 https://www.donga.com/news/Politics/article/all/ (검색일: 2023. 8. 11.)

기(Asymmetric Weapon)[4]는 물론 전략과 전술의 발전은 그만큼 군과 정부가 국가의 안전보장과 전시 국민의 보호 및 승리를 위하여 대비해야 할 업무도 여러 분야로 확대되는 것임을 의미한다.

점증하는 북핵 등의 위협에서 군과 정부가 각각 분리된 대응을 해서는 안 될 것이다. 핵무기로 인한 피해의 광범위성과 참혹성 및 장기지속성 등을 고려하여 비록 각각의 전시 역할이 다를지라도 군사분야와 비군사 분야가 연계 및 통합된 계획의 작성과 대응능력의 강화를 위한 민방위 훈련 및 정부연습을 해야 한다.

김정은 정권이 종전과는 달리 자주 전쟁을 지향하는 듯한 호전적인 발언으로 바뀌고 있음을 주목해야 한다. 김정은 정권이 그간 핵을 내세워 매우 거친 발언을 하였지만 최근에는 선전포고, 핵전쟁, 전쟁준비 등의 발언을 밥 먹듯 한다. '선전포고(Declaration of War)'란 전쟁을 공식적으로 시작할 때 상대국에 사용하는 언어이다. 그간 북한의 거칠고 험한 발언이 워낙 많았지만 이 발언을 그냥 흘려서 듣기에는 그 발언이 갖는 의미가 다른 것으로 보인다. 핵을 앞세우고 핵전쟁 발언에 '핵무기 사용 5대 조건'까지 내세우면서 이제는 도발에 자신감이 있어서 하는 발언으로 판단되기 때문이다.

그간의 북한 행태로 볼 때 항상 도발적인 발언 후에는 예상하지 못한 시간과 장소와 방법으로 다양한 형태의 도발을 하였다. 이러한 북한의 직접적인 도발 위협은 정치 및 외교, 군사적으로는 한미동맹의 강화를 요구하는 한편으로 더불어 정부의 비군사 차원에서도 철저한 대비를 요구한다.

---

4 적은 갖고 있으나 우리는 가질 수 없는 무기로 핵이나 생화학무기, 중장거리 미사일 등을 통상 말한다. 때로는 상대방이 효과적으로 대응할 수 없도록 상대방과 다른 수단과 무기로 수행하는 전쟁 양상 등을 뜻하기도 한다.

지난 2월 8일, 윤 대통령이 참석한 가운데 개최된 제56회 중앙통합방위협의회에서는 북한의 도발에 대비한 대응방향을 논의하였다. 8월 8일에는 대통령 주관으로 국방혁신위원회 2차 회의가 열렸으며, 이날 김관진 부위원장은 "북한이 핵 능력을 고도화하는 현시점은 6·25전쟁 이후 가장 위험한 시기"라며 "북한이 핵무기를 언제 어떻게 사용할지 다양한 시나리오를 상정하여 대비할 필요가 있다"고 하였다. 합참의장은 "만약 북한이 핵 사용을 시도할 경우 압도적 대응을 통해 북한 정권을 종말에 이르게 할 것"이라고 경고하였다.[5] 국방부장관도 통일부장관도 이제 북한의 핵사용은 정권의 종말이 될 것이라는 경고를 하였다.

북핵 위협이 최고조에 달하는 만큼 이를 억제할 핵심적 무기체계의 발전을 위한 전력증강 사업과 북에 대한 강력한 경고는 물론 정부의 대비와 더불어 국민에게도 경각심을 주지시킬 필요가 있다. 민관군이 함께하는 훈련 및 연습도 필요하다. 이러한 논의와 훈련 등을 거쳐 후속조치로 군은 무기체계를 발전시키고 정부는 관련 법령의 보완, 조직의 개편, 계획의 작성 보완, 장비와 약품의 준비, 훈련방법의 개선 등의 여러 조치도 병행해야 한다. 북핵 문제는 군과 정부와 국민이 따로 놀 일이 아니다. 군은 군대로, 정부는 정부대로 각각의 역할을 하면서도 상호 연계되는 부분에서 협업이 어느 때보다 중요하다.

---

5 https://www.president.go.kr/newsroom/press/HfBYyHGT (검색일: 2023. 8. 10.), 국방혁신위원회 제2차 회의.pdf.(보도자료)

2) 연구목적

한반도에서 위기 발생 대비

이렇게 북한의 도발 가능성 증대, 주변국의 군사력 증강과 패권 추구 등으로 인한 분쟁 또는 전쟁의 발생 가능성이 높아지는 상황에서 어떤 이유로든 전쟁이 발발할 경우 승리는 군사작전의 승리를 기본으로 정부와 국민의 지원이 있어야 궁극적인 승리가 가능하다.

지난 제1차 세계대전(1914. 7. ~ 1918. 11.)은 물론 제2차 세계대전(1939. 9. ~ 1945. 8.) 등 주요 전쟁사를 보면 이들 전쟁에서는 연합국인 영국과 미국 등이 승리를 하였는데 이는 군사작전에서의 승리를 기본으로 하였지만 또한 군사작전의 승리만으로 궁극적 승리를 한 것이 아니었다는 것을 볼 수 있다.

이들 국가에서는 전쟁에서 승리하기 위하여 정부는 대규모의 병력동원이나 산업동원 등을 위한 법령의 제정과 국민참여 등의 노력을 기울였으며 국민은 정부의 지도에 따라 각종의 전쟁지원 활동에 적극적인 참여가 있어서 승리할 수 있었다는 것이다. 한반도에서 우리가 당면하는 북한의 위협, 즉 재래식 무기는 물론 핵무기를 포함하는 대량살상무기와 비대칭 전력 등의 위협을 감안하면 전쟁이 발발할 경우 승리를 위해 군사작전을 수행할 군사대비태세는 물론 정부는 국민의 안전을 위하여 민방위 및 국가비상대비업무를 적극적으로 수행할 수 있어야 한다. 이것이 한반도에서 전쟁이 발발할 경우 군사작전의 승리는 물론 전쟁에서의 궁극적인 승리를 보장할 수 있는 바탕이 된다.

현재 한국이 당면하는 최대의 위협은 북핵이다. 이러한 위협과 전쟁에서 승리를 위해서 군은 킬-체인, 한국형미사일방어, 대량응징보복 등 3축의 준비는 물론 확장억제 등의 대책도 발전시키고 있다.

그러나 우리가 킬-체인과 한국형미사일방어 등 군사적 대비태세를 완벽하게 유지한다고 할지라도 김정은 정권이 미사일에 핵탄두를 탑재하여 동시다발적으로 공격할 시 100% 모두 요격에 성공할 수 있을 것이라고 장담할 수는 없으며 만에 하나라도 피폭되어 대규모 피해가 발생할 수 있는 상황을 대비해야 한다.

따라서 정부는 군과 협조한 가운데 국민의 안전을 보장하기 위해서 민방위 및 국가비상대비업무에서의 적극적 대비가 필요하다. 이것은 법령의 정비는 물론, 민방위 및 국가비상대비업무를 수행할 정부조직의 적절한 편성과 업무 수행체제의 확립, 관련 전시대비계획의 완전성 유지, 전시 예상되는 상황을 반영한 훈련 및 정부연습의 실시 등이 될 것이다. 그러나 현재 민방위 및 국가비상대비업무를 보면, 법령은 물론 핵위협이 가중되는 등 안보상황의 악화에서 전시 정부는 과연 민방위 및 국가비상대비업무를 실효적으로 할 수 있을 것인지 조직의 역량에 대한 의문, 관련 전시대비계획의 미흡, 형식적인 훈련 또는 정부연습의 실시 등 여러 면에서 문제가 있는 것으로 생각한다.

변화되는 안보위협, 특히 북핵에 적절하게 대응하면서 전쟁발발시 궁극적인 승리를 보장할 수 있도록 군사분야의 대비는 물론 정부차원에서 해야 할 업무인 민방위 및 국가비상대비업무 등의 보완이 시급히 필요하다.

북한이 이미 수십년간 전쟁에 대비하여 군사력을 확장하고 핵을 개발하는 등 그동안 70여 년의 위협을 고려할 시 이미 늦은 감이 있지만 그럼에도 더 늦어지기 전에 국민의 안전을 보장하는 차원에서 민방위 및 국가비상대비계획이 대폭적으로 보완되어야 한다.

북한은 2022년 9월, 「핵무력정책법」의 제정과 '핵무기 사용 5대 조건'을 발표하였으며 김정은 정권의 판단에 따라서는 하시라도 핵을 사용할 것임을 천명하였다. 이러한 북한의 발표와 김정은 발언, 전력의 증강과 군사교리 등을 고려할 때 북한이 전시 핵무기를 사용할 가능성은 명확하다.

이러한 북한의 핵 사용 위협과 가능성에 대하여 군사분야에서는 킬-체인, 한국형요격체제, 대량응징보복 등 3축 체계의 발전과 확장억제, 한미연합작전계획 및 훈련 등을 통하여 대비능력을 발전시키고 있으며, '킬 웹(Kill Web)'[6] 개념을 적용해 북한의 핵·미사일 체계를 발사 전·후 교란 및 파괴할 수 있도록 작전개념을 발전시키고 있다. 이는 미사일 발사 전 사이버 공격, 전자기탄(ECM) 등을 통해 교란을 일으키는 '발사의 왼편(Left of Launch)'[7]에서 더 나아간 것으로, 북한의 핵·미사일 발사 수단 및 지휘체계를 공격해 무력화한다는 개념이다.

북핵 위협이 심각한 것은 맞지만 히로시마에서 발생한 여러 사례를 보면, 민방위 대피소의 준비라든가 국민의 대피요령 숙지, 핵공격을 받을 당시의 신속한 민방공 경보의 발령과 대피, 신속한 인명구조와 치료의 제공 등 우리의 대응 및 조치 정도에 따라서는 피해를 상당한 부분 줄일 수 있다. 그러나 현실은 신속한 민방공 경보의 발령, 민방위 대피소 준비, 핵공격을 받을 시 대피요령에 대한 국민 교육 등 여러 면에서 미흡하다.

예를 들어, 민방위 대피소의 발전을 위해서는 열복사선과 폭풍

---

6 국방부가 2023년 3월 3일 '국방혁신 4.0 기본계획'을 통해 공식화한 개념으로, 북한이 핵·미사일을 발사하기 전 사이버전 등을 이용해 교란·파괴할 수 있는 군 작전 개념을 말한다. '킬 웹'은 미사일 발사 전 사이버 공격이나 전자기탄(EMP) 등을 통해 교란을 일으키는 '발사의 왼편(Left of Launch)'에서 더 나아간 것이다.(네이버 지식백과, 검색일: 2023. 9. 19.)

7 미사일이 발사되기 전에 사이버공격, 통신망 교란 등의 방법을 활용해 미사일 발사 직후에 실패하도록 만드는 것을 말한다. 미사일 발사를 준비 → 발사 → 상승 → 하강으로 나눌 때 '발사'에 해당하는 단계보다 이전인 '준비' 단계에서 공격을 가한다는 의미에서 '발사 직전 교란'이라고도 한다.(네이버 지식백과, 검색일: 2023. 9. 19.)

및 방사선, 낙진 등에 대비하여 방폭문과 공기정화장치 등을 갖춘 완전한 핵방호 시설을 전국 곳곳에 설치하면 더할 나위 없이 바람직할 것이지만, 그렇게 하기에는 막대한 설치 비용과 이에 따른 재정적 부담, 설치를 위한 장기간의 시간 소요, 대피소 설치에 대한 일부의 반대 여론 등 여러 어려움에 당면하고 있다.

따라서 기존의 대피소 가운데 일부를 보강하여 완전한 핵방호 시설을 갖추도록 하는 방안, 제한적으로 핵방호 능력을 갖춘 대피소 등으로 구분하고 대피소의 설치가 불가능할 경우에는 충무사태 선포 이후 제한적 기능을 갖는 대피소 설치방안, 현재의 시설을 이용하는 방안 제시 등도 필요하나 그렇지 못하다.

이를테면, 많은 아파트가 지하 주차장을 보유하고 있는데 지하 주차장은 차량 출입구 등의 일부를 보완함으로써 전시 재래식 무기는 물론 핵공격에서도 대피소로 어느 정도 활용할 수 있음에도 현재와 같은 상태로는 그 효과가 떨어질 수밖에 없다는 것이다. 따라서 어떻게 하면 재래식 무기는 물론 핵공격에서도 제한적으로라도 대비할 수 있는지 차량 출입구 및 출입문 등의 보완방안과 아파트 거주 주민의 인원수를 고려하여 생존에 필요한 내부 준비물 종류 및 수량 등의 기준 제시가 필요하다.

인구가 많은 서울이나 부산, 인천, 대전, 대구 광주 등의 대도시 지역을 중점적으로 대피소를 발전시키고 인구가 적은 시 또는 군지역은 기존의 지하 시설 활용과 동시에 간이 대피소를 설치할 수 있도록 하는 것도 대피소 설치의 한 방안이 될 수 있다. 간이 대피소는 핵무기는 물론 재래식 무기로부터도 제한된 방호를 할 수 있으므로 정부는 지역별 예상되는 위협을 판단하여 설치 기준을 제시하는 것도 필요하다.

또한 대피소 내부에는 급수설비 설치, 비상식량의 준비, 용변 처리에 필요한 응고제 준비, 등화도구와 침구류 및 비상의약품 준비, 삽 등 야전용 비상대비 공구 등 생존활동에 필요한 품목을 제시하고 개별 아파트에서 준비하는 것도 필요하다. 정부는 공공용 대피소는 물론 개별 아파트에서 이러한 물품을 준비할 수 있도록 기준을 제시해야 한다.

대형건물, 예컨대 대학병원이나 고층의 사무실 같은 곳에서 지하로 대피할 여건이 되지 못할 경우는 '민방공 경보 발령 시 어떻게 할 것인가?'도 문제이다. 핵폭발 시 발생하는 열 및 폭풍, 방사선 등의 특징을 감안하여 층별로 피해를 최소화할 수 있는 곳, 즉 3면이 콘크리트 벽으로 둘러싸이고 내부에 화장실이나 수도가 설치된 곳을 찾아서 임시대피 시설로 지정하여 활용할 수 있도록 하면 나름대로 피해를 줄일 수 있다. 여기에는 임시대피시설 표지를 하고 정전과 단수에 대비할 수 있는 필요한 설비를 해 놓으면 좋을 것이다.

북핵위협이 심각해지고 있지만 국가비상대비 분야에서도 북핵에 대비하기 위한 준비를 할 수 있는 법령의 제정이라든가 국가비상대비 업무를 수행하는 중앙정부와 자치단체의 조직, 전시계획의 작성, 정부연습의 미흡 등으로 현재와 같은 대비로서는 실제상황이 발생하면 여러 어려움에 당면할 것으로 예상한다.

단, 1발의 핵무기라도 공격을 받을 시는 히로시마와 나가사키에서 보는 바와 같이 대규모의 인명피해가 발생한다. 따라서 북한의 미사일 등의 공격징후 발견과 발사시 대비 신속한 민방공 경보의 발령과 지하 대피소로 대피 및 이를 위한 준비, 핵공격 이후 인명구조 및 구호 활동 등은 발생한 피해를 줄이기 위하여 대단히 중요하다. 여기서 민방공 경보 발령과 민방위 대피소의 준비 및 대피 등은 민방위 업무에 속하지만, 대규모의 인명피해가 발생할 시 구조 및 구호, 전재민 수용과 파괴된 시설의 복구 등을 해야 하는데 이는 국가비상대비업무의 영역에 속한다.

이러한 업무는 행정각부의 소관업무에 따라 정부 대부분의 부처가 관련되며, 이를 위해서 '컨트롤 타워(Control Tower)'의 역할은 매우 중요하다. 컨트롤 타워의 전반적인 지침과 통제아래 국무총리를 보좌하여 국가비상대비업무를 총괄하는 행정안전부의 비상대비정책국이 통제하는 통합된 계획이 작성되어야 한다. 따라서 북핵관련 이를 통제할 컨트롤 타워의 역할과 행정안전부 비상대비정책국의 역할이 핵심이 될 것이다. 현재 북핵에 대비하여 국방부는 3축 체계의 발전과 확장억제 등 한미 간의 협조체계를 구축하기 위하여 노력하면서 결실을 거두고 있다고 판단하지만 민방위 및 국가비상대비분야에서는 여러 면에서 미흡한 것으로 생각한다.

당면하는 위협에 대한 취약분야 발굴 및 대비

따라서 우리가 당면할 북핵 등의 위협에 대한 분석과 이를 바탕으로 현재의 민방위 및 국가비상대비업무의 실태를 분석하고 문제점을 발굴하여 개선함으로써 전시 정부의 임무수행과 국민의 보호 및 안전을 향상하기 위한 노력이 시급하다. 이는 궁극적으로 전시 피해의 최소화 및 승리를 위한 것이다.

이를 위하여 북한의 위협양상의 변화 및 피해 전망, 특히 핵을 포함한 대량살상무기로 인한 위협양상과 피해 전망이 필요하다. 이는 이미 여러 연구나 언론보도에서 관련된 데이터를 제공하고 있다.

이에 대응해야 할 민방위 및 국가비상대비 조직의 현 실태 및 문제점의 분석, 특히 대량살상무기 사용 가능성에 대비할 중앙 및 자치단체의 비상대비 조직, 전시에 대비할 민방위 및 비상대비계획, 전시 대비 정부 및 자치단체 등의 연습실태에 대한 분석을 통하여 문제점을 찾아내서 보완해야 한다. 그동안 여러 연구가 없지 않았으나 아직 부족한 부분이 많은 만큼 더 연구가 필요한 것으로 판단한다.

민방위 및 국가비상대비계획과 훈련 등의 문제점을 분석할 시는 이와 관련되는 법적인 근거가 되는 「민방위기본법」과 「비상대비에 관한 법률」 등의 법령 및 이를 근거로 작성되는 민방위 및 국가비상대비 계획, 민방위 및 충무사태 선포 시 대비 등에는 문제점이 없는지 분석도 필요하다. 또한 민방위 및 국가비상대비업무가 국민의 안전과도 관련되는 만큼 국민을 상대로 하는 홍보 및 훈련 등도 문제점을 발굴하여 해결하기 위한 노력이 필요하다. 이를 위해서는 발전되고 있는 SNS 등의 여러 홍보 수단을 이용하거나 인공지능을 이용하는 방법 등도 필요하다.

민방위 및 국가비상대비업무에 대한 관심 촉구

그간 민방위 업무는 물론 국가비상대비업무 관련 계획의 작성과 정부연습 시행 등을 분석해 볼 때 우리나라에서는 전쟁에서의 승리가 군의 역할로 가능하다는 생각으로 군에만 관심이 집중되어 있고 정부의 역할에 대하여 소홀히 한 면이 많았는데 이는 잘못된 것이다. 앞에서 언급한 바와 같이 제1·2차 세계대전사 등 주요 전쟁사를 보면, 군의 승리는 기본적 요소에 불과하며 정부와 국민의 역할이 있었을 때 비로소 궁극적인 승리를 달성하였음을 볼 수 있다.

영국과 미국 등 이미 많은 전쟁을 경험하였던 나라에서는 이를 정부의 '전쟁지원노력(War Effort)'과 '후방전선(Home Front)'에서의 국민활동으로 표현하였다. 이는 우리나라에서의 국가비상대비업무로서 정부는 이 업무를 전시 효과적으로 수행할 수 있도록 관심을 가져야 하며, 미흡한 분야는 시정할 조치도 필요하다.

민방위 및 국가비상대비업무에 대한 접근 방향

한반도에서 군사작전은 한미연합체제 하 한국군과 미군이 상호 협조하여 시행할 것이지만, 민방위 및 국가비상대비업무는 순전한 정부의 고유업무이다. 그동안 이 업무는 정치·행정·경제·인기영합적·이념편향적 논리가 상호 결합 및 연계되면서 발전이 아닌 정체 또는 퇴보되었다고 필자는 판단한다.

그간 북한의 재래식 및 대량살상무기 위협이 지속적으로 악화되어 왔음에도 불구하고 민방위 및 국가비상대비업무 관련 법령은 물론, 정부 및 자치단체 등의 업무 수행 조직, 전시대비 계획, 민방위 훈련 및 정부연습 등은 앞서 언급한 정치적 또는 행정적이거나 경제적인 논리, 인기영합적 정책 등이 앞서다 보니 발전은 고사하고 현재의 수준을 벗어나지 못하면서 정체 또는 퇴보되고 있다는 것이다.(물론 부분적으로 발전한 부분도 없지 않다.)

여기서 '정치적 논리'라 함은 북한이 꾸준히 은밀히 핵을 개발하고 위협에 왔음에도 불구하고 '미국을 상대하기 위한 것이다 또는 북한의 체제 보존을 위한 것이다'라는 등의 이상한 논리를 주장하거나 여기에 동조하는 것을 말한다. '행정적 논리'라 함은 민방위 및 국가비상대비업무가 국민안전 및 국가 안보관련 업무로서 이 업무영역의 범위 및 특수성 등을 고려하지 않은 채 이 업무와 관련이 적은 행정안전부에 편성한 것이나 업무담당 부서인 비상대비정책국을 세종특별자치시에 위치토록 함으로써 전시 정부의 컨트롤 타워가 되어야 할 문서고 관리의 어려움이나 충무사태 선포 시 정부종합상황실 운용을 지연토록 만든 것 등을 말한다.

'경제적 논리'라 함은 민방위 및 국가비상대비 조직이 전시에 대비하여 국민의 안전과 정부기능 유지 및 국민생활의 안정, 군사작전 지원을 위한 자원의 동원 등의 업무를 수행할 조직이라는 특성을 무시한 채 하는 일 없이 국가예산만 축낸다는 논리로 겨우 명맥만 유지할 정도로 조직과 인력을 축소토록 한 것을 말한다.

'인기영합적 논리'란 민방위 및 국가비상대비업무의 본질적 가치를 도외시하고 정책의 현실성이나 본래 지향하는 목적을 외면하면서 훈련이나 연습 등을 중단 또는 실시하지 않으면서 대중적 인기에만 의존하여 본래 조직의 임무와 역할 등을 약화시킨 행태를 말한다.

'이념 편향적 논리'란 민방위 업무와 국가비상대비업무가 모두 전시 국민의 안전과 생명의 보호 및 전쟁에서의 승리를 위한 가장 기본적인 업무임에도 불구하고 이 업무가 진보를 표방한 정부에서는 북한의 도발이 없을 것이라는 막연한 선의에 기대어 관심 없이 또는 의도적으로 약화시켜 퇴보된 업무를 한 것을 말한다.

민방위 및 국가비상대비업무의 발전을 위해서는 이러한 정치적·행정적·경제적 논리나 인기영합적 및 이념 편향적 행태를 벗어나 한국이 당면한 안보위협, 즉 북한의 재래식 무기 현대화 및 핵개발과 그 외에 주변국의 위협으로 인한 전쟁과 같은 국가적 위기 상황이 발생할 경우 국민의 안전과 정부기능의 유지, 국민생활의 안정 유지, 군사작전 지원을 위한 자원동원 등을 보장함으로써 전쟁에서 승리를 보장할 수 있도록 해야 한다는 인식을 갖고 부족한 부분을 찾아 보완하기 위한 노력을 기울여야 하며, 특히 정책결정권자의 관심을 촉구한다.

민방위 및 국가비상대비업무의 개선

이렇게 여러 문제점을 갖고 있는 민방위 및 국가비상대비업무의 현실을 놓고 볼 때, 현 정부에서도 민방위 및 국가비상대비업무에서 그동안 꾸준히 제기되었던 법령으로부터 조직과 관련 계획, 정부연습 등의 문제점을 개선하지 않을 경우, 향후 민방위 및 국가비상대비업무는 더 이상의 발전을 기대할 수는 없을 것으로 생각한다.

이렇게 생각하는 이유는 1969년 비상기획위원회 창설 이후 그간 진보 및 보수 정부를 거치면서 기간 중 북한의 위협은 재래식 무기와 핵무기 등 대량살상무기로 악화하였음에도 불구하고 지난 정부에서 민방위 업무는 물론 국가비상대비업무에 있어 조직과 인원을 축소하고 관련 계획은 여러 문제가 있음에도 발전적인 시정 조치가 부족하였으며, 민방위 훈련이나 정부연습도 형식적으로 실시하는 등 현상 유지 또는 정체, 퇴보된 업무를 하였다고 생각하기 때문이다. 이것은 결국 전시 국민 안전의 방치는 물론 수많은 희생을 해야 승리를 할 수 있다는 것을 의미한다.

그간 정책연구와 논문, 세미나 등으로 민방위 및 국가비상대비업무의 발전을 위한 많은 제안이 있었지만 모두 간과된 중요한 이유는 '전쟁은 군인이 한다'는 인식으로 이 분야에 대한 무관심이 초래한 결과로써 발생한 것이다. '전투(군사작전)는 군인이 하고 전쟁은 정부와 국민이 한다.'는 인식으로 민방위 및 국가비상대비업무에 대하여 전향적인 조치가 필요하다.

2. 연구 중점 및 내용

위에서 제시한 바와 같은 민방위 및 국가비상대비업무에 대한 인식을 바탕으로 본 연구에서의 연구 중점 및 내용은 다음과 같다.

1) 전쟁사의 사례 및 전시 예상되는 피해 전망

제1차 세계대전 및 2차 세계대전 당시의 사례, 현재 진행되고 있는 러시아-우크라이나 전쟁의 분석을 통하여 무엇이 전쟁을 승리로 이끌었는지 민방위 및 국가비상대비업무의 분석 및 교훈 등을 제시하면서 관련분야의 법령 및 계획, 정부연습 등 발전 소요를 도출하였다.

이렇게 과거 주요 전쟁사 및 현재 진행되고 있는 전쟁사를 분석하고 교훈을 도출하는 이유는 한반도에서도 유사한 사항들이 반복될 것으로 판단하기 때문으로, 예를 들어 히로시마가 핵공격을 받았을 시 발생하였던 수많은 사항은 우리가 핵공격을 받을 경우 유사하게 발생하면서 민방위 및 국가비상대비업무를 발전시켜야 할 여러 교훈을 제시하기 때문이다.

2) 민방위 업무 및 국가비상대비업무의 실태 분석

북핵 등 대량살상무기는 물론 재래식 전력으로 인한 피해 발생 시 대비 현재의 민방위 및 국가비상대비업무의 실태 및 문제점을 분석한다. 민방위 및 국가비상대비업무의 실태 분석은 관계 법령 및 비상대비 조직, 민방위 및 국가비상대비 계획, 민방위 훈련 및 정부연습 등을 중심으로 분석한다.

예를 들어, 핵공격을 받을 경우는 광범위한 지역에서 참혹한 양상의 피해가 발생한다. 이러한 피해에 대비하기 위해서는 이와 관련된 법령의 준비, 민방공 경보체계의 정비와 대피소 지정 및 대피소 내부의 생존관련 물자의 준비, 핵공격을 받을 시에 발생할 피해에 대한 대비, 민방위 및 국가비상대비업무를 수행할 적절한 정부의 조직과 관련 계획의 작성, 민방위 훈련과 정부연습 등이 필요하다.

3) 민방위 업무 및 국가비상대비업무의 개선 과제 식별

이러한 실태 분석을 바탕으로 개선 및 발전시켜야 할 과제를 식별한다. 특히 개선 및 발전과제는 법령 및 제도, 정부 조직, 민방위 및 국가비상대비계획, 민방위 훈련 및 정부연습 관련 사항을 제시한다.

4) 위의 연구를 바탕으로 민방위 및 국가비상대비업무 관련 종합된 발전과제를 제시한다.

3. 책의 구성

본 책은 북핵위협이 가중되는 등의 현재 안보상황에서 민방위 및 국가비상대비업무의 현실을 분석하여 개선 및 발전방안을 모색하기 위한 것이다.

이를 위하여 먼저 2장에서는 핵무기가 어떤 무기인지 간략히 소개하고 3장에서는 히로시마 원폭투하 과정 및 당시의 피해와 피폭자들의 증언 등을 바탕으로 북핵에 대비하기 위한 교훈을 포함하였다. 4장은 용산지역 일대가 북핵에 피폭된 상황을 가정하여 어떤 피해가 발생하며 무엇을 해야 할 것인지를 자문하는 형식으로 제시하였다. 5장에서는 북한의 위협양상에 대하여 제시하며 6장에서는 북핵대비 민방위 업무를 중점적으로 7장에서는 북핵대비 국가비상대비업무를 중심으로 실태의 분석과 발전 방향을 제시하였다. 8장 결론 및 제안에서는 본 책의 결론과 동시에 민방위 및 국가비상대비업무의 발전안을 종합하여 제시하였다.

(정부 또는 자치단체에서 민방위 및 국가비상대비업무에 종사하는 공무원 등 관계 있는 여러분께서는 본 연구에서 제시하는 사항을 현실에 맞게 적용하시기를 기대합니다.)

2장
핵무기 개관

* 이 장은 본인의 저서인 「핵과 국가비상대비업무」의 36쪽으로부터 60쪽까지를 인용하면서 부분 수정 및 보완을 하였다.

1. 개요

흔히 핵무기를 절대무기(Absolute Weapon)라고 한다. 이 말은 핵무기가 갖는 파괴력, 살상력으로 전쟁에서 결정적인 영향을 미치는 효과를 발휘하기 때문이다. 단 한발의 핵무기로 히로시마에서는 14만여 명, 나가사키에서는 7만여 명이 목숨을 잃었고 비슷한 규모의 인원이 부상하였으며 도시를 폐허로 만들었을 정도로 그 효과는 절대적이었다. 핵공격을 받을 시 이로 인한 피해는 핵무기 위력이나 폭발방법, 기상 및 지형여건, 대피시설 준비 및 공격을 받을 당시의 신속한 대피 등 여러 상황에 의해 다르기는 하지만 많은 피해가 발생하는 것은 불가피하다.

이 장에서는 핵무기가 무엇인지와 소개와 핵폭발 원리, 핵폭발 시 발생하는 물리적 현상인 열복사선 및 폭풍, 방사선과 전자기파 피해 현상 등을 언급한다.

2. 핵무기란?

핵무기란 핵물질의 핵반응을 통해 방출되는 에너지를 군사적인 용도로 이용하는 무기를 말한다. 핵물질(Nuclear Material)로는 우라늄(U)과 플루토늄(Pu)이 사용된다. 자연 상태에는 U-235와 U-238 두 가지의 우라늄이 존재한다. 우라늄을 채굴하여 핵물질을 만드는 과정

〈그림 2.1〉 우라늄 광석과 정제된 산화우라늄 및 고농축우라늄

출처: https://www.google.co.kr (검색일: 2018. 3. 15.)

에서 산화우라늄(Yellow Cake)이라는 중간단계를 거친다.

천연우라늄 U-235(0.72%)에 포함된 핵분열 물질인 U-235의 조성비를 0.72%에서 3% 이상 높이는 작업이 농축(Enrich)이며 20% 이상 농축시킨 우라늄이 고농축우라늄(Enriched Uranium)이다.[1] 이를 다시 90% 이상으로 농축하여 핵무기(Nuclear Weapon)로 사용한다.[2] 따라서 우라늄 농축시설만 있으면 우라늄탄 핵무기를 제조할 수 있으며, 핵실험은 필요하지 않다. 플루토늄은 천연우라늄을 핵연료로 원자로에 장전 후 원자로 가동 시 U-238이 핵반응을 거쳐 변화된 물질로, 재처리(Reprocess)[3] 과정을 거쳐 추출한다. 플루토늄(Pu)을 추출하기 위해서는 원자로 가동이 필수적이다. 따라서 재처리 시설이 있어야 하며, 핵실험도 필요하다. 핵무기를 제조할 시는 Pu-239 함량이 최소 93% 이상, Pu-240은 6.5% 미만으로 높은 순도를 유지해야 핵분열이 가능하다.

핵물질을 핵무기로 만들어 사용하기 위해서는 핵분열성 물질

---

1 농축비율을 20% 미만으로 농축한 우라늄은 저농축우라늄, 20% 이상으로 농축한 우라늄은 고농축우라늄으로 구분한다.

2 원자력발전소에서 사용하는 핵연료는 3~5%로 농축시킨 저농축우라늄으로서 핵폭발이 일어날 수 없다.

3 사용후핵연료에 남아 있는 유효물질을 화학적으로 추출하는 과정을 말한다.

(Fissile Material)인 고농축우라늄과 플루토늄 외에도 핵물질(Nuclear Material)을 폭발시키기 위한 기폭장치(Detonation Devices), 그리고 이를 타격하고자 하는 목표지역으로 운반하기 위한 운반체계(Delivery System)로 미사일이나 폭격기 등이 필요하다.

핵무기와 원자력 발전소의 차이점으로, 원자력 발전소는 저농축 우라늄을 중성자를 이용하여 핵분열 반응을 천천히 일으켜 발생하는 에너지를 이용하는 것이지만, 핵무기는 고농축 우라늄을 기폭장치를 이용하여 일시에 폭발시켜 대량의 에너지를 방출한다는 점이다. 우라늄 1g에서 방출하는 에너지는 석탄 3톤에서 나오는 에너지와 같다. 우라늄 2온스(약 57그램)의 핵분열에 의해 방출되는 양과 같은 에너지를 방출하기 위해서는 1,000톤의 TNT가 필요하다.

핵무기(Nuclear weapon)와 재래식 무기(Conventional weapon)의 근본적인 차이는 폭발 시 발생하는 현상과 이로 인한 피해의 규모 및

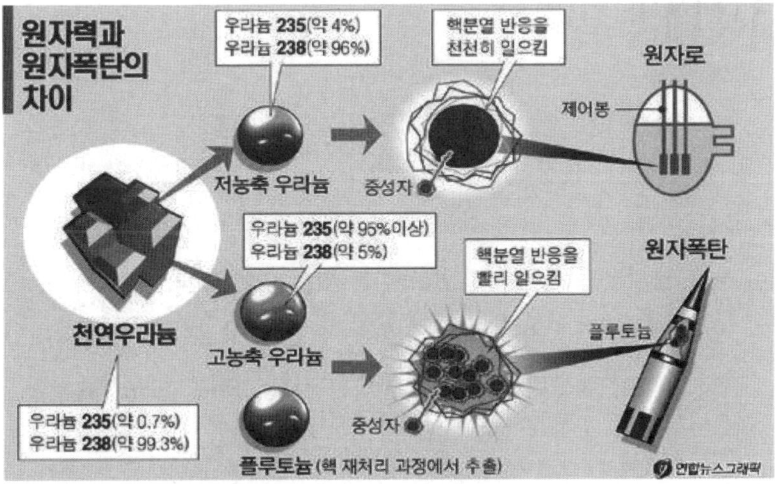

〈그림 2.2〉 원자력과 원자폭탄의 차이

출처: 연합뉴스(2004.9.3)

범위에 있다. 재래식 무기는 폭탄(Bomb)이나 포탄(Shell) 내부에 충전된 고성능 폭약이나 소이제(Incendiary) 등이 폭발할 시 발생하는 2,000~3,000도의 열과 고속의 파편으로 인명의 살상이나 장비 및 시설파괴, 국지적 화재 등을 유발한다.

반면에, 원자폭탄(Atomic Bomb)은 핵분열(Nuclear Fission), 수소폭탄(Hydrogen Bomb)은 핵융합(Nuclear Fusion) 방식으로 폭발하면서 재래식 무기와는 비교할 수 없을 정도의 고온의 열과 폭풍 외에도 재래식 무기에는 없는 방사선과 낙진에 의한 장단기 피해와 전자기파 피해를 유발한다. 피해의 범위 및 규모는 핵무기 위력과 폭발방식, 기상 및 지형여건, 대피소의 준비와 신속한 대피 등에 따라서 다르기는 하지만 재래식 무기에 비하여 수만~수백만 배에 이를 정도로 크게 발생한다.

3. 핵폭발 원리

핵무기는 핵물질이 연쇄반응(Chain Reaction)을 일으켜 폭발하면서 방출하는 열과 폭풍 및 방사선, 전자기파로 인명의 살상과 시설 및 장비 등을 파괴하는 무기이다. 핵무기를 만들기 위해서는 핵물질, 중성자 발생장치, 기폭장치, 반사체가 있어야 한다. 이러한 물질과 장치를 갖춘다고 해서 핵물질이 핵무기가 되는 것도 아니고 아무 때나 폭발하는 것도 아니다. 핵물질이 폭발을 일으키기 위해서는 필요한 최소한의 질량, 즉 임계질량(Critical Mass)에 도달해야 한다. 따라서 평소에는 핵물질을 임계질량 이하로 2개 이상 분리해서 보관하다가 핵무기가 필요한 시기에 순간적으로 합쳐져 임계질량 상태가 되도록 해야 한다. 국제원자력기구(IAEA)에서는 18kg의 고농축우라늄이나 약 6~8kg의 플루토늄이 있으면 원폭 한 발을 만들 수 있으며, 이 정도는 TNT 20kt의 위력을 낼 수 있는 것으로 판단하고 있다. 핵무기를 만들 시 우라늄이나 플루토늄 소요량은 반사체의 종류와 두께 등 설계에 따라 달라질 수 있다.

핵무기는 사용하려는 목적이나 용도 및 설계에 따라 0.1kt으로부터 수Mt에 이르기까지 다양하게 만들 수 있다. 핵무기 제조기술이 발전하면서 20kt의 위력을 내기 위해서는 플루토늄 8kg 중에서 1kg의 핵반응으로 충분하며 1kt의 위력을 얻고자 한다면 56g만 완전히 핵분열을 일으키면 된다.[4]

핵물질을 핵무기로 사용하고자 임계질량에 도달토록 하기 위한 장치가 기폭장치이다. 기폭장치를 폭발시켜 핵물질이 임계질량에 도달할 시는 순간적으로 결합하면서 동시에 최초 연쇄반응을 위하여 중성자(Neutron)가 방출된다.[5]

핵 폭발방식에는 포신형(대포형 배열방식)과 내폭형이 있다. 포신형(압축형 배열방식)은 히로시마 핵 투하 시 사용된 우라늄탄을 폭발시키는데 사용된 방법이다. 내폭형은 주로 플루토늄탄을 폭발시키는 데 사용하며, 나가사키에 투하된 핵무기가 플루토늄탄이었다.

핵무기 폭발방식에는 공중폭발(Air Burst)과 표면폭발(Surface Burst)

---

4 국방부, 『대량살상무기에 대한 이해』, 소랑, 2007, p.68.

5 국방부, 『대량살상무기 문답백과』, 신오성기획인쇄사, 2004, p.36; 국방부, 『대량살상무기에 대한 이해』, p.66. 최근 들어 저강도 핵무기에 대한 언급이 자주 나오고 있다. 저강도(또는 저출력, Lowyield) 핵무기는 폭발력이 낮은 핵무기로 특정한 표적을 타격하여 피해를 주기 위해서 개발한 무기이며, 그 위력은 수십kt 이내이다. 전략핵무기를 사용할 경우 엄청난 파괴력을 동반하기 때문에 그 피해를 줄이기 위하여 사용한다.

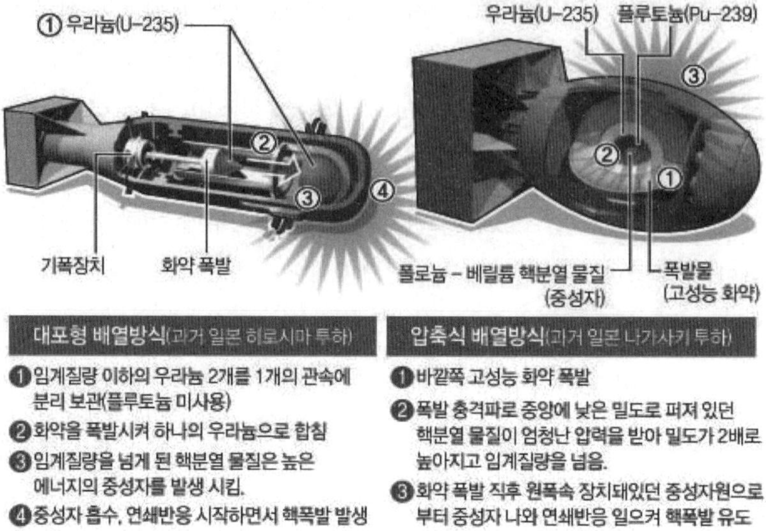

〈그림 2.3〉 원자폭탄 연쇄반응 폭발방식

출처: 연합뉴스(2013. 2. 6.)

및 표면하폭발(Underground Burst)이 있다. 공중폭발은 핵무기가 지표면에 접촉되지 않은 상태에서 폭발하는 것이며, 히로시마와 나가사키에 원폭을 투하할 시 적용되었다. 이 방식은 위력이 가장 크게 발생하며, 낙진이 발생하지 않고, 감응방사선 오염지역이 생성된다.

표면폭발은 핵무기가 지표면에 접촉되어 폭발하는 형태이며, 지상에 큰 폭파구가 형성되고 낙진에 의해 넓은 지역이 오염되며 감응방사선은 무시된다. 표면하폭발은 핵무기를 지표면 아래나 수중에서 폭발시키는 것이며, 건축물 파괴에 유리하고 낙진이 생성되나 열복사선과 폭풍효과는 감소한다. 각각의 폭발방식에 따라 피해효과가 다르기 때문에 의도하는 바에 따라 폭발방식을 달리할 수 있다.

〈그림 2.4〉 핵무기 폭발 형태(왼쪽으로부터 공중폭발, 표면폭발, 표면하폭발)[6]

출처: https://www.google.co.kr/ (검색일: 2023. 9. 20.)

4. 핵폭발 효과

핵무기가 폭발할 시는 핵물질이 가진 전체 에너지의 99%를 수백만 분의 1초라는 극히 짧은 시간에 방출한다. 이로 인하여 즉각효과와 지연효과로 피해가 발생한다. 이 가운데 열복사선(Thermal Radiation, Heat)과 폭풍(Blast) 및 방사선(Radiation), 전자기파(EMP)는 즉각 피해를 유발한다. 지연효과는 핵폭발 이후 짧게는 수 시간으로부터 길게는 수 년간에 걸쳐 방사선이나 낙진으로 인명과 환경에 피해를 유발한다.

먼저 열복사선으로 인한 피해의 발생이다. 핵폭발 시 발생하는 열복사선은 빛의 속도로 전파되면서 폭풍에 앞서 온다. 핵폭발 시는 두 개의 열파가 발생한다. 제1파는 X선과 자외선으로 방출되며 1/10~2/10초로 짧은 시간 동안 지속되고 거리에 따라 급속히 감소한다. 제2파는 가시광선과 자외선으로 방출되고 원거리까지 전파되면서

6 핵폭발 고도에 따라 고고도 폭발은 30km 이상, 공중폭발은 30km 이하로 구분한다.

〈표 2.1〉 핵무기별 핵무기 효과에 의한 에너지 방출분포

(단위: %)

에너지 형태		소형핵무기 (100kt 미만)	중형핵무기 (100kt~1Mt)	대형핵무기 (1Mt 초과)
즉발효과 (1분 이내)	열복사선	30	35	40
	폭풍	55	50	45
	방사선	5	5	5
지연효과(~수백년)	방사성 낙진	10	10	10

출처: 국방부, 『대량살상무기의 이해와 실제』, 국방부, 2018, p.52.

20여 초간 지속되며 열에너지의 99%를 동반하고, 피부와 안구 화상 및 화재 등을 유발한다. 핵폭발 시 열로 인한 피해효과는 통상 전체 피해의 35% 정도를 차지한다.

핵폭발 시 발생하는 섬광(Flash of Light)을 직접적으로 볼 경우 수 분에서 2~3시간 일시적 실명(Flash-blindness)이나 망막의 영구적 손상을 유발할 수 있다. 히로시마 원폭피폭 시는 1명이 영구실명(Permanent retinal burn)을 하였다는 보고가 있다.[7]

핵폭발 시 피폭지역 인근에서는 지표면의 온도가 4,000~5,000℃에 도달한다. 금의 녹는 점(Melting Point)이 1,063℃, 은이 960℃, 철이 1,535℃임을 감안하면 핵폭발 시 얼마나 높은 온도가 지표면에서 발생하여 인체에 피해를 주는지 알 수 있을 것이다. 히로시마와 나가사키에서는 많은 인원이 이러한 고온으로 목숨을 잃거나 심각한 화상을 입었다. 열복사선으로 인한 화상피해 양상은 폭발원점으로부터의 거리와 은폐 및 엄폐 정도에 따라 다르며, 현장에서 즉각 사망으로부터 1~3도의 화상을 입는다.

7 CRESSON H. KEARNY, *NUCLEAR WAR SURVIVAL SKILLS: UPDATED AND EXPANDED 1987 EDITION*, Oregon Institute of Science and Medicine, 1987, p.44.

〈표 2.2〉 핵폭발 시 화상 증세

구분	증세 / 양상
1도 화상 (표재성 화상)	• 表皮층만 손상된 상태로 화상, 부상 부위에 紅斑 생성 • 높은 온도에 순간적 접촉 또는 노출 시 발생 • 48시간 경과 시 없어지며, 자연적으로 치유 가능
2도 화상 (부분층 화상)	• 表皮의 전 층과 眞皮의 상당 부분 손상 • 섬광, 화염, 기름 등에 의해 발생 • 물집이 생기고 피하조직 부종 동반, 감염가능성이 높아짐
3도 화상 (전층 화상)	• 화염, 증기 등 고온의 열에 의하여 발생 가능 • 表皮 및 眞皮의 전 층과 皮下脂肪층까지 손상 발생 • 조직 괴사, 쇼크(Shock)에 의한 사망 발생 가능 등

출처: 연구자의 연구결과를 종합한 것임

열복사선은 또한 가연성 물질인 목재와 가구, 삼림, 가스, 유류, 화공약품 등을 불태우면서 2차 피해를 야기한다.[8] 대부분의 아파트와 가옥에서 가스를 사용하여 난방과 요리를 하고 주유소와 가스 충전소도 많은 만큼 핵폭발 시 발생하는 고열로 인하여 대규모의 폭발과 화재가 발생할 가능성이 크다.[9] 아파트와 가옥, 각종 건물에서 사용된 많은 내장재는 열에 약하여 화재가 발생할 때 유독가스를 내뿜으면서 2차적으로 인명피해를 확대할 수 있다. 핵폭발 시는 이런 모든 현상이 발생하면서 핵폭발 당시 1차적으로 심각한 피해를 입은 사람에게 2차적으로 피해를 가한다.

일반적으로 20kt의 핵무기가 폭발할 시 열복사선은 화구로부터 약 2.5km 이내의 모든 가연성 물질을 연소시키고, 4km 이내의 거리에 위치한 인원에게는 경미한 화상을 입히며, 16km 밖에 있는 인원도 열을 느낄 수 있다. 건물은 고열에 의해 철강재가 휘는 등으로 내구성

8 http://atomicarchive.com (검색일: 2017. 9. 1.)

9 육군본부, 참고교범-5-21, 『핵 및 화생방 방호』, 국군인쇄창, 2015, pp.1-3.

을 약화시킨다. 이런 가운데 거센 폭풍에 의해 건물이 파괴 및 붕괴한다. 열복사선으로 인한 피해는 기상에 의해 영향을 많이 받으며, 눈 또는 비가 오거나 안개나 구름이 있으면 그 효과는 감소한다.

핵무기가 폭발하면 폭심지 상공에 '화구(Fireball)'라 불리는 붉은 불덩어리가 생기면서 올라간다. 화구는 핵폭발 시 100만분의 1초에 발생하며, 내부 온도는 수백만 도에 달한다. 화구는 폭발 즉시부터 커지기 시작하면서 내부의 온도는 떨어진다. 화구가 커지면서 기온이 떨어지고 주변의 공기들이 응축되면서 내부의 물질들과 같이 버섯구름(Mushroom)을 만든다. 화구는 처음에는 붉은색을 띠다가 점차 흰색이나 회색으로 변한다. 버섯구름은 물방울이나 방사능 입자를 띤 물질들로 구성되며 기상여건에 따라 다르기는 하나 통상 지상으로부터 5~8마일(8~13km) 높이에 도달하면 주변으로 확산한다. 버섯구름은 폭발 후 10분여 경과한 뒤 최고도에 도달하며 이후 안정된 상태를 1시간 정도 유지하다가 자연 구름에 합쳐진다.

표면폭발의 경우에는 구름 속에 다량의 먼지나 작은 파편(화구가 지표면에 접촉할 때 증발한 물질이나 그 후 발생하는 강한 상승기류에 의해 딸려 올라온 물질 등)이 포함되어 있다. 이들 먼지와 작은 입자들은 방사성물질에 오염돼 낙진(Fallout)이 되어 지상으로 떨어지며, 인체에 흡수될 시 피해를 준다.

화구는 주변 공기를 급속히 팽창시켜 순간 시속 1,000km에 이르는 핵폭풍이 발생한다. 이 폭발은 엄청난 양의 산소를 태워버리며, 이에 따라 대류가 상승하여 폭발원점(Ground Zero)은 일시적으로 진공(Vacuum)상태가 된다. 곧이어 진공상태를 메우기 위하여 주변의 공기가 엄청난 속도와 압력으로 빨려들면서 시속 400km 안팎의 폭풍이 주변의 모든 것을 쓸어버린다.

핵폭발 시 발생하는 수백만 도의 고온은 폭발지점의 공기를 급격히 팽창시켜 충격파를 발생시킨다. 이 충격파가 통과할 때 강풍이 발생한다. 이 폭풍은 정압(Overpressure)과 동압(Dynamic pressure)으로 이루어져 있다. 이 폭풍은 음속보다 빠른 속도로 직진하거나 회전 방향을 바꾸면서 인체를 공중으로 날리거나 건물을 파괴 또는 붕괴시키는 등

〈그림 2.5〉 핵폭발 후 열과 폭풍으로 파괴되는 건물[10]

출처: https://www.wired.com (검색일: 2018. 2. 10.)

10 1953년 4~6월간 미국 네바다주에서 실시된 핵실험 장면이다(Operation Upshot-Knothole). 건물은 지상원점으로부터 3,500피트(1,100m) 떨어진 곳에 설치되었다.

의 피해를 준다.

충격파에 뒤이어 강력한 폭풍이 사방으로 확산한다. 이때의 풍속은 태풍의 100배나 되는 초당 3,200m로 엄청나게 빠른 강풍에 의해 건물과 수목을 전도 및 파괴하고 사람은 공중으로 날려 보낸다. 또한 건물이 파괴 및 붕괴하는 과정에서 발생한 콘크리트 조각이나 유리 파편 등 건물의 비산물이 마치 총알처럼 빠른 속도로 날아가 인체에 심각한 부상을 가한다. 핵폭발 시 발생하는 물리적 피해의 대부분은 모두 폭풍에 의하여 발생한다. 열복사선에 의하여 가연성 물질에 불이 붙으면 폭풍은 화재를 더욱 빠른 속도로 주변으로 확산시키는 역할도 한다.

핵폭발 시는 방사선이 방출된다. 방사선[11]은 물질을 구성하는 원자나 분자의 결합에 영향을 주어 물질 구조나 성질을 바꿀 수 있기 때문에 인체가 허용할 수 없는 방사선에 노출되거나 한 번에 많은 양에 피폭되면 인체의 세포가 영향을 받아서 다치거나 심할 경우 목숨을 잃을 수도 있다.[12] 방사선은 초기방사선(Initial nuclear radiation)과 잔류방사선(Residual nuclear radiation)으로 구성되며, 이로 인한 피해는 핵폭발 시 발생하는 피해의 15%(초기방사선: 5%, 잔류방사선: 10%) 정도이다. 초기방사선은 핵폭발 후 1분 이내에 발생하는 방사선으로, 이때 알파(α)선과 베타(β)선 및 감마(γ)선과 중성자(n)가 방출된다. 알파선은 고속 헬

11 방사선은 매우 강한 힘을 지닌 '에너지의 흐름'이다. 불안정한 상태의 원자나 원자핵은 안정된 상태로 변화하려고 하는 성질을 가지고 있는데, 이 과정에서 방출되는 에너지가 방사선이다. 방사선은 눈에 보이지 않고 냄새도 없고 몸에 닿아도 아프지 않다.

12 https://www.kaeri.re.kr/board?menuId=MENU00455 (검색일: 2023. 8. 30.). 방사선은 에너지를 갖고 있기 때문에 인체가 방사선에 피폭되면 세포 내의 화학 결합을 끊어 버리고 화학 결합이 끊어지면 세포가 죽거나 돌연변이를 일으키며. 돌연변이가 생긴 세포는 암세포가 되기도 한다.

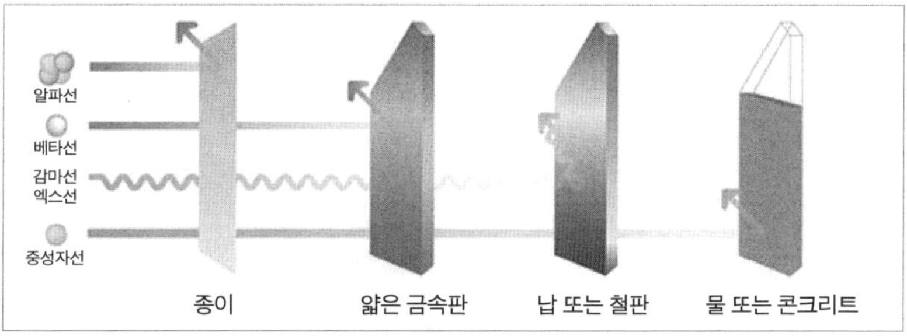

〈그림 2.6〉 방사선별 특징[13]

출처: https://www.kaeri.re.kr/board (검색일: 2023. 9. 5.)

륨 원자력의 흐름으로, 베타선은 고속전자 또는 양전자의 흐름으로 투과력이 약하여 인체에 미치는 영향은 경미하다. 감마선은 파장이 짧은 전자파이며 중성자선은 중성자의 흐름으로 인체 투과력이 강하기 때문에 인체 피폭량에 따라 치명적인 피해를 줄 수 있다. 초기방사선은 직진성이 강하며 폭발원점으로부터 멀어질수록 분산되거나 대기와 건물들에 의해 흡수 또는 산란하면서 그 강도는 낮아진다.

방사선으로 인한 피해는 지하시설이나 콘크리트 건물 내부에 있을 시 감소시킬 수 있다.[14] 방사선 방호능력은 물질에 따라 차이가 있기 때문에 가능하다면 방호능력이 큰 물질을 방호시설 건축 시 또는 응급물체로 사용하면 효과적이다.

〈그림 2.7〉은 핵폭발 시 발생하는 방사선으로부터 인체를 방호할 수 있는 물질의 두께를 의미하는 것으로, 예를 들어 납(Pb)은 약 4인치

13 https://www.ratis.or.kr/ratis/radiation/retrieveUsrRadiationList.do?menuNo=1110; https://www. kaeri.re. kr/board?menuId=MENU00455 (검색일: 2023. 8. 30.)

14 The US Government Printing Office, The United Strategic Bombing Survey: The Effect of Atomic Bombs on Hiroshima and Nagasaki, The US Government Printing Office, June 30, 1946, p.38

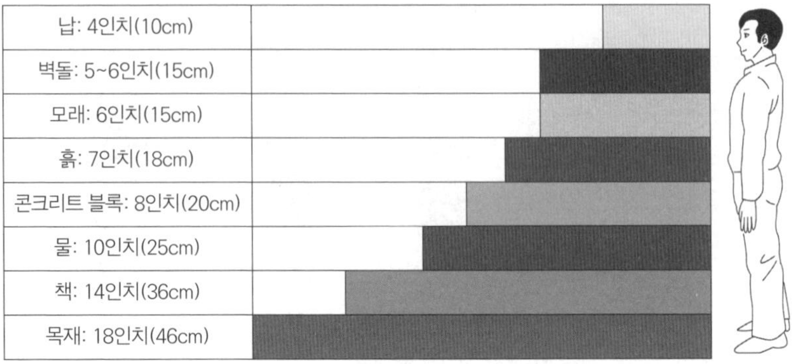

〈그림 2.7〉 물질별 방사선 투과력

출처: Federal Emergency Management Agency, *Protection in the Nuclear Age*, Washington, D.C, 1985, p.18.

(10cm)의 두께를 갖는 넓은 물체가 있으면 인체를 방호할 수 있다는 것이다. 그러나 현실적으로는 국민이 4인치의 일정한 두께와 면적을 갖춘 납으로 된 물체로 핵폭발 시 발생할 방사선으로부터 인체를 보호한다는 것은 쉬운 일이 아니다. 따라서 대중적인 방법으로, 주변의 모래나 흙을 이용하여 방호벽을 만들거나 두꺼운 콘크리트 건물 안으로 대피할 시 방사선으로부터 보호받을 수 있다.

히로시마에서는 폭발원점으로부터 3,600ft(1,000m) 떨어진 철근 콘크리트 건물에 있었던 사람은 감마선 피해를 입지 않았으나 목재 빌딩에 있었던 사람은 피폭됐다는 보고가 있다. 노출된 감마선에 의한 피해 증상은 〈표 2.3〉과 같다.

잔류방사선은 핵폭발 1분 이후부터 계속 방출되는 방사선으로, 방사능 낙진과 감응방사선(Induced Fallout)이 있다. 감응방사선은 핵폭발 시 방출된 중성자(n)가 지상 토양의 나트륨(Na)과 알루미늄(Al) 및 망간(Mn), 철(Fe), 칼륨(K) 등에 흡수되어 방사성 물질처럼 알파선과 베타선을 방출하는 것을 말한다. 핵폭발 이후 화구의 초고온에

〈표 2.3〉 노출된 인원에 대한 감마선 피해효과

노출선량(cGy)[15]	초기증상[16]	증상
0~75	장시간 5% 미만 발생	• 임무 수행 지장 없음
125	6시간 내 5% 발생	• 구토, 어지러움 등의 발생 • 임무 수행 약간 지장
650	2시간 내 5% 발생	• 수일간 증상 지속 • 2~6일 입원치료 요망 • 16일 이내 50% 이상 사망
2,000~3,000	5분 내 100% 발생	• 30~40분 동안 즉각 무능화 • 임무 수행불가 • 17일 이내 100% 사망
8,000	5분 내 100% 발생	• 즉각적으로 영구 무능화 • 회복 및 임무수행 불가 • 1~2일내 100% 사망
18,000	즉각 100% 발생	• 즉각적으로 영구 무능화 • 24시간이내 100% 사망

출처: 육군본부, 『핵 및 화생방 방호』, 국군인쇄창, 2015, pp.1-6.

의해 증발된 핵분열 물질, 핵분열하지 않은 물질, 무기의 파편 등은 0.01~20μm(마이크로미터) 정도의 아주 미세한 초미립자를 만든다. 이들 미립자(微粒子)에는 St(스트론튬)-90과 Ce(세슘)-137과 같은 방사성 물질이 포함되어 있다.

이들 미립자는 성층권(지상으로부터 10~50km 상공)으로 상승하여 바람에 의해 확산하면서 짧게는 몇 주로부터 길게는 몇 개월 또는 몇 년에 걸쳐 지상으로 떨어진다. 낙진에 포함된 방사성 입자가 인체에 흡수되면 〈표 2.4〉에서 보는 바와 같은 피해가 발생한다.

---

15 Gy(그레이)는 방사선의 단위이다. 1Gy는 1줄(Joule)의 에너지를 흡수시키는 방사선량이다. 과거에는 래드(rad)를 사용하였으나, 현재는 Gy가 표준 단위이다. 1Gy는 100cGy(센티그레이)이다.

16 '초기증상'은 인체에 흡수된 감마선 선량에 따라 구토 및 어지러움, 혼수상태, 기억착란 등의 즉각적인 증상이 발생하는 것을 말한다.

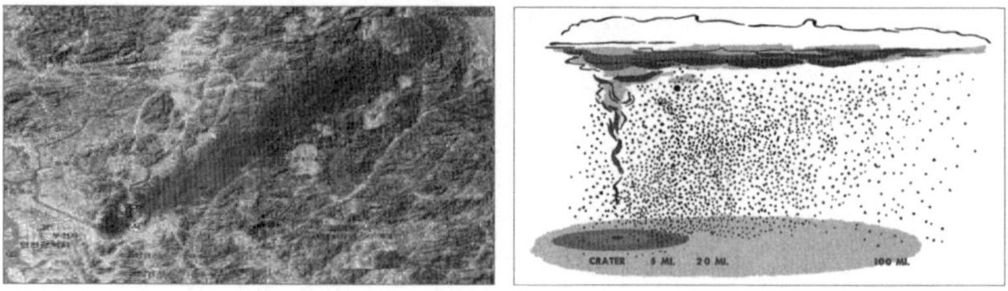

〈그림 2.8〉 낙진위험예측도와 방사능 입자 낙하

출처: 왼쪽 사진은 https://nuclearsecrecy.com/nukemap, 오른쪽 사진은 http://www2.rdrop.com/~jsexton/cd/fallout/ (검색일: 2018. 3. 20.)

〈표 2.4〉 낙진에 포함된 입자가 인체에 미치는 피해

구분	반감기	피해 효과
Strontium 90	28년	뼈에 축적, 종양 및 백혈병, 혈관계통 문제
Iodine 131	8.1일	갑상선 질환
Cesium 137	30년	유전자 피해, 생식선 계통 문제 야기
Plutonium 239	24,400년	골수와 폐에 종양 발생

출처: http://atomicarchive.com, p.18. (검색일: 2017. 7. 1.)

핵폭발 직후부터 낙진이 떨어지기까지는 10여 분의 여유가 있다. 낙진의 80%는 핵폭발 직후 24시간 안에 발생하며, 고강도의 방사선이 나오는 만큼 대피시설에 머물러야 한다. 낙진피해를 예방하기 위한 가장 좋은 방법은 빠른 시간에 대피능력을 갖춘 지하시설로 대피하는 것이며, 그럴 시간적 여유가 없거나 지하실 공간이 없으면 아파트 같은 곳에서는 중심부분으로 가서 정부의 방송을 듣는 것이 보다 안전하다.

〈그림 2.9〉는 핵폭발 시 수치가 높은 곳이 그만큼 낙진으로부터 안전도가 높다는 것을 의미한다. 가급적 지하로 대피하는 것이 바람직하지만 그럴 시간적 여유가 없거나 지하실이 없다면 〈그림 2.9〉가 보여주는 곳일수록 안전도가 높다는 것을 알고 대피하는 것이 좋다. 일

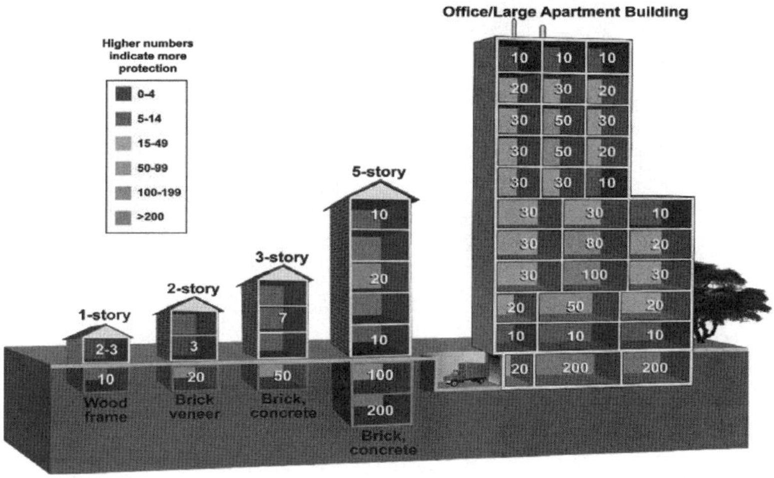

〈그림 2.9〉 건물 층별 낙진피해 감소율

출처: Elizabeth H. Donnelly, etc, *Medical Planning and Response Manual for Nuclear Detonation Incidence: A Practical Guidance*, United States Department of Health and Human Services, 2011, p.56; FEMA, *Planning Guidance for Response to a Nuclear Detonation (Third Edition)*, FEMA, 2022, p.68.

반적으로 지상보다 지하, 작은 가옥보다 아파트, 목조건물보다 강화 콘크리트 건물이 대피소로 유용하다.

핵폭발 이후 방사능 낙진이 떨어질 시 차량에 있다면 완전히 밀폐해야 하며, 대피 시 우의나 비옷 등을 이용하여 낙진이 최대한 몸에 묻지 않도록 하는 것도 피해를 조금이나마 줄일 수 있는 한 가지 방법이다.

낙진이 인체에 흡수될 시 피해의 정도는 흡수량에 의해 다르며, 세포나 조직을 변화시켜 세포분열과 변이 및 조직파괴 등의 현상을 유발한다. 이때 조기에 나타나는 장해와 오랜 기간이 지나면서 나타나는 장해가 있다. 조기에 나타나는 장해로는 구토와 전신권태, 임파구 증가, 백혈구 감소, 피부의 색소침착, 탈모, 홍반 등이 있다. 오랜 기간에 걸쳐 발생하는 장해에는 유전자 변이, 생식기 장애, 노화현상, 발암,

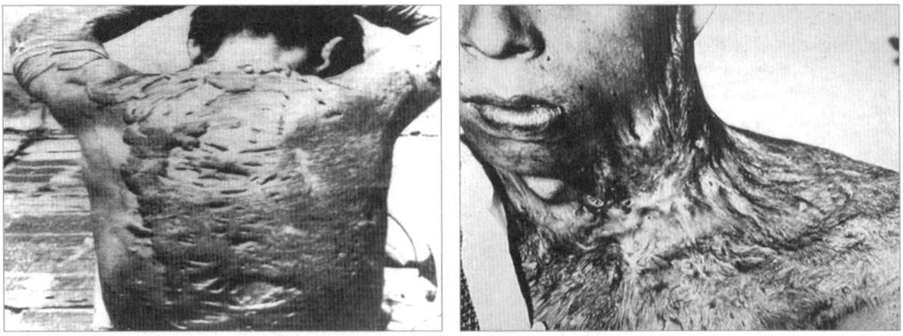

〈그림 2.10〉 핵폭발로 인한 켈로이드 현상

출처: https://www.google.co.kr (검색일: 2018. 3. 15.)

수명단축, 악성빈혈, 백혈병, 적혈구 감소, 혈소판 감소, 피부의 켈로이드(Keloids) 등이 있으며, 짧게는 2~3년으로부터 길게는 10년 뒤에도 나타난다.

20kt의 핵무기가 표면폭발 시 형성되는 낙진에 의한 피해 범위는 폭발지점으로부터 4.2km의 원자운 반경 크기의 원형 지역과 바람 부는 방향으로 좌우 20°씩 확장되며 중심으로부터 약 15km 이내 지역에는 '심각한 오염지역'이 형성된다. 이 지역에서 4시간 이내에 150rad 이상의 방사선을 받게 되며 이 정도의 방사선을 받게 되면 5% 이상 인원이 사망한다. 폭발지점으로부터 15km에서 30km 이내 지역에는 '상당한 오염지역'이 형성되는데 이 지역에서는 4시간 이내에 150rad 이하, 24시간 이내에 50rad 이상의 방사선을 받게 되며, 50rad 이상의 방사선을 받게 되면 2.5% 이상의 사람이 사망한다. 이 잔류방사선 지역에 장시간 체류하면 더 많은 방사선이 인체에 흡수되면서 사망에 이르게 된다.

낙진은 투하된 핵무기의 위력이나 폭발방식, 폭발지점(역)의 토질, 바람의 방향과 속도 등 기상 여건에 의하여 영향을 받기 때문에 예측하기가 어렵다. 지표면에 가까운 폭발일수록 낙진의 위험이 크

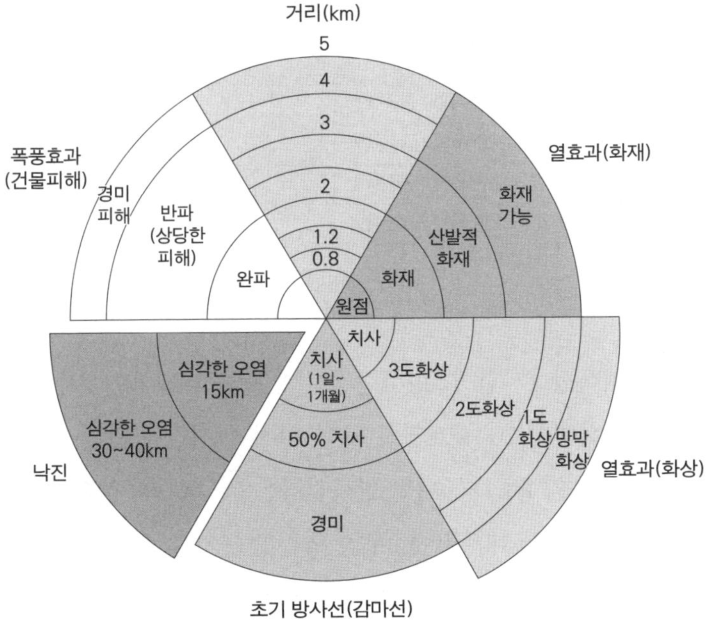

〈그림 2.11〉 20kt 핵무기 폭발 시 피해 범위도

출처: 국방부(2018. 2. 10.)

다.[17] 방사선은 눈으로 볼 수 없으며 냄새도 없는 등 인간의 감각기관으로는 확인할 수 없음을 알아야 한다.

낙진으로부터 인체 방호는 피폭거리로부터 멀리 떨어져 있거나 인체를 지켜줄 방호물이 있으며, 시간이 지날수록 안전하다. 지하시설은 방폭문 등이 준비되어 있을 때가 없을 때보다 안전하다. 또한 낙진이 떨어지면 무겁고 밀도가 높은 물질, 예컨대 두꺼운 납으로 된 방호물이 있거나 벽이나 콘크리트로 가려진 곳일수록 안전하다. 낙진은 핵폭발 직후 이른바 '7-10법칙(7-10 Rule of Thumb)'에 따라 7시간마다 1/10씩 감소하며, 2주가 지나면 현저히 줄어든다.

---

17 http://atomicarchive.com, p.17. (검색일: 2017. 9. 1.)

〈표 2.5〉 핵폭발 방식에 따른 위협의 크기 비교

구분	위협순위	비고
열복사선	표면하폭발 〈 표면 폭발 〈 공중폭발	핵무기 효과는 폭발고도 및 방식에 따라 상이
폭풍	표면하폭발 〈 표면 폭발 〈 공중폭발	
초기방사선	표면하폭발 〈 표면 폭발 〈 공중폭발	
낙진	공중 폭발 〈 표면하폭발 〈 표면폭발	

출처: 필자의 연구결과임

만약 핵폭발 1시간 뒤 방사선량이 1,000뢴트겐이면 7시간 뒤면 1/10로 감소하면서 100뢴트겐이 되고, 다시 49시간이 되면 10뢴트겐으로 줄어든다. 약 2주가 지나면 방사선량은 1/1,000의 수준으로 하락한다. 가능하다면 핵 대피소에 2주간 생존할 물자를 준비해 놓을 것을 권하는 것은 바로 이러한 이유 때문이다. 핵폭발 직후에는 정부의 방송을 청취하면서 무엇을 할지 어디로 가야 할지 등을 판단해야 한다.[18]

그 외에 핵폭발 시 강력한 에너지를 띠는 전자가 발생하고 이것이 진동운동으로 대기 중으로 퍼지면서 전자기파(Electromagnetic Pulse, EMP)[19]가 발생한다. 이것이 전자회로로 들어가 전류가 되면서 과전류 상태로 돼 전자기기가 마비된다. 전자기파가 IT 기반시설의 핵심설비를 파괴하면서 전자장비나 유도무기 등의 군사장비 가동을 중단시킴으로써 군사작전 수행에 막대한 영향을 미친다. 피해는 여기에서 그치지 않고 통신, 방송, 인터넷, 금융, 교통 등 산업전반에 걸쳐 막대한 피

18 FEMA, *Are You Ready: An In-depth Guide to Citizen Preparedness*, 2004, pp.165-168.

19 전자기파는 핵폭발 시 발생하는 일종의 전자기 파동으로 감마선이 공기분자와 충돌하여 전자흐름을 만들고 이러한 전자흐름이 지구자기장에 의한 영향으로 강한 국지적인 전자기장(電磁氣場)이다. 이렇게 형성된 전자기장이 과전류를 흐르게 하여 피해를 유발한다. 전자기 파동은 약 0.5초 동안 지속된다. 전자기펄스는 고도 20~40km에서 발생하는 것으로 알려졌다.

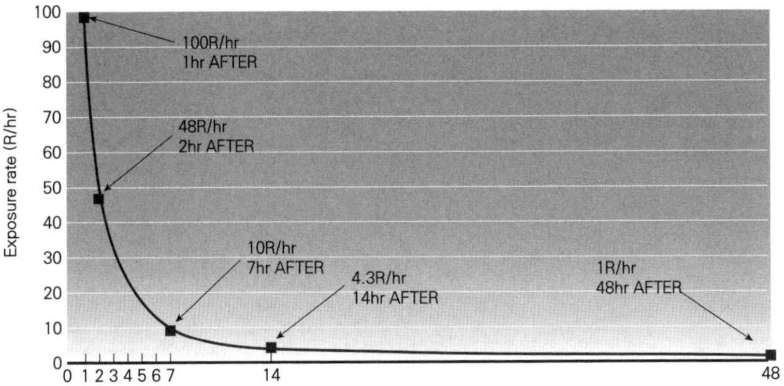

〈그림 2.12〉 핵폭발 직후 방사선 감소 속도

출처: FEMA, *Planning Guidance for Response to a Nuclear Detonation (Third Edition)*, FEMA, 2022, p.39.

〈표 2.6〉 핵폭발 직후 시간 경과에 따른 방사선 감소량(7-10법칙)

핵폭발 직후 시간 경과	방사선 감소량	방사선량
1	-	1,000 R/hr
7(1*7)	1/10	100 R/hr
49(7*7)	1/100	10 R/hr
343(7*7*7)	1/1,000	1 R/hr

출처: Federal Emergency Management Agency, op. cit., pp.5-6.

해를 입히면서 경제에도 커다란 영향을 미친다.

1961년 (구)소련이 고고도에서 6Mt의 핵실험을 하였을 때 미국의 알래스카에서 조기경보레이더와 반경 4,000km 내의 장거리 고주파 통신이 하루 이상 단절된 적이 있고,[20] 1962년 태평양에서 1.45Mt의 수소폭탄을 탑재한 핵탄두를 지상 400km에서 폭발실험(일명 'Starfish Prime' 프로그램)을 하자 핵 실험장에서 800km나 떨어진 곳에서

20 이춘근 · 김종선, 「고고도 핵폭발 피해 유형과 방호대책」, 과학기술정책연구원, Vol. 189, 2016, p.12.

〈그림 2.13〉 핵폭발 시 전자기파에 의한 피해 발생

출처: http://www.di-focus.com (검색일: 2018. 3. 15.)

는 관측 장비가 파손됐고 1,300km 이격된 하와이에서 통신망 두절, 가로등 파괴, 통신망 두절 외에 인공위성 일부 작동 불능 등의 현상이 발생하였다.[21] 일반적으로 핵무기가 폭발할 시 발생하는 현상 및 피해를 요약하면 〈표 2.7〉과 같다.

열복사선과 폭풍, 방사선에 의한 인체의 피해는 피폭당시 지상에 노출된 상황이나 지하 시설 등 어디에 있었는지, 핵 방호능력을 가진 시설 또는 임시적 시설 등 어떻게 방호된 시설에 있었는지, 엄폐 및 은폐 정도, 폭발원점으로부터 거리 등에 따라 〈표 2.8〉에서 보는 바와 같

---

21 http://www.ctbto.org/special/testing-times/9-July-1962starfish-prime-outer-space (검색일: 2017. 9. 1.)

이 안전한 상황으로부터 사망에 이르기까지 다양하게 발생한다.

〈표 2.7〉 핵폭발 시 발생 현상 및 피해(요약)

구분	현상 및 피해양상
열복사선	• 수백만 도의 열 발생 • 열 및 섬광에 의한 피해(사망 또는 화상, 실명, 망막손상 등) • 가연성 물질 화재와 폭발 야기(가스, 유류, 수목 등) • 고온의 열로 구조물 강재 휨 현상 발생, 건물붕괴 초래 등 ※ 핵폭발 시 피해의 30% 발생
폭풍	• 충격파 및 1·2차 충격파 발생 • 인원, 시설, 장비, 물자 등에 피해 발생 • 건물, 시설물 붕괴 시 사망 또는 부상 야기 • 비산물(건물, 유리 파편 등)에 의한 2차 피해 야기 ※ 핵폭발 시 피해의 55% 발생
방사선, 낙진	• 초기방사선 및 잔류방사선 발생 • 인체 피폭량에 따라 다양한 증세 발생(사망 또는 장기치료, 기형아) • 감응방사선 발생: 광범위 오염지역 형성 • 방사능 낙진(죽음의 재): 지역오염, 생물체 피해 야기 ※ 핵폭발 시 피해의 15% 발생
전자기파	• 전자기기 파손 및 작동 방해, 오작동 초래 – 군: 전력·통신, 유도무기, 감시 및 정찰 장비 등 – 민간: 교통, 통신, 인터넷, 금융, 전력 등 • 공중폭발 시 정전유도 등

출처: 필자의 연구결과임

〈표 2.8〉 핵폭발 시 발생하는 인명피해 유형

구분	안전	부상			사망
		단일요인	2중 요인	3중 요인	
유형	경미부상, 안전	화상, 부상, 방사선 피폭	화상+부상, 화상+방사선 피폭 부상+ 방사선 피폭	화상+부상 +방사선 피폭	사망
비고	약간의 치료	부상 정도 및 적시 치료 여부에 따라 생존 또는 사망, 중·장기적인 치료 요구			즉각, 지연

출처: 필자의 연구결과임

환자의 상태도 다양하게 발생한다. 핵폭발 이후 발생한 피해로 여하한의 응급치료에도 불구하고 곧 사망할 사람으로부터 심각한 화상이나 부상 및 방사선 피폭으로 인하여 즉각적인 응급치료와 더불어 장기적인 치료가 필요한 사람, 적시에 적절한 치료만 제공되면 생존에 지장 없이 회복할 수 있는 사람, 가벼운 부상으로 생명에는 전혀 지장 없이 일상적인 생활로 곧 복귀할 수 있는 사람, 지하실 등으로 대피함으로써 아무런 부상을 입지 않은 사람 등이 발생한다.

심지어는 신체에 과도한 방사선이 피폭되었음에도 핵 공격 당시에는 외관상 아무런 피해 흔적도 없고 당장 신체적인 이상 증세가 없자 아무 이상이 없는 것으로 알고 부상자 구조 등의 활동에 참여하였다가 며칠 뒤 구토와 설사, 빈혈, 탈모 등의 방사선에 피폭된 증세가 나타나고 악화하여 사망할 수도 있다. 이는 히로시마에서 발생한 일이며, 실제 핵 피폭 시 발생할 수 있다. 따라서 핵폭발 당시에는 외관상 아무런 부상을 입지 않았다고 할지라도 피폭지역에서 있었던 사람들에 대해서는 면밀한 관찰과 이상 증세가 나타날 시 조치가 필요하다.

히로시마에서는 피해의 60%가 화상, 20%가 부상, 20%가 방사선에 의한 것으로 알려져 있지만, 그 피해는 복합적으로 작용하여 발생하였으며, 사망자의 절반 이상이 치사량의 방사선을 받은 것으로 알려지고 있다.[22]

이렇게 다양한 증세를 보이는 부상 또는 피폭자들이 대규모로 발생한 상황에서 모든 환자를 병원에 입원시키고 치료하기에는 화상이나 방사선 치료의사 및 간호사 등의 전문치료인력이나 특수병원과 특수 장비와 약품의 부족, 이들을 입원시킬 전문시설의 부족 등 모든 분

---

22 국방부, 『대량살상무기의 이해』, p.70.

야에서 그 역량이 제한적일 수밖에 없을 것이다. 따라서 환자의 형태와 부상 원인 및 위치와 상태, 중증 및 경증 등 환자의 상황과 치료 시 생존 가능성, 전문 치료인력과 장비와 약품, 병원의 수용능력 등 제반 상황을 고려하여 적절히 분류하고 치료하기 위한 방침과 계획이 평시에 수립되어 있어야 한다.

경우에 따라서는 수천 도의 열로 심각한 화상을 입거나 폭풍으로 인한 골절상 등의 부상을 입을 경우, 또는 과도한 방사선 피폭으로 고통이 극심하면서 여하한의 치료에도 불구하고 회복이 어려울 것으로 판단되는 환자는 고통을 줄여주기 위한 대책이 필요할 상황도 발생할 수 있다.

핵무기는 대량살상무기로 그 위력과 폭발형태 및 당시의 기상과 지형여건, 대피소 준비 등에 따라 피해 규모와 범위가 다르기는 하지만 대규모의 피해를 동반한다. 따라서 특정한 표적만 타격하고자 한다면 종래의 핵무기로는 원치 않은 피해를 초래할 수 있다. 근래에는 이러한 피해를 줄이면서 핵무기를 사용하는 목적을 달성하고자 저강도(Lowyield) 핵무기가 개발되고 있다. 일반적인 핵무기를 사용할 경우, 그 피해가 대규모로 발생하기 때문에 특정한 표적만 선별적으로 타격하여 인명피해를 최소화하면서 목적을 달성하겠다는 것이다.

〈그림 2.14〉는 1발당 위력이 455kt인 W88 핵탄두를 10발 사용할 경우, 인명피해가 200~300만여 명에 달하며, 낙진은 한반도는 물론 일본도 영향권에 들어가면서 광범위한 피해가 발생한다는 것이다. 반면에 1발당 위력이 0.3kt의 B61 전술핵폭탄을 북한의 핵시설 5곳을 선정하여 타격할 경우, 낙진의 피해 없이 아주 적은 100명 미만의 피해로 목표물을 파괴할 수 있다는 것이다.

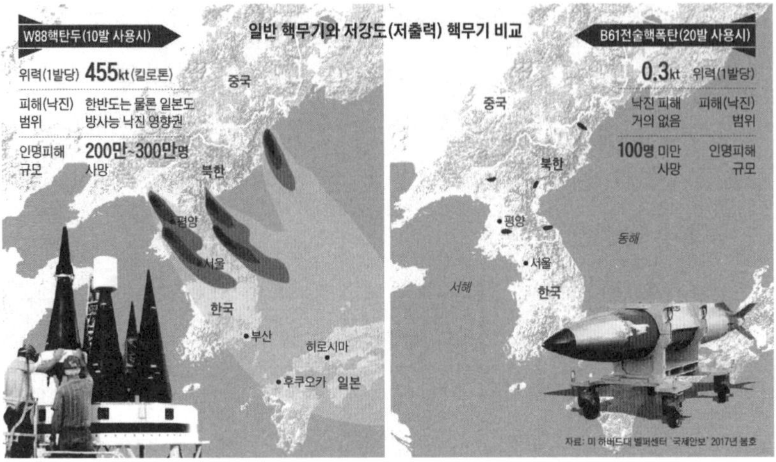

〈그림 2.14〉 일반 핵무기와 저강도 핵무기[23]

출처: 조선일보(2018. 1. 12)

---

23 유용원, "저강도 핵무기로 북 핵시설 5곳 타격땐 — 인명피해 100명 선 작전 가능"(조선일보, 2018. 1. 12). 예를 들어 저강도의 전술핵무기인 0.3kt의 B61은 정확도가 30m 이내로 땅속으로 100m 이상을 뚫고 들어가 지하 벙커를 파괴하며 낙진을 최소화하고, 인명피해도 극소화할 수 있다.

3장
히로시마 원자폭탄 투하 및 교훈

* 이 장은 본인의 저서인 「핵과 국가비상대비업무」의 92쪽으로부터 114쪽까지 부분 수정하여 인용하였다.

1. 개요

이 장에서는 제2차 세계대전 당시에 미국을 포함한 영국과 독일 및 일본 등의 원자폭탄 개발 노력을 간략히 언급한다. 그리고 미국이 맨해튼 프로젝트에 의해 원자폭탄을 개발한 이후 일본의 히로시마에 투하하기까지의 과정 및 원폭이 투하된 이후 발생한 현상과 피해양상을 제시한다.

또한 원폭이 투하된 이후 일본 정부 및 군부와 인접한 지방정부가 어떤 조치를 하였는지, 당시 피폭자들이 경험하였던 원폭투하 이후 발생한 현상과 제2차 세계대전 종전이후 히로시마의 복구를 위한 당시의 노력 및 사회적 피해도 언급한 뒤 이러한 사항들을 종합하여 교훈을 제시한다. 이러한 사항들은 우리가 북핵에 대비하여 정부차원의 민방위 및 국가비상대비업무에서 무엇을 할 것인지 방향을 제시한다.

2. 원자폭탄 개발과정

1) 맨해튼 프로젝트와 원자탄 개발

핵물질을 이용하여 처음으로 완전한 원자폭탄을 만드는 데 성공한 나라는 미국이고 처음으로 사용한 나라도 미국이다. 그러나 미국이 원폭을 만들기 전에 독일이나 일본과 영국도 원폭개발을 시도하였다.

만약 독일과 일본이 미국보다 먼저 이에 성공하였더라면, 그래서 전쟁 시기에 연합국에 사용하였다면 인류의 역사는 누구도 생각하지 못하였을 참담한 방향으로 진행되었을지도 모른다.

먼저 독일의 원폭개발 시도를 간단히 살펴보자. 1932년 독일의 물리학자 하이젠베르크(Werner Heisenberg)는 양자물리학 연구로 노벨물리학상을 받았다. 나치(NAZI) 독일은 이후 과학자들을 이용하여 1939년 4월에는 Uranverein(Uranium Club)이라는 비밀 핵무기 개발계획을 만들었는데, 이는 원자폭탄을 만들기 위한 계획으로 알려져 있다.

나치 독일은 전쟁기간에는 1940년에 노르웨이에서 만든 400리터의 중수(Heavy Water)를 압수하였고, 벨기에로부터는 1,200톤의 우라늄도 빼앗은 것으로 알려져 있다. 1944년도에는 소형 원폭도 개발하였다고 한다. 그러나 끝내 완전한 원폭개발에는 성공하지 못하였는데, 그 이유는 원폭을 만들기 위해서는 막대한 비용과 더불어 정부의 지원도 필요하나, 당시 독일의 과학자들은 이러한 지원을 받지 못하였다. 나치는 원폭보다는 오히려 V-2 로켓의 개발에 더 관심이 많았다. 이런 상황이 지속되면서 원폭개발이 중단되어 우라늄 농축이나 연쇄반응을 성공하지 못하였다. 나치 독일은 원폭을 개발하는 명령을 하지 않았다고 한다. 과학자들은 독일 패망 후 히틀러가 원폭을 갖는 것을 반대하였다고 말하였는데 성공하지 못한 것인지, 아니면 실패한 것인지는 불분명하다. 여기서 간과할 수 없는 것 중의 하나는 나치 독일의 억압에 많은 유대인 과학자들이 미국으로 망명하여 맨해튼 프로젝트에 참여하여 원폭개발에 도움을 주었으며, 아인슈타인(Albert Einstein)이 대표적이다.

원폭 연구는 독일에서 먼저 시작되었지만, 미국에서는 과학자와 정부, 산업체가 광범위하게 긴밀히 협력하고 막대한 군수 및 재정적 지원으로 원폭을 개발할 수 있었음에 비하여 독일은 이러한 지원의 부족과 더불어 나치의 관심 부족으로 근본적으로 불가능한 상황에서 원폭 개발에 성공할 수 없었다.[1] 미국은 독일의 원폭개발을 우려하면서 이른바 '알소스 임무(Alsos Mission)'[2]라는 비밀계획을 추진하여 핵개발에 참여한 물리학자를 제거하거나 시설을 파괴하기 위한 활동을 하였으며, 1945년 5월 독일이 패망한 뒤에는 하이거로흐(Haigerloch)의 교회 아래의 지하동굴에 있는 핵 연구소 시설을 해체하여 시설과 자료 등을 가져간 것으로 알려졌다.

일본도 원폭개발에 성공하지는 못하였지만 이를 만들기 위한 시도가 전혀 없었던 것은 아니다. 군부에서 원폭을 개발하기 위하여 다양한 연구와 노력을 하였으나 무기를 만들 정도로 충분히 우라늄을 농축하지 못하였고, 미국이 원폭을 만들 때까지 기폭장치를 만들지 못하였을 뿐이다. 일본은 도쿄 부근에 리켄(理研, RIKEN)[3]이라는 연구소를 만들고 덴마크의 닐스 보어(Niels Bohr) 교수 지도 아래서 공부한 물리학자 요시오 니쉬나(仁科芳雄)를 불러다 핵무기 개발을 시작하였다. 그는 1937년에 최초로 전자가속장치인 사이클로트론(Cyclotron)[4]을 만드는 데 성공하였고, 1944년에는 보다 커다란 사이클로트론을 만드는데도 성공하였다.[이 계획은 '2호 계획(Ni-Go Project)'으로 알려져 있다. 그 외에도 'F-Project'도 있었다.] 또한 원폭이론과 U-235 분리기술 발전 등 5개의

---

1 http://www.atomicheritage.org/history/german-atomic-project (검색일: 2018. 1. 20.)

2 https://ahf.nuclearmuseum.org/ahf/history/alsos-mission/ (검색일: 2023. 9. 26.)

3 이 연구소는 1913년에 과학연구를 위해 창설 필요성이 제기되어 1917년에 설립되었다. 제2차 세계대전 당시는 일본 육군의 원폭개발 프로그램이 여기서 실행되었다. 1945년 미군이 연구소를 폭격하였으며, 종전이후 연합군이 연구소의 사이클로트론 시설을 파괴하였다.

4 고주파의 전극과 자기장을 사용하여 입자를 나선 모양으로 가속시키는 입자 가속기의 일종이다.

연구주제를 진행하고 있었으며, 그들은 이론적으로는 물론 기술적으로도 핵무기를 만들 수 있을 것으로 판단하였다.

이 연구소는 1945년 연합군 폭격으로 부분적으로 파괴되었으며, 항복이후에는 미군이 Ni-Go계획을 압수한 것으로 알려졌다. 후일 연구소 시설은 미국의 전쟁성 지시에 따라 완전히 분해하고 그 시설들은 해체하여 도쿄만에 수장되었다.[5] 이렇듯 독일과 일본도 원폭개발을 시작하였으나 성공하지 못하면서 미국이 먼저 개발하였고 일본에 사용한 것이다.

한편 영국에서도 원폭관련 계획이 없었던 것은 아니다. 이른바 '마우드 위원회(MAUD Committee)'라 불리는 조직에 참여하였던 과학자들은 1940년 4월에 당시 물리학자들이 발견한 핵물질의 분열이 장차 핵무기를 만들 수 있을 것으로 생각하였다. 1940~1941년에 걸쳐서 물리학자들은 10kg의 우라늄만 있으면 이론적으로는 큰 폭발을 일으키는 데 문제점이 없을 것으로 예상하였다. 위원회의 보고서를 이용하여 영국은 핵무기를 만들기 위한 비밀계획으로 캐나다가 참여하는 '튜브 앨로이스(Tube Alloys)' 계획[6]을 만들었으나 많은 비용이 소요되는 점과 영국이 독일공군기의 폭격권에 있는 점 등을 감안하여 더 추진하지는 못하였다. 이 보고서는 후일 미국에 넘겨져 맨해튼 프로젝트에서 유용하게 사용되었다.[7]

---

5 http://www.atomicheritage.org/history/japanese-atomic-project (검색일: 2018. 1. 20.)

6 영국이 핵무기를 만들기 위한 계획이다. 1942년 시작되었으며 미국의 맨해튼 프로젝트에 참여하였다가 제2차 세계대전이 끝나면서 자체적으로 핵개발을 시작하여 1952년 허리케인 계획에 의거 핵실험을 하면서 세 번째 핵무기 보유국이 되었다.

7 http://www.atomicheritage.org/history/britains-atomic-project (검색일: 2018. 1. 20.)

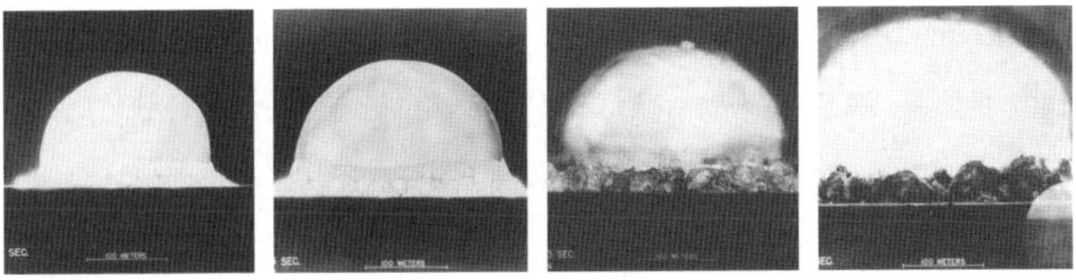

〈그림 3.1〉 맨해튼 프로젝트 원폭실험(1945. 7. 16)

출처: http://www.atomicheritage.org/history/trinity-test-1945 (검색일: 2018. 1. 20.)

미국의 원자탄 개발계획은 일명 '맨해튼 프로젝트(Manhattan Project)'로 알려져 있다. 이 계획은 1939년 처음 시작되기는 하였지만 1942년부터 미 육군장군 그로브스(Leslie Groves)에 의해 주도되었으며, 연구를 실제로 실행한 과학자는 오펜하이머(Robert Oppenheimer)였다. 미국의 여러 정부기관이 원폭을 개발하고 실험하는 데 소요되는 비용과 시설 등을 지원하였으며, 미국 외에 영국과 캐나다의 물리학자들도 참여하였다. 원폭제조에 필요한 우라늄은 미국과 캐나다, 체코, 벨기에령 콩고 등에서 조달하였으며, 핵개발을 위하여 약 20억 달러(2016년 기준: 270억 달러)의 예산과 13만여 명의 인력이 투입되었다. 1945년 7월 16일 뉴멕시코(New Mexico)의 앨라모고도(Alamogordo)에서 처음으로 원자폭탄 폭발실험(Trinity Test)이 성공적으로 실시되었다.

〈그림 3.1〉에서 왼쪽으로부터 0.13초, 0.25초, 0.53초, 1초 뒤의 화구이다.

2) 히로시마 원자탄 투하 과정

미국에서 장차 일본에 원폭을 투하하는 문제를 처음으로 논의한 시기는 원자탄 실험을 성공하기 이전인 1943년 5월 5일 군사정책을 논의하는 자리로 거슬러 올라간다. 당시 원폭의 개발은 물론 무기로

사용될 수 있을 것인지도 불확실한 때였지만 논의가 있었다.[8]

맨해튼 프로젝트를 총괄하였던 그로브스 장군과 파렐(Thomas Farrel) 장군은 일본을 항복시키기 위해서는 2발의 원폭투하를 주장하였다. 그 이유로, 첫째는 원폭을 만들어 낸 미국의 힘을 보여주기 위한 것이고, 둘째는 미국이 일본을 항복시킬 수 있는 충분한 무기를 갖고 있다는 것을 일본에 확신시키기 위한 것이라고 하였다.[9]

히로시마와 나가사키에 대한 원폭투하는 일련의 과정을 거쳐 결정됐다. 1945년 4월 27일, 그로브스와 오펜하이머 등이 참여하는 1차 표적위원회(Target committee)가 열려 도쿄와 히로시마, 교토, 나가사키, 요코하마 등을 선정하였다. 그러나 도쿄에 원폭을 투하하는 것은 불발을 염려하여 취소하였다. 당시 일본의 많은 도시가 미군 폭격기의 폭격을 받아 상당한 피해를 입고 있었지만, 히로시마는 당시 미 공군기의 재래식 폭격을 받지 않은 가장 큰 도시였으며, 도시가 평탄한 지역

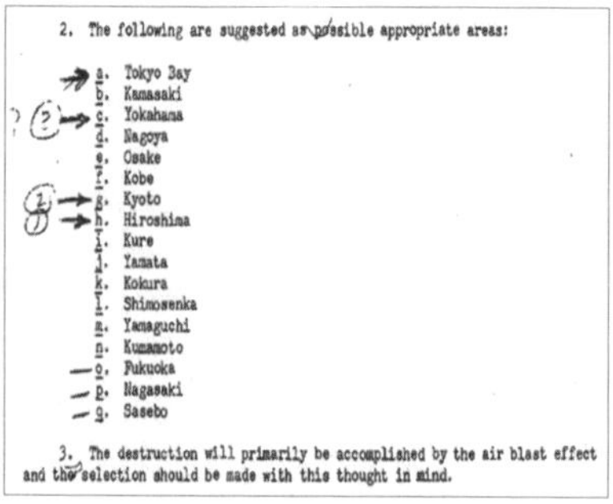

2. The following are suggested as possible appropriate areas:

a. Tokyo Bay
b. Kawasaki
c. Yokahama
d. Nagoya
e. Osake
f. Kobe
g. Kyoto
h. Hiroshima
i. Kure
j. Yamata
k. Kokura
l. Shimosenka
m. Yamaguchi
n. Kumamoto
o. Fukuoka
p. Nagasaki
q. Sasebo

3. The destruction will primarily be accomplished by the air blast effect and the selection should be made with this thought in mind.

〈그림 3.2〉 원폭표적위원회와 당시 표적으로 논의된 도시

출처:https://apjjf.org/Sean-Malloy/3114/article.html (검색일: 2018. 2. 5.)

---

8 Martin Zuberi, *Atomic Bombing of Hiroshima and Nagasaki*, Strategic Analysis, August. 2001, p. 633

9 Ibid., pp.624-625.

과 주변의 산악들도 높지 않은 것으로 평가되었다.[10]

1945년 5월 10일 열린 2차 표적위원회에서는 원폭투하 시의 고도 및 기상관련 보고와 이륙 및 착륙 시 원폭을 적재하였을 경우 야기될 문제, 논의하고 있었던 표적들을 선정하였을 때 나타날 현상, 일본 내 주요 군사표적에 대한 사용여부, 핵폭발 시의 방사선 효과, 폭격기 상호간의 협조, 원폭투하를 위한 예행연습, 일본까지 원거리 비행간 발생할 수 있는 안전을 위한 협조사항 등을 논의하였다. 여기서 표적은 교토와 히로시마, 요코하마, 고쿠라 병기공장, 니가타 등을 논의하였으며, 교토와 히로시마, 요코하마, 고쿠라를 우선순위 투하지역으로 검토하였다.[11] 히로시마는 당시 중요한 항구이자 제2군 군사령부가 있었기 때문에 전략적인 표적으로 고려하였다.

비록 미국이 일본에 인류 최초의 원폭을 투하할지라도 인도주의를 주장하는 국가로서 피해를 최소화할 수 있도록 하는 차원에서 원폭을 투하하기 2~3일 전에 일본에 이러한 사항을 경고하는 방안도 논의하였다.[12]

사실 1945년 5월 7일, 독일군이 항복하면서 유럽지역에서 전쟁이 끝났고, 유일하게 일본만 연합국과 전쟁을 지속하는 과정에서 그것도 일본의 전쟁지속능력이 바닥에 다다르고 있는 상황에서 원폭을 투하하지 않고도 미국이 일본을 항복시킬 수 있는 방법에는 몇 가지가 있었다. 이를 보면, 먼저 미 육군항공(공군)의 재래식 폭격에 의한 방

---

10 Ibid., p.635.

11 http://www.trumanlibrary.org: *Summary of Target Committee Meeting on 10 and 11 May 1945* (TOP SECRET 해제자료, 검색일: 2017. 9. 1.)

12 *Memorandum on the use of S-1 Bomb* (1945. 6. 27.), (TOP SECRET 해제자료)

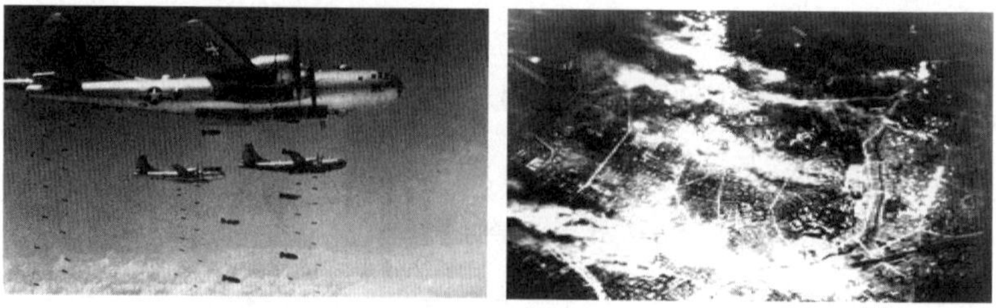

〈그림 3.3〉 미군 폭격기의 폭격과 불타고 있는 도쿄(1945. 3. 10.)

출처: http://www.uncensoredhistory.blogspot.kr (검색일: 2018. 2. 10.)

법[13]이다. 미군은 1945년 3월 9일 334대의 폭격기가 도쿄에 2,000톤의 소이탄(incendiary)을 투하하여 도쿄를 불태워버렸고, 5월 23일에도 3,645톤의 소이탄을 도쿄에 투하하였다.

1945년 7월까지 일본 전역에는 41,000톤 이상의 폭탄을 투하하였으며, 그 가운데는 소이탄이 많았다. 그 이유는 당시 일본의 주택들에는 목조가옥이 많아 소이탄 공격으로 화재가 발생할 가능성이 높았기 때문이다. 일본의 66개 도시 가운데 44개 도시가 소이탄의 공격을 받았으며 수십만여 명이 사망하는 등의 희생자와 수백만여 명이 집을 잃었다.

다음은 해상봉쇄에 의한 방법[14]이다. 전쟁을 지속하려면 인적자원은 물론 각종 금속이나 유류와 고무 등의 전략물자가 절대적으로 필요하다. 그러나 일본은 전쟁을 지속할 물적 자원이 매우 부족한 나라로, 이를 충당하려고 동남아의 인도네시아와 말레이시아 등 자원지역에서 상당량을 조달하고 있었다. 그러나 미 해군이 제공 및 제해권을 장악하면서 1943년 들어 일본에 대한 해상봉쇄로 일본 경제는 휘청거

13 Zuberi., op. cit, p.628. 제2차 세계대전 당시에 공군은 육군항공대 소속이었다. 제2차 세계대전 이후 1947년에 공군이 육군으로부터 독립되었다.

14 Zuberi., op. cit, p.628.

리고 있었다. 당시 어느 일본 제독의 지시로 연구한 보고서에 의하면 1944년 3월 일본은 이미 석유나 고무와 철광석 등을 운반해야 할 상선을 대부분 상실하면서 동남아로부터 천연자원의 수송이 막히고 있었다고 한다. 미 해군과 전략공군에서는 해상 및 공중우세권을 확보하면서 해상봉쇄와 전략폭격만으로 일본을 굴복시키기에 충분하다고 주장하였고, 미 육군은 육군대로 전쟁을 끝내기 위해서는 일본에 대한 상륙작전이 필요하다고 주장하였다. 이렇게 군간의 의견 차이가 발생하면서 일본 본토에 대한 상륙작전이 주요한 의견으로 등장하였다.[15]

1945년 6월 18일 일본 본토 상륙작전을 논의하기 위해 트루먼(Harry Truman) 대통령 주재로 회의가 열렸다. 이 회의에서는 1945년 11월 1일 일본 본토 상륙을 목표로 하는 이른바 '올림픽 작전계획(Operation OLYMPIC)'을 논의하였다. 여기에는 육군참모총장 마셜(Georges Marshall) 장군과 대통령 군사고문 레(William Leahy) 제독, 해군의 킹(Earnest King) 제독, 해군장관 포레스탈(James Forrestal), 전쟁성 장관 스팀슨(Henry Stimson) 등이 참여하였다.

이상은 모두 재래식 무기를 사용하여 일본을 굴복시킬 방법이었다. 마지막으로 원자탄을 투하하여 일본을 항복시키는 것을 논의하였다. 이 네 가지는 미국이 군사적으로 선택 가능한 상황이었다. 여기에 러시아의 대일본 전쟁선포도 중요한 한 가지였다(이미 1945년 7월의 포츠담 회의에서 연합국 지도자 사이에 소련의 참전이 합의되었다).[16] 이처럼 일본을 항복시키고 전쟁을 끝내기 위한 여러 방안을 논의하였지만 최종적으로 원폭을 사용하기로 결정한 것이다. 그렇다면 미국은 왜 원폭의 사

---

15 Zuberi., op. cit, p.630.

16 Zuberi., op. cit, p.627.

용을 결정하였을까?

1944년 3월 1일부터 1945년 5월 1일까지 14개월 동안 맥아더 장군이 태평양 전쟁을 하면서 미군 13,742명이 전사(일본군은 310,165명)하였다. 반면에 1945년 필리핀 레이테 전역이후 전사 및 부상자, 실종자는 증가하고 있었다.[17] 이는 일본 본토로 전선이 근접해지면서 일본군의 극렬한 저항이 있었기 때문이다.

일본을 점령하는 군사작전 과정에서 발생할 미군의 희생자 규모에 대하여 대통령이나 합참에서는 커다란 우려를 하였다. 일본의 무조건 항복을 요구하는 포츠담 선언을 일본이 거부하였을 때 트루먼 대통령은 일본 본토에 상륙작전을 할 시 100만여 명의 병력이 필요하고 그 가운데 25만 명의 희생을 감수하며 해야 할 것인지, 아니면 원폭을 사용할 것인지 결심해야만 하였으며 원폭을 결심한 것이다.[18]

〈표 3.1〉 태평양 전쟁당시의 미군 및 일본군 손실

전역	미군 (전사, 부상, 실종)	일본 (전사, 전쟁포로)	미군:일본군 피해 비율
레이테(Leyte)	17,000	78,000	1:4.6
루존(Luzon)	31,000	156,000	1:5.0
이오지마(Iwozima)	20,000	25,000	1:1.25
오키나와(Okinawa)	34,000(지상) 7,700(해상)	81,000	1:2
(유럽) 노르만디 (Normandy)	42,000		

출처: http://www.nationalarchive.gov: Minutes of Meeting held at the White House, June 18, 1945, p.2. (검색일: 2018. 3. 20.)

---

17 http://www.nationalarchives.gov: Minute of Meeting held at the White House on Monday, 18 June 1945 at 1530 (TOP SECRET 해제 자료, 검색일: 2017. 9. 1.)

18 PAUL HAM, *HIROSHIMA NAGASAKI: THE REAL STORY OF THE ATOMIC*

당시 트루먼 대통령은 25만여 명의 미군이 전사하는 것보다는 히로시마 인구가 6만여 명이라면 이를 희생시키고 일본을 항복시키는 것이 더 바람직할 것이기 때문에 히로시마와 나가사키에 원폭을 투하하도록 명령하였다고 말하였다. 후일 그는 결과적으로 원폭의 투하가 미군 25만 명과 일본인 25만 명의 목숨을 구하였으며, 전쟁을 끝내기 위한 수단으로 원폭을 투하한 것을 후회하지 않는다고 말한 바 있다.

오키나와 전역기간 동안 가미카제(神風)와 가이텐(回天) 등의 특공작전으로 미군이 수많은 피해를 입으면서 값비싼 전쟁을 하고 있었다.[19] 3개월간의 오키나와 전역에서 미군은 수만 명이 전사하거나 부상을 입었으며 해군은 36척의 함정 격침과 368척이 대파되는 피해를 입었다. 이것은 대부분 가미카제 등의 자살공격으로 인한 피해였다. 한편, 일본군은 본토방위를 위하여 결호작전(決號作戰)을 준비하면서 200만여 명의 병력과 8,000여 대의 각종 항공기를 준비하는 등 본토를 방위하겠다고 주장하고 있었다.[20] 그런 상황에서 미국은 인명피해를 최소화하기 위하여 원폭의 사용을 결심한 것이다.[21]

1945년 7월 25일 육군참모총장 마셜 장군이 서명한 원폭투하 명령이 스파츠(Carl Spaatz) 전략공군 사령관에게 하달됐다. 여기에는 원폭을 투하할 목표로 히로시마와 고쿠라, 니가타, 나가사키가 포함되었다. 원폭을 투하할 일시는 기상상황에 따라 8월 3일 이후에 하되 육안

BOMBINGS AND THEIR AFTERMATH, St. Martin's Press, 2014, p.473.

19 정하명 외, 『세계전쟁사』, 황금알, 2005, p.435.

20 정하명 외, 위의 책, p.441.

21 트루먼 대통령은 종전이후 미국이 일본에 원폭을 투하한 이유로 첫째, 일본군이 경고 없이 진주만을 기습한 데 대한 보복과 둘째, 일본군이 필리핀 등지에서 미군 전쟁포로를 학대하고 굶주리고 처형한 데 대한 보복과 셋째, 국제법의 전쟁법을 지키지 않은 일본에 대한 응징, 넷째, 미국의 젊은이의 희생을 줄이기 위하여 사용하였다고 말한 바도 있다.

으로 목표를 확인하여 폭격이 가능할 때 하도록 지시되었으며, 폭격고도와 투하시간 등은 폭격기를 지휘하는 지휘관에게 위임되었다.[22]

미군은 원폭을 투하하기 전에 경고 차원에서 일본의 주요 도시에 이른바 '르메이 전단(LeMay Leaflets)'을 살포하였다. 이 전단에는 '일본국민에게 고함(日本國民に 告く)'이라고 하여 다음을 포함하였다.[23]

> "이 전단을 주의 깊게 읽어 당신과 가족, 친구의 생명을 구하기 바란다. 가까운 시일 안에 여기 전단에 포함된 도시의 전부 또는 일부가 미군기의 폭격에 의하여 파괴될 것이다. 이 표적에는 군수물자를 생산하는 시설이나 공장이 포함돼 있다. (…) 여러분들은 빠른 시간에 전단에서 언급된 도시를 떠나 목숨을 구할 수 있도록 해주기 바란다. 미국은 일본국민과 싸우는 것이 아니다. 미국은 일본국민을 노예로 만드는 군부와 싸우는 것이다. (…) 빠른 시간에 전단에 언급된 도시를 떠나기 바란다."

히로시마에 원폭을 투하한 이후에도 일본이 항복을 거부하자 미국은 히로시마에 원폭을 투하하였음을 경고하면서 다시금 도시를 떠나 다른 곳으로 대피하도록 경고하였다.

> "일본국민에게 경고한다. 일본 국민은 이 전단에서 언급하는 바와 같이 즉시 대피하기 바란다. 우리는 지금 종전에 없었던 파괴적인 무기를 갖고 있다. 우리는 지금 B-29 폭격기 2,000대가 운반할 수 있는 폭발물의 양에 해당하는 무기와 같은 폭발력을 갖는 신형의 원폭을 갖고 있다.

---

22 http://www.dannen.com/decision/handy.html, *Official Bombing Order, July 25, 1945* (검색일: 2017. 9. 3.); Zuberi, op. cit, p.643.

23 http://www.atomicheritage.org/key-documents/warning-leafleats (검색일: 2018. 1. 20.)

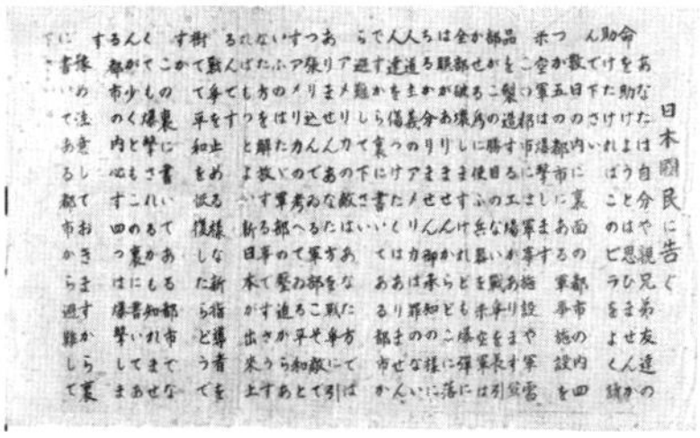

〈그림 3.4〉 르메이 전단과 일본국민에 대한 경고문

출처: http://www.atomicheritage.org/key-documents/warning-leafleats (검색일: 2018. 1. 20.)

> 우리는 이제 이 무기를 일본에 사용하기 시작하였다. 이 경고가 의심된다면 히로시마에서 무슨 일이 일어났는지 알아보기 바란다. (…) 여러분들은 군부가 저항을 중지하도록 힘써주기 바란다. 그렇지 않으면 우리는 신속하게 강력한 이 무기를 사용하여 전쟁을 끝낼 것이다. 즉시 여러분이 사는 도시를 떠나기 바란다."

히로시마와 나가사키에 투하된 원폭은 종전에 없었던 대규모의 인명을 살상하였고 도시를 일순간에 폐허로 만들었다. 이는 폭격기 수백 대가 동시에 폭격을 하였던 것과 비슷한 피해를 단 한발의 원폭으로 그대로 입힌 것이다. 이 당시 미 전략공군에서는 원폭과 재래식 폭탄의 폭격효과를 〈표 3.2〉와 같이 비교 평가하였다.

다음 표에서 보여주듯 원자탄 1발의 위력은 B-29 폭격기 수백 대가 동시에 출격하여 폭격하였을 때와 비슷한 효과를 발휘할 정도로 강력하다. 여기에 치명적인 방사선에 의한 피해도 발생한다.[24] 재래식 탄은 포격이나 폭격당시의 인명살상과 파괴 등의 피해로 끝나지만,

---

24 히로시마와 나가사키 원폭투하로 인한 피해는 화상, 열상, 무너진 건물의 파편이나 붕괴한 건물과 폭풍에 날린 파편 등으로 약 85%가 사망하고 15%가 방사선으로 죽었기 때문에 일본의 다른 도시가 폭격 시 죽은 원인도 이와 비슷하다고 주장하는 경우도 있다.

〈표 3.2〉 핵 및 재래식 공격의 피해 비교

구분	히로시마 원폭공격	나가사키 원폭공격	도쿄 대공습	평균 93개 도시 폭격
투입 폭격기(대)	1	1	279	173
폭탄투하량	원자탄 1	원자탄 1	1,667톤	1,129톤
인구밀도(명) (평방마일당)	46,000	65,000	130,000	미확인
파괴지역 (평방마일)	4.7	1.8	15.8	1.8
사망/실종(명)	70,000~80,000(당일)	3,500~40,000 (당일)	83,600	1,850
부상(명)	70,000	40,000	102,000	1,830
사망(명) (평방마일당)	15,000	20,000	53,000	1,000
피해율(명) (평방마일당)	32,000	43,000	11,800	2,000

출처: The US Government Printing Office, *The United Strategic Bombing Survey: The Effect of Atomic Bombs on Hiroshima and Nagasaki*, The US Government Printing Office, June 30, 1946, p.33.

핵무기는 폭발 당시의 인명살상과 시설 등의 파괴는 물론 방사선 피폭량에 따라 수개월~수십 년에 걸쳐 백혈병이나 암 같은 병의 유발과 기형아 탄생과 같은 비극으로 후손에게까지 그 영향을 미친다.

3. 히로시마 원폭투하 및 피해

1) 1945년 8월 6일의 상황

그렇다면 히로시마 원폭 당일의 상황은 어땠을까? 1945년 8월 6일 새벽, 태평양상의 작은 섬 티니안(Tinian)에서는 한 대의 B-29 폭격기(Enola Gay)가 이륙하였다. 이 폭격기에는 인류 최초로 일본에 투하할 원자폭탄인 '리틀 보이(Little Boy)'를 적재하고 있었다. 폭격기는 일본을 향해 비행하다가 다른 폭격기 두 대와 합류하였다. 폭격기가 일본 열도로 접근함에 따라 히로시마 레이더 관측소에서는 폭격기의 접근을 탐지하여 공습경보를 발령하였다가 7시 30분에 해제하였다. 통상적으로 미군 폭격기들이 일본을 폭격하기 위하여 올 시에는 수십~수백 대가 왔는데 이날은 원폭을 탑재한 폭격기 1대와 관측기 2대 등 3대 밖에 오지 않았기 때문에 곧 공습경보를 해제하였다. 공습경보가 해제되면서 많은 시민은 학교로, 공장으로 이동하였고, 일부는 이미 직장에 출근하여 업무를 시작하였다. 이렇게 시민의 이동이 많은 시간에 원폭이 투하되었다.

원폭투하 이후 도쿄의 방송에서는 히로시마 방송국이 파괴된 것을 알고 다른 전화선으로 접촉을 시도했으나 실패하였다. 20분 뒤에는 도쿄의 철도 전신센터에서도 히로시마 북쪽에서 전신선이 작동하지 않음을 알았다. 히로시마에서 10마일 떨어진 기차역에서는 히로시마에서 대폭발이 발생하였다는 확인되지 않은 비공식적인 보고가 왔고 이러한 사항들은 도쿄의 대본영으로 보고되었다.

히로시마가 원폭공격을 받자 군부에서는 그곳에 주둔하고 있는

〈그림 3.5〉 히로시마와 나가사키 원폭투하[25]

출처: https://apjjf.org (검색일: 2018. 2. 10.)

2군을 호출하였으나 많은 피해를 입고 있는 상황에서 반응이 없었다. 군부에서는 히로시마에 미군 폭격기의 대규모 폭격이 없었고, 그렇다고 대폭발을 일으킬 폭발물도 없는 것으로 알고 있었다. 따라서 대본영

---

25 왼쪽은 히로시마에 원폭을 투하한 에놀라 게이와 리틀 보이 및 폭발 모습이고 오른쪽은 나가사키에 원폭을 투하한 복스카(Bockscar)와 팻맨(Fat Man) 및 폭발 모습이다.

〈표 3.3〉 히로시마와 나가사키에 투하된 원폭비교

구분	히로시마(廣島)	나가사키(長崎)
길이	3m	3.2m
직경	0.7m	1.5m
무게	4ton	4.5ton
핵물질	우라늄 64kg (89% 농축: 50kg, 50% 농축: 14kg)	플루토늄 10kg
위력	16kt(우라늄탄)	21kt(플루토늄탄)
폭발고도	600m	605m
폭발방식	포신형	내폭형
별칭	리틀 보이	팻 맨

출처: Masao Tomonaga 외, *Research of on Impacts of Nuclear Weapon in Various Aspects*, Ministry of Foreign Affairs of Japan, 2014, p.14.

에서는 비행기를 타고 가서 히로시마에서 발생한 상황을 확인하여 보고토록 하였다. 지시를 받은 장교는 세 시간 비행 끝에 히로시마에 가서 처참하게 파괴된 상황을 대본영으로 보고하였다. 원폭투하 이후 트루먼 행정부는 다시 일본에 무조건 항복을 요구하였지만 일본은 이를 거부하였고 3일 뒤에는 나가사키에도 원폭이 투하되었다. 히로시마와 나가사키에 투하된 원폭의 형상 등을 비교하면 〈표 3.3〉와 같다.

히로시마와 나가사키에 원폭이 투하되면서 도시의 대부분이 흔적도 없이 사라졌다. 히로시마는 90% 이상의 도시가 화재와 폭풍으로 불타거나 파괴되었으며, 나가사키도 많은 부분이 불타거나 파괴되는 피해를 입었다.

〈그림 3.7〉은 당시 히로시마와 나가사키에 원폭이 투하되어 막대한 피해가 발생하였음을 보도하는 미국의 신문이다. 원폭은 TNT 폭약 20,000톤에 해당하며, 트루먼 대통령이 일본에 '파멸의 비(Rains of ruin)'가 될 것임을 경고하고 있다는 기사 제목이 보인다.

〈그림 3.6〉 히로시마와 나가사키 핵 피폭 전후의 모습(왼쪽: 히로시마, 오른쪽: 나가사키)

출처: https://www.google.co.kr (검색일: 2018. 3. 15.)

"All the News That's Fit to Print"

The New York Times.

LATE CITY EDITION

FIRST ATOMIC BOMB DROPPED ON JAPAN; MISSILE IS EQUAL TO 20,000 TONS OF TNT; TRUMAN WARNS FOE OF A 'RAIN OF RUIN'

HIRAM W. JOHNSON, REPUBLICAN DEAN IN THE SENATE, DIES

Jet Plane Explosion Kills Major Bong, Top U.S. Ace

KYUSHU CITY RAZED

Kenney's Planes Blast Tarumizu in Record Blow From Okinawa

ROCKET SITE IS SEEN

125 B-29's Hit Japan's Toyokawa Naval Arsenal in Demolition Strike

REPORT BY BRITAIN

'By God's Mercy' We Beat Nazis to Bomb, Churchill Says

ROOSEVELT AID CITED

Raiders Wrecked Norse Laboratory in Race for Key to Victory

Steel Tower 'Vaporized' In Trial of Mighty Bomb

NEW AGE USHERED

Day of Atomic Energy Hailed by President, Revealing Weapon

HIROSHIMA IS TARGET

'Impenetrable' Cloud of Dust Hides City After Single Bomb Strikes

THE BOSTON HERALD

LATE CITY EDITION

ATOMIC BOMB HITS NAGASAKI. SOVIET ENTERS WAR. U.S. BIDS TOKYO QUIT

Vital Kyushu City Is Second Atom Target

BYRNES TELLS HOW TRUMAN PRODDED REDS

〈그림 3.7〉 히로시마와 나가사키 핵 피폭보도 신문

출처: https://www.google.co.kr (검색일: 2018. 2. 20.)

2) 피해 상황

1945년 8월 15일 아침 8시 15분에 인류 최초의 원자폭탄이 히로시마에 투하되었다. 투하된 원폭 '리틀 보이'는 1/100만 초라는 극히 짧은 시간에 핵분열(nuclear fission)이 종료되면서 수백만 도의 온도를 방출하였고, 엄청난 기압도 발생하였다. 당시 시간대별 발생한 상황을 일본의 자료를 통하여 살펴보면 〈표 3.4〉와 같다.

〈표 3.4〉 원폭투하 이후 시간대별 발생 상황

시간	현상
0초	• 에놀라 게이호, 지상 9,600m 상공에서 원폭투하 • 43초 낙하 뒤 지상 600m 상공에서 폭발
1/1,000,000초 (1㎲)	• 핵분열 종료, 감마선(Gamma rays)과 중성자(Neutrons) 다량 방출 • 원자탄 내부 수백만도 도달 및 수백기압 발생
1/10,000초	• 반경 14m 화구(fireball)와 표면온도 30만℃ 발생
1/100초	• 반경 90m 화구로 확대, 표면온도 1,700℃로 하강
0.3초	• 화구 표면온도 7,000℃로 상승, 섬광 관측 및 폭풍 발생
1초	• 화구 반경 140m(최대), 표면온도 5,000℃로 하강
3초	• 화구 표면온도 1,700℃로 하강, 모든 에너지 방출
10초	• 히로시마 거의 파괴, 화염 사라짐
3분 경과	• 버섯구름(Mushroom cloud) 보이기 시작
20분 경과	• 방사능에 오염된 검은비(Radioactive black rain) 내리기 시작

출처: Masao Tomonaga 외, op. cit., p.18.

이로 인하여 발생한 인명피해는 〈표 3.5〉에서 보는 바와 같다. 단 한발의 폭탄으로 대규모 인원이 살상되었음을 볼 수 있지만, 당시는 물론 한동안 원폭에 의한 열 및 화상, 방사선에 의한 인명피해가 광범위한 지역에서 발생하였기 때문에 피해 현황을 집계하기가 쉽지 않은 상황이었다. 그러한 피해규모에 대한 조사가 다음의 〈표 3.5〉에 제시

〈표 3.5〉 히로시마 원폭피해 조사결과

(단위: 명)

일시	조사기관	계	사망	부상
1945. 8. 20	히로시마	42,550	32,959	9,591
1945. 8. 25	히로시마 보건국	63,614	46,185	17,429
1945. 11. 30	히로시마 경찰국	92,133	78,150	13,983
1946. 3. 8	히로시마 행정국	64,610	47,185	17,425
1946. 8. 10	히로시마 피해조사팀	122,338	118,661	3,677
1951	미일 합동조사팀	64,602	64,602	-
1961	일본 원폭-수폭반대 특별위원회	151,900~165,000	119,000~133,000	-

출처: Masao Tomonaga 외, op. cit., p.16.

되어 있다. 이 도표를 보면 피해 조사일시와 기관에 따라 피해규모에 있어 상당한 차이가 있음을 볼 수 있다.

이렇게 피해 현황에 있어 차이가 발생하는 이유는 그만큼 원폭이 폭발할 시 발생하는 다양한 피해 유발 요인인 열복사선과 폭풍 및 방사선 등으로 인하여 그 피해가 오랜 기간에 걸쳐 광범위하게 발생하면서 폭발 당시로만 국한되지 않는다는 것을 보여주기 때문이다.

1945년 8월의 히로시마의 인구는 약 27만여 명으로 알려져 있다. 이 인구 가운데 일본정부의 사망자에 대한 공식적 현황은 핵폭발 당일 즉시 사망한 인원으로부터 그해 12월까지 5개월 이내에 사망한 인원을 14만여 명이라고 제시하고 있다.[26]

26 Masao Tomonaga 외, op. cit., p.11, pp.15-16. 히로시마 피폭 피해에 대한 자료는 1971년 히로시마 시에 의해 출판된 히로시마의 '전쟁피해 평론(War Damage Journal)'에 근거한다. 이 자료는 1976년 유엔 사무총장에게 보고하기 위한 유엔의 특별위원회자료와 유엔의 원폭피해 조사단에 의한 자료에 의한 것이다. 여기에는 군인을 제외한 31~32만여 명(군인포함 시 35만)이 직접적으로 영향을 받았으며, 이 가운데 14만여 명이 사망하였다고 기록하였다. 이 숫자에는 외국인도 포함된다. 히로시마 시의 자료에 의하면 핵 피폭으로 영향을 받은 인원은 320,081명이며, 그 가운데 사망 또는 실종자는 122,338명이고, 부상자는

히로시마에서는 처음 조사에서 사망 68,670명과 부상 72,880명이라고 하였다가 이내 건물에서 수백 명의 사망자가 무더기로 발견되자 이 숫자에 대하여 의문을 가지면서 무시되었고, 결국 그해 연말에는 14만 명으로 늘어났다. 특히 폭발 순간 반경 450m의 '죽음의 동그라미' 안에 있었던 사람 약 3,483명 가운데 88%가 즉시 또는 그날 안에 죽었다.[27]

한편, 건물에 대한 피해로 히로시마에는 피폭 전에는 76,327동의 건물이 있었는데 이 가운데 70,147동의 건물이 파괴되거나 불에 타 버렸다. 이는 당시 건물의 92%가 피해를 입은 것이다. 또한 당시 330만m^2의 농지 가운데 40%가 오염된 재로 인하여 사용할 수 없게 되었다.[28]

8월 9일 나가사키 핵피폭 이후 발생한 사망자 현황에 대한 조사 결과도 히로시마 원폭투하 이후 발생한 현상과 비슷한 상황이 발생하고 있음을 보여준다. 당시 나가사키 인구는 24만여 명으로 추산되었으며, 초기의 조사에서는 사망 37,507명과 부상 26,709명으로 집계되었으나 그해 말 70,000여 명의 사망자가 발생한 것으로 다시 집계되었고,[29] 피폭 당일부터 5개월 이내 사망한 인원은 73,000여 명으로 집계되었다.[30]

78,130명이다. 이러한 수치를 토대로 1945년 12월 31일 현재로 군인을 포함한 사망자를 14만여 명이라고 하였다. 히로시마 평화기념관에 의한 자료에서는 13~15만여 명이 죽었다고 제시하고 있기도 하다.(http://www.hiroshimapeacemedia.jp, 검색일: 2017. 9. 2.)

27 케이스 휠러, 『원폭과 일본 패망』,(주)한국종합물산, p.135.

28 Hiroshima Prefecture and The City of Hiroshima, *Hiroshima Reconstruction and Peacebuilding Research Project: Hiroshima's Path to Reconstruction*, Rijo Printing Co. Ltd, 2015, p.7.

29 케이스 휠러, 『원폭과 일본 패망』, p.135.

30 Masao Tomonaga 외, op. cit., p.11, pp.16-17. 또 다른 자료에서는 1945년 12월까지 히로

<표 3.6> 나가사키 원폭 피해 조사결과

(단위: 명)

일시	조사기관	계	사망	부상
1945. 8. 31.	나가사키 현	21,672	19,748	1,924
1945. 10. 23.	나가사키 현 외무업무 부서	25,677	23,573	1,924
1947년 이전	영국에서 파견된 조사팀	39,500	39,500	-
1949	나가사키 원폭자료보관 위원회	73,884	73,884	-
1951	미일 합동조사팀	29,570~39,214	29,570~39,214	-
1956	미일 합동조사팀	39,000	39,000	-

출처: Masao Tomonaga 외, op. cit.. p.17.

히로시마에 투하된 원폭(16kt)보다 나가사키에 투하된 원폭(21kt)의 위력이 더 강하였음에도 불구하고 히로시마에서 희생자가 더 많이 발생한 이유는 지형적 요인에 의한 바가 크다. 즉, 히로시마는 도시 중심부의 평탄한 지형의 상공에서 폭발하면서 핵폭발 효과가 컸고, 여기에 인구도 더 많았던 반면에 나가사키는 지형의 기복과 도시 중심부를 벗어나 계곡의 상공에서 폭발하면서 그 효과가 감소하였다.

히로시마와 나가사키의 피해는 단 한 발의 핵 공격으로도 대규모의 인명피해가 발생하는 것을 보여주었다. 그런데 앞의 두 도표가 의미하는 것은 핵폭발 시 발생할 인명피해에 대한 조사 역시 쉽지 않다는 것이다. 그 이유는 피해현황을 집계하는 데 있어 원인은 물론 기간을 특정하기 어렵기 때문이다. 핵폭발 시 발생하는 고온의 열복사선과 폭풍(충격파)으로 야기되는 건물의 붕괴로 압사되거나 과도한 방사선 피폭 등으로 인하여 현장에서 사망하는 사람은 물론, 심각한 부상을 입었음에도 적절한 치료를 받지 못하거나 시기를 놓치면서 수일~

시마 원폭으로 인한 사망 130,000~150,000명과 나가사키 사망은 73,000~75,000명을 제시하고 있다.(Hiroshima Prefecture and The City of Hiroshima, op. cit., p.9)

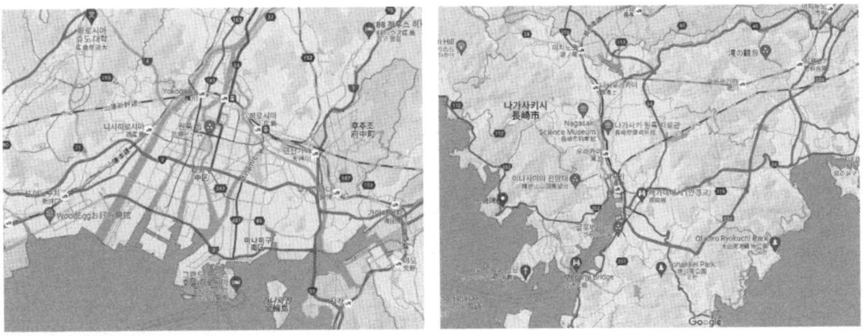

〈그림 3.8〉 현재의 히로시마와 나가사키[31]

출처: https://www.google.co.kr/maps/place/ (검색일: 2023. 9. 9.)

수주 만에 사망하는 사람, 장기간의 치료에도 불구하고 끝내 사망하는 사람, 면역력이 약화하거나 영양부족으로 사망하는 사람, 폭발 당시의 고온으로 인한 증발현상으로 영원히 사망자를 확인할 수 없는 경우도 발생할 수 있기 때문이다.

또한 고온에 의한 화상이나 폭풍에 의한 부상, 방사선 피폭 등 단일요인에 의한 부상은 물론, 열과 폭풍과 방사선 피폭이나 열과 방사선 피폭, 폭풍에 의한 부상에 방사선 피폭, 화상에 방사선 피폭 등 다양하게 부상자가 발생한다. 여기에 방사선으로 인하여 그 피해는 오랜 기간에 걸쳐 지속된다. 이렇듯 핵무기로 인한 피해를 판단하고 종합하기에는 여러 어려움이 따른다.

원폭이 대량살상무기인 만큼 히로시마와 나가사키의 피해 규모가 보여주듯 통상 핵무기에 피폭되면 대규모의 인명이 모두 사망하는 것으로 알고 있다. 그런데, 이는 반은 맞고 반은 틀린 말로 보아야 할

31 히로시마시와 나가사키시를 비교해 보면, 히로시마시는 평지가 넓게 발달된 반면에 나가사키시는 주변이 산으로 둘러싸인 것을 볼 수 있다. 지형적 여건은 원폭의 피해발생 규모에 영향을 미친다.

것이다. 또한 동시에 많은 피해가 발생하면서 오랜 기간에 걸쳐 치료를 요하는 환자가 발생하는 것도 맞다. 그러나 〈표 3.7〉은 평시 완벽한 대피소를 준비하고 핵 공격이 경고될 시는 신속히 대피소로 대피하면 그만큼 생존 가능성을 높일 수 있음을 보여준다. 다시 말하면, 대피소에 방폭문을 갖추고 핵 공격이 우려되거나 민방공 공습경보가 발령되었을 때는 신속히 대피소로 대피할 수만 있다면 핵 공격을 받은 근접한 지역에 위치할지라도 생존할 가능성이 높아진다.

〈표 3.7〉 히로시마 원폭 피폭거리별 인원피해 발생[32]

피폭거리(km)	인명피해(명)						구성(%)		
	계	사망	중상	경상	미확인	안전	사망	부상	안전
0.5 이내	21,662	19,329	478	338	593	924	92	3.8	4.2
0.5~1	53,036	42,271	3,046	1,919	1,366	4,434	82.2	9.4	8.4
1~1.5	65,271	37,689	7,732	9,522	1,188	9,140	59.6	25.4	14.0
1.5~2	44,490	13,422	7,627	11,516	227	11,698	30.7	43.0	26.3
2~2.5	52,686	4,513	7,830	14,149	98	26,096	8.8	41.7	49.5
2.5~3	30,796	1,139	2,923	6,795	32	19,907	3.8	31.6	64.6
3~3.5	12,777	117	474	1,934	2	10,250	0.9	18.8	80.2
3.5~4	15,679	100	295	1,768	3	13,513	0.7	13.2	86.2
4~4.5	4,705	8	64	373	-	4,260	0.2	9.3	90.5
4.5~5	6,817	31	36	156	1	6,593	0.5	2.8	96.7
5 이상	12,162	42	19	136	167	11,798	1.7	1.3	97.0
계	320,081	118,661	30,524	48,606	3,677	118,613	38.2	24.7	31.7

출처: Masao Tomonaga 외, op. cit., p.16.

32 〈표 3.7〉에서 보여주는 바와 같이 핵폭발 원점으로부터 500m 이내에서는 많은 사망자가 발생하였지만, 경상자와 안전한 인원도 다수 있었다. 이는 그만큼 지하로 대피할 시는 안전함을 의미하며, 핵공격에 대비하여 대피시설을 제대로 준비할 필요성을 제기한다.

〈표 3.7〉은 핵공격에 대비하여 정부나 개인이 제대로 방호규격을 갖춘 대피소를 준비하고 경보발령 시는 신속히 대피소로 대피한다면 생존 가능성을 높일 수 있음을 보여준다는 차원에서 매우 중요한 의미를 갖는다. 핵 공격에 대비하여 방폭문과 환풍구 및 방벽의 두께 등 규격을 갖춘 대피소를 설치하고 내부에는 생존에 필요한 식수와 식품 및 침구류, 의약품 등을 준비하며, 핵 공격이 예상될 시는 적시에 준비된 대피소로 대피할 수 있다면 그 피해를 대폭 줄일 수 있다는 것을 보여주기 때문이다.[33]

〈표 3.8〉은 폭발원점으로부터 멀수록 사망률이 현저히 낮아지는 수치를 보여주는 것으로서, 핵공격 경고를 받을 시 또는 민방공 경보발령 시 예상되는 피폭지역으로부터 원거리로 멀어질수록 안전하다.

핵 공격으로 인체가 방사선에 피폭될 시는 피폭량에 따라 신체에 다양한 증상이 나타난다. 방사선이 인체에 미치는 단기적 효과는 인

〈표 3.8〉 피폭거리별 사망률

폭발원점으로부터 거리(km)	히로시마(%)	나가사키(%)
0.5 이내	96.5	88.5
0.5~1.0	83.0	
1.0~1.5	51.6	51.5
1.5~2.0	21.9	28.4
2.0~2.5	4.9	6.4
2.5~3.0	2.7	2.1
3.0~4.0	2.5	1.2
4.0~5.0	1.1	0.7

출처: Masao Tomonaga 외, op. cit., p.17.

33 박휘락, 『핵전쟁에서도 살아야 한다; 생존상식 10단계』, 21세기 군사연구소, 2015 참조.

체에 흡수되는 방사선량과 방사선이 인체조직에 영향을 미칠 수 있는 능력, 인체조직의 감염정도 등에 따라 다르며, 탈모증상과 갑상선 질환, 백혈구 및 적혈구 감소와 백혈병, 심장 및 위장계통의 질환 등으로 나타난다.

방사선 피폭으로 인한 장기적인 피해는 피폭 후 2~3년 후로부터 길게는 10년이 지날 때까지 나타나며, 그 현상으로는 빈혈증세와 백혈구 및 적혈구의 지속적인 감소, 백내장 환자와 암이나 백혈병 및 인체의 켈로이드 현상 증가 등이 있다.[34]

핵 공격 전 적시에 대피하여 생존하였다고 할지라도 간과할 수 없는 다른 하나는 언제 피폭지역을 이탈하여 안전지역으로 이동할 것인가의 문제이다. 왜냐하면 피폭지역에서는 오랜 기간에 걸쳐 낙진이 떨어져 인체에 피해를 줄 수 있기 때문이다. 따라서 정부는 핵 공격을

〈표 3.9〉 방사선 피폭 시 증상

방사선 노출량 (Dose-rem)	증상
5-20	• 염색체 피해
20-100	• 일시적 백혈구 감소
100-200	• 수시간 내 경미한 방사선 피폭증상 • 구토 및 설사, 면역체계 저항력 감소
200-300	• 100~200rem 노출 시 응급 방사선 질환 및 출혈 • 30일 이내 노출인원의 10~35% 치사량
300-400	• 중대한 방사선 질환 발생, 골수 및 장파열 등
400-1,000	• 급성 질환 발생, 조기 사망
1,000-5,000	• 급성 질환, 조기 사망

출처: http://atomicarchive.com (검색일: 2017. 7. 1.)

34 http://atomicarchive.com, p.16. (검색일: 2017. 8. 31.)

받을 시 낙진위험지역을 판단하여 방송을 통해 알리고 안전지역을 설정해야 하며, 낙진위험 정도를 판단하여 안전한 시간대에 주민들을 방독면이나 보호복 착용 등의 방호대책을 갖춘 상태에서 안전지역으로 소개해야 한다.

원폭 공격을 받을 당시는 비록 화상이나 부상을 입지 않았다고 할지라도 방사선이나 낙진에 피폭되었음에도 이를 인지하지 못하면서 피해가 발생할 가능성이 있다. 실제로 히로시마에서는 핵 공격을 받을 당시 열복사선이나 폭풍으로 피해를 입지 않았던 소방대원 가운데 인명구조 및 구호 활동에 참여하였던 대원들이 며칠 뒤 설사와 구토, 탈모, 얼굴의 반점 등의 다양한 증상을 보이다가 당시에는 원인도 모른 채 사망하였던 사례들이 있다.[35] 이는 눈에 보이지 않는 방사선에 피폭되면서 발생한 현상이다.

그러면 히로시마 피폭 당시 발생한 피해현상을 살펴보자. 당시 발생한 상황은 정부가 관심을 갖고 대비를 해야 할 많은 사항을 제시한다는 점에서 매우 중요하다.

〈표 3.10〉 히로시마와 나가사키 피폭상황 비교

구분	히로시마	나가사키
피폭일시	1945. 8. 6, 08:15	1945. 8. 9, 11:00
피해(사망자)	70,000~80,000	35,000~40,000
지형	평탄 지형	계곡 지형
기상	맑음	구름
피해면적	4.4평방마일	1.8평방마일

출처: The US Government Printing Office, op. cit., pp.3-15 요약

35 Ham, op. cit., pp.418-419.

먼저 열복사선으로 인한 피해이다. 핵폭발 시 열복사선이 발생한 시간은 불과 수초에 불과하였지만, 그러나 그 피해현상은 참담하였다. 핵폭발 당시 순간적으로 발생한 수백만 도의 온도는 즉시 지표면에 4,000~5,000도에 달하는 고온을 만들었고 이로 인하여 흔적도 없이 증발하면서 흔적만 남긴 사람, 피부를 검게 태우면서 현장에서 바로 사망한 사람, 심각한 화상을 입었으나 적절한 치료를 받지 못하면서 사망한 사람, 경미한 화상을 입은 사람 등 다양하게 피해가 발생하였다.

고온의 열복사선은 사람들의 옷을 불태웠고, 곧이어 폭풍이 닥치

HIROSHIMA

Table 6

CASUALTIES AMONG SCHOOL CHILDREN

(As of 28 October 1945)

FIRST GROUP (WITHIN APPROXIMATELY 1 KILOMETER)

Key No.	District	Distance	Situation	Total Number	Known Dead	Missing	Un-traced	In-jured	Well
1	Motokawa Primary School	0.5	Pupils inside or outside of the school or at home	192	192				
2	Otemachi Primary School	1.0	"	430	35	16		166	213
3	Dobashi	0.9	Motokawa Higher Primary School Pupils: Clearing firebreaks	80	80				
		0.9	3rd Year Class of First Prefectural Middle School: Clearing firebreaks	54	54				
	Koamicho	0.8-1.1	3rd Year Class of Sutoku Middle School: Clearing firebreaks	150	50	100			

〈그림 3.9〉 학생피해 현황을 집계한 자료(1945. 8. 29.)[36]

출처: http://blog.nuclearsecry.com (검색일: 2018. 3. 15.)

36 〈표 3.7〉에서 보여주는 바와 같이 핵폭발 원점으로부터 500m 이내에서는 많은 사망자가 발생하였지만, 경상자와 안전한 인원도 다수 있었다. 이는 그만큼 지하로 대피할 시는 안전함을 의미하며, 핵공격에 대비하여 대피시설을 제대로 준비할 필요성을 제기한다.

면서 타다 남은 옷을 벗겨 화상을 입은 모습이 그대로 들어났다. 열을 흡수하는 검은 옷을 입었던 사람들은 그 가운데 더 심한 피해를 입었고, 흰색 옷을 입은 사람은 그나마 피해를 조금 덜 입었다. 심각한 화상을 입은 사람들 가운데 일부는 몸의 열기를 식히고자 인근의 강가로 이동하면서 죽어갔고, 강가에 도착한 사람들은 고통을 이기지 못하면서 그대로 강물에 투신자살하였다.

군부대와 학교, 병원과 같은 사람들이 많이 집중된 곳에서도 대규모의 피해가 발생하였다. 당시 히로시마에 위치하였던 2군 예하의 부대에서는 약 10,000여 명의 병력과 부대보충을 위한 병력(약 30,000~40,000명 추산) 가운데 연병장에 집결하였던 4,000여 명은 현장에서 대부분 즉사하였다. 학교에서는 노동력을 제공하기 위하여 동원된 12~17세의 학생들 가운데는 8,500여 명이 즉시 또는 그 주일 내 사망하였고 나머지는 심각하게 화상이나 부상을 입었거나 방사선에 피폭되었다.

〈표 3.11〉 피폭거리별 폭풍에 의한 압력 및 풍속

피폭거리(m)	압력(kPa)	도달시간(초)	풍속(m/sec)
100	185.85	0.82	277.7
500	109.63	1.23	189.3
1,000	69.56	2.15	132.3
1,500	38.74	3.32	80.6
2,000	24.51	4.60	53.5
2,500	17.16	5.93	38.4
3,000	12.88	7.34	29.3
3,500	10.15	8.74	23.4
4,000	8.29	10.16	19.2
4,500	6.95	11.59	16.2

출처: Masao Tomonaga 외, op. cit., p.21.

이렇게 폭발원점으로부터 반경 1km 내에 위치하였던 사람들은 현장에서 사망하거나 심각한 화상을 입었으며, 건물도 완전파괴 또는 화재로 흔적도 없이 사라졌다. 그 외에도 반경 2km 내에 위치하는 건물은 완전히 파괴되거나 불타버렸고, 폭풍(충격파)이 확산하면서 화재가 전 지역으로 확대되었다. 가연성 물질이 모두 불타면서 화상이나 부상으로 인하여 거동 불가능한 많은 사람이 다시 이 화재로 인하여 목숨을 잃는 상황이 발생한 것이다.

다음은 폭풍(충격파)으로 인한 피해의 발생이다. 먼저 핵폭발 시 발생하는 폭풍에 의한 피폭거리별 폭풍에 의한 압력 및 풍속에 관한 것이다.

〈표 3.12〉는 핵폭발 시 발생하는 폭풍의 풍압에 의해 건물에 발생하는 물리적 현상이다. 도표를 보면 풍압이 5psi 이상이 되면 건물에 심각한 파괴가 동반하면서 광범위한 인명피해가 발생하는 것을 볼 수 있다.

폭풍으로 인하여 건물이 파괴 또는 붕괴하면서 내부에 있다가 압

〈표 3.12〉 풍압별 물리적 현상

풍압(psi)	현상
20	• 콘크리트 강화건물 심각한 피해 또는 붕괴
10	• 콘크리트 강화건물 심각한 피해 또는 파괴 • 대부분의 인명 사망
5	• 대부분의 건물 파괴 • 광범위한 지역에서 인명 사망, 피해 발생
3	• 거주 건물 붕괴 • 심각한 부상자 발생, 사망자 발생 가능
1	• 유리 파괴 • 유리 파편 등에 의한 경상자 발생

출처: http://atomicarchive.com (검색일: 2017. 7. 1.)

사하거나 콘크리트 조각이나 유리파편, 돌 등이 폭풍에 의하여 총알 속도로 비산하면서 무서운 흉기가 되어 인체를 공격하여 심각한 부상을 야기하였다. 특히 히로시마와 나가사키에서는 피폭자들이 건물 내부 또는 외부에 있다가 핵폭발 시 발생한 폭풍에 의하여 건물의 유리가 파손되어 수많은 작은 파편이 인체에 박히면서 심각한 부상이 발생하였음을 자주 언급하고 있다. 따라서 핵 피폭 시에는 최대한 대피소로 대피해야 하겠지만, 그럴 시간적 여유가 없는 상황에서 건물 내부에 있을 시는 최대한 유리창이 있는 곳으로부터는 피해서 콘크리트 벽으로 둘러싸인 화장실 같은 곳에 있는 것이 그나마 피해를 줄일 수 있을 것이다. 히로시마와 나가사키 핵폭발 시 폭풍으로 인한 피해범위를 보면, 폭발원점으로부터 800m 이내에 있었던 사람은 폐와 고막이 파열되었고, 2km 이내에 있었던 모든 건물은 완전히 파괴되었다. 4km 이내 건물들도 절반 정도가 파괴되었으며, 5km 이내는 약간 경미한 피해를 입었다.

한편, 파괴된 건물의 잔해들이 도로를 막아 소방대원이나 구조차량의 진출입을 막는 등으로 부상자 구조 작업을 지연시키면서 어려움도 발생하였다. 도시를 재건하기 위해서는 파괴된 건물의 폐기물을 제거하기 위하여 많은 시간도 필요하였다.

세 번째, 방사선 피폭으로 인한 피해이다. 방사선 피폭으로 인한 피해는 열과 폭풍에 의한 피해 못지않으며 오랜 기간에 걸쳐 지속된다. 특히 감마선과 중성자에 의한 피해는 심각하다. 핵폭발 이후 과도한 방사선 피폭으로 곧 증세를 보이면서 사망한 사례도 있었지만, 처음에는 증상을 보이지 않다가 며칠 지나서 구토, 현기증, 출혈, 탈모 등의 피폭증세가 나타나면서 죽는 사람도 다수 발생하였다. 핵폭발 시 과도하게 방사선에 피폭되면 이는 직접적으로 인체에 영향을 미치며,

〈표 3.13〉 피폭거리별 방사선과 인체 피폭량[37]

거리(m)	중성자(mGy)	감마선(mGy)	총선량(mGy)	인체피폭량 (mSv)
100	32,000	115,000	147,000	435,000
200	25,100	95,600	120,000	346,000
300	17,500	73,000	90,500	248,000
400	11,100	52,600	63,800	163,700
500	6,480	35,700	42,180	100,500
600	3,610	23,600	27,210	59,700
700	1,950	15,500	17,450	35,000
800	996	10,000	10,996	19,960
900	517	6,470	6,987	11,640
1,000	260	4,220	4,480	6,820
1,500	9	527	536	617
2,000	0.4	76	77	80
2,500	0.0	13	13	13

출처: Masao Tomonaga 외, op. cit., p.19.

화상이나 부상에 상관없이 사망하거나 심각한 결과를 초래한다는 것을 알아야 한다.

낙진에 피폭될 경우에도 그 피해가 오랫동안 계속될 수 있다.[38]

---

37 그레이(Gy)는 물질이 흡수하는 방사선 에너지의 총량으로 생물학적 영향을 고려하지 않은 단위이다. 시버트(Sv)는 생물학적 영향을 나타내는 단위로 인체피폭선량을 나타낸다. 이 도표에서 100m에서 방사선에 노출될 경우, 중성자와 감마선에 피폭되는 총선량은 147,000mGy이며, 인체에 피폭되는 양은 435,000mSv로 이는 즉각 사망에 이르는 피폭량에 해당한다.

38 이동휘, "히로시마 방사선 낙진 맞은 여성, 몸속 우라늄이 53년간 '내부 피폭' 일으켜"(조선일보, 2015. 6. 8.). 일본 히로시마 대학과 나가사키 대학 연구팀은 2015년 6월 7일 "지난 1945년 히로시마 원폭 때 원폭지점으로부터 4.1km 떨어진 지점에서 피폭한 여성(당시 29세)의 암 조직에서 내부 피폭을 확인해주는 방사선 흔적이 발견됐다"고 밝혔다. 원자폭탄 투하 당시 이 여성은 출산 직후라 피신하지 못했고, 집 주변에서 뜯은 야채와 우물물을 먹으며 지냈다. 이 여성은 82세에 폐암과 위암, 84세에 대장암이 발병했으며, 94세에 숨졌다.

방사선에 노출되어 인체에 나타나는 피해는 피폭량과 인체 조직에 피해를 가할 수 있는 방사선 능력, 방사선에 오염된 인체기관 등에 의해 나타난다. 특히 흡수된 방사선량이 많을수록 그 피해는 빠르게 나타난다. 탈모와 갑상선과 혈관 및 심장계통의 질환, 설사와 구토 등의 위장 질환, 식욕감소 등을 야기하며 심할 경우 죽음에 이르게 한다.

장기간에 걸쳐 나타날 수 있는 현상으로는 백혈병과 암(유방, 폐, 갑상선 등) 및 악성종양, 켈로이드(Keloids) 등이 있다. '켈로이드'란 피부 손상 후 발생하는 상처 치유 과정에서 비정상적으로 섬유조직이 밀집하여 성장하는 질환으로, 본래의 상처나 염증 부위의 크기를 넘어 주변으로 자라는 성질이 있다. 켈로이드는 2년이나 3년 심지어는 10년

<표 3.14> 방사선 피폭량 및 인체에 미치는 영향

방사선 피폭량	인체 영향
250mSv 이하	• 인체 증상 없음
500mSv	• 일시적 백혈병
1,000mSv	• 구토 및 설사
1,500mSv	• 50%의 사람에서 방사선 숙취현상(전신권태, 식욕부진 등)
2,000mSv	• 5% 인원 사망
4,000mSv	• 30일 이내 50% 사망
7,000mSv	• 100% 사망

출처: Masao Tomonaga 외, op. cit., p.20.

원폭 투하당시 직접 피폭을 당하지는 않았지만 근거리에서 '방사능 낙진(落塵)'을 맞은 여성의 폐 조직에서 우라늄이 방사선을 방출하고 있는 것으로 확인된 것이다. 연구팀은 여성의 폐 조직에서 핵물질이 방출하는 알파선의 흔적을 확인했는데, 흔적의 길이와 반감기 등을 고려해 볼 때 이 핵물질은 히로시마 원폭에서 유래했을 가능성이 매우 높은 것이라고 하였다. 연구팀 관계자는 "히로시마 피폭자에 내부피폭의 존재가 증명된 것은 이번이 처음이다"라며 "과학적 · 생리적 증명이 어려운 내부 피폭의 실태를 한 사람의 사례를 통해 증명할 수 있었다"고 교도통신은 전했다.

〈표 3.15〉 핵피폭 이후 일자별 켈로이드 발생

구분	1~30	31~60	61~90	91~120	121~150	151~180	181~210	211~240
인원수	11	81	86	27	17	3	3	2
비율(%)	4.6	33.8	35.9	11.2	7.1	1.2	1.2	0.8

출처: http://atomicbombmuseum.org/2 health.shtml (검색일: 2018. 2. 20.)

뒤에도 나타날 수 있다.

당시 히로시마에는 시 병원, 철도병원 등 4개의 병원이 있었는데, 이 병원들은 핵폭발 시 대부분 완전히 파괴 및 붕괴하면서 의료진과 입원하였던 환자들은 죽었다. 적십자 병원은 철근콘크리트 건물이었음에도 폭풍에 의해 내부가 붕괴 및 파괴되면서 안에서 일하던 의료진과 환자들의 90%가 넘게 사망하였다.[39]

3) 피폭자 증언

원폭이 투하될 당시 히로시마나 나가사키에 있었지만 당시 죽음을 모면하면서 생존하였던 이들은 이른바 피폭자(Hibakusha)라 불린다. 이들의 증언을 통하여 피폭으로 인한 고통이 얼마나 심하였는지 살펴보는 것도 원폭 공격을 받을 시 대비책의 강구와 관련하여 경각심을 준다는 차원에서 중요하다.

먼저 육군의사인 28세 청년의 히로시 사와치카의 증언이다.

39 Ham. op. cit., p.407.

"나는 당시 피폭지역으로부터 4.1km 떨어진 병원에 있었다. 원폭 폭발 시 얼굴이 몹시 뜨겁게 느껴졌다. 그리고 20~30초간 의식을 잃었다 깨어났다. 잠시 후 나는 셔츠가 피로 붉게 변한 것을 보았다. 주변을 돌아보니 많은 사람이 전신에 유리파편이 박혀 심한 부상을 입었다. 이상한 소리가 들려 바라보니 심각하게 부상을 입고 옷이 너덜너덜해진 유령처럼 보이는 사람들이 병원을 향해 오고 있었다. 그들을 위해 병실을 하나 준비했지만 워낙 많은 사람이라 왔기 때문에 이들을 모두 입원시킬 병실이 없었다. 병실마다 수많은 부상자로 넘쳐났다. 어느 병실을 지나다가 고약한 냄새가 나서 안을 들여다보니 화상을 입은 환자들로부터 오징어를 말리는 듯한 역한 냄새가 나고 있었다. 밖으로 나오니 곧 죽을 것 같은 임신한 여자가 나의 다리를 잡았다. 그 여자는 말하기를 "나는 곧 죽어도 상관없다. 내 뱃속의 아이를 꺼내 주었으면 내가 죽어도 상관없으니 이 아이를 살려 달라"고 말하였다. 그러나 나는 수술 장비는 물론 약품과 간호보조원도 없는 상황에서 아무런 조치를 할 수 없었다. 그 임신한 여자를 차마 잊을 수 없다."

다음은 32세의 소방대원인 요사쿠 미카미의 증언이다.

"나는 야간 소방서 근무를 마치고 집으로 복귀 도중 피폭지로부터 1.9km 지역에서 원폭이 폭발하는 상황을 경험하였다. 원폭이 터지면서 모든 것이 불탔고, 하늘은 검은 구름으로 뒤덮였다. 나는 급히 소방서 사무실로 뛰어갔다. 모든 것이 불타고 있었기 때문에 아무 것도 할 수 없었다. 부근의 다리로 가보니 그곳에는 수많은 사람이 고통 속에 죽어가고 있었다. 다른 곳에서는 화상으로 피부가 벗겨지고 다리가 골절되는 등 심각하게 부상을 입은 사람들이 도움을 호소하고 있었다. 그들을 병원으로 데리고 갔으나 이미 병원에는 많은 부상자로 가득 차 있었기 때문에 군 병원으로 다시 데리고 갔다. 다음 날 나는 어느 소방서에 소방대원들이 모두 사망한 상태로 있는 것을 보았다. 나의 동료 중 당시 생존하였던 소방대원 가운데 구조작업에 참여하였던 몇몇은 후일 구토와 설사, 탈모 등의 증상을 겪다가 한 달 뒤 사망한 친구도 있었다."

세 번째는 33세 여자 이사오 키타의 증언이다.

"나는 원폭 폭발당시 피폭중심지로부터 3.7km 떨어진 히로시마 기상청에서 있다가 섬광이 번쩍이는 것을 보았다. 곧이어 매우 뜨거운 열파가 도착하였는데, 창문이 있었음에도 불구하고 너무나 뜨거움을 느꼈으며, 마치 키친 오븐을 직접 보는 것과 같은 느낌이었다. 잠시 뒤 고막이 찢어지는 듯한 엄청난 소리가 들리면서 유리창이 깨지고 건물이 폭풍에 의해 흔들렸다. 핵폭발 이후 5분 정도 경과할 무렵 도시가 불바다로 뒤덮였다. 불이 점차 확산하면서 연기가 도시를 덮어 더 이상 도시를 볼 수 없었다. 밖에 나가보니 많은 사람이 병원을 향에 가고 있었다. 그들은 모두 심각하게 화상이나 부상을 입은 상태였고 피복이 없거나 너덜거리는 상태였다."

네 번째는 20세 여성의사인 마키고 다카구라의 증언이다.

"나는 히로시마 은행에서 근무하고 있었으며, 피폭지로부터 300m 이내에서 생존한 몇 안 되는 사람 중의 한 명이다. 원폭이 폭발하는 순간 마그네슘이 터지는 것과 같은 밝은 빛이 보였다. 그 순간 나는 의식을 잃었다가 이내 의식을 찾은 후 밖으로 나왔다. 히로시마시가 전체적으로 불타고 있어 몹시 뜨거움을 느끼면서 숨쉬기가 어려웠다. 불이 도처로 확산하면서 나도 귀와 다리에 화상을 입었다. 나는 화상을 입었지만 당시에는 이를 잘 인식하지 못하였다가 나중에 알았다. 불타는 히로시마는 마치 지옥과도 같았다. 목이 말랐으나 마실 물이 없었다. 비가 내리자 그 비를 받아 마셨다.(이 빗방울이나 수돗물을 마신 사람들 가운데는 후일 설사, 구토, 탈모, 출혈 등의 증상을 보이다가 숨진 사람들이 있다. 그들이 마신 물이 낙진에 의해 오염되었기 때문에 발생한 현상이다.) 그 빗방울은 하도 커서 피부에 맞을 경우 고통을 느낄 정도였다. 도로에서도 많은 사람이 고통 속에 죽어갔다. 죽은 사람들의 손가락에 불이 붙었고 점차 전신으로 번졌다. 맑은 회색빛의 액체가 손가락에서 나왔다. 나는 손가락과 몸이 그렇게 불타는 것을 보면서 큰 충격을 받았다."

다섯 번째는 15세 여성 타에코 테라마의 증언이다.

"나는 원폭 피폭지점으로부터 500m 떨어진 중앙 전화센터에서 있었지만 생존하였다. 그곳에는 동원된 7,000여 명의 학생들이 있었는데 대부분 사망하였다. 원폭 폭발시 파란 하늘에서 무엇인가 밝게 빛나는 것을 보면서 무엇일까 궁금하여 바라보았다. 순간적으로 불덩이가 점점 커졌고 그 빛이 더 밝게 비추었다. 그 순간 카메라보다 더 밝은 빛이 있었다. 그것이 내 눈앞에서 터졌고, 내 주변의 건물들이 모두 붕괴하면서 엄청난 소리가 들렸다. 잠시 후 유황 냄새가 나는 듯하면서 화산이 폭발한 것 같았다. 나는 도대체 무슨 일이 일어났는지 알 수 없었다. 많은 학생이 사망하였고, 개중에는 고통을 못 이겨 강물로 뛰어들면서 그대로 익사하였다. 선생님이 도와주지 않았으면 나도 그곳에서 죽었을 것이다.

여섯 번째는 21세 군인인 다케이코 사카이의 증언이다.

"나는 원폭 폭발 당시 서부 연병장에서 훈련 중이었다. 나는 원폭 폭발 직전 낙하산이 투하되고 있다는 소리를 들었고, 이어서 마그네슘이 터지는 듯한 섬광을 보았다. 그 순간 엄청난 힘에 의해 나는 쓰러졌다. 폭풍이 왔을 때 눈을 감았지만 너무나도 뜨거웠던 그 열을 아직도 생생히 기억한다. 그 열이 얼마나 뜨거웠던지 나는 아무것도 할 수 없었다. 깊은 숨을 쉬자 진흙과 모래가 입속으로 들어왔다. 몸이 매우 뜨거워서 살펴보니 군복에 불이 붙어 있었다. 여기 보이는 부위가 그 당시 상처를 입은 곳이다. 나는 있는 힘을 다해 옷을 벗어 던졌다. 주위를 보니 여러 명이 옷에 불이 붙어 고통을 호소하였고, 일부는 불을 끄기 위하여 연병장에서 뒹구르고 있었다. 그 당시 나는 얼굴이 부풀어 오르고 입술과 얼굴에 심한 부상을 입었다. 눈을 뜰 수가 없어서 강제로 눈을 뜨려고 하였다. 많은 사람이 부상을 입어서 할 수 있는 일이 거의 없었다. 얼마 뒤 검은 비가 억수처럼 내렸다. 그 비가 화재를 줄이는데 기여한 것 같았다. 저녁 무렵에도 도시는 불타고 있었고, 사람들은 "도와주세요, 너무 뜨겁습니다"라고 외치고 있었다."

그 외에 다른 증언도 보자.[40] 먼저 이토 가나치는 "폭탄이 히로시마를 덮친 후 10분 뒤, 쓰러진 집에서 불이 타오르는 동안 그 속에 갇힌 한 부인이 살려달라고 외치고 있었다. 그 여인의 고통스러운 얼굴이 아직도 기억이 생생하다." "무너져 내려 연기가 나는 지붕의 대들보 사이에서 아기가 끼여 빼낼 수 없게 된 가운데 그 아이의 엄마가

40 케이스 휠러, 한국일보 타임-라이프 번역, 『원폭과 일본 패망』, (주)한국종합물산, 1987, pp.106-119 요약.

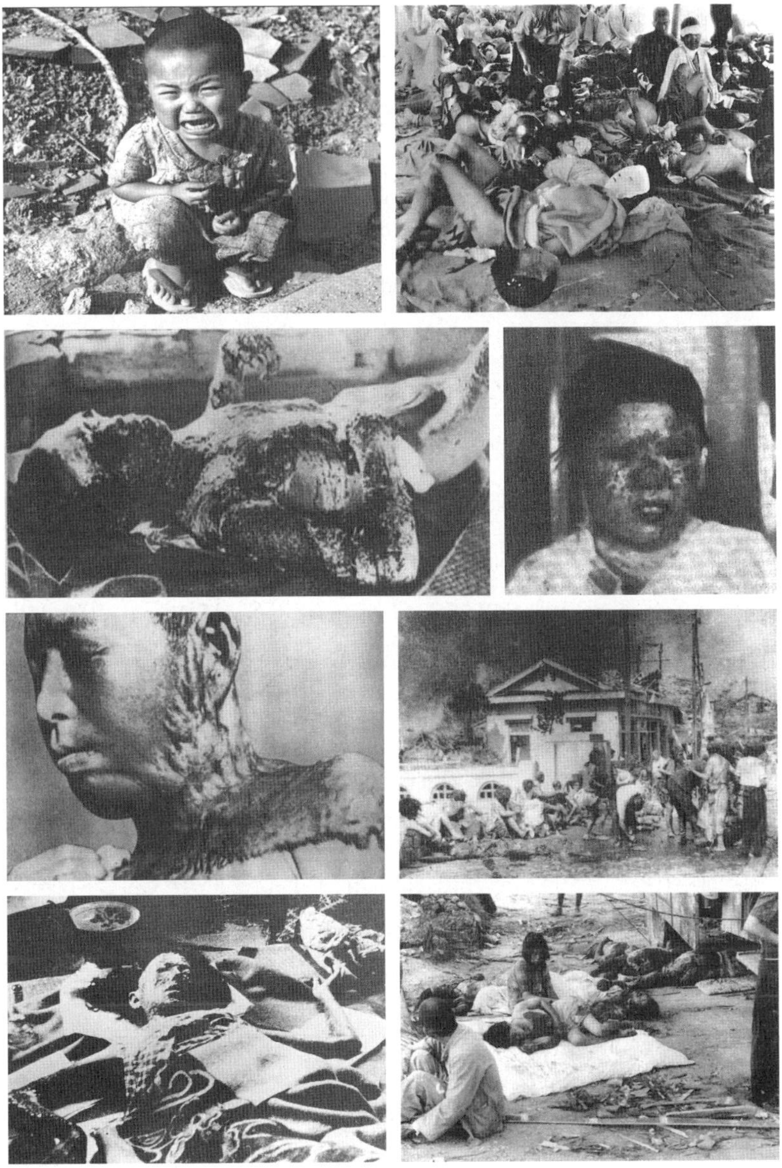

〈그림 3.10〉 히로시마 핵 피폭 이후의 참상

출처: https://goole.co.kr (검색일: 2018. 2. 20.)

"우리 아기를 살려 줘요, 우리 아기를!" 하면서 계속 외치고 있었다." 고 증언하고 있다.

다케우리 하츠는 "열 때문에 화상을 입었지만 이틀 동안 맹위를 떨친 대화재로 많은 사람들이 고통을 겪으며 죽어 갔다."고 하였고, 후루가와 소이치는 "물탱크 위에 한 임신부가 죽어 있었다. 폭발에 노출된 사람들이 모두가 극심한 갈증 때문에 방화용 물통 주위로 모여 들었다."고 증언하였다.

또한 오노키 아키라는 "30세 전후로 보이는 세 젊은 여자가 발을 질질 끌며 히로시마 병원으로 걸어갔다. 그들은 화상으로 벗겨진 살이 옷에 스치지 않도록 두 팔을 들어 올리고 있었다."고 하였고, 시게노리 아자치는 "시커먼 비가 내리는 속에서 알몸의 한 사나이가 빠져 나온 한쪽 눈알을 손바닥에 올려놓은 채 서 있는 것을 보았다."고 하였으며, 니시다 겐조는 "원폭이 터진 그날, 방사선 오염의 위험을 알지 못하는 소방대원들이 멀리서 와서 연기가 자욱한 폐허에서 희생자를 운반하였다."고 증언하였다.

야마구치 다케이치는 "생존자들 가운데 피폭 시 의식을 잃었다가 나중에 의식이 돌아와 주변을 보니 유리나 건물파편 조각들이 몸에 박혀 피를 흘리고 있었다."고 증언하였다. 이와 같이 원폭피폭에 대한 비참한 증언들만이 있을 뿐이다.

4) 군과 정부 및 히로시마의 대응

당시 일본으로서는 원자폭탄이 무엇이며 폭발 시 어떤 현상이 발생하고 이로 인하여 얼마나 많은 피해가 발생하는지 등에 대하여 전혀 알지 못하던 상황이었다. 이런 상황에서 대규모의 피해가 발생하였다. 히로시마 핵피폭 직후에는 78,000명이 죽고 37,000명이 부상을 입은 것으로 알려져 있으며,[41] 1945년 말에 이르러서는 14만여 명이 사망한 것으로 집계되었다.

원폭이 투하되면서 일순간에 대규모의 사망자와 부상자가 발생하였고, 따라서 사체 수습 및 처리와 부상자 구조 및 치료, 전재민에 대한 구호 및 구조와 수용 등이 당면한 문제가 되었다. 군은 물론, 정부와 자치단체 등 국가의 총력적인 피해 최소화를 위한 노력이 요구되는 상황이 발생한 것이다. 이러한 상황에서 당시 일본에서 커다란 영향력을 발휘하고 있었던 군부는 무엇을 하였을까? 정부는 무엇을 하였으며, 또한 히로시마시는 부상자를 구호 및 구조하거나 생존자들을 수용하고 지원하기 위한 역할을 제대로 하였을까?

먼저 일본 군부가 조치한 사항을 보자. 히로시마와 나가사키에 대한 핵 공격 전후 일본 군부의 국민생명을 지키기 위한 노력은 비난을 받아 마땅할 정도로 무관심하였고 무능하였다. 미군의 핵무기 개발을 알고 있었고, 미군이 원폭을 투하하기 전에 전단을 살포하여 사전 경고를 하였음에도 불구하고 이를 무시하고 국민에게 대피를 할 수 있도록 경고하지 않았다. 원폭투하 이후에는 대단히 많은 인명이 살상되었음에도 이를 내각이나 국민에게 즉시 전파하지 않으면서 인명 구호 및 구조 활동에 지연을 초래하여 적절한 치료만 제공되면 생존할 수 있는 많은 인원이 죽도록 방임하였다. 히로시마에서 많은 피해가 발생하였음을 알면서도 사실을 숨기고 대형폭탄이 투하되었다는

---

41 일본 외무성 자료는 히로시마 원폭피폭 사망자가 14만여 명이라고 하고 있지만 명확하게 일치된 숫자는 없고 자료에 따라 다르다. 여기 제시된 숫자는 피폭직후 발생한 숫자에 대한 추정치이다(Ham, op. cit., p. 408). 히로시마에서 발생한 사망자는 화상(60%), 부상(30%), 기타(10%)로 알려지고 있다.(http://atomicarchive.com (검색일: 2017. 9. 2.))

식으로 사실을 왜곡하여 정부각료와 국민을 속였고 언론을 통제하였으며, 오히려 국민은 걱정할 필요가 없다고까지 하였다.[42] 일본군 정보부에서는 히로시마에 투하된 폭탄이 폭발력이 큰 재래식 폭탄이라고 하면서 처음에는 3~4톤이라고 하였다가 나중에는 100톤에 달할 것이라고 기만하기도 하였다. 대규모 인원피해가 발생한 뒤 히로시마 주둔 2군과 인접한 우지나(Ujina)에 주둔하였던 육군의 해상사단(Maritime Division)을 히로시마 피해 중심지역에 투입토록 하였으나 이 부대 역시 큰 피해를 입었기 때문에 구조 및 구호활동에 적극적으로 임하기에는 어려웠다.

8월 7일 이른 아침에는 히로시마의 육군부대 부지휘관 지휘아래 '히로시마 안전본부(Hiroshima Security Headquarter)'를 설치하였다. 여기서는 구조작업의 전개와 사체처리 업무, 피해지역 진출입을 위하여 도로의 각종 잔해물을 3일 이내에 제거토록 목표를 세우고 업무를 시작하였으나 워낙 대규모의 피해상황이 발생하였기 때문에 어려움에 직면하였다.[43]

군부는 수상과 외상 등 정부 각료의 원폭투하 확인 요구를 거절함으로써 정부의 히로시마 구조 및 구호활동을 지연시키는 장본인이 되기도 하였다.[44] 각료들이 포츠담 선언을 받아들이자고 할 때도 아직 일본이 패배하지 않았다고 하면서 저항을 주장하는 등으로 상황을 호도하면서 피해를 확대시켰다.[45] 일본 군부에서 국민의 생명을 존중하

---

42 Ham, op. cit., pp.340-341.

43 http://ir.lib.hiroshima-u.ac.jp/enlist/AA10456537/zz/item/30724, Hideaki Shinoda (2008. 3) p.8.

44 Ibid, p.341.

45 Zuberi, op. cit., pp.645-647; Ham, op. cit., pp.342-343.

는 정신을 찾아보기 어렵지만, 그럼에도 대규모의 인명피해가 발생한 상황에서 이를 적극적으로 나서 피해 최소화를 위한 활동이 부족하였던 것이다.[46]

그렇다면 정부는 무엇을 하였을까? 히로시마 핵피폭 당시 일본이 핵무기 폭발 시 발생하는 현상을 알고 이에 대비하기 위한 별도의 계획은 없었다. 당연히 원폭 폭발시 발생하는 현상을 알지 못하였기 때문에 적절한 대응책을 강구할 처지도 되지 못하였다. 그랬기 때문에 원폭피폭을 상정하는 대규모 피해가 발생할 경우에 대응하기 위한 계획도 당연히 없었다. 일본이 패전의 위기로 몰리는 절박한 상황에서 원폭투하로 대규모 피해가 발생하였기 때문에 정부가 나서서 피해복구를 주도할 수 있는 역량도 부족할 수밖에 없는 상황이었다.

이와 같은 상황이 일반적이기는 하였지만, 히로시마 핵피폭 당시 인명구조 및 구호 나 피해복구 활동에 있어 군부의 역할이 없었던 만큼이나 정부의 역할도 찾기 어렵다. 군부가 핵피폭 상황을 통제하였기 때문에 피폭당일에는 제대로 그 피해상황을 모르고 있다가 8월 7일 아침에 가서야 수상이나 외상은 히로시마에 핵을 투하했다는 트루먼 대통령의 발표를 들은 뒤 핵 피폭상황을 알고 이를 확인하며 피해 상황을 조사토록 하는 등 부산을 떨기는 하였지만,[47] 그러나 대규모로 발생한 피해를 극복하기 위하여 정부가 나서서 적극적으로 피폭 주민에 대한 구조 및 구호 활동을 전개하였다는 기록을 찾기는 어렵다.

부분적으로 피폭주민들에 대한 식량 등의 공급이나 구호 활동이

---

46 히로시마 피폭 이후 군부가 인명 구조 및 사체처리, 건물 폐기물 처리 등을 하였다고는 하나 관련 자료를 찾기는 어렵다.(Hiroshima Prefecture and The City of Hiroshima, op. cit., p.11)

47 Ham, op. cit., p.341.

없었던 것은 아니지만 정부차원에서 생존자를 일정한 장소에 수용하고 부상자를 치료하였다는 기록을 보기가 쉽지 않은 것이다.[48]

히로시마시 당국의 부상자에 대한 구조와 구호 활동이나 생존자를 수용하기 위한 활동 역시 미흡하였다. 피폭 당시 도시와 병원 등 대부분의 시설이 파괴되거나 화재로 타버리고 의사와 간호사들이 사망하거나 부상한 상황에서 대규모의 인명피해가 발생하였다고 할지라도 시 당국이 나서서 구조 및 구호 활동을 하기는 어려운 상황이었기 때문일 것이다. 여기에 히로시마 시장을 포함한 다수의 시청 직원이 사망하면서 구조 활동 등을 전개하는데도 어려움이 있었다.[49]

피폭당일 10,000여 명이 치료를 받기 위하여 적십자 병원으로 모였지만 병원도 파괴된 상황에서 이들을 수용할 곳이 없어 운동장에 그대로 방치되었다. 한 의사가 몇몇의 사람들과 붕대와 머큐롬을 이용하여 가장 상태가 나쁜 환자를 돌보기 위하여 여기저기 돌아다녔지만,[50] 이와 같이 개인적으로 일부의 의사가 부서진 병원과 얼마 남지 않은 약품을 이용하여 치료한 것이 거의 전부였다.

일시에 대규모 사망자가 발생하면서 사체 수습은 비교적 부상이 경미한 민방위대원이나 경찰 등이 하였으며, 임시로 병원과 학교 등을 이용하여 화장장을 설치하고 사체를 화장하였다. 워낙 사망자가 많다 보니 한 사원에서는 한 번에 수백 구의 사체를 대형화장로에서 화장

---

48 히로시마와 나가사키가 피폭됐을 시 인명구조와 구호 등의 활동을 전개하기 어려웠던 이유로, 일본은 많은 의사와 간호인력의 사망과 부상, 약국피해 등으로 의미 있는 활동을 전개할 수 없었으며, 다수의 부상자가 인접 지역의 병원으로 후송되기는 하였지만 이들도 심각한 外傷이나 과도한 방사선 피폭으로 숨졌다고 기술하고 있다.(Masso Tomonoga, op. cit., p.5)

49 http://ir.lib.hiroshima-u.ac.jp/enlist/AA10456537/zz/item/30724, Hideaki Shinoda (2008. 3), p.7.

50 Ham, op. cit., p.415.

하였다.[51] 화장 후 뼈는 가족이나 친구들에게 인계하였으며, 만약 가족이나 친구가 없을 경우에는 시청에 안치하였다. 워낙 짧은 시간에 사체를 처리해야 하였기 때문에 여기에 참여하였던 한 지원자는 아침부터 저녁까지 사망자가 너무 많아 하루 종일 사체를 처리해야만 하였다고 말할 정도였다.

대규모로 사망자가 발생한 상황에서 이를 체계적으로 수습하기 위해서는 정부 또는 시 차원의 노력이 필요하다. 아울러 수습된 사체들을 어디에 매장할지 등에 대한 정부와 시당국의 조치도 필요하다. 그러나 당시 이러한 조치들은 미흡하였던 것으로 보인다.

뿐만 아니라 핵 피폭 시 많은 약품이 불타버리거나 건물이 붕괴하는 등으로 사용할 수 없게 되면서 부상자에게 필요한 약품은 절대적으로 부족하였다. 무엇보다도 핵폭발 시 발생하는 현상을 잘 알지 못하였기 때문에 화상에 대비하기 위한 치료제는 절대 부족하였으며, 방사선에 피폭되었으나 당장 이상이 없는 것 같아 구조활동에 참여하였지만 며칠 뒤부터 증세가 나타나면서 사망한 사람들도 다수 있었다.

사체처리팀은 8월 21일까지 32,959의 사체 가운데 17,865구를 화장하였다. 사체를 화장하면서도 당시 8월, 즉 여름이었기 때문에 그들이 우려하였던 것 중의 하나는 미수습된 사체의 부패로 인한 장티푸스나 이질, 콜레라 같은 전염성 질환의 발생이었다. 그러나 당시 75건의 장티푸스가 발생하였다는 보고만 있었을 뿐 다행히 큰 질병은 발생하지 않았다.[52]

히로시마시에서는 피폭 이후 자체 긴급복구 계획에 따라 전차와

---

51 Ibid.

52 Ibid., p.408.

기차를 처음으로 복구하였다. 이에 따라 피폭 3일 이후부터 전차가 운행되기 시작하여 산요와 히로시마간 철도가 개통되었다. 도로에서는 폐기물 제거 작업 병행으로 도로 통행이 가능토록 여건을 마련하였으며, 상수도도 심각하게 피해가 발생하여 상수도 펌프를 4일후 작동토록 하였으나 상수관이 파열되면서 이를 복구하기 위한 작업에 어려움이 발생하였다. 이를 복구하는 데는 9개월의 기간이 소요되었다.[53]

8월 14일 완전하지는 못하였지만 보험과 우편업무가 부분적으로 다시 시작되었다. 12개의 은행에서는 계좌를 갖고 있는 사람들에게 현금지급 업무를 시작하였지만 많은 사람이 고객임을 입증할 만한 증거가 없어 문제가 되었다. 상가들도 서서히 문을 열면서 토마토와 쌀과 같은 생존에 필요한 물자를 팔기 시작하였다. 공공기관이나 회사 등의 생존한 직원들은 파괴된 사무실의 폐기물을 치우는 등 청소를 시작하면서 제한적이기는 하였지만 피해복구를 시작하였다. 그해 말 학생들도 학교 교실이나 운동장 등을 청소하고 응급복구 하면서 수업을 재개하기 시작하였다.

어느 조사에 의하면 히로시마에는 78개의 학교가 있었는데 이중 34개 학교는 완전 파괴 및 소실되었고, 7개 학교는 완전히 파괴되었으며, 4개 학교는 소실되면서 무너졌고, 20개교는 반파되었으며, 1개교는 반쯤 소실됐고 12개교는 사용 가능한 상태였다. 핵피폭 이후 일시적으로 학교는 구호소나 부상자 치료소로 사용돼 처음에 학교수업을 할 수 없었다. 1945년 10~11월에 가서 다시 수업을 시작하였으나, 학

---

53 Hiroshima Prefecture and The City of Hiroshima, *Hiroshima Reconstruction and Peacebuilding Research Project: Hiroshima's Path to Reconstruction*, Rijo Printing Co. Ltd, 2015, p.11

생도 선생도 피해를 입어서 학업에 참여한 학생은 많지 않았다.[54]

시의 유일한 언론사인 추코구(中國) 뉴스통신사는 280여 명의 종사원 가운데 100여 명이 죽고 80여 명이 부상을 입거나 실종됐다. 그럼에도 불구하고 8월 21일 생존한 100여 명이 시설을 응급 복구하여 새로운 신문을 발행하기 시작하였다.[55] 시간이 조금씩 지나가면서 생존자들은 그들의 집터에서 잡석을 이용하거나 방공호를 이용하는 등으로 작은 거주공간을 마련하기 시작하였다. 시에서는 건물의 파괴된 폐기물을 치우는 작업에 들어가서 주요 도로와 붕괴된 건물의 잔해는 1946년 3월경에 가서 대부분 제거하였다. 그러나 주거시설의 재건은 매우 더뎌 1947년 8월, 피폭 2년이 지나가는 당시에도 여전히 대부분이 임시시설에 거주하였다.[56]

일본인 사이에서는 커다란 피해를 입은 두 도시를 도와주기 위한 움직임이 점진적으로 나타났다. 8월 7일, 피폭 다음날 히로시마시의 인접한 지역에서 33명이 자발적으로 응급구조팀을 편성하여 히로시마에 도착하였다. 그들은 약품과 소독제, 식품 등 모든 것이 부족한 가운데서도 부서진 병원이나 학교 및 사원 등을 이용, 간단한 치료시설을 설치하고 치료활동을 전개하였다.[57]

인접한 도시에서는 민방위대를 파견하여 구호 및 구조 활동을 하였다. 이들은 4개의 구호 및 구조팀으로 편성하여 외부로부터 식량을 등을 지원받아 피해자에게 분배하였다. 일본이 항복한 8월 15일 이후

---

54 Hiroshima Prefecture and The City of Hiroshima, op. cit., p.12.

55 Ham, op. cit., p.417.

56 https://www.reddit.com (검색일: 2018. 2. 20.), How did cleanup in Nagasaki and Hiroshima proceed following the atom bombs?

57 Ham, op. cit., p.414.

에는 시에서 이 임무를 인수하여 희생자들에 대한 지원활동을 시작하였다. 히로시마 평화기념관에 따르면 이 당시 지원된 물자들은 식량 916포대, 소금 83포대, 콩기름 33,701리터, 채소 10,713kg 등이었다. 민방위대는 경찰의 통제를 받아 부상자 수송이나 파괴된 잔해물 제거, 보급품 분배, 사체 처리 등의 업무를 수행하였다.[58]

5) 패전 이후의 피해복구

원폭투하로 히로시마의 90%가 파괴되었다. 개인주택은 물론 병원이나 공공기관, 은행이나 전신전화국, 철도 등의 시설도 파괴되었다. 평상시 보기 힘든 고도의 화상환자나 당시로서는 아주 생소한 방사선 피폭환자 등이 대규모로 발생하고 죽어갔지만, 이들을 치료할 병원은 파괴되었고 의사와 간호사들의 대부분이 죽었으며 이들이 필요한 약품도 남아있지 않았다. 이 상황에서 부상하거나 생존하였던 사람들은 처음에는 폐허로 변한 도시를 떠났다. 히로시마의 인구는 당시 83,000여 명으로 줄어들었으나 1946년 2월경에는 169,000여 명으로 늘어났다. 이렇게 인구가 늘어난 이유는 다른 곳으로 대피하였던 시민이 돌아오거나 해외 식민지에서 귀국한 사람, 동원이 해제된 군인이 복귀하는 등으로 증가하였기 때문이다.

폐허가 된 상황에서 인구가 갑자기 증가하자 원폭피폭자는 물론 히로시마 거주 주민도 식량이 부족해지면서 생존은 어려운 문제였다. 암시장(Black Market)이 생겨났으나 그래도 식량을 충족시키지 못하면서 기아 문제가 대두되었다. 그러나 히로시마시가 할 수 있는 일이라

---

58 http://hiroshimapeacemedia.jp (검색일: 2017. 8. 15.)

고는 채소 씨앗을 구해서 이를 재배토록 분배하는 일에 불과하였다.

모든 것이 파괴된 상황에서 주민들이 증가하면서 대두된 또 다른 문제는 거주할 집이 없다는 것이었다. 히로시마로 돌아온 사람들은 피폭지역에서 임시로 가옥을 짓고 살기 시작하였다. 여기저기 집을 지으면서 도처에서 피폭자들의 슬럼(Slum)가가 만들어졌다. 특히 히로시마 북부지역의 한 곳에서는 20,000명이 되었고, 강의 하상에서는 900여 채의 가건물이 세워지면서 원폭 빈민가가 형성되었다.[59] 집을 짓기 위해서는 목재가 필요하였지만 부족하여 시가 나서서 겨우 1946년에 392채를 건축하였고, 주민들이 종전 이후 6개월 동안 5,000여 채를 건축하였을 뿐으로 수요를 충족하기에는 부족하였다.

이렇게 어려운 상황에서 1945년 9월 17일, 강력한 태풍인 마쿠라자키(枕崎)가 히로시마를 덮쳐 홍수와 산사태가 발생하면서 임시로 설치된 움막과 가건물 등의 피난처에 있었던 생존자와 육군병원에 입원하였던 환자 등 히로시마에서만 2,000여 명의 사망 및 실종자가 발생하였다. 원폭으로 이미 피해가 극심한 가운데 또 다른 피해가 발생한 것이다.

1945년 12월 초, 전쟁피해자협회(War Victims Associations)가 설립되었다. 여기서는 가옥용 목재와 못과 유리창 등을 분배하였으며, 피폭 시 부모를 잃은 고아의 보호와 주거 문제를 해결하기 위하여 인접 지역의 창고 등을 거주용 임시시설로 사용할 수 있도록 도움을 주었다.

생존자들의 거주와 식량조달의 문제와는 별도로 파괴된 도시를 어떻게 할 것인가도 중요한 문제로 대두되었다. 핵피폭 이후 히로시마에서는 방사능으로 인하여 75년간 농작물이나 꽃 등이 자라지 못할

---

59 http://ir.lib.hiroshima-u.ac.jp/enlist/AA10456537/zz/item/30724, Hideaki Shinoda (2008. 3), p.18.

것이라는 소문이 돌았다. 이런 말이 돌다 보니 종종 히로시마를 복구할 수 있을 것인지, 복구할 필요가 있는 것인지에 대한 의문도 제기되었고, 원폭으로 많은 사람이 사망한 히로시마를 세계평화를 기념하는 곳으로 보존하자는 일부의 의견도 나왔다.

일본 정부는 1945년 11월에 히로시마와 나가사키를 포함하는 전쟁기간 중 많은 피해를 입은 115개 도시에 대한 피해복구계획(War Disaster Reconstruction Plan)을 수립하였다. 이를 전담할 전시피해복구청도 설립하였다. 히로시마도 이에 보조를 맞춰 1946년 1월에 가서 1실, 2국, 7과로 히로시마 재건부서를 설립하였다. 2월에는 히로시마 재건을 위하여 시장 보좌기관으로 히로시마 재건위원회도 설립하였다. 여기서는 사회적으로 다양한 경력을 가진 26명의 전문가가 모여 재건계획을 논의하였으며, 인근의 구레(呉市)에 주둔하고 있었던 미 점령군의 육군장교가 이 위원회에 고문으로 참여하였다.[60]

히로시마의 도시재건부서에서 시 복구업무를 주도하면서 여기서는 1946년 11월 도로와 공원 및 녹색지대, 주거지역 등으로 구분된 복구계획을 마련하였다. 이렇게 130만m^2를 복구함으로써 약 35만여 명이 살 수 있도록 도시를 재건할 계획이었다. 문제는 히로시마를 재건하는 데 필요한 예산으로, 히로시마에서는 1947년에 20조 엔(약 500~600억 달러) 정도가 필요할 것으로 판단하였으나 실제로 가용한 예산은 5,600만 엔(약 15~16만 달러)에 불과하였다.[61]

---

60 http://ir.lib.hiroshima-u.ac.jp/enlist/AA10456537/zz/item/30724, Hideaki Shinoda (2008. 3), p.10.

61 https://www.forexct.au.article/history-of-the-yen, http://ir.lib.hiroshima-u.ac.jp/enlist/AA10456537/zz/item/30724, Hideaki Shinoda(2008. 3), p.11. (검색일: 2018. 2. 25.), 1941년 12월 7일, 즉 태평양 전쟁이 발발할 때부터 1949년 4월 25일까지는 달러와 엔화의 공식적 환율은 존재하지 않았다. 그 이후 1949년 4월 25일부터 1971년까지 1달러당 360엔

여기 소요되는 자금을 마련하기 위해 히로시마 학교 복구 복권(1948), 히로시마 공공시설 복구 복권(1949) 등을 판매했으나 자금은 여전히 부족하여 의회와 정부에도 도움을 요청하였다.[62] 1949년 5월 의회가 「히로시마 평화도시건설법(Hiroshima Peace Memorial City Reconstruction Law)」과 「나가사키 국제문화도시건설법(Nagasaki International Culture City Reconstruction Law)」을 통과시키면서 이제 히로시마와 나가사키의 복구가 탄력을 받게 되어 신속한 추진이 가능해졌다.[63]

히로시마시의 재건을 추진하였지만 여전히 이에 소요되는 예산이 문제가 되어 시에서는 1950년에 '교육재건공공채권(Education Reconstruction Public Lottery)'을, 1951년에는 '스포츠 공공채권(Sports Public Lottery)'을 판매하였다. 해외에서도 특히 히로시마에서 하와이로 이주한 일본계 하와이 사람들이 '히로시마 전시피해지원협회(Hiroshima War Damage Relief Association)'를 조직하여 68,000달러를 모금한 뒤 보냈다. 이 기금은 미망인 가정이나 지체불구자용 시설과 초등학교 건축 등에 사용되었다.[64]

6) 이후의 사회적 문제

원폭 피폭 이후 고아들의 문제가 심각하게 대두되었다. 당시 히

에 고정되었다. 여기서 제시한 예산은 1달러당 360엔으로 환산한 것이다.

62 Hiroshima Prefecture and The City of Hiroshima, *Hiroshima Reconstruction and Peacebuilding Research Project: Hiroshima's Path to Reconstruction*, Rijo Printing Co. Ltd, 2015, p.28.

63 http://atomibombmuseum.org/4-ruin.shtml (검색일: 2018. 2. 20.)

64 http://ir.lib.hiroshima-u.ac.jp/enlist/AA10456537/zz/item/30724, Hideaki Shinoda (2008. 3.), p.11.

로시마 피폭으로 부모를 잃으면서 고아가 된 어린이는 피폭 전 도시의 외곽지역으로 옮겨졌다. 시에 남아 있었던 부모가 사망하면서 고아가 된 어린이도 있었으나 몇 명의 고아가 있었는지는 정확하지 않다.

당시 고아를 돌봤던 사람들에 의하면 6,500여 명의 고아가 있었을 것이라고 하고, 전쟁 전 어린이를 농촌지역으로 소개하였던 자료를 기초로 하면 4,000~5,000명의 고아가 있을 것이라고 한다.

히로시마에서는 교사와 승려들이 이 고아들을 돌보았으며, 나가사키에서는 로마 카톨릭 교회가 그 역할을 하였다. 1949년에는 입양아 재정지원프로그램이 시작되었으며, 히로시마에서는 아유미(Ayumi)라 불리는 지원그룹이 만들어져 이들에게 심리 상담과 지원을 제공하였다.[65]

핵피폭 이후 태어난 기형아도 많았다. 히로시마와 나가사키 핵피폭 당시 임신 중에 있었던 여성들이 방사선에 피폭된 뒤 후일 태어난 1,600명의 어린이에 대한 조사결과를 보면 그중 30%가 심각한 의학적 정신장애 현상을 보인 것으로 조사됐다. 다른 조사에서는 엄마가 50~100rad의 방사선에 피폭된 상태에서 후일 태어난 어린이에 대한 조사결과는 정신장애 현상과 소두증(小頭症) 증세를 보였다. 이는 특히 핵 피폭 당시 임신 8~15주차였던 임신부에게서 사실로 확인되었다. 핵방사선에 노출되지 않은 어린이에 비하여 방사선에 피폭된 어린이에 대한 지능검사에서는 상대적으로 지능이 낮은 결과를 보였으며 학력 역시 낮은 것으로 나타났다. 사망자에 대한 통계수치는 암과 피폭효과로 인하여 1950년에는 20만에 달하였다는 보고도 있다. 1950~1990년의 기간 중 암과 백혈병으로 생존자 가운데 대략 9%가

---

65 http://atomibombmuseum.org/4-survivors.shtml (검색일: 2018. 2. 20.)

사망하였다.[66]

심리적 피해 또한 중요한 문제였다. 핵폭발 시는 본인의 부상이나 가족의 희생, 피폭 이후 나타난 각종 질환 등으로 인하여 육체적 고통은 물론 심리적 피해도 발생한다. 1950년대 히로시마와 나가사키 피폭자에 대한 심리피해를 조사한 결과에 의하면 피폭자들이 신경증 후군, 건망증, 집중력 결여를 호소하는 경우가 많았다. 또한 피폭자들은 핵폭발 당시의 처참한 상황을 생각하면서 화를 내거나 무반응을 보이는 경우, 죄의식을 느끼는 듯한 감정도 있는 것으로 조사되었다. 그런가 하면 '외상후 스트레스(PTSD, Post Traumatic Stress Disorder)' 증세로 인한 악몽과 환각현상, 두려움, 과민성 불면증, 좌절과 자살충돌 등을 느끼는 사람도 있었던 것으로 조사됐다.[67]

피폭자들은 비록 피폭당시 살아남기는 하였으나 90% 이상이 후일 나타난 증세로 죽거나 무능력자가 되었다. 그들은 구토와 출혈, 탈모 등을 겪다가 끝내 죽은 경우도 있었고, 백내장이나 악성종양 등으로 고통을 받기도 하였다. 피폭자들은 암은 물론 백혈병과 림프종, 소두증, 정신지체, 낮은 지능, 발달지연, 구개열 등이 증가하였다. 끔찍한 화상흉터가 남았고, 여성의 경우 유방암의 증가와 갑상선 암 등도 발생하였다.[68]

---

66 http://zaaenlife.com/2011/12/29/the-after-effects0f-the-atomic-bombs0on-hiroshima-nagasaki/ (검색일: 2018. 2. 5.), The After Effects of The Atomic Bombs on Hiroshima & Nagasaki (2011. 12. 29.)

67 http://zaaenlife.com/2011/12/29/the-after-effects0f-the-atomic-bombs0on-hiroshima-nagasaki/ (검색일: 2018. 2. 5.), The After Effects of The Atomic Bombs on Hiroshima & Nagasaki (2011. 12. 29.)

68 http://zaaenlife.com/2011/12/29/the-after-effects0f-the-atomic-bombs0on-hiroshima-nagasaki/ (검색일: 2018. 2. 5.), The After Effects of The Atomic Bombs on Hiroshima & Nagasaki (2011. 12. 29.)

어른들은 어른들대로 원폭에 피폭되었든 다른 지역으로 대피하였든 배우자나 자식을 잃으면서 의존할 가족이 없어 고통을 받기도 하였다. 한 조사는 1970~1975년에 원폭피폭 생존자의 31건 자살 가운데 히로시마에서 25건이 발생하였으며, 그 가운데 8건은 병이 주된 원인으로, 홀로 남은 나이 많은 사람이라고 하였다.[69]

실업자 문제도 심각하였다. 1949년 히로시마의 사례를 보면, 당시 시에서는 파괴된 건물의 잔해물 처리와 거리 및 공원, 학교 운동장 등의 정비를 시작하여 약 10만여 명이 여기에 참여하였다. 그럼에도 동원 해제된 대부분의 장병은 도시에서 직업을 찾지 못하여 농촌으로 갔다. 이러한 어려움은 1950년 6·25전쟁이 발발하면서 한국에서 차량과 탱크 등 군수물자 수요가 급증하자 해소되기 시작하였다. 당시 히로시마 지역에서는 전쟁초기 4개월간 4억 엔, 1951년 6월까지는 12억 5,600만 엔의 군수물자 수요가 발생할 정도로 급증하였고, 이는 미쯔비시(三菱) 중공업이나 미하라 차량공장을 포함한 히로시마의 산업이 부활하는 계기가 되었다.[70]

1953년 초에 히로시마에서 원폭피해협회를 만들기 위한 시민운동이 일어났고, 원폭피폭자들을 위한 기금이 조성되었다. NHK 방송 등에서는 기금을 조성하는 데 도움을 주었다. 그해 8월에는 10여 일간 전국적으로 기금조성 캠페인이 진행되어 피폭자를 위한 500만 엔의 기금이 모금되었다.

1954년 들어 미국이 태평양상에서 수소폭탄을 실험하면서 멀지 않은 곳에서 고기를 잡던 일본어선에 낙진이 떨어졌다. 이 사건은 이

---

69 http://atomibombmuseum.org/4-survivors.shtml (검색일: 2018. 2. 22.)

70 http://ir.lib.hiroshima-u.ac.jp/enlist/AA10456537/zz/item/30724, Hideaki Shinoda (2008. 3.), p.12.

미 히로시마가 원폭에 피폭된 경험을 갖고 있는 일본 국민들의 관심과 항의를 촉발하였다. 이에 자극받은 의회는 피폭자들의 치료를 위하여 1955년에는 1,244만 엔, 1956년에는 2,568만 엔을 할당하였다. 1957년에는 「원폭피해자치료법」이 제정되었고 아울러 2억 6,749만 엔의 예산이 책정되었다. 1966년 「원폭피해자특별대책법」이 통과되면서 국민의 관심이 최고조에 달했다. 이 법에서는 피폭자의 치료와 간호 및 건강유지와 사망시 장례지원에 대한 비용 등을 제공토록 하였다.[71]

한편 미국에서는 1945년 8월 15일 트루먼 대통령이 일본에서 원폭을 포함한 모든 폭격의 효과를 조사하도록 지시하였으며, 여기에는 350여 명의 장교와 500여 명의 준사관 및 300여 명의 민간인이 참여하였다. 1946년 11월에 임무를 시작한 원폭피해위원회(Atomic Bomb Casualty Commission)는 암이나 백혈병, 성장발육 부진, 불임, 탈모, 비정상적 색소침착, 유전자 변형 등에 대하여 부상자를 조사하였으며, 일본의 보건기관이 이를 지원하였다.

71 http://atomibombmuseum.org/4-ruin.shtml (검색일: 2018. 2. 20.)

4. 교훈

1) 원폭 피폭 시 발생하는 물리적 피해 현상

핵폭발 시 발생하는 물리적 현상을 알아야 피폭 시 적절한 조치가 가능하다. 앞에서 설명하였듯이 핵폭발 시는 첫째, 열복사선과 폭풍 및 방사선으로 인하여 대규모 인원이 죽거나 부상을 입는 등 막대한 인명피해가 발생한다. 둘째, 대규모의 물질적 피해가 발생한다. 이는 특히 주거시설을 포함한 건물들이 폭풍으로 파괴 또는 붕괴하면서 발생한다. 셋째, 광범위한 지역에서 주거시설이 파괴되면서 전재민이 급증하여 구호 및 구조와 수용시설 및 급식 등의 지원소요가 폭발적으로 증가한다. 넷째, 주거와 산업시설, 교통시설 등 대규모 피해에 따른 각종 긴급복구소요가 급증한다. 다섯째, 방사선 피폭으로 인하여 백혈병이나 암과 같은 질병이 발생하면서 장기간에 걸쳐 피해가 발생하는 만큼 이를 진료하기 위한 국가적 소요가 증가한다. 그 외에도 전자기파로 인하여 군사작전의 수행은 물론 경제적으로 막대한 피해도 발생한다. 원폭피폭 시의 피해는 태풍이나 홍수, 지진, 화산 등 어떤 대형의 재난을 넘어서 다양하게 발생하는 만큼 정부와 군, 국민의 총체적인 피해복구 노력이 요구된다.

2) 히로시마 피폭 분석

일본 정부의 공식자료는 히로시마 원폭 피폭으로 인하여 사망한 인원이 14만여 명이라고 밝히고 있다. 그렇지만 앞에서 보았듯 히로시마 원폭으로 인한 사망자 수는 조사일시와 기관에 따라 많은 차이가 있음을 볼 수 있으며, 이는 나가사키에서도 유사하게 발생하였다. 이렇게 사망자 누계에 있어 차이가 나는 이유는 핵폭발 시 발생하는 열복사선과 폭풍, 방사선 피폭 등의 현상과 그 피해가 장기간에 걸쳐 나타나기 때문이다. 히로시마에 원폭이 투하되었을 당시 발생한 상황을 분석하여 보면 다음과 같다.

첫째, 핵 공격에 대한 사전 경고 무시로 대규모 인명피해를 초래하였다. 미군은 원폭투하 전에 일본의 주요 도시에 전단을 살포하였다. 여기에서는 미군이 새로이 개발한 신형폭탄(Newly developed bomb)을 투하할 예정으로 시민들은 도시지역을 떠나 다른 곳으로 대피하라고 하였다. 일본 군부와 정부, 히로시마현은 모두 이 경고를 무시하였다. 폭격당일 폭격기가 히로시마 상공에 출현하였음에도 공습경보를 발령하였다가 곧 해제하면서 시민들은 일상생활로 복귀하였고 이 시간에 원폭이 투하되면서 대규모의 피해가 발생하였다. 핵 공격 시 사전 경보를 전파할 수 있는 시스템이 매우 중요함을 보여주는 것이다.

둘째, 원폭투하 이후 군부의 의도적 무시로 인한 피해의 확대이다. 원폭피폭 후 군부는 15분 뒤에 보고를 받고 이를 확인하기 위하여 조사팀을 파견하였다. 이를 통해 원폭공격을 확인했음에도 불구하고 대형의 폭탄이 투하되었다는 식으로 호도하면서 의도적으로 이를 행정부에 알리지 않았다. 오히려 수상과 외상이 핵피폭 상황을 알고 군에 확인을 요청했지만, 군은 대규모 폭발력을 갖는 재래식 폭탄이라고 강변하는 일도 발생하였다. 내각에서는 군부에 히로시마에 원폭이 투하됐는지를 문의하였지만, 군부는 확인을 거부하였다. 외무상 등이 히로시마에 원폭이 투하됐다는 트루먼 대통령의 발표를 듣고서 군부에 확인을 요구하였지만 군부는 이마저 확인을 거부한 것이다. 군부는 원폭투하 사실에 대한 보도를 통제하는 것을 넘어 왜곡까지 하였다. 당시 영자신문인 'Nippon Times'의 보도를 보면, 8일자에서는 히로시마에 폭탄과 소이탄이 투하되어 피해조사가 진행 중이라 하였고, 9일자에서도 새로운 폭탄이 히로시마에 투하돼 주목할 만한 피해가 발생하였다고 하였다. 10일자 신문에서도 원폭이란 표현은 없이 새로운 폭탄이 지상 500~600m 상공에서 폭발하면 강한 섬광과 폭풍, 열이 전 지역으로 확산한다고 하면서 이후 단 한 대의 미군 폭격기가 올지라도 대피하라고 하였다. 이렇듯 군부는 행정부의 원폭투하에 대한 확인 요청의 거부는 물론 보도마저 통제하거나 사실을 왜곡하면서 그 시간에 피해는 눈덩이처럼 커졌다.

셋째, 원폭 피폭시 정부와 군, 히로시마시의 협조가 미흡하였다. 원폭 피폭 현장인 히로시마에서 수만 명이 일시에 사망하고 수만 명의 부상자가 발생하였다. 그러나 정부는 물론 군부와 현에서 이들을 구조하기 위하여 구조대를 보냈다든가 전재민을 수용할 조치를 했다든가 등의 협조와 조치는 부족하였다. 오히려 군부와 내각에서는 연합군 항복요구 조건을 받아들일지, 그렇게 되면 일왕의 위치가 어떻게 되는지가 더 중요하여 그에 대한 논의가 주를 이루었다.

넷째, 부상자를 신속히 처리하기 위한 조치가 미흡하였다. 대규모의 사망자와 부상자가 발생한 상황에서 정부와 군, 현에서 의사나 간호사 등을 파견하였거나 약품 등을 적시에 공급하였다는 정부와 군부의 기록을 보기가 매우 어렵다. 현지나 인접지역에서 약간의 지원인력과 물자의 지원이 있었을 뿐이다.

다섯째, 전재민을 구호 및 수용하기 위한 정부 차원의 활동이 대단히 미흡하였다. 원폭피폭 후 히로시마시가 폐허가 되었고, 낙진까지 떨어지는 위험에 노출되면서 주민들이 거주할 수 없는 환경이 되었다.

그렇지만 정부가 나서서 안전지역을 설정하여 텐트를 설치하거나 급식을 하는 등 전재민을 적극 구호 및 구조하거나 이들을 수용하기 위한 지원활동을 찾아보기 어렵다. 현지에 거주하였던 주민들이 폐허 속에서 낙진위험도 모른 채 부서진 건물조각 등을 이용하여 임시로 살 수 있는 시설을 설치하였다는 기록이 일부 있을 뿐이다. 당시 일본이 패전을 직전에 두고 있었기 때문에 여력이 없기는 하였지만 정부와 군의 조치가 부족하였던 것이다.

핵무기는 대량살상무기이다. 핵 피폭 시는 군과 정부는 물론 자치단체 등의 즉각적이고 총력적인 대응이 있었을 때 그나마 발생한 피해를 최소화할 수 있다. 그러나 히로시마에서는 군부와 정부의 협조 또는 지원은 미흡하였고, 그 피해는 시민들에게 그대로 돌아갔다.

1945년 8월 15일, 히로시마 원폭투하 이후 열흘 뒤에 일본은 항복하였다. 히로시마와 나가사키가 피폭되어 대규모의 인원 피해는 물론, 도시가 폐허로 변하였지만, 정부가 나서서 피해를 복구하기 위한 노력은 4년 뒤에 가서 법을 제정하면서 본격적으로 시작되었다. 미군정의 통제를 받고 있었기에 일본 정부가 할 수 있는 일이 제한되었을 것이기는 하지만, 그럼에도 히로시마와 나가사키 시민들은 피폭당시 단지 그곳에 살았었다는 이유로 수많은 사람이 희생되는 비극을 당하였고, 정부는 한동안 그대로 방치하는 상황이었다.

3) 교훈

히로시마와 나가사키에 대한 원폭 투하 시 발생한 현상과 당시 일본정부와 군부 및 시 당국의 조치, 국민이 보인 행동은 원폭공격을 받을 시 정부와 군과 개인이 어떻게 대응하고 조치를 해야 할 것인가에 대한 중요한 교훈을 제공한다.

첫째, 핵 공격 시 사전 경보의 중요성이다. 핵 공격 시기를 사전에 알 수 있다면 민방공시설로 대피를 함으로써 그 피해를 많이 줄일 수 있다. 히로시마에 원폭투하 시 미군은 전단을 살포하여 경고하였지만, 정부와 군이 이를 무시하면서 피해가 커졌다. 북한정권을 포함 누구든지 핵 공격을 할 시 미군처럼 사전에 경고할 것이라는 기대를 할 수 없다. 다양한 정보획득 수단을 이용하여 조기에 공격 정보를 수집하고 필요시 타격하는 것은 물론, 미사일 등으로 공격 시는 적시에 대피할 수 있도록 경보전파체계가 분명하게 작동되어야 한다. 특히 북한이 극초음속 미사일을 개발하는 상황에서 신속한 민방공 경보는 대단히 중요하다.

둘째, 핵 피폭 시 컨트롤 타워 역할의 중요성이다. 히로시마에서는 일본의 중앙정부나 군부, 히로시마시 등 어느 곳에서도 발생된 피해를 최소화하기 위한 컨트롤 타워 역할을 했다는 것을 찾아보기 어렵다. 핵 피폭 시 대량의 피해가 발생하는 만큼 부상자 구호 및 구조와 치료, 생존자 수용 및 지원, 사망자 수습 및 처리, 긴급복구 등을 통해 피해를 최소화 할 수 있도록 중앙정부 차원에서 컨트롤 타워의 역할이 중요하다.

셋째, 민방위 대피시설의 중요성이다. 핵무기가 대량살상무기이기는 하지만 사전 경보를 받은 상태에서 대피소로 신속히 대피하면 많은 목숨을 건질 수 있다. 히로시마를 보면 반경 500m 안에서도 지하 등으로 대피하였던 다수의 시민은 안전하거나 가벼운 피해를 입었는데 이는 대피시설의 중요성을 입증하는 것이다.

넷째, 부상자 구조 및 구호, 치료의 중요성이다. 핵 피폭 시는 현장에서 사망하는 사람으로부터 적절한 치료를 받으면 생존할 수 있는 환자에 이르기까지 다양하게 발생한다. 또한 단일요인의 환자와 두 가지 요인의 환자, 또는 세 가지 요인의 복합적 환자도 발생하는 만큼 그 대응 방법도 각각 다를 수밖에 없다. 따라서 부상자를 신속히 구조 및 구호하고 상태별로 분류하여 치료할 수 있는 대책을 수립하여 피해를 최소화하기 위한 대책이 수립되어야 한다.

다섯째, 전재민 구조 및 구호, 수용의 중요성이다. 핵 피폭 시는 수만~수십 만여 명의 전재민이 일시에 발생하는 만큼, 이들을 신속히 구조 및 구호하고 낙진으로부터 안전한 지역의 시설에 수용하여 지원해야 한다. 이를 위한 수송 및 수용계획과 지원이 필요하다.

여섯째, 사망자 수습 및 처리이다. 핵 피폭으로 대규모의 사망자가 발생하였으나 적시에 수습 및 처리가 지연될 경우, 특히 여름에는 콜레라와 이질, 장티푸스 등 전염성 질환이 창궐하여 2차 피해가 발생할 수 있는 만큼 적시에 수습하여 처리해야 한다.

일곱째, 피폭지역 출입통제 및 치안질서의 중요성이다. 피폭지역에서 개인방호대책을 갖추지 못한 사람이 활동하거나 어떤 이익을 취할 목적으로 하는 범죄행위가 발생할 수 있다. 또한 일정기간 동안 낙진이 떨어지면서 노출된 사람들은 2차적인 피해도 입는다. 안전을 위하여 방독면과 방호복 등 안전대책을 갖춘 허가된 사람들만 피폭지역의 출입을 허용해야 한다.

여덟째, 2차 피해를 야기할 가스와 유류에 대한 안전대책의 필요성이다. 도시는 아파트나 주택 모두 가스관으로 연결되고 도처에 주유소가 있는 만큼 핵 피폭 시는 2차 피해의 가장 큰 원인이 될 가능성이 농후하다. 이에 대한 대책이 필요하다.

아홉째, 핵 피폭지역에 인명구조 및 구호차 투입될 인원에 대한 안전관리 프로그램 필요성이다. 핵 피폭지역에서 인명구호 및 구조 등의 작업을 하게 될 인원들은 방사선에 노출될 가능성은 물론 건물붕괴와 화재 및 전염성 질환에 노출될 위험 등 다양한 위험에 처해질 가능성이 크다. 따라서 작업에 투입될 인원의 안전관리를 위한 프로그램이 필요하다.

열째, 방사선 오염인원에 대한 관리이다. 외견상 이상 없어 보이지만 과다한 방사선 피폭으로 며칠 뒤부터는 증상이 나타나면서 사망할 수 있는 인원이 발생할 수 있다. 이러한 인원에 대한 확인 및 관리가 필요하다.

열한째, 핵 피폭 시 군과 소방대원, 민방위대, 예비군 활용의 필요성이다. 핵 피폭과 같은 대규모 피해가 발생할 경우, 군과 소방대원은 가장 먼저 신속히 활용할 수 있는 조직이다. 예비군도 조직화된 집단으로 피해를 최소화하는 데 기여할 수 있다. 다만, 투입에 앞서 필요한 장비의 지급과 훈련이 필요하다.

열두째, 피폭 시 응급복구 계획 및 장기적인 복구의 필요성이다. 핵폭발 시 발생하는 폭풍으로 많은 건물이 붕괴하거나 파괴되면서 도시가 완전히 폐허로 된다. 구조인력과 장비가 투입되어야 하나 건물의 잔해물이 도로를 뒤덮으면서 이로 인하여 피해지역으로 진입이 쉽지 않은 상황이 될 것이다. 이러한 상황의 발생을 상정하여 구조인력과 장비를 투입하기 위한 대책이 필요하게 될 것이다. 그런가 하면 장기적인 관점에서 피해지역을 어떻게 복구할 것인지의 계획과 이를 위한 막대한 예산소요도 불가피한 상황이 된다.

열셋째, 고아의 수습 및 수용에 관한 것이다. 히로시마에서는 4,000~6,000여 명의 고아가 발생하였다. 우리도 핵 피폭 시는 이런저런 이유로 대규모의 고아 발생이 예상된다. 이들에 대한 긴급 구호계획이 없을 경우는 또 다른 피해를 야기할 가능성이 커지는 만큼 핵 피폭 시는 신속히 수습하여 시설로 이송하고 수용하는 등의 대책도 필요하다.

열넷째, 전재민 수용시설에 수용되었던 사람들을 일상생활로 복귀시키면서 야기될 문제이다. 전재민 수용시설에 수용하였던 사람들은 언제까지 정부가 모두 이들을 수용하고 지원할 수는 없을 것인 만큼 개인생활로 복귀시켜야 할 것이다. 이들을 복귀시켰을 때에는 히로시마에서 발생하였던 것처럼 이들이 머물 집이나 식량 등 많은 어려움에 직면하게 된다. 이들을 위한 대책이 필요하게 될 것이다.

열다섯째, 피폭자들에 대한 중·장기 치료 지원 등의 대책이다. 핵 피폭에서 생존하였다고 할지라도 후일 다양한 신체·정신적 질환으로 인하여 장기간에 걸쳐 고통을 받는다. 그런 만큼 이들을 치료하기 위한 장기적인 대책이 필요하다.

열여섯째, 피폭지역의 복구에 관한 것이다. 이를 위한 예산은 물론, 특별법 등을 제정해서라도 피폭지역을 조속히 복구하기 위한 정부 차원의 노력이 필요하다.

앞에서 제시한 상황을 포함하면서 추가로 예상되는 문제까지를 반영한 범정부 차원의 계획수립과 이를 위한 예산의 조달 등이 중요한 문제가 될 것이다. 핵 피폭 시는 대규모의 피해가 발생하면서 중앙정부는 물론, 피해가 발생하지 않은 자치단체의 자원도 활용할 수 있어야 한다. 서울이 피폭되면 인접한 경기도는 물론, 그 외의 타 시·도에서도 필요한 식량과 약품 및 피복의 지원도 필요하다는 것이다.

〈그림 3.11〉에서 상단 왼쪽은 1945년 10월, 오른쪽은 1946년 4월, 하단 왼쪽은 1948년 12월, 오른쪽은 1953년 2월의 모습이다. 핵 공격을 받은 이후 파괴된 도시의 복구가 얼마나 더딘지 보여주는 사진이다. 이는 도시가 폐허화 될 시 복구하는 데 있어 막대한 예산이 소요되는 것은 물론 시간 역시 장기간 필요함을 의미한다.

〈그림 3.11〉 1945~1953년 히로시마 복구 진행 모습

출처: https://www.theguardian.com/cities/2016/apr/18/story-of-cities-hiroshima-japan-nuclear-destruction (검색일: 2018. 3. 15.)

비록 히로시마는 핵 피폭으로 많은 피해가 발생하였지만, 피폭이 전에는 도쿄와 오사카, 나고야 등 일본의 다른 도시와는 달리 미군 폭격기의 공습이 없었기 때문에 비교적 온전한 상태를 유지하였었다. 그러나 한반도의 어느 지역이 북한의 핵 공격을 받을 시는 이미 북한군의 포격 등으로 인하여 피해를 입은 상황에서, 적 특작부대도 상당히 침투하여 치안질서가 매우 혼란한 가운데 핵공격을 받을 상황이 발생할 가능성이 클 것이다. 그만큼 정부와 군, 국민이 대응하기 어려운 상황이 될 수 있다는 것으로, 유관기관간의 긴밀한 협조를 통한 사태 극복이 중요할 것이다.

4장
2025년 6월의 어느 날

1. 개요

이 장은 핵폭발 시 발생하는 물리적인 현상과 1945년 8월 6일 히로시마에서 발생하였던 상황 및 피폭자들의 증언, 그 외에 핵 공격을 받을 시 발생하는 사항을 연구한 자료 등을 참고하여 만약 우리가 전시 김정은 정권으로부터 핵 공격을 받을 경우, 어떤 일이 발생할 것인지를 살펴보고 이를 바탕으로 민방위 및 국가비상대비분야에서 무엇을 해야 할지 과업을 찾기 위해서 가상(Fiction)으로 만들어 낸 소설과도 같은 부분이다.

비록 가상이라고는 하지만, 핵무기 폭발 시 발생하는 무기의 물리적 특성, 즉 공격을 받으면 열복사선 및 폭풍과 방사선, 전자기파로 인해 광범위한 지역에서 참혹하게 발생하여 장기간 지속되는 피해현상, 기습전 및 속전속결전, 배합전을 특징으로 하는 북한군의 군사전략, 핵무기 및 신형방사포 등의 무기체계 발전, 김정은 정권의 「핵무력정책법」과 '핵무기 사용 5대 조건' 발표, 선전포고 및 핵전쟁 발언 등을 볼 때 전시 실제로 핵무기를 사용할 경우, 충분히 발생 가능한 상황이다.

이를 위하여 편의상 동북아지역, 특히 중국과 대만의 양안관계(兩岸關係)가 악화하면서 중국이 대만을 침공하기 전 북한을 은밀히 부추겨 김정은 정권이 도발의 기회를 만들고 이를 이용하여 사태가 악화하다가 전면적 도발을 하는 것으로 묘사하였다. 그 시기는 해외 주요 언론에서 중국이 대만을 침공할 시기로 2025년의 가능성을 자주 언급하는 만큼 이에 맞추어 2025년으로 하였고, 6월로 한 것은 6·25전쟁이 발발하였던 시기를 고려하였다.

북한은 비밀리에 중국과 협상을 한 것을 감추고 전쟁의 책임을 한국에 전가하기 위하여 서북도서 지역에서 은밀하게 도발하였다. 서북도서 지역에서 도발로 사태가 악화하자 국방부 장관은 위기관리 회의를 거쳐 충무사태[1]의 선포를 건의하였고 국무회의에서 이를 심의하는 동안 북한군은 전 전선에서 기습적으로 공격을 하자 이에 대통령은 「헌법」 제73조에 의거 전쟁을 선포하였다. 이렇게 전쟁이 시작되면서 수도권 일대에 북한의 집중적인 포격이 가해져 적지 않은 피해가 발생하였고 국군도 작전계획에 따라 즉각적으로 대응을 시작하였다. 국군은 평양의 전쟁지도부와 주요 식별된 군사표적 등에 현무미사일 등으로 타격을 하였다.(여기에 기술된 내용은 단지 북한이 핵공격을 한 이후에 발생한 상황을 묘사하기 위한 것이다. 실제의 전쟁상황은 더욱 치열하고 그 피해는 넓은 지역에서 발생하면서 참혹할 것이다.)

2. 2025년 6월의 어느 날

북한의 기습적인 공격으로 전쟁이 발발한 지 이제 3일이 지나고 있다. 개전과 동시 북한은 수도권에 방사포 및 미사일에 재래식 탄두와 화생무기를 탑재하여 포격을 가하면서 많은 피해가 발생하였다. 철

1 국가안전보장에 중대한 영향을 미칠 수 있는 비상사태 발생시 각급기관의 행동기준과 필요한 조치사항을 규정한 것으로 국방부 장관 건의로 국무회의 심의를 거처 대통령이 선포한다. 충무3종 사태는 전면전으로 진전될 가능성이 있는 위기 상황, 충무2종 사태는 적의 전쟁도발 위협이 현저히 증가된 위기상황, 충무1종 사태는 전쟁이 임박한 최상의 위기상황일 시 선포한다.

원축선을 돌파하기 위하여 기갑전력을 집중적으로 투입하였지만 아군의 반격에 많은 피해를 입고 좌절된 상황이다.

현재 전선상황을 보면, 휴전선 지역에서는 치열한 전투가 진행되면서 피아간 많은 피해가 발생하고 있으나 아군이 반격에 유리한 상황을 서서히 조성하고 있다. 공중에서는 점차 한미연합 공군이 제공권을 장악해 나가고 있으며 해상에서도 한미연합 해군이 해상우세를 달성해 나가고 있다. 아군의 후방지역에는 북한의 특수부대들이 침투하여 동원방해, 주요시설에 대한 타격 등으로 혼란이 발생하고 있다.

북한군 총참모부에서는 전선을 돌파하기 위하여 철원지역에 화학무기를 사용하였고 수도권 지역에는 재래식 탄두를 탑재한 미사일과 방사포를 사격하면서 많은 인명피해가 발생하고 있다. 북한은 신형 방사포 및 여러 종류의 미사일을 후방지역으로도 발사하여 대구, 부산, 대전, 광주 등의 지역에서도 피해가 발생하고 있다. 북한이 미사일을 발사하면서 군에서는 발사기지를 탐지하여 폭격하고 미사일을 요격하고 있지만 부분적으로 실패하면서 피해가 발생하고 있다.

정부의 전시종합상황실에서 전국에서 발생하는 수많은 상황을 종합하고 행정각부의 충무시설에서 정부기능을 유지하면서 국민생활의 안정유지, 군사작전 지원에 필요한 자원의 동원 등을 통제하고 있다. 그러나 북한군의 미사일 공격과 특수작전부대의 기습적 공격으로 행정부처의 일부가 그 기능을 상실하고 행정각부 간 정보의 유통이 차단되는 등의 어려움이 발생하고 있다. 수도권 지역의 병원에는 부상자들이 폭증하면서 치료의 어려움이 발생하고 있다.

1) 핵피폭 당일

개전 3일 만에 전쟁상황이 서서히 북한군에게 불리하게 전개되면서 김정은 정권은 언제 어디서 핵무기를 사용할 것인가를 그 시기와 표적을 판단하고 있다. 마침 군의 현무미사일이 평양 김정은 정권의 전쟁지도부와 인민무력부, 금수산 궁전 등을 타격하여 피해가 발생하자 이에 대한 보복을 결정하였다. 한미연합군을 속이기 위해 전술핵탄두를 탑재한 극초음속 미사일(Hypersonic Missile)[2]인 이스칸데르와 다른 미사일을 혼합하여 동시다발적으로 공격하기로 결정하면서 총참모부에 이를 지시하였으며, 전략군에서는 미사일 타격의 성공을 높이기 위하여 여러 종류의 미사일을 동시다발적으로 사용하여 공격하기로 하였다. 그리고 2025년 6월 어느 날, 화산-31[3] 핵탄두를 탑재한 이스칸데르 미사일과 재래식 탄두의 몇몇 미사일을 섞어 동시에 수도권 지역으로 발사하였다.[4]

군에서는 북한이 평양을 포함한 지명 불상의 지역에서 이동식 발사대(TEL) 또는 지상기지를 이용하는 등으로 여러 곳에서 동시에 미사일을 발사하는 것을 탐지하였고 즉시 공군작전사령부에서는 공습경보를 요청하였고 행정안전부의 중앙경보통제소에서는 경보를 발령하였으며 전국의 사이렌 경보단말기와 방송망을 통하여 전파되었다. 한편 공군에서도 남쪽을 향하여 날아오는 미사일을 탐지하고 이를 요

---

2 마하 5(1.7 km/s) 이상의 속력으로 비행하는 미사일을 말한다.

3 2023년 3월 27일, 김정은이 등장한 동영상에서 공개한 표준화 및 규격화한 것으로 보이는 미사일 탄두

4 평양에서 서울까지 직선거리는 약 200km이다. 평양에서 마하 5(초속 1,700m)의 극초음속 미사일을 발사할 경우 서울에 도달하는 시간은 약 2분 정도 소요된다.(발사준비에 필요한 시간 제외)

격하여 대부분 격추하였지만 그중 수발은 실패하였다. 그런데 그 미사일 가운데 한발이 용산 삼각지 상공 수백m 상공에서 폭발하면서 순식간에 수백만 도의 열복사선과 폭풍, 방사선, 전자기파가 발생하였다. 원자폭탄을 탑재한 미사일이었다.

시민들은 사이렌 공습경보가 발령되는 순간, 부근의 지하철역, 아파트의 지하 주차장 등의 대피소로 대피하였다. 그러나 많은 시민이 대피소를 찾기 위하여 주위를 살펴보았지만 순간적인 혼란과 공황이 발생하면서 어디에 있는지 우왕좌왕하다가 대피소로 대피하기 전에 핵폭발에 그대로 노출되었다.

아파트에 있었던 주민들은 사이렌 공습경보 소리를 듣고 지하 주차장으로 대피하려고 하면서 저층의 일부 사람들은 대피할 수 있었으며 고층에 거주하는 사람들 가운데 일부는 시멘트 콘크리트로 둘러싸인 화장실로 대피를 하였다. 그러나 다수는 어디로 대피해야 하는지 혼란을 겪으면서 지하 대피소로 내려가기 위하여 문밖을 나서 엘리베이터를 눌렀으나 여기저기서 동시에 버튼을 눌러서 작동되지 않는 가운데 바로 그 순간에 핵무기가 폭발하였다. 주택 및 빌라에 거주하던 시민들은 공습경보가 울리자 주변의 대피소로 이동하다가 또는 그대로 머물다가 핵폭발에 노출되었다.

일부 학교에서는 학생들이 사이렌 경보 소리를 듣자마자 학교 교실로 또는 지하 대피소로 대피하기 위해 급히 뛰어가던 중 그대로 노출되었으며, 상가지역에서는 시민들이 생필품을 구입하러 왔다가 그대로 노출된 가운데 핵공격을 받았다. 긴급동원단계가 시행되면서 동원예비군들이 계획된 집결지로 이동하고 수송 및 건설기계 등이 집결지로 모이는 동안 사이렌 경보가 전파되었지만 미처 대피하기도 전에 핵폭발에 노출되었다. 한강변과 공원에서 운동하거나 보행하던 일부

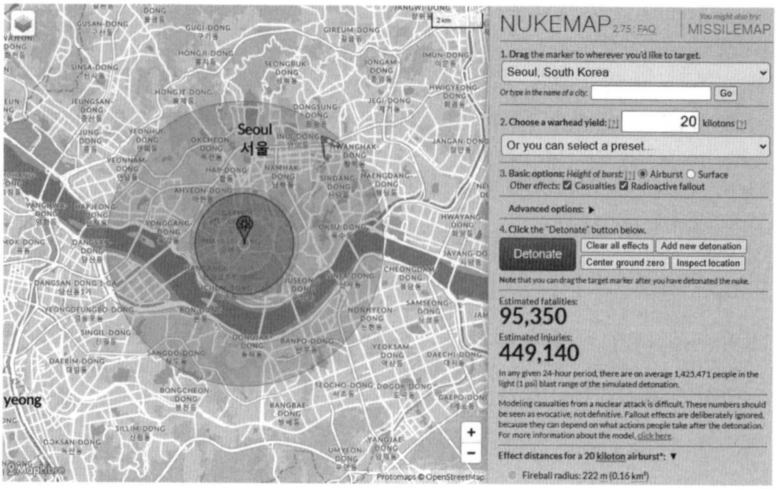

〈그림 4.1〉 용산지역 핵폭발 상황도[5,6]

출처: https://nuclearsecrecy.com/nukemap/ (검색일: 2023. 7. 11.)

시민도 대피소를 찾기도 전에 핵폭발에 노출되었다. 지역방위에 투입하였던 예비군 가운데 일부는 대피소로 대피하였지만 일부는 대피소로 이동하다가 핵폭발에 노출되었다. 도로상에서는 생필품 운송 등 이런저런 목적으로 운행하던 차량이 미처 공습경보 발령을 알지 못하고 운행하다가 핵폭발에 그대로 노출되었다.

---

5 https://nuclearsecrecy.com/nukemap/ (검색일: 2023. 7. 11.). 이 시뮬레이션 자료에 의하면 용산 상공에서 20kt의 핵무기가 폭발할 경우 화구반경(Fireball radius)은 202m(0.13 km²), 500rem 기준 방사선 반경(Radiation radius)은 1.12km(3.96 km²), 5기압 폭풍피해반경(blast damage radius)은 1.91km(11.4 km²), 3도 기준 열복사선 피해반경(Thermal radiation radius)은 2.11km(13.9 km²), 1기압 폭풍반경은 5.37km(90.5 km²)에 달할 것으로 추산되었다. 500rem 방사선량은 약 1개월 만에 목숨을 잃을 정도로 치명적일 수 있으며, 생존자의 15%는 결국 노출의 결과로 암으로 사망한다. 5psi 압력에서 대부분의 주거용 건물이 무너지고 부상은 일반적으로 발생하며 사망자가 여기저기서 발생할 수 있다. 다만, 이러한 피해는 당시의 기상 여건 등에 따라 차이가 발생할 수 있다.

6 위의 시뮬레이션 자료에서는 사망 95,530명 및 부상 449,140명의 예상 인명피해를 보여준다. 핵공격을 받을지라도 적시에 민방공 경보가 발령되고 신속히 대피할 경우 인명피해는

거리에서 시민들의 대피를 안내하던 민방위 대원들 가운데 일부는 경보발령 후 즉시 대피하였지만 시간을 놓치거나 대피소에서 멀리 떨어져 있었던 대원들은 이동하다가 핵폭발에 노출되었다. 여의도의 국회의사당과 은행, 상점 등 주요 건물에서도 미쳐 대피소로 대피하지 못한 다수의 시민이 사무실에서 거리에서 핵폭발에 그대로 노출되었다. 이곳저곳에서 시민들이 대피소로 대피하기 전에 또는 이동하다가 핵공격을 받는 상황에 놓였다.

한강대교, 한남대교, 원효대교와 강변북로와 올림픽대로 등을 통과하던 차량은 거대한 폭풍에 날려 그대로 한강 고수부지 또는 한강으로 추락하였다. 그 시간에 한강대교, 동작대교를 통과하던 1호선과 4호선 전철 차량도 폭풍에 날려서 한강으로 추락하였다.

이렇게 핵공격을 받으면서 길거리에서, 지하철 부근이나 입구에서, 아파트의 계단이나 공원에서, 공공건물에서, 상가에서 … 확인할 수 없는 규모의 시민이 목숨을 잃거나 심각한 화상 또는 부상을 입었으며 방사선에 피폭되었다. 고온의 열복사선에 노출된 사람들은 현장에서 사망하거나 심각한 화상을 입었으며, 높은 기압의 폭풍으로 건물이 파괴 또는 붕괴하고 상가의 간판이 수십~수백m 날려 인명에 피해를 주었다. 아파트와 사무실, 상가 등의 유리창이 깨져 총알과 같은 속도로 전 방향으로 비산하면서 인체를 공격하여 수많은 사상자가 발생하고 있다. 치사량을 넘는 방사선에 피폭되면서 현장에서 사망하는 사람도 부지기수 발생하고 있다. 지하철역 입구에 노출된 유리와 플라스틱 덮개도 녹아내리면서 지하로 대피하던 사람들의 머리 위에 떨어져 피해를 주고 있다.

현저히 감소할 수 있다.

남산과 동작동 국립묘지 뒷산, 한강 고수부지 등의 수목은 전체가 불타고 있다. 그런가 하면 충무시설과 행정관서의 주요 전산망이 일시에 마비되면서 모든 정부의 지시 및 전달 사항 등의 송수신이 중단되었으며 은행 등을 비롯한 모든 기관의 전산망 역시 가동이 중단됐다.

폭발원점(Ground zero)[7]에 근접한 삼각지 및 신용산 등의 지하철역과 아파트 지하 주차장, 자가의 지하실 등으로 신속하게 대피한 사람들은 핵폭발 그 순간 다행히 안전하거나 경미하게 부상을 입었다. 그러나 곧 핵폭발 당시 발생한 열복사선의 열기와 파괴된 각종 건물 등의 비산, 방사선이 지하철역이나 아파트 차량 출입구로 급속도로 유입되면서 그로 인하여 내부의 온도가 급상승하고 공기가 오염되는 등으로 일부 중상자가 발생하고 시간이 경과 하면서 악화하여 사망자가 발생하기 시작하였다.

일부 아파트에서는 대피소가 유리창으로 외부에 노출된 가운데 폭풍으로 파괴되어 외부의 열과 방사선, 오염된 공기 등이 그대로 유입되면서 온도의 급상승과 방사선 피폭으로 중상자가 다수 발생하고 악화하면서 사망자가 발생하기 시작하였다. 학교와 시장 등에서도 미쳐 대피소로 지하로 대피하지 못한 다수의 학생과 시민이 열복사선과 폭풍 및 방사선 피폭으로 목숨을 잃거나 부상을 입었다.

삼각지를 중심으로 반경 약 2km 이내의 건물들은 상당부분 파괴된 것으로 보였으며 화재가 발생하기 시작하였다. 지역의 주유소는 화재와 폭발로 주변이 파괴되었고 절단된 도시가스관에서 누출되는 가스에도 화재가 발생하는 등으로 주변 일대에서 화재가 발생하여 확산하고 있다. 도로는 고온의 열복사선으로 아스팔트가 녹은 상태에서 파

---

7 원자폭탄이나 수소폭탄 등 핵무기가 폭발한 지점 또는 피폭 중심지를 의미하며, 공중폭발의 경우는 폭발중심지의 바로 아래 지표면을 말한다.

괴된 건물의 잔해물이 폭풍에 날려 여기저기 널려 있다.

도로상에 주차되었던 수많은 승용차에서 열복사선으로 화재가 발생한 가운데 폭풍에 날려서 도처에서 폭발하면서 열기가 확산하고 있다. 지하철역의 지붕 덮개, 상가의 광고판도 고열에 녹아내리면서 폭풍에 날려서 인명피해를 주고 있다.

고층아파트에 거주한 시민들은 아파트 화장실로 대피하면서 핵 폭발 당시 열복사선 및 폭풍, 방사선 등으로부터 일부 방호가 되었지만 곧 화재가 발생하고 건물의 붕괴가 우려되면서 속히 아파트를 떠나야만 하는 상황에 직면하고 있다. 주택과 빌라에 거주한 다수의 시민은 대피할 곳이 마땅치 않은 가운데 그대로 내부에서 머물다가 핵 폭발에 노출되면서 피해가 발생하였다.

〈그림 4.2〉 1945년 8월 6일의 히로시마[8]

출처: https://www.atomicarchive.com/history/atomic-bombing/hiroshima/page-13.html (검색일: 2023. 9. 9.) 외.

---

8 핵폭발 장면과 핵공격 이후 파괴된 히로시마시 및 심각한 피해를 입은 시민들의 모습이다.

여기저기서 심각하게 화상 또는 부상한 시민들이 구조를 요청하면서 여러 장소로 모이기 시작하였지만 도움을 줄 수 있는 움직임을 찾기는 어렵다. 이렇게 상황이 악화하는 가운데 10여 분의 시간이 지나면서 낙진이 떨어지기 시작하였으며 화재와 분진 등으로 하늘이 온통 잿빛으로 변하기 시작하였다.

합동참모본부서는 핵공격에 대한 잠정 분석 결과를 발표하였다. 이에 따르면 핵무기는 20kt으로 지상 600m 상공에서 폭발한 것으로 판단하였으며 풍향에 따라 잠실에서 양재 방향으로 낙진이 확산하고 있다고 전파하였다. 정부는 방송을 통하여 핵공격을 받았음을 발표하면서 시민들에게 각종 당부사항과 주의 사항 등을 알려주었다.

서울시에서는 드론(Drone)을 사용하여 용산지역 일대를 촬영한 결과 여기저기 붕괴한 건물의 내부와 도로 등의 지역에 생존자가 있으나 다수가 심각하게 부상한 것으로 보이며 피폭지역으로 구조대 인력과 차량이 진입하기에는 수목의 전도와 아스팔트의 융해, 붕괴한 건물의 잔해물 등이 얽히고설켜 어려운 상황으로 판단되었다.

지하철역과 아파트 지하 대피소 등에 대피하였던 시민들 가운데 일부의 중상자와 사망자가 발생하는가 하면 대피이후 수시간이 경과하자 집으로 갈 수 있도록 해달라는 주장, 식수와 음식을 달라는 주장 등 여러 주장이 나오고 있다. 한편, 대피소에 대피한 사람들은 부모는 부모대로 자식들이 생존하고 있는지, 자식들은 자식들대로 부모가 생존하고 있는지 등에 대한 우려를 제기하고 있고 서울의 다른 지역에서도 용산지역에 거주하는 부모나 자식과 친지 등의 생존을 확인하기 위하여 용산지역으로 가도 되는지 문의가 빗발치고 있다.

대피소는 내부의 차량으로 인하여 가용한 공간이 극히 제한된 가운데 다수 주민이 대피하면서 생리현상으로 인하여 악취 발생으로 주민의 또 다른 고통이 되고 있다. 지하철역에 대피한 시민들은 식사 시간이 되어 가나 내부에는 식량은 물론 식수도 부족하며, 침구류 등의 준비도 없는 가운데 불만의 소리가 폭증하고 있다.

정부에서는 피폭지역에서 잔류방사선과 낙진이 떨어지며 화재가 진행되는 등 상황의 심각성을 고려하여 별도의 지시가 있기 전까지 대피소에 그대로 잔류할 것을 방송을 통해 요청하였으며 행정각부 및 자치단체 등에서는 사망자 수습, 부상자 구조 및 구호에 전력을 다하겠다고 발표하였다. 그러나 이러한 방송과는 달리 피폭지역에서는 감응방사선과 낙진 외에 피폭지역으로 진입하기 어려운 도로 등 현장의 상황 때문에 각종 활동이 지연되고 있다. 아파트 대피소 및 지하철역에 대피한 많은 시민은 식량은 물론, 식수 등의 지원이 극히 제한된 상황에서 피폭 첫날밤을 두려움 속에 보내고 있다. 한밤이 되었지만 화재가 지속되면서 용산지역은 대낮같이 밝고 그 열기 때문에 고통이 지속되고 있다. 그런 가운데 부상자들의 고통의 소리도 도처에서 지속되고 있다. 곳곳에서 아파트 등의 건물 붕괴음도 들리고 있다. (…)

2) 핵피폭 2일차

핵공격 이후 2일차, 대낮 기온이 30도를 상회하는 가운데 여기저기서 사람과 동물의 사체들이 부패하면서 악취와 전염성 질환의 발생과 창궐이 우려되기 시작하였다. 2~3도의 화상을 입은 사람, 심한 골절상 등을 입은 사람들도 목숨을 잃어가고 있다. 고농도의 방사선과 낙진에 피폭된 사람들도 고통을 호소하면서 서서히 목숨을 잃어가고 있으며 구토나 극심한 현기증 등을 호소하는 사람들도 급증하고 있다.

용산지역으로 구조대 투입이 방사능과 낙진에 대비할 장비와 복장 등의 준비 미흡으로 지연되면서 환자 가운데 목숨을 잃어가는 사람들이 증가하고 있으며, 심각한 피해를 입은 사람들은 그 고통으로 인해 더이상 생에 대한 희망을 포기하고 자살로 생을 마감하고 있다. 파괴된 아파트에 남아있었던 생존한 시민들도 단전·단수가 된 상황에서 식품도 없는 등 생존여건이 시간이 지날수록 악화하고 있다. 부모가 없거나 또는 사망한 집에서는 어린이들이 굶주림 속에서 방사선 및 낙진의 위험을 알지 못하면서 거리로 나와서 배회하고 있다. 일부는 배가 고파 주인 없는 상점에 그대로 방치된 낙진에 오염된 식품을 먹는 일도 발생하고 있다.

이렇게 목숨이 경각에 달린 사람들이 많지만 정부의 응급구조 노력은 피폭지역에서의 감응방사선과 낙진 등 잔류방사선에 대비할 피복과 장비 및 약품 등의 부족과 파괴된 건물 잔해물로 진입로 사용의 어려움 발생 및 건물 붕괴 가능성, 화재 등 여러 요인이 겹치면서 지연되고 있다. 이렇게 정부의 구조가 지연되면서 생존한 일부 시민들은 이동할 때 당면하게 될 방사선과 낙진의 위험에 대한 정부의 경고방송에도 불구하고 대피소를 떠나 스스로 안전지역을 찾아 도보로 이동하기 시작하였다. (…)

3) 핵피폭 3일차 이후

정부는 잔류방사선 및 낙진, 건물의 붕괴 가능성 등 여러 위험이 지속되는 가운데 본격적으로 사망자 수습 및 처리와 부상자 구조 및 구호 등을 시작하였다. 구조대 등을 투입할 주요 도로를 우선 개통하기 시작하였으며 드론을 이용하여 생존자가 있을 만한 곳을 찾아내 구조하기 시작하였다, 아파트 및 지하철역 등의 대피소에 대피한 생존자들에게는 식품과 식수를 공급하기 시작하였으며 일부는 안전지역으로 이송하여 수용할 준비를 하였다. 그렇지만 많은 사각지역에서 부상한 시민들은 구조대의 접근이 어려운 가운데 그대로 방치되면서 서서히 목숨을 잃어가고 있다.

시간이 지나면서 사망자와 부상자 규모가 눈덩이처럼 불어나고 있다. 부상자 가운데는 화상 및 방사선 환자가 많았으며 응급치료에도 불구하고 목숨을 잃기 시작하였다. 과도한 방사선에 피폭된 시민들은 구토와 탈모 등의 증상을 호소하며 그 일부는 목숨을 잃고 있다. 병원에서는 화상환자, 골절상 환자, 방사선 피폭환자 등 수많은 환자로 넘쳐나면서 치료인력과 약품 및 병상 등의 부족을 호소하고 있지만 해결에 어려움을 겪고 있다.

구조대가 사체를 수습하면서 정부가 처리의 어려움에 직면하고 있다. 신원확인은 물론 매장을 할 것인지 매장을 한다면 어디에 할 것인지, 화장(Cremation)을 하기에는 일시에 너무나 많은 사람이 목숨을 잃어 그 처리 능력이 한계에 달하고 있다.

정부는 피폭지역에서 탈출 또는 이송한 시민을 수용하기 위하여 전재민 수용소를 설치하고 있으나 동시에 워낙 많은 전재민이 발생하면서 수용소 준비 및 설치에 많은 어려움이 발생하고 있다. 용산지역 일대에는 피폭지역에 대한 출입통제가 안되면서 가족을 찾아 무단 잠입을 하거나 절도 행위가 발생하는 등 혼란스러운 상황도 지속되고 있다. (…)

3. 북핵대비, 무엇을 할 것인가?
(민방위 및 국가비상대비업무 관련)

앞에서 제기한 여러 사항은 비록 가상적인 내용이라고는 하지만 핵폭발 당시 발생하는 물리적 현상과 히로시마에서 발생하였던 피해 상황 및 피폭자(Hibakusha)[9]들의 증언, 핵폭발 당시 치료에 필요한 의학적 요구, 용산지역의 도시 특성 등을 생각해 보면 핵 공격을 받을 시 우리도 피할 수 없이 겪게 될 상황이다. 다만, 그 상황을 히로시마 피폭자들이 겪었던 사항과 유사하게 표현하기에는 그 참상이 가혹할뿐더러 필자나 독자들이 그 내용을 보면 심적 부담도 크며 필자의 상황 묘사 역량도 부족하여 이 정도로 기술하였다.

정부는 여기에 표현된 것보다 훨씬 더 처참한 피해 상황이 발생함을 알고 발생한 피해를 최소화한다는 차원에서 우리의 민방위 및 국가비상대비업무의 현실태에 관심을 갖고 보완해야 할 과업을 찾아내서 발전시켜야 한다. 국민은 국민대로 생존을 위해 알고 있어야 할 사항을 숙지하고 경보발령 시 적시에 대피함으로써 생존을 보장할 수 있어야 한다.

정부가 관심을 가져야 할 사항을 보면 다음과 같다. 첫째, 핵공격으로 피해 발생 시 어떻게 하면 신속하게 행정력을 발휘할 수 있도록 할 것인가? 핵공격 시는 대규모의 인명 및 시설 등의 피해가 발생한다. 인명피해의 최소화와 신속한 복구 등을 위해서는 컨트롤-타워의 통제아래 행정각부의 통합된 노력이 필요하다. 따라서 이러한 업무를

9 여기서는 히로시마 및 나가사키 원폭공격 당시 방사능에 피폭되었지만 생존한 사람을 언급하나 때로는 방사능에 노출된 사람을 의미하기도 한다.

전반적으로 통제할 컨트롤 타워의 역할은 매우 중요하다. 그렇다면 어느 부서를 컨트롤 타워로 지정할 것인가? 컨트롤 타워는 핵공격을 받을 경우에 대비할 지침의 수립과 행정각부는 이를 반영한 계획을 수립하고 있으며, 이를 뒷받침할 법령 등은 필요하지 않은가? 또한 중앙정부와 자치단체의 역할을 어떻게 할 것인가도 분명히 할 필요가 있다. 이는 핵공격을 받아 대규모의 피해가 발생할 경우, 피해를 최소화하면서 신속한 복구를 위해서는 짧은 시간에 대량의 자원이 필요하게 됨에 따라 이를 평시 규정하고 이에 따른 계획을 수립하여 훈련하기 위함이다.

둘째, 북한군이 이스칸데르 등의 극초음속 미사일에 핵탄두를 탑재하여 공격할 시 어떻게 하면 신속한 민방공 경보 발령과 대피를 할 수 있도록 할 것인가? 북한이 극초음속 미사일을 개발하면서 종전 5~10분에서 이제는 2~3분 정도로 경보발령 후 대피할 시간이 짧아지고 있다. 따라서 신속한 경보를 발령할 대책이 필요하다. 핵무기가 대량살상무기지만 공격을 받을 시 적시에 대피하면 피해를 많이 줄일 수 있다.

셋째, 민방공 경보 발령 시 어떻게 하면 시민들이 지하 대피소의 위치를 신속하게 찾아서 대피할 수 있도록 할 것인가? 평시 시민에게 대피소 위치를 숙지하라고 하고 국민재난안전포털 등에 그 위치가 있지만 공습경보 발령 시 1분 1초가 급박한 상황에서 그 실효성은 떨어진다. 민방공 경보 발령 시 시민들이 어디에 대피소가 있는지 그 위치를 찾아서 신속히 대피할 수 있도록 다양한 방법을 발전시켜야 한다.

넷째, 아파트 거주 주민들을 어떻게 하면 빠르고 안전하게 대피할 수 있도록 할 것인가? 고층의 아파트가 많이 건설되고 있다. 핵공격을 받을 시 저층이나 고층의 아파트 주민들이 같은 방법으로 대피하기에는 시간적 제한과 방법상의 차이가 있다. 따라서 경보발령 시 저층과 고층 주민의 대피방안을 상황에 맞게 제시할 필요가 있다. 재래식 무기는 물론 핵공격을 받더라도 적시에 지하 대피소로 대피하거나 기타 장소로 대피할 수 있는 방법을 강구하면 그 피해를 줄일 수 있다. 노약자 및 어린이 등 사회적 취약계층의 대피에도 관심을 가져야 한다.

다섯째, 아파트 및 지하철역 등의 대피소 공간을 어떻게 하면 충분하게 활용할 수 있도록 할 것인가? 또한, 오랜 기간 대피할 수 있도록 하기 위해서는 무엇을 준비해야 할 것인가? 아파트 지하 주차장은 전시 대피소로 사용되지만 많은 차량이 주차되어 있다. 이는 주민들의 대피공간을 잠식하는 만큼 어떻게 처리할 것인가? 그대로 둘 것인지 아니면 모든 차량을 밖으로 이동 주차하고 가용한 공간을 최대한 확보할 것인지 정부차원에서 기준의 제시가 필요하다. 지하철역도 일시에 많은 시민이 대피를 할 수 있기는 하지만, 내부에는 여러 준비의 부족으로 인해 체류 가능한 시간은 길지 않다. 아파트 지하 주차장이나 지하철역 대피소 모두 현재는 일시적 대피만 할 수 있는 상황이다. 따라서 오랜 기간 체류하기에는 무엇을 얼마나 준비할 것인지 기준의 제시와 더불어 준비가 필요하다.

여섯째, 지하철역 및 아파트 등의 출입구 또는 유리창으로 된 벽면에서 어떻게 하면 열복사선 및 폭풍, 방사선 등의 유입을 차단할 수 있도록 할 것인가? 아파트 지하 주차장 및 지하철역 입구는 대부분 열복사선, 폭풍, 방사선 등을 차단할 준비가 안 되어 있어 핵공격을 받을 시 무방비 상태가 된다. 일부 아파트는 주차장 벽면이 유리창으로 되어 있어 열복사선 및 폭풍과 방사선, 낙진 등의 유입을 차단할 수 없다. 이러한 부분은 보완이 필요하다.

일곱째, 주변에 지하철역이나 아파트 등의 대피소가 없는 곳에 거주하는 시민들은 어떻게 하면 대피소를 준비할 수 있을 것인가? 중소도시나 주택과 빌라 등에 거주하는 시민들은 재래식 무기는 물론 핵공격을 받을 시 대피할 대피소가 가까운 거리에 없는 경우가 많다. 따라서 재래식 무기는 물론 핵공격을 받을 시 대비 대피소를 설치할 방안이 필요하다.

여덟째, 핵공격을 받을 시 생존한 사람을 어떻게 하면 신속하게 구조할 수 있을 것인가? 핵공격을 받을 시 폭발에 그대로 노출된 사람의 상당수는 목숨을 잃겠지만 신속히 대피소로 대피할 경우 부상을 입더라도 생존할 수 있다. 이 경우, 신속하게 구조하여 치료를 제공하면 생존의 가능성이 높아진다. 다만, 피폭지역 내에서는 잔류방사선과 낙진 등으로 위험할 수 있으므로 필요한 장비의 휴대와 복장을 착용한 구조대원들이 구조 활동을 해야 한다.

아홉째, 어떻게 하면 대규모로 발생할 부상자를 효과적으로 치료할 수 있을 것인가? 핵공격을 받을 시는 핵무기 위력과 폭발방법, 지형 및 기상여건, 대피소의 준비 및 신속한 대피 등에 따라 다르기는 하지만 제대로 준비가 안 될 경우, 일시에 수만~수십만 명이 사망 또는 부상을 입으면서 동시에 대규모의 사망자 수습으로부터 인명구조 및 구호와 치료, 전재민 수용 등이 필요하게 될 수 있다. 이러한 상황에 대비하고자 인명구조, 치료병원의 지정, 의료인력과 약품의 동원 등 계획이 수립되어 있으나 대규모 피해가 발생한 상황에서 동시에 대비하기에는 의사 및 간호인력, 약품과 장비, 치료시설 등 그 능력이 부족할 수 있으므로 우발대책이 필요하게 될 것이다.

열째, 어떻게 부상자를 분류 및 치료할 것인가? 핵공격을 받을 시는 일시에 대규모의 사상자가 발생한다. 핵공격을 받을 시 환자는 고온의 열복사선으로 인한 환자, 폭풍으로 인한 부상환자, 방사선 피폭으로 인한 환자, 이러한 3개 요인이 중복되어 발생할 환자 등 다양하다. 또한 최고의 치료에도 심각한 부상으로 인하여 생존이 불가능한 환자, 약간의 치료만으로도 생존이 가능한 환자 등 다양하게 발생한다. 그런 만큼 환자의 상태 또는 부상 등의 정도에 따라 어떤 치료에도 목숨을 유지하기 어려운 사람, 치료가 필요한 사람 등 상태에 따른 처리 방침을 정할 필요가 있다. 사망자를 수습할 시 어떻게 처리할 것인지, 즉 화장이나 매장 등을 할 것인지에 대한 방침도 필요하다.

열한째, 피폭지역 내의 대피소에 대피한 주민들은 어떻게 할 것인가? 대피소에는 낙진으로부터 안전을 위하여 '7-10법칙(7-10 Rule of Thumb)'에 따라 2주간 잔류하면서 생존에 필요한 물자 등의 준비가 필요하지만 준비된 곳을 찾아보기는 어렵다. 실외에서의 활동은 감응방사선과 낙진으로 위험하기 때문에 통제가 필요하다. 따라서 대피소에 그대로 잔류시키고 식량과 식수 등을 공급할 것인지, 아니면 낙진으로부터 안전한 지역으로 안전대책을 수립한 가운데 소개하여 전재민 수용소에 수용할 것인지 등의 계획이 필요하다.

열두째, 낙진에 피폭된 인원을 위한 제염과 소개 및 수용 등은 어떻게 할 것인가? 핵공격 이후에는 낙진이 떨어지면서 또 다른 피해를 준다. 낙진은 피폭지역은 물론 풍향에 따라 인접지역에도 떨어지면서 피해가 발생한다. 따라서 정부는 낙진에 오염된 인원의 오염제거 지원계획, 낙진지역에 있는 주민의 안전지역으로의 소개와 수용 등의 계획을 수립해야 한다.

열셋째, 핵공격을 받을 시 방사선 탐지와 치료 등의 준비는 어떻게 할 것인가? 핵폭발 이후 방사선 탐지장비와 방사선 예방 및 치료 등의 약품이 필요하다. 정부는 방사선 탐지 장비와 약품 등을 보유할 기준을 제시하고 관련 기관에서는 이를 준비해 놓을 필요가 있다.

열넷째, 피폭지역내에서 부모가 없거나 사망한 어린이 등의 고아는 어떻게 신속하게 구조하여 수용할 것인가? 실제 히로시마에서는 4,000~6,000여 명의 어린이들이 부모를 잃고서 거리를 방황하면서 문제가 되었던 적이 있다. 우리도 유사하게 발생할 가능성이 있다.

열다섯째, 핵공격을 받을 시 발생하는 중장기적 치료를 요하는 환자는 어떻게 할 것인가? 핵폭발 시 생존하였다고 할지라도 특히 방사선에 피폭되면서 중장기적 치료를 요하는 환자가 다수 발생하며, 가족이나 친지 등의 사망으로 인하여 발생한 트라우마 치료를 요하는 환자도 있다. 이들을 어떻게 치료할 것인지에 대한 대책이 필요하게 된다.

열여섯째, 종전이후 피해복구는 어떻게 할 것인가? 전쟁기간 중 대규모의 인명피해 발생과 국가기반시설을 포함, 산업시설 및 주거시설 등도 파괴된 상황에서 긴급 및 장기간의 계획적 복구가 필요하며, 이를 위한 법령의 제정이나 복구에 소요될 막대한 비용의 조달이 필요하다. 또한 피폭자에 대한 장기간의 치료와 더불어 생존하였다고 할지라도 가족이나 친지, 이웃이 사망하는 등을 보면서 심각하게 발생할 수 있는 트라우마 치료 대책도 필요하다.

열일곱째, 핵공격을 받은 상황에서 어떻게 군의 역할을 규정할 것인가? 핵공격을 받으면 대규모의 인명 및 시설 등의 피해가 발생한다. 발생한 피해를 최소화하기 위해서는 범정부적인 통합된 노력을 요구하며, 군의 역할도 피할 수 없는 상황이 될 것이다. 다만, 군은 전후방 지역에서 군사작전을 하고 있을 것이므로 그 역할에 제한적일 수밖에 없을 것이다. 그럼에도 군에서는 군 병력과 장비, 치료인력과 약품 및 병원의 제공, 전재민 수용을 위한 병영시설의 제공 등이 불가피할 것이므로 정부의 방침과 군의 지원사항을 규정할 필요가 있다.

이러한 사항을 염두에 두면서 핵공격을 받을 시 정부는 그 기능을 어떻게 유지할 것인지, 이러한 상황에 대비하기 위한 정부연습은 어떻게 할 것인지도 검토해서 대책을 강구해야 할 사항이다.

5장
북한군의 위협양상과 대비

1. 개요

한반도는 전 세계 어디에서 찾아볼 수 없을 정도의 높은 병력 밀도와 새로운 전투장비 등이 비무장지대(DMZ)와 북방한계선(NLL)을 따라서 배치되어 있으며, 작은 충돌이 언제라도 전면적 충돌로 확대될 수 있는 개연성을 갖는 휘발성이 높은 지역이다.

북한은 그동안 휴전선 지역에서의 크고 작은 도발은 물론 백령도와 연평도 등 서해5도 지역에서 발생한 연평해전(2002. 6. 29.) 및 대청해전(2009. 11. 10.) 등의 도발과 천안함 폭침(2010. 3. 26.) 및 연평도 포격도발(2010. 11. 23.) 등으로 긴장을 조성해 왔으며 이러한 도발과 위협은 이제 새로운 방향으로 전개되고 있다.

그간 북한은 6차례의 핵실험을 마치면서 이제 수십여 발의 핵무기를 보유하고 있을 것으로 추정되며 여기에 그치지 않고 대륙간탄도미사일(ICBM) 및 잠수함발사탄도미사일(SLBM) 등의 발사 실험을 하고 있다. 또한 전술용핵무기를 개발하기 위한 핵실험도 준비 중인 것으로 알려져 7차 핵실험을 목전에 두고 있는 것으로 보인다. 이렇게 북한이 국내적으로 갖은 경제적 어려움 속에도 핵실험을 하는 이유는 핵보유국 지위 확보와 전시 핵공격 등을 위한 것으로 보이며, 그 속내를 「핵무력정책법」과 '핵무기 사용 5대 조건'을 통해 밝힌 바 있다.

이유가 어떻든 북한이 이렇게 핵보유를 추진하면서 만약 김정은 정권이 전술핵무기를 탑재한 미사일을 수도권 지역 등을 포함한 인구밀집지역이나 산업중심지 등의 지역으로 발사할 경우 어떻게 할 것인가? 등의 질문으로부터 민방공 경보의 발령과 미사일에 대한 요격이 실패할 시 핵 피폭 이후의 사상자 처리, 인명구조 및 구호와 전재민 수용, 국가기반시설의 피해복구를 위하여 모든 정부 기관의 조치들이 필요하다. 이 과정에서 군사 분야와 비군사 분야의 협조된 조치가 필요하며, 이러한 상황이 발생할 경우에 대비하여 계획의 작성은 물론 훈련과 연습을 해야 한다.

핵공격을 받은 상황에서 국민의 생존을 위해서는 민방공 경보체계의 발전과 방폭문 등을 제대로 갖춘 대피소의 준비, 대피소 내에 생존에 필요한 설비와 물자의 준비, 군사-비군사 분야가 통합된 민방위 및 국가비상대비계획의 작성과 사태조치목록의 반영 및 연습 등이 필요하다. 그러나 아직 이에 대비할 계획과 대피소 및 생존설비와 물자의 준비는 물론 조치목록의 발전도 미흡한 것으로 보이며 이는 시급히 개선해야 할 부분이다.

이외에도 북한은 전 세계에서 가장 많은 사이버전 인력과 부대를 보유하면서 해킹 등의 방법으로 철도와 도로 및 발전소 등 국가기반시설이나 언론 및 금융기관 등에 사이버전을 수행하는 한편 무인기를 대량으로 확보하여 전·평시를 막론하고 아군지역에 대한 정찰은 물론 특정시설이나 표적에 대한 공격용이나 자폭용 및 화생무기와 방사능 물질의 살포 등 여러 용도로 활용할 것으로 예상된다.

이렇게 북한은 재래식 무기의 현대화 및 핵을 포함한 대량살상무기 개발, 사이버전이나 무인기 등의 비대칭전력을 집중적으로 육성하여 평시 남한의 혼란 조성은 물론 각종 정보의 수집 등으로 활용하면서 피해를 가할 것으로 예상된다. 북한의 위협이 전 방향으로 다양하게 발전되는 만큼 이에 군사적 대비는 물론 비군사 분야에서도 국민의 안전을 위한 대책이 필요하다.

2. 전쟁과 민방위 및 국가비상대비업무

1) 전쟁이란?

인류의 역사는 전쟁의 역사라고 해도 과언이 아닐 정도로 많은 전쟁이 발발하였고 현재도 중동의 시리아와 예멘, 유럽에서 러시아의 우크라이나 침공으로 시작된 우크라이나 전쟁, 아프리카 등지에서는 전쟁이 진행되고 있다. 2023년 7월말 현재 전 세계적으로는 110개 지역에서 정파간 무장투쟁(아프리카 35, 중동 45, 아시아 21, 유럽 7, 라틴아메리카 6)이 진행되고 있다.[1]

'전쟁(War)'이란 국가와 국가 사이, 국가와 정치집단 간에 영토나 이념, 자원, 종교, 역사 등 다양한 원인으로 발생한 갈등을 무력을 이용하여 정치적 목적을 달성하기 위한 행위로서 이를 통해서 달성하고자 하는 목표는 다양하다. 6·25전쟁과 베트남 전쟁처럼 공산화를 목표로 하였던 이념전쟁이 있는가 하면, 경제적인 목적으로 쿠웨이트의 유전지대를 점령하고자 이라크군이 쿠웨이트를 침공하였던 전쟁도 있으며, 9·11테러에 대한 응징으로 아프간내의 알-카에다(Al-Qaeda)를 해체하고 탈레반(Taliban) 정권을 축출하기 위하여 시작하였던 테러와의 전쟁도 있다.

전쟁은 군인들의 전투(Combat)행위만으로 진행되는 것이 아니다. 전쟁은 군사작전의 영역에서 이뤄지는 전투행위와 비군사적 영역에서 이뤄지는 정부의 고유업무인 민방위 및 국가비상대비업무와 국민

1 https://geneva-academy.ch/galleries/today-s-armed-conflicts (검색일: 2023. 7. 31.)

의 참여활동으로 구분할 수 있다. 군사작전의 영역은 합동참모본부가 예하 작전사령부를 지휘하여 대부대로부터 소부대의 전투행위로 나타나며 군이 전투행위를 지속하기 위해서는 정부의 지원이 필요한데 이는 비군사 영역인 국가비상대비업무에 속하는 정부의 활동으로서 인원과 물자 등의 동원 외에도 정부기능의 유지와 국민생활의 안정을 위한 업무도 포함한다.

민방위 업무는 재난은 물론 전시 적국의 포격이나 폭격 등으로 인해 발생하는 피해를 감소시키기 위한 민방공 경보 발령 제도의 발전과 대피소 및 내부 준비의 준비, 민방위 훈련 등의 업무를 포함한다.

전쟁의 주된 수단은 군사력이라 할 수 있지만 그렇다고 전쟁에서의 승리가 전투행위와 군사작전만으로 달성되는 것은 아니다. 전쟁에서의 승리를 위해서는 군사작전에서의 승리가 기본이지만, 정부가 전쟁기간 중 정부의 기능을 유지하지 못하고 국민생활의 안정을 유지하지 못하면 이러한 결과는 군사작전에도 영향을 미쳐 궁극적으로는 패할 수 있다.

제1·2차 세계대전 당시 독일군은 크고 작은 군사작전에서 많은 승리를 거두었지만 그 기간 중 국민은 굶주림으로 아사자가 발생하는 등 수많은 고통을 겪으면서 승리에 대한 의지가 사라졌고 끝내 패하였다. 정부기능의 유지와 국민생활의 안정 유지에 실패하였으며 그 결과가 전쟁의 결과로 나타난 것이다.

반대로 영국은 전쟁기간 중 정부는 각종 법령을 만들고 정부조직을 확대하는 등으로 정부기능을 유지하면서 국민을 먹여 살리기 위하여 배급제(Rationing) 시행은 물론 농경지 개간 등으로 농산물 생산 확대와 외국으로부터의 도입 등 다양한 방책으로 국민생활의 안정을 이루었고 끝내 전쟁에서 승리하였다. 이처럼 비군사적 업무는 전쟁의 승패에 있어 핵심적인 역할을 한다.

주요 전쟁의 기간을 보면, 참전 당사국들의 기대 또는 희망과는 달리 종종 장기전으로 진행된 경우가 많다는 것을 볼 수 있다. 미국의 남북전쟁이나 제1차 세계대전, 제2차 세계대전, 6·25전쟁에서는 전쟁 초기 모두 수개월 내에 끝날 것으로 예상하였지만 장기전으로 진행되었으며, 우크라이나 전쟁도 개전 초기에는 러시아의 일방적 승리로 끝날 것이라는 주장이 많았지만 2024년 1월 현재 23개월째를 맞으면서 장기화하고 있다.

전쟁의 장기화는 참전한 모든 나라가 피하고 싶은 희망적인 사항이지만, 위의 장기전 사례에서 보는 바와 같이 자국의 의사와는 무관하게 장기전으로 진행되는 경우가 많은데 이는 우리나라도 전시계획을 수립할 시 참고해야 한다.

〈표 5.1〉 전쟁 초기의 전망과 실제의 전쟁기간

구분	초기 전망	실제 전쟁기간	비고
남북전쟁(미국)	• 3개월	• 4년 (1861. 4. ~ 1865. 4.)	
제1차 세계대전	• 1914년 말	• 4년 3개월 (1914. 7. ~ 1918. 11.)	• 베르사유 조약(1919. 6.)
제2차 세계대전	• 1941년 말	• 4년 2개월 (1941. 6. ~ 1945. 8.)	• 소련 침공(바바로사 작전)
6·25전쟁	• 3개월 (1950. 8. 15.)	• 3년 1개월 (1950. 6. ~ 1953. 7.)	
우크라이나 전쟁	• 단기전(수일)	• 23개월째 (2022. 2. 24. ~)	• 2024. 1월 현재

출처: 필자의 연구결과임

2) 전쟁의 영역

전쟁이 발발하면 전쟁을 수행함에 있어 그 영역은 군사적 영역과 비군사적 영역으로 구분되어 진행되며 이는 상호 간 밀접히 연계된다. 군사적 영역은 주로 작전부대의 군사작전과 전투의 영역으로 육군과 해군 및 공군이 주도하는 대부대로부터 소부대의 작전이나 전투의 형태로 나타난다. 반면에 비군사적 영역은 정부기능의 유지와 국민생활의 안정 유지 및 군사작전 지원을 위한 자원의 동원 등 행정부의 법적 및 행정적 조치로 나타난다. 이는 전쟁을 수행할 수 있도록 하는 데 필요한 조치와 국민생활의 안정 및 전쟁 지원을 위한 활동으로서 정부와 국민이 행하는 모든 활동을 포함한다. 우리나라에 있어 전쟁의 영역은 〈표 5.2〉와 같이 구분할 수 있다.

군사영역은 국방부(합참)가 주도하고 육군 및 해군과 공군이 참여

〈표 5.2〉 전쟁의 영역

군사(Military) 영역	구분	비군사(Non-Military) 영역
• 작전계획(작전계획 5015)	계획	• 충무계획, 민방위계획
• 적부대 격멸로 군사작전 승리	목적	• 국민안전 및 총력전 수행으로 전쟁 승리
• 군	수행 주체	• 정부+국민
• 국방부(합동참모본부 및 각군본부)	주관 기관	• 국무총리실(행정안전부 비상대비정책국)
• 육·해·공군 및 해병대의 작전부대 • 주한미군 및 증원전력	수행 기관	• 행정각부, 광역 및 기초자치단체 • 중점관리업체 등
• 군사작전 수행(기동계획, 전투지원계획, 전투근무지원계획 등)	주요 내용	• 충무계획: 정부기능 유지, 국민생활 안정 유지, 군사작전 지원 자원동원 • 민방위계획: 민방위대 편성 및 동원 등
• 군의 영역	기타	• 정부의 영역

출처: 필자의 연구결과임

하여 군사작전의 형태로 이뤄지는 영역이다. 국방부(합참)는 북한군의 무기체계 발전과 북핵 등 위협양상의 변화에 적절하게 대응하기 위하여 부대구조와 무기체계의 개선, 전략 및 전술 등의 발전을 추구하고 있으며 최근에 발표된 '국방개혁 4.0'에는 이러한 사항들을 포함하고 있다.

반면에, 비군사 영역은 행정각부의 영역으로서 행정안전부의 비상대비정책국이 국무총리를 보좌하여 총괄업무를, 행정각부는 소관업무를 수행하며, 충무계획과 민방위 계획 등을 작성하고 정부연습 등을 하고 있기는 하지만 계획은 물론 조직과 훈련 및 정부연습 등 여러 분야에서 발전시켜야 할 부분이 많다.

3) 전쟁과 민방위 및 국가비상대비업무

전시에 대비하는 정부의 업무와 계획

전쟁이 발발하면 군은 작전계획의 시행을 통하여 적부대를 격멸함으로써 승리를 추구한다. 그렇게 해서 군사작전만으로 전쟁이 끝난다면 좋겠으나 총력전쟁 양상이 나타나기 시작한 이래의 전쟁에서 군사작전만으로 끝난 전쟁은 없다.

군은 전시에 대비하여 한미연합 작전계획인 '작계 5015'를 작성하고 정부는 민방위 및 국가비상대비업무를 통하여 대비하고 있다. 민방위 업무는 전시나 사변 또는 이에 준하는 충무사태나 국가적 재난으로부터 주민의 생명과 재산을 보호하기 위한 업무로서 인명 및 재산의 피해 최소화를 위한 업무라고 할 수 있으며 민방위 계획으로 작성된다. 반면에 국가비상대비업무는 전시에 국가적 역량을 동원, 전쟁을 승리로 이끌기 위하여 정부차원의 광범위한 업무로서 행정각부가 모두 참여하는 범정부적인 업무이며 국가적인 총력전을 실시함으로써 궁극적인 승리를 보장하기 위한 업무로 충무계획으로 작성된다.

비군사 영역에서 민방위 및 국가비상대비업무의 범주

총력전 개념이 본격화된 제1·2차 세계대전에서의 영국과 미국 등 연합국의 승리는 군인들의 전투행위와 정부 및 국민의 지원활동이 통합된 결과라 할 수 있다. 그만큼 전쟁은 국가의 생존이 걸린 것으로서 군의 역할만큼이나 정부와 국민의 역할 역시 중요하다.

전쟁에 참여한 모든 국가에서는 전쟁이 발발하자 병력수요가 급증하면서 대규모의 인원을 동원하기 위하여 법령을 제정하고 필요한 정부조직을 창설하였다. 전쟁을 수행하면서 대규모의 전투부대 유지와 무기 및 탄약 등의 소요가 급증하고 이에 따라 막대한 전쟁비용이 소요되자 정부는 세금을 인상하였고 새로운 항목의 세금도 만들었다. 그래도 전쟁비용을 충당할 수 없게 되자 중앙은행의 발권력을 이용하여 화폐를 발행하였으며 시중에 많은 현금이 유통되면서 인플레이션이 발생하자 전시채권(War Bonds)을 발행하여 현금을 회수하면서 인플레이션도 억제하고 전쟁비용도 마련하였다.

전쟁이 초기의 전망과는 달리 예상을 벗어나면서 장기화하자 정부는 국민생활의 안정을 위하여 식량과 연료는 물론 생필품에 대한 배급제를 전면적으로 시행하였고 농산물 생산을 증대하기 위하여 정원이나 산간 목초지, 작은 연못의 메우기 등을 통하여 경작지를 확대하거나 개간하였으며, 남성들의 동원으로 영농인력이 부족해지자 여성이 그 역할을 대신하였다.

이와 같이 전시 정부와 국민의 전쟁지원 활동이나 정치 및 경제, 외교 및 문화 등 비군사 영역에 속하는 모든 업무가 국가비상대비업무로서 그 업무의 범위는 매우 광범위하며, 이 업무는 궁극적으로 전쟁의 승리에 기여하기 위한 것이다.

그런가 하면 전쟁기간 중 상대국의 수도는 물론 인구 밀집지역과 군수산업시설이 집중된 지역 등은 상대방의 포격이나 폭격의 중심표적이 되면서 항공폭격 등으로 많은 인명과 주거시설의 피해가 발생하였다.

〈그림 5.1〉 제2차 세계대전 당시 주요 도시폭격[2]

출처: https://www.google.co.kr/search (검색일: 2023. 7. 31.)

---

2 위로부터 독일공군기의 영국 런던 폭격, 영국공군기의 독일 드레스덴 폭격, 미군기의 일본 도쿄 폭격 모습이다.

제2차 세계대전 당시 독일공군이 1940년 9월 이후 영국 런던을 포함한 주요 도시에 대한 폭격이나 영국 공군이 1945년 2월 독일의 주요 도시를 폭격한 것, 미육군 항공대가 1945년 3월 일본의 도쿄를 포함한 주요 도시를 폭격한 것 등이 바로 이에 해당한다.

한반도에서 전쟁이 발발할 경우, 북한은 각종 미사일은 물론 방사포 등을 이용하여 수도권을 중심으로 한반도 전역을 공격할 것이다. 정부는 이러한 상황이 발생할 시에 대비하여 민방공 경보체계의 발전은 물론 민방위 지하대피 시설을 구축하여 대피토록 하며, 국민이 신속히 대피할 수 있도록 민방위 훈련도 해야 한다. 인명피해가 발생하면 부상자 구조 및 구호와 치료 등의 활동도 전개할 것이다. 이러한 업무가 바로 민방위 업무이다. 민방위 업무는 주로 국민의 안전과 생명을 지키기 위한 업무라고 할 수 있는 것이다.

정부의 고유업무로서 민방위 및 국가비상대비업무

군사작전은 합동참모본부가 주도하며 한미 간의 협의가 필요하고 전시에는 한미연합사령관이 작전사령부를 통제하여 시행하지만 민방위 및 국가비상대비업무는 정부의 고유한 업무로서 정부 관심의 여하에 따라 발전하거나 정체 또는 퇴보할 수 있다. 북한이 재래식 무기를 현대화하고 핵을 개발하는 등으로 그 위협이 오랫동안 가중되고 악화하는 동안, 병행하여 정부의 민방위 및 국가비상대비업무도 적절히 대응할 수 있도록 발전되어야 했지만 그렇게 했다고 평가하기는 어렵다.

민방위 및 국가비상대비업무는 관련 법령, 정부조직의 편성, 계획의 작성, 각종 훈련이나 정부연습 등으로 나타나고 있는바 이 분야의 발전을 위해서는 혁신적 차원의 개선이 필요하다. 그렇지 않고서는 전쟁의 승리는 물론 국민의 안전을 보호하는 데 어려움이 따를 수밖에 없다.

국가비상대비업무는 전쟁 발발시 총력전으로 승리하기 위한 정부의 업무로, 총력전은 국가지도자의 전쟁지도와 국민의 항전의지를 바탕으로 정치와 경제, 외교, 군사력, 예비전력, 과학기술력 등 국력의 제반 요소 통합으로 전쟁에서 승리할 수 있도록 하는 것이다.

전쟁발발시 군은 대부대로부터 소부대의 작전으로 적을 격멸함으로써 승리에 기여하는 것이지만, 군사작전으로 전쟁이 완전히 승리하는 것은 아니다. 제1차 세계대전 당시 독일은 전략과 전술은 물론 무기체계에서도 영국 등 협상국에 불리하지 않았다. 그러나 전쟁이 오랫동안 지속되면서 국민에 대한 식량공급이 부족하여 기아에 허덕이면서 아사자가 발생하는 가운데 불만이 누적되어 파업이 발생한 끝에 군에서의 반란과 국민의 저항으로 전쟁을 더 수행할 수 없게 되면서 항복하였다. 국가비상대비업무에 실패한 것이다.

국가비상대비업무는 군이 군사작전에서 승리할 수 있도록 필요한 지원(병력 등의 인원과 물자동원)을 하면서 정부기능의 유지와 식량의 배급 등으로 국민생활의 안정유지 등을 포함하는 전시의 광범위한 업무를 포함한다. 제1차 세계대전과 제2차 세계대전에서 영국과 미국 등 연합국이 승리할 수 있었던 이유는 군사작전에서의 승리를 기본으로 정부의 법적·제도적 역할과 국민의 지원활동이 있었기 때문이며 이는 정부노력(War Effort)과 후방전선(Home Front)에서의 지원활동으로 불리고 있다.

정부노력은 전쟁을 함에 있어 필요한 법령의 제정과 정부기구의 확장, 대규모의 병력동원 및 유지와 막대한 무기 및 탄약 수요의 급증 등에 필요한 전쟁비용의 조달, 대규모의 병력동원과 무기와 탄약의 생산 등의 업무를 포함하며, 후방전선에서의 국민의 지원활동은 식량 증산활동이나 전쟁비용의 조달에 대한 참여, 무기 및 탄약생산 활동에 참여 등 국민의 다양한 전쟁지원 활동을 의미한다. "전투는 군인이 하지만 전쟁은 정부와 국민이 하는 것이다."라는 말을 정부는 명심해야 한다.

4) 군사작전과 민방위 및 국가비상대비업무의 관계

민방위 업무는 전·평시를 망라하기는 하지만 군관련성은 국가비상대비업무에 비하여 상대적으로 적다고 볼 수 있다. 전쟁이 발발할 경우, 군사작전과 민방위 업무, 국가비상대비업무를 수행하는 부처는 차이가 있기는 하지만 전쟁의 승리와 국민의 안전을 보호하는 데 있어서 차이는 없다.

국가비상대비업무는 전시에 대비하기 위한 업무로서 정부기능 유지, 국민생활 안정유지, 군사작전 지원을 위한 자원 동원 등 3가지의 주요 내용을 포함한다. 여기서 군사작전 지원을 위한 자원 동원 업무는 군부대 확장 및 작전지속에 필요한 병력과 전시근로소집, 각종 수송 및 건설기계 등의 장비, 유류 및 식량과 탄약 등 각종의 물자에 이르기까지 다대한 자원을 동원하기 위한 업무로서 이 부분은 군과 밀접히 연계된다.

정부기능의 유지 및 국민생활의 안정 역시 정부의 고유업무이기는 하지만 한반도의 안보여건 현실, 즉 북한의 대규모 특수작전군 부대의 보유와 배합전 실시, 북한이 보유한 각종 미사일 등을 이용한 후방지역 공격 등으로 인한 피해 등을 볼 때 군의 지원이 없으면 업무를 수행할 수 없다. 이는 전시 군사작전과 국가비상대비업무가 밀접히 연계된다는 것을 의미한다.

〈표 5.3〉 군사작전, 민방위 및 국가비상대비업무 구분

구분	군사영역	비군사 영역	
		민방위 업무	국가비상대비업무
목적	군사작전 승리	국민안전 보호	전쟁승리
법령 근거	• 국군조직법 • 통합방위법 • 예비군법	• 민방위기본법 • 재난 및 안전관리기본법	• (평시)비상대비에 관한 법률 • (전시)전시 자원동원에 관한 법률(대통령 긴급명령)
주무 부처	• 국방부 (합동참모본부)	• 행정안전부 (비상대비정책국)	• 행정안전부 (비상대비정책국)
계획	• 작전계획 5015 • 작전계획 5029	• 민방위계획 (기본지침~실시계획)	• 충무계획 (기본지침~실시계획)
주요 내용	• 기동계획 • 전투지원 • 전투근무지원	• 민방공 경보 발령 • 주민대피 • 민방위 장비 및 시설관리	• 정부기능 유지 • 국민생활 안정유지 • 군사작전 지원 자원동원
적용 시기	• 전시	• 전시(평시)	• 전시
훈련	• 각 제대별 훈련 • 한미연합훈련	• 민방위 훈련	• 정부연습, 충무훈련 • 자체훈련
비고	• 군 주요 업무	• 정부 고유업무	• 정부 고유업무

출처: 필자의 연구결과임

즉, 군이 외부의 적으로부터 정부와 국민에게 방호를 제공해야만 정부기능의 유지와 국민생활의 안정이 원활히 유지될 수 있으며, 정부기능의 유지와 국민생활이 안정되어야만 군사작전에 필요한 병력과 전시근로, 무기와 탄약 등의 산업동원 등 각종 자원의 동원이 원활하게 될 수 있게 되는 것이다.

그런데 현재 군은 물론 정부도 이러한 상호 의존하는 바가 큰 국가비상대비업무에 대하여 군은 군대로, 정부는 정부대로 관심이 부족한 것으로 평가한다. 이는 이와 관련된 계획은 물론 정부연습을 하는 과정을 보면 그대로 나타나고 있다. 행정각부의 집행계획이나 자치단체의 시행 및 실시계획에서 군과 상호간 협조가 필요한 분야가 많은

데 동원분야를 제외하고는 찾아보기 어렵다. 전시라면 군은 군대로 정부의 협조 또는 지원이 필요한 분야가 부지기수일 것이고 정부는 정부대로 군에 요청 또는 지원, 협조를 받아야 할 부분이 수도 없이 많겠지만 실제 정부연습 시 이러한 협조를 연습하는 것을 찾기 어려운 것이 현실이다.

5) 민방위 및 국가비상대비계획과 관계

민방위 계획이나 충무계획 모두 전시와 관련된 계획으로서 행정안전부 비상대비정책국이 주관 작성부처이지만 다음에서 유사 또는 차이점이 있다.

〈표 5.4〉 민방위 계획과 국가비상대비계획의 관계

구분	민방위 계획	국가비상대비계획(충무계획)
법적 근거	• 민방위기본법	• 비상대비에 관한 법률 • 전시 자원동원에 관한 법률 (대통령 긴급명령)
목적	• 국민의 생명과 재산 보호(전시 등)	• 전시 총력전으로 승리
총괄 기관	• 국무총리 (비상대비정책국 민방위심의관실)	• 국무총리(비상대비정책국)
유관 기관	• 행정각부, 자치단체	• 행정각부 및 자치단체, 입법·사법기관 등
주요 내용	• 민방위 계획작성 • 민방위대 편성 및 동원 • 민방공 경보 발령 및 대피	• 정부기능 유지 • 국민생활의 안정유지 • 군사작전 지원을 위한 자원동원
북핵 관련 범위	• 북핵공격으로부터 주민구조 – 민방공 경보 발령 – 대피소 준비, 생존물자 준비 – 주민 구조 및 구호 – 민방위 대원 동원 등	• 핵공격 이후로부터 복구 – 사망자 수습 및 처리, 부상자 구조 및 구호 – 주민 안전지역 소개, 제염 및 전재민 수용 – 피해복구 – 피폭자 중장기적 치료 등

출처: 필자의 연구결과임

민방위 계획은 국민의 생명과 재산 보호를 위한 계획이며, 충무 계획은 전시 승리를 위한 행정부 차원의 계획이다. 북한의 핵위협이 심각해지면서 핵민방위(Nuclear Civil Defense)에 대한 언급이 많으나 아직 이는 법령상 개념이 없다. 기존의 민방위 업무에 포함하되 법령의 개정과 민방위 계획에 핵무기와 관련된 민방위 사항을 포함해야 한다.

6) 국가위기관리에서 국가비상대비업무의 위상

북한군이 서북도서 또는 휴전선 지역 등에서 군사적 도발로 위기가 발생하고 악화하면서 상승작용을 일으켜 전면적 충돌로 확대되면 정부와 군은 정치 및 경제와 외교, 군사 등의 다양한 수단을 사용하는 위기관리를 통해 사태를 수습하고 안정을 도모할 것이다.

군은 사태의 악화와 전쟁 발발에 대비하여 정보감시태세(WATCHCON)로 북한 군부와 정권의 동향을 파악하며 방어준비태세(DEFCON)의 격상을 통하여 전투준비태세를 유지한 가운데 작전계획의 시행을 준비한다. 정부는 사태가 더욱 악화하여 전쟁으로 비화할 수 있다고 판단하면 국방부 장관의 제안으로 국무회의 심의 및 국가안전보장회의 의결을 거쳐 대통령이 국가비상사태인 충무사태를 선포한다.

충무사태가 선포되면 사태 단계별로 계획된 사태조치목록의 시행을 통해 정부기능의 유지와 국민생활의 안정 유지 및 군사작전 지원을 위한 자원의 동원 등 필요한 조치를 함으로써 총력전을 수행할 태세로 전환한다.

국가비상대비업무는 북한군의 국지 또는 전면전 도발 등으로 군사적 위기가 발생한 상황에서 정부와 군의 위기관리 결과에 따라 사태의 악화에 대응하고자 정부와 국민 및 군이 전쟁을 수행하는데 필요한 비군사적 조치를 할 수 있도록 하기 위한 제반 업무를 의미하며 여기에 포함된 내용이 바로 군사작전 지원을 위한 자원의 동원, 정부기능의 유지, 국민생활의 안정유지로 통상 충무계획 3대 기능으로 표현한다.

국가비상대비업무에서 전쟁지속능력은 전쟁이 발발할 경우 오랜 기간 전쟁을 지속할 능력으로 이는 인적동원 능력과 재정 및 경제력, 즉 전쟁비용의 조달능력, 기타 전쟁을 함에 있어 필요한 식량 및 유류 등 주로 유형적 능력으로 나타난다. 제1차 세계대전이나 2차 세계대전에서 연합국이 승리할 수 있었던 이유는 독일 등 상대국에 비하여 전쟁지속능력이 우세한 것도 중요한 이유의 하나였다.

현재 진행되고 있는 우크라이나 전쟁을 보면, 러시아가 인구는 물론 경제력과 군사력 등 모든 면에서 우세하지만 개전이래 23개월의 시간이 경과하는 동안 졸전 끝에 현재는 우크라이나가 반격작전을 진행하면서 동남부 지역에서 소모전 양상으로 진행하고 있다. 이렇게 우크라이나가 오랜 기간 전쟁을 지속할 수 있는 이유로 전쟁지속능력 가운데 상당 부분, 즉 무기와 탄약 등을 미국을 비롯한 서방국가가 지원하기 때문이다.

한국은 북한에 비하여 인적동원 및 재정경제력 등 전쟁을 장기간 수행할 수 있는 능력에서 수치적으로는 절대적으로 우세하지만 이것이 전쟁이 발발할 시 반드시 승리를 보장하는 것은 아니다. 김정은 정권이 핵무기를 대량으로 보유하고 전시 이를 사용하면 그 피해는 상상을 초월할 수 있다. 전시 북의 핵무기 사용을 억제하면서 압도적 승리를 달성하기 위해서는 핵 억제력의 확보와 더불어 국가적 역량을 적시 동원해야 한다. 이를 위해서는 법령과 조직 및 계획, 정부연습 등을 변화하는 상황에 부합하게 보완해야 한다.

3. 북한군 위협 요소의 변화

1) 북한 정권 및 북한군의 정체성

북한 정권의 정체성

1945년 8월 15일, 일본이 제2차 세계대전에서 패하면서 한반도는 해방되었지만, 그것은 완전한 해방도 독립도 아니었다. 38도선 이남에는 미군이 주둔하면서 군정을 하였고, 이북에는 스탈린 정권의 사주를 받는 공산주의 정권이 출범하였다. 공산주의 정권은 북한을 병영화하고 소련으로부터 무기와 탄약을, 중국으로부터는 병력을 지원받아서 남침을 준비하였다. 1950년 6월 25일 새벽 북한 공산정권의 기습으로 시작된 6·25전쟁은 3년 1개월간 계속되었고 다시 현재의 휴전선을 중심으로 분단되었다. 이후 치열한 이념전쟁을 벌이는 동안 한국은 북한의 수많은 도발을 극복하면서 눈부시게 발전하였지만 북한에서는 공산주의 정권이 지속되면서 인권의 탄압은 물론 경제적으로도 지구상에서 가장 뒤떨어진 상황이다.

대한민국 「헌법」 제3조에서 '대한민국의 영토는 한반도와 그 부속도서로 한다.'고 규정하고 있다. 「헌법」에 의하여 북한은 대한민국의 한 부분으로서 다만 공산정권이 지난 1948년 이래 통치하는 것에 다름 아니다.

그간 대한민국 정부는 북한에 대하여 같은 민족으로서 같은 언어를 사용하는 등 동질성에 따라 평화통일을 추구하는 대화의 상대자로서 인정하여 기회가 있을 때마다 대화를 제의하는 등으로 한반도에서 평화를 정착하기 위해 노력해 왔다.

그러나 북한은 겉으로는 대화를 하는 척하면서도 단 1분 1초도 적화 야욕을 포기하지 않으면서 군사력을 증강하고 도발하는 등으로 한반도에서 긴장을 고조시켰으며 핵을 개발하면서 최악의 상황으로 치닫고 있다. 북한 정권의 정체성은 군사력을 앞세워 무력통일로 한반도에서 공산정권을 수립하는 것이다. 한반도에서 평화를 추구하며 평화통일을 추구하는 우리이지만 북한의 위장된 행동에 대해서는 계속 주시하면서 그들의 속셈에 속아 넘어가는 일이 있어서는 안 된다.

북한군의 정체성

스탈린 정권의 사주를 받아 김일성이 제일 먼저 한 일은 한반도를 공산화하기 위한 전위대로서 군을 창설하는 것이었다. 따라서 군대를 창설하기 위한 노력 끝에 소위 조선인민군을 1948년 2월 8일에 창설하였고 소련으로부터 무기를 도입하는 등으로 군비를 증강하였으며 중국으로부터 조선의용군을 받는 등으로 전투준비를 갖추었다. 그리고 1950년 6월 25일 기습적으로 남침함으로써 동족상잔의 전쟁이 발발하여 3년 1개여 월의 기간 지속되다 휴전으로 끝났다.

북한 공산정권의 군은 외부로부터 침공에 대비하여 국가의 안보와 국민의 안전을 보호하기 위한 군이 아니다. 북한군은 한반도에서 공산화 통일을 추구하는 김씨 일가의 사병집단에 불과하고, 공산화 통일을 추구하는 노동당의 목표를 달성하기 위하여 기습전과 배합전 및 속전속결전을 군사전략으로 채택하고 있으며 이를 위하여 육군 및 해군, 공군 등을 빠른 시간에 투입할 수 있도록 전방지역으로 근접하여 배치해 놓고 있는 전쟁기계(War Machine)에 불과한 집단이다.

코로나19와 장기간에 걸친 극심한 경제적 어려움 속에서도 김정은 정권은 재래식 무기를 현대화하거나 신무기를 개발하고 있으며 핵과 화생무기, 무인기 등 다양한 공격용 무기를 개발 및 보유함으로써 한반도 적화전략을 수행하는 수단으로 사용할 것이다.

2) 북한군 위협수단의 변화

북한군의 위협 수단

2000년대 이전 북한의 위협수단은 주로 대규모의 병력과 항공기 및 함정, 일부 재래식 미사일 등의 전력을 중심으로 하는 재래식 무기와 화학 및 생물학 무기가 주요 요소였다. 또한 이 시기에 북한은 주로 비무장지대(DMZ) 또는 해상을 이용한 침투와 남침용 땅굴을 파는 등의 도발을 하였다.

그러나 지금은 핵무기를 중심으로 화학 및 생물학 무기, 사이버 공격무기, 무인기 등으로 다양화하는 모습을 보이고 있다. 북한은 6차례의 핵실험을 통하여 핵무기를 고도화 및 정밀화하고 있으며 전술핵 실험을 통하여 기술집약도를 높이기 위한 노력을 하고 있다.

북한군의 도발 활동

북한은 그간 육상 및 해상을 이용하여 지속적으로 침투 및 국지도발을 하였으나 2000년대 들어서는 그 횟수가 다소간 줄어드는 경향을 보이고 있지만 대신 핵이나 미사일 등의 대량살상무기 실험과 사이버 공간에서의 도발이나 무인기 침투 등 다양화하는 방향으로 도발하고 있다.

북한은 휴전선 및 북방한계선 지역에서 병력과 함정을 이용한 침투 및 국지도발 외에도 휴전선에서 남침용 땅굴의 굴설이라는 기상천외한 방법으로 도발하고 있다.

〈표 5.5〉 북한의 침투 및 국지도발 현황

구분	계	연대별						
		'50	'60	'70	'80	'90	'00	'10 이후
계	3,120	398	1,336	403	227	250	241	265
침투	2,002	379	1,009	310	167	94	16	27
국지도발	1,118	19	327	93	60	156	225	238

출처: 국방부, 『2022 국방백서』, (주)다니기획, 2022, p.352.

김정은 정권이 핵무기를 사용할 경우, 이는 그동안 한미가 공언한 바와 같이 정권의 종말을 맞을 정도로 핵무기를 포함한 대량의 보복을 초래할 것이기 때문에 「핵무력정책법」과 핵무기사용 5대 조건에도 불구하고 신중을 기할 수밖에 없을 것이다. 그러나 김정은 정권이 그들의 말대로 결정적인 시기에 땅굴을 이용하여 대규모의 침투부대를 은밀히 수도권 지역에 침투시키는 데 성공할 경우 이는 핵무기보다 더 큰 혼란을 야기할 수 있다. 남침용 땅굴이 핵무기 이상으로 위험한 상황이라는 것이다. 피아를 구분하기 어려운 복장으로 아군의 후방지역에 침투하여 아군인척 활동을 하면서 정부 주요 인사의 암살이나 주요시설의 습격, 동원방해 등 이런저런 활동을 할 시 예상되는 혼란은 상상을 초월한다는 것이다. 현재까지 4개소의 땅굴을 발견하였지만 아직도 찾아내지 못한 곳이 있을 것으로 예상되는 만큼 이를 찾아내기 위한 노력은 지속되어야 한다.

북한은 약 5,500여 문의 방사포를 보유하고 있으며, 최근에는 대구경의 신형방사포를 공개하는 등 한층 빠른 속도로 발전시키고 있다. 이 가운데 170mm 및 240mm는 휴전선에서 근접한 곳에 배치되어 전시 서울과 수도권에 집중적인 포격을 할 것으로 예상되며, 신형 및 초대형방사포는 중부권으로부터 한반도 전역에 이르기까지 사격이 가

〈표 5.6〉 북한의 방사포

구분	170mm 자주포	240mm 방사포	300mm 신형방사포	신형대구경 조종방사포	초대형방사포
형상				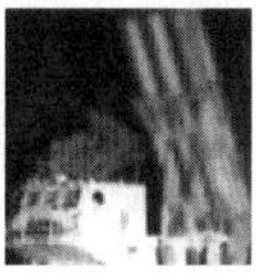	
최대 사거리	53km (인천-서울-속초)	64km (안산-성남-양양)	200km (보령-대전-삼척)	250km(추정)	400km
발사관 수	1열	22연장(3단)	8연장 (2단 4열)	6연장(2열)	4연장(2열)
발사 속도	2발/1분	22발/40초	미상		
정점 고도	12km	12~24km	32km	25~30km	97km(추정)
비고	수도권 공격 가능		충남권 공격 가능		남한 전역 공격 가능 (제주도 제외)

출처: https://bemil.chosun.com/nbrd/bbs/view.html (검색일: 2023. 8. 4.)

능할 것으로 예상된다. 그러나 이러한 방사포를 요격할 적절한 수단은 아직 없다.

북한은 1970년대 중반 중국제 미사일이나 구소련제 미사일 등을 도입하여 역설계하는 방식으로 미사일을 개발하기 시작한 이래 지금은 자체적으로 20여 종류의 미사일을 개발 및 보유하고 있으며 재래식 탄두는 물론 핵탄두를 탑재하여 한국은 물론 우방국가에도 공격을 할 수 있을 것으로 판단된다.

북한군의 탄도미사일에 대하여 미국방부의 2022년「미사일 검토 보고서(MDR)」에서는 "대부분의 북한 탄도미사일은 핵탄두를 탑재할

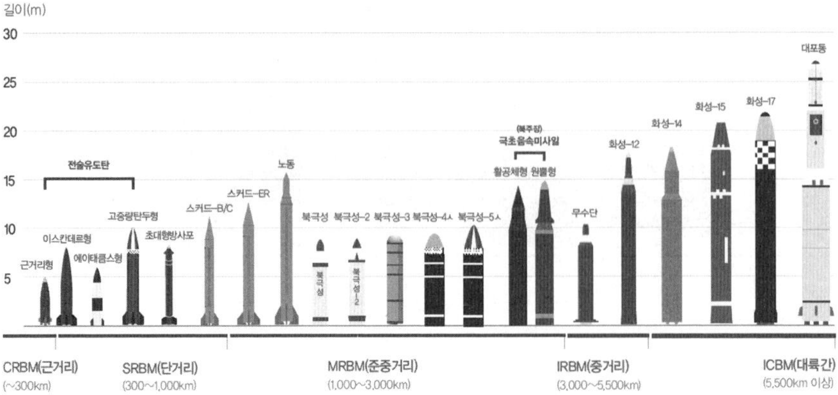

〈그림 5.2〉 북한군 보유 미사일 종류

출처: 국방부, 『2022 국방백서』, (주)다니기획, 2022, p.31.

〈표 5.7〉 극초음속 미사일 주요 도시 도달 예상시간[3 4]

구분	직선거리(km)	도달 예상시간	그림
평양-서울	약 200	2분	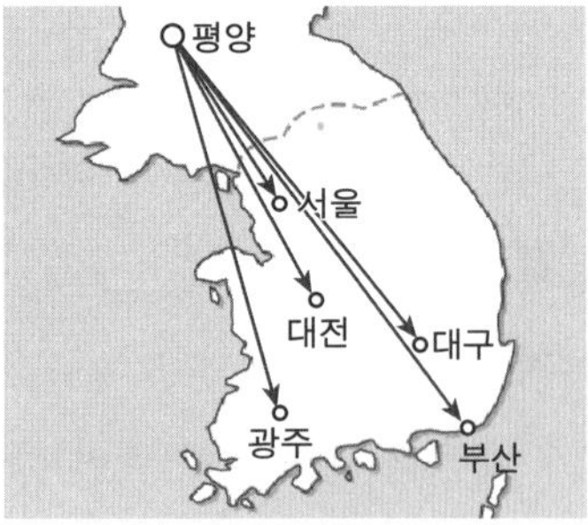
평양-대전	약 340	3분 20초	
평양-대구	약 440	4분 20초	
평양-광주	약 440	4분 20초	
평양-부산	약 530	5분 10초	

출처: 필자의 연구결과임

3 평양으로부터의 거리는 구글 지도를 이용하여 측정하였으며, 극초음속 미사일 비행 속도는 마하 5(초속 1,700m)를 기준으로 하였다. 북한이 미사일을 발사하는데 필요한 준비 시간은 제외하였다.

4 이 도달 예상시간은 평양을 기준으로 한 것이며, 그보다 더 북쪽에서 발사할 경우는 더 소요되고 휴전선 부근에서 발사할 경우는 더 단축될 수 있다.

수 있는 것으로 평가된다"고 발표한 바 있다.[5] 북한군이 극초음속 미사일을 개발하면서 핵을 탑재한 미사일을 발사할 경우 수도권을 포함한 주요 도시에 도달하는 시간은 가면 갈수록 단축되고 있다.

지난 3월 9일, 북한은 요격이 힘든 저고도 미사일 6발을 동시에 발사하면서 수도권 핵타격 훈련을 한 것으로 알려졌다. 이 미사일은 사거리 100km의 전술핵무기로 수도권을 위협하면 우리 군과 주한미군의 요격체계 패트리엇 능력으로 충분히 요격할 수 있지만 여러 발을 동시다발적으로 발사하면 모두 요격하긴 현실적으로 어려울 것으로 군도 인정한 바 있다. 그만큼 민방공 경보의 발령과 대피에 가용한 시간도 줄어들고 있음을 의미하는 것이다.

이러한 북한의 움직임에 대응하기 위한 우리의 민방공 경보체계나 민방위 대피소에서는 별다른 발전을 찾기 어려운 것이 현실로 국민의 보호와 안전을 위하여 정부가 관심을 가져야 할 시급한 부분이다. 국민 역시 북핵의 심각성이 높아지는 상황에서 전시 핵공격을 받는다면 모든 국민의 보호와 안전을 위하여 정부가 할 수 있는 실제적 대응도 제한될 수 있음을 인식하여 정부에만 의존하지 말고 생존을 위한 자각으로 개인의 생존요령 숙지라든가 자가에 생존에 필요한 비상의약품 및 비상식량과 급수시설 등의 설비를 갖춘 지하 대피시설 등의 준비가 필요하다.

북한은 그동안 핵실험을 6회(2006, 2009, 2013, 2016: 2회, 2017) 하였으며 2022~2023년에 수도 없이 미사일을 발사하였고, 특히 미사일을 발사할 시는 우리의 공군기지와 계룡대 등의 군사시설, 부산항만 등 전시 미군의 증원 관련 시설, 창원 등의 산업단지까지의 거리를 계산

5 U.S Department of Defense, *2022 Missile Defense Review* (U.S Department of Defense, Washington, October 2022), p. 3, p.12,

하여 동해로 발사하는 경향을 보이고 있다. 이는 전시 미사일의 방향만 돌리면 곧 아군부대와 산업시설 등에 대한 피해를 줄 수 있다는 것을 의미한다.

김정은 정권은 지난해 핵무인수중공격정 '해일'을 공개한 바 있다. 이 무기는 수중폭발로 아군의 표적을 공격하기 위한 것으로, 미국의 군사적 우위를 견제하기 11년 전인 2012년부터 은밀히 개발을 진행해왔다. 이를 2021년 10월 국방발전전람회 '자위-2021'에서 당중

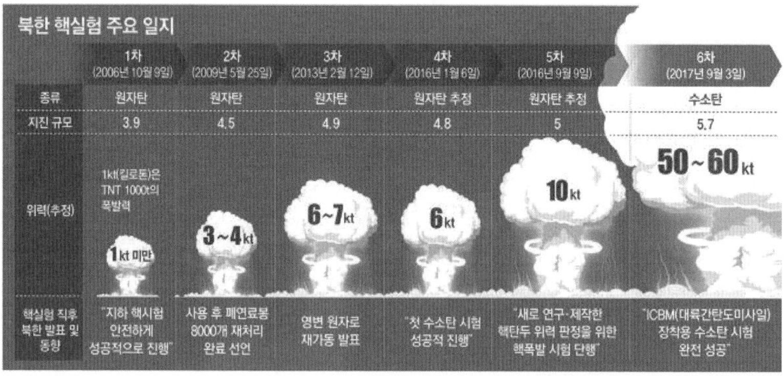

〈그림 5.3〉 북한의 핵실험 현황

출처: 국방부, 『2022 국방백서』, (주)다니기획, 2022, p.31; https://www.donga.com/news/Politics/article/all/ (검색일: 2023. 9. 4.)

〈그림 5.4〉 수소폭탄 실험 성공을 보도한 북한 방송

출처: https://www.seoul.co.kr/news/newsView (검색일: 2023. 9. 4.)

〈그림 5.5〉 북한이 공개한 화산-31

출처: https://m.khan.co.kr/politics/defense-diplomacy/article/ (검색일: 2023. 9. 4.)

앙위원회 정치국에 비공개로 비공개 보고 이후 2년간 50여 차례에 걸쳐 각각 다른 환경에서도 시험도 한 것으로 알려졌다.

〈그림 5.5〉는 조선중앙통신이 지난 3월 27일 보도한 '화산-31형' 탄두로서 실제 전술핵탄두인지 모형인지는 명확하지 않다.[6] 모형이든 실물이든 여러 개의 전술핵탄두를 일렬로 늘어놓고 과시하듯 보여주었는데, 이는 김정은 정권의 핵위협이 이제는 단순히 공갈이 아닌 현실로 가고 있음을 의미한다.

또한 조선중앙통신은 전술핵탄두와 함께 600mm 초대형 방사포, 무인잠수정 해일, 화살-1·2형 순항미사일 등의 도면도 공개했다. 이는 북한이 전술핵탄두를 미사일과 방사포 등의 투발 수단에 탑재할 수 있도록 표준화하였다는 것을 보여주기 위한 것으로 보인다.

---

6 '화산-31'은 약 10kt 위력으로 추정되며, 북한은 이를 KN-23 · 24 · 25, 화살-1 · 2형 등 8종의 미사일에 탑재할 수 있다고 주장하고 있다.

이러한 북한의 보도에 대하여 미국의 과학국제안보연구소(ISIS)에서는 '화산-31'이 "직경 약 40~45cm로서 약 10kt의 폭발력을 갖는 핵분열 무기일 수 있다"고 평가한 바 있다. 이는 1945년 8월 6일 히로시마에 투하된 원자폭탄 '리틀 보이(16kt)'의 3분의 2에 해당하는 위력이다.[7]

김정은 정권이 얼마나 많은 핵무기를 보유하고 있을 것인지 그 수량에 대해서는 핵무기라는 특성 외에 북한 체제의 특성 등으로 인하여 국제적인 연구기관이나 정보기관, 학자 등에 따라 다소 차이가 있기는 하지만 공통으로 지적하는 것은 이미 수십 발을 보유하고 있을 것이며 그 수량이 매년 확대되는 추세라는 것이다. 국내외의 여러 기관에서 추산하는 북한이 보유하고 있을 핵무기 보유량을 보면 〈표 5.8〉과 같다.

미국의 과학국제안보연구소(ISIS)에서 발간한 '북한 핵무기 보유고: 새로운 추정치'라는 보고서에서 "2022년 말까지 북한이 보유한 핵무기는 35~65기며, 중간값은 45기로 추정했다"고 발표하였다.[8]

북핵위협이 가중되면서 정부는 이에 대한 군사적 대비로서 3축인 킬-체인과 한국형 요격체제의 구축, 대량응징보복을 여러 차례 강조하고 나름대로 준비해 왔다. 미국과 확장억제전략협의체(EDSCG)를 개최하여 확장억제(Extended Deterrence)의 제공도 약속을 받았고, 이를

---

7 David Albright, INSTITUTE FOR SCIENCE AND INTERNATIONAL SECURITY(ISIS,), *North Korean Nuclear Weapons Arsenal: New Estimates of its Size and Configuration*, April 10, 2023, p.6.

8 David Albright, INSTITUTE FOR SCIENCE AND INTERNATIONAL SECURITY (ISIS), *North Korean Nuclear Weapons Arsenal: New Estimates of its Size and Configuration*, April 10, 2023, p.2.

〈표 5.8〉 북한군의 핵무기 보유량 추정치 제시자료

기관	발표일시	보유량 추산	비고
통일부	2018. 10.	• 20~60발	대정부 질문답변
스톡홀름국제평화연구소 (SIPRI)	2021. 6.	• 40~50발	2021. 1월 기준
국방부	2023. 1.	• 플루토늄 70kg	2022 국방백서
아산-랜드연구소	2021. 4.	• 67~116발(2020) • 151~242발(2027)	
미 육군	2020. 8.	• 20~60발(2018) • 100발(2020)	
미 의회보고서	2022. 4.	• 20~60발(2021)	
미 외교협회 (CFR)	2022. 6.	• 100발 이상 만들 수 있는 핵 물질 보유	
미국과학자연맹 (FAS)	2023. 3.	• 30발 이상	
미 과학국제안보연구소 (ISIS)	2023. 4.	• 45발 추정(35~65의 중간값)	북한 핵무기 보유고: 새로운 추정치

출처: 필자가 언론보도를 종합한 것임

미국의 「국가안보전략서」에서도 밝히고 있다.[9]

미 국방부가 발표한 2022년 「핵태세검토보고서(NPR)」에서 "미국이나 동맹·파트너에 대한 북한의 어떠한 핵 공격도 용납할 수 없으며 정권의 종식으로 귀결될 것"이라면서 "김정은 정권이 핵무기를 사용하고도 생존할 수 있는 시나리오는 없다."는 점도 분명히 하였다.[10] 바이든 대통령도 한미정상회담 이후 윤석열 대통령과의 공동 기자회견에서 "북한이 미국이나 동맹, 파트너 국가들에 핵공격을 가하는 것은

9 U.S DEPARTMENT OF DEFENSE, *2022 NUCLEAR POSTURE REVIEW*, WASHINGTON, 2022. pp.9-10.

10 U.S DEPARTMENT OF DEFENSE, *2022 NUCLEAR POSTURE REVIEW*, WASHINGTON, 2022, p.12; https://www.yna.co.kr/view/ (검색일: 2023. 9. 10.)

용납할 수 없으며, 그런 행동은 정권의 종말을 맞을 것"이라고 경고하였다.

이렇게 북한의 핵위협이 심각해지면서 9년 만에 미 국방부가 발행한 「2023 WMD 대응 전략(2023 DoD CWMD Strategy)」에서는 "김정은 정권이 핵무기를 물리적 충돌의 어느 단계에서든 사용할 수 있는 가능성을 제공하며, 북한이 전쟁의 마지막 단계에서 핵을 사용하는 것이 아니라 전쟁 초기 단계에서도 쓸 수 있다"라고 하였다.[11] 이렇듯 여러 경고에도 불구하고 김정은 정권은 이제 핵개발을 포기하지 않는 것을 넘어 그들이 의도하는 필요한 시기에 사용할 수 있음을 공언하고 있다.

한편, 북핵위협이 심각해지면서 집권 여당인 「국민의 힘」에서는 북핵대응 TF를 운용하면서 대응책을 강구하는 모습도 보였다.[12] 그러나 여기서도 주로 외교 및 군사적 관점에서의 대응책을 제시한 것으로 판단한다. 여기서 제기한 주요 내용을 보면, 북핵의 비핵화 추진 노력 지속, 확장억제 실행력 강화, 핵전력 전진 배치 유도, 핵무장 잠재력 강화, 핵민방위(Nuclear Civil Defense) 체계 구축 등이다. 북핵위협이 하루가 다르게 가중되는 상황에서 「국민의 힘」에서 여러 대응 방안을 제시한 것은 바람직한 일로 생각하지만 외교와 군사분야에 국한하지 말고 민방위 및 국가비상대비 등 비군사 분야에서도 문제의 제기는 물론 발전방안의 제시와 정부차원의 대비책 수립과 국민에 대한 계도 등이 필요하다. 이러한 노력이 국민의 안전을 보장하는 것이 아닐까?

북한은 그간 다양한 화학 및 생물학 무기를 보유하기 위하여 노

---

11 Department of Defense, *2023 Department of Defense Strategy for Countering Weapons of Mass Destruction*, Washington, 2023, pp.4-5.

12 https://m.yonhapnewstv.co.kr/news/ (검색일: 2023. 9. 10.)

력하였으며 현재는 신경작용제 등 다양한 종류의 화학작용제와 탄저균 등 생물학작용제를 2,500~5,000톤을 보유하고 있을 것으로 「2022 국방백서」에서는 밝혔다.

38노스(38north)[13]는 북한이 이렇게 무기 연구·개발·실험 등에 직접 관여하는 단체와 인력을 각각 생물학 무기는 25~50개 단체에 1,500~3,000여 명, 화학무기는 25~50개 단체에 3,500~5,000여 명, 핵무기는 100~150개 단체에 9,000~15,000여 명으로 추산했다. 이어 '북한은 화생무기는 물론 핵무기 관련 기반시설을 감추려고 시설을 위장하거나 숨기고, 합법적인 방어시설이나 민간 산업시설을 활용하며 무기관련 시설을 전국에 확산시키고 있다'고 지적했다.[14]

북한이 이렇게 보유한 많은 양의 화생무기는 전시에는 특수작전부대가 휴대한 가운데 후방지역으로 침투하여 사용하거나 박격포, 야포, 방사포, 항공기 등의 재래식 무기는 물론 각종 미사일과 최근 개발에 전력을 기울이는 무인기 등을 이용하여 수도권은 물론 후방지역도 공격할 수 있을 것으로 판단된다.

북한은 노동당과 군 등에 사이버전(Cyber warfare)을 수행할 여러 부대와 6,800여 명의 인력을 보유하고 있으며 최신 기술을 발전시키고 있고 이를 이용하여 국내외를 막론하고 국가기반시설이나 언론 및 금융기관 등에 대한 해킹이나 비트코인 등 가상자산을 탈취하는 것으로 알려져 있다. 국정원에 의하면 2022년에는 북한이 두 차례에 걸쳐 약 7억 달러(약 8,848억 원)에 달하는 가상자산을 탈취한 사실을 확인했으며, 이는 대륙간탄도미사일(ICBM)을 30번 발사 가능한 비용이라고

13 북한을 전문적으로 연구하는 존스 홉킨스 대학의 연구소이자 웹사이트

14 Joseph S. Bermudez, Jr., *Overview of North Korea's NBC Infrastructure*, US-Korea Institute at Johns Hopkins SAIS, Johns Hopkins University, Washington, June 2017.

밝혔다. 또 다른 자료인 블록체인전문 분석기업이 발표한 '2023 가상자산 범죄 보고서'에서는 2022년 라자루스 등 북한과 관련된 해커들이 17억 달러(약 2조 1,000억 원) 상당의 가상자산을 탈취한 것을 확인할 수 있다고 하였다. 이렇듯 가상공간은 북한의 범죄 공간이 되고 있다.

북한의 무인기는 2014년 아군 후방지역에 대한 정찰활동을 하다가 추락한 비행체를 발견하여 처음 실체가 드러난 이후 2016년, 2022년에도 계속하여 침투시키는 등 그 빈도가 높아지고 있다. 북한은 무인기를 지역정찰용은 물론 전시 정찰과 자폭용, 공격용, 화생제 살포용 등 다양한 목적으로 사용할 가능성이 있다.

이러한 북한의 무기체계 발전과 그로 인한 위협양상의 변화를 시대적으로 보면, 〈표 5.9〉에서 보는 바와 같이 북한군의 위협이 2000년대 이전에는 재래식 전력을 중심으로 미사일 및 화학무기 등의 위협이 주를 이루었지만 이후에는 재래식 무기를 현대화하는 한편 핵무기와 사이버, 무인기 등으로 확대되는 추세를 보이고 있다.

북한은 다양한 종류의 재래식 전력을 보유하고 있고 최근 북한군

〈표 5.9〉 북한군 시기별 위협양상의 변화

<table>
<tr><th>구분</th><th>'60년대</th><th>'70년대</th><th>'80년대</th><th>'90년대</th><th>'00년대</th><th>'10년대</th><th>'20년대 이후</th></tr>
<tr><td>재래식</td><td colspan="7">←위협 지속→</td></tr>
<tr><td>미사일</td><td></td><td>개발</td><td colspan="5">←위협 지속→</td></tr>
<tr><td>화학무기</td><td colspan="2">←개발→</td><td colspan="5">←위협 지속→</td></tr>
<tr><td>생물학무기</td><td></td><td></td><td>개발</td><td colspan="4">←위협 지속→</td></tr>
<tr><td>핵무기</td><td colspan="4">←개발→</td><td colspan="3">←위협 지속→</td></tr>
<tr><td>사이버</td><td></td><td></td><td></td><td>개발</td><td colspan="3">←위협 지속→</td></tr>
<tr><td>무인기</td><td></td><td></td><td></td><td></td><td>개발</td><td colspan="2">←위협 지속→</td></tr>
</table>

출처: 필자의 연구결과임

창설 90주년(2022. 4. 25.)에서는 신형 전차와 신형 방사포 등 새로운 장비를 공개하였다.

북한이 전투장비를 현대화하고 있지만 특히 민방위 및 국가비상대비업무 관점에서 특히 관심을 가져야 할 무기와 부대는 수도권에 집중적인 위협을 가할 것으로 예상되는 방사포와 전국적으로 위협이 되는 신형방사포 및 각종 미사일, 핵무기와 화생무기를 포함하는 대량살상무기, 그리고 20만여 명의 특수작전군 부대 등이다. 이러한 무기 또는 특수작전 부대의 공격 등을 받을 경우, 정부기능의 유지와 국민생활의 안정유지, 군사작전 지원을 위한 자원의 동원 등에 많은 영향

〈그림 5.6〉 북한군 창설 90주년에서 공개한 전투장비

출처: 국방부, 『2022 국방백서』, (주)다니기획, 2022, p.27.

〈그림 5.7〉 정전 70년 전승절 행사에 등장한 장비[15]

출처: https://www.seoul.co.kr/news/newsView (검색일: 2023. 9. 4.)

15 왼쪽의 사진은 핵어뢰인 해일이고 오른쪽의 사진은 무인기 샛별-9형이다.

을 줄 수 있기 때문이다.

6·25전쟁이 끝난 7·27, 북한은 이날을 '전승절'이라고 하면서 행사를 하는데 금년의 정전 70년 행사에는 소련과 중국의 대표단을 초청하여 야간에 행사를 개최하면서 핵 어뢰라는 해일과 미국의 무인기와 유사한 형태의 '샛별-9'형을 공개하였는데 이를 보면 막대한 비용을 들여 여전히 신장비를 개발하는 모습을 보이고 있다.

3) 북한군의 군사전략

북한군은 이러한 재래식 무기의 현대화 및 신무기의 개발, 핵 등 대량살상무기 외 비대칭무기의 개발과 단기전으로 승리하려는 군사전략을 추구하고 있다.

북한군의 군사전략

북한군의 군사전략은 한반도를 공산화하기 위한 군사력 운용개념으로 기습전, 배합전, 속전속결전을 바탕으로 하고 있다. '기습전(Surprise Attack)'이란 적(국군)이 예상하지 못한 시간과 장소에서 예상하지 못한 방법으로 공격하는 것을 말한다. 종전에는 재래식 무기에 의한 기습만을 염두에 두었지만 지금은 전술핵무기를 사용하여 한미의 예상을 벗어난 기습을 시도할 가능성도 있다.

'배합전(Mixed tactics)'이란 전·후방 구분없이 특수작전군 부대를 침투시켜 한반도 전체를 동시에 전장화를 하는 것을 말하며, 지금은 이와 더불어 전술핵무기를 배합할 가능성이 커지고 있다. '속전속결전(Quick, decisive War)'이란 짧은 시간에 걸쳐 결전을 통하여 한반도를 석권하겠다는 것을 말하며, 북한은 개전초기 다량의 전술핵무기를 사용하여 최단시간에 전쟁을 끝내려고 시도할 것으로 예상된다.

이를 입증하듯 국가정보원은 국회에서 "김정은의 행보와 북한의 전력을 봤을 때, 전쟁을 한다면 장기전은 불가능하고 단기전으로 속전속결하려는 북한의 의지가 강하게 보인다"며 "그래서 북한이 재래식과 전술핵무기가 결합된 단기전을 생각하고 있는 것이 명백하게 보인다"고 한 바 있다.[16]

러시아가 2022년 2월 24일 우크라이나의 비나치화, 탈군사화 등을 명분으로 침공함으로써 시작된 우크라이나 전쟁은 김정은 정권에게 이러한 군사전략을 수행하는 데 있어 또 다른 의미를 줄 것이다. 특히 전쟁이 러시아에 불리하게 전개되면서 푸틴 대통령을 포함한 러시아 수뇌부에서는 여러 차례 핵무기 사용 가능성을 언급하였는데 만약 러시아가 핵무기로 우크라이나를 공격할 경우, 김정은도 이를 보면서 어떤 시기에 어떤 방식으로 핵을 사용할 것인지 그 방안을 따져볼 것이기 때문이다.

북한군 군사전략의 의미

북한처럼 기습전, 배합전, 속전속결전을 군사전략으로 추구하는 국가는 지구상 어디에도 없으며 이는 곧 북한군이 공산정권의 한반도 적화통일을 위한 무력적 수단에 불과함을 보여주는 것이다.

북한의 군사전략은 한반도를 공산화하기 위한 노동당의 의도를 군사전략이라는 이름으로 문서상 표면화한 것으로, 이런 군사전략을 바탕으로 공격적인 훈련을 하고 있으며, 이러한 군사전략을 실행하기 위하여 대규모의 재래식 전력은 물론 핵을 포함한 대량살상무기와 특

---

16 https://www.donga.com/news/Politics/article/all/20230904/121013962/2?ref=main (검색일: 2023. 9. 4.)

수작전부대, 미사일, 사이버, 무인기 등 비대칭전력을 강화하고 있다. 북한은 그들의 능력에 비하여 대규모의 병력을 유지하는 가운데 경제력과 전쟁지속능력의 취약으로 이러한 문제를 극복하고자 비대칭전력을 이용하여 유사시 기습공격으로 유리한 여건을 조성한 후 조기에 전쟁을 종결하려 할 가능성이 높은 것으로 보인다는 견해도 있다.

북한군의 작전

이러한 재래식 및 대량살상무기와 비대칭전력을 이용하여 기습적 침공위협 외에도 하이브리드전(Hydrid Warfare), 정보전, 사이버전, 여론전, 가짜 뉴스(Fake News) 등을 복합적으로 구사하는 전술을 구상하여 단기전을 시도할 것으로 보인다. 이와 관련 이미 '개전 3일 만에 끝내겠다.' 또는 '7일 만에 끝내겠다.' 등의 보도가 여러 차례 있었다.

이렇게 위협이 심각해지면서 '을지 자유의 방패' 훈련이 진행 중이던 지난 8월 23일, 윤석열 대통령은 한미연합사령부 전시지휘소(CP TANGO)를 찾아 "북한의 핵·미사일은 현존하는 가장 심대한 위협이며, 사이버·심리전 등 북한의 도발 양상이 갈수록 지능화·다양화하고 있다"고 평가하면서 "북한의 핵사용 상황을 상정해 한미 양국의 핵과 비핵전력을 결합한 강력한 대응태세를 갖춰야 한다"며 도상훈련(TTX) 및 지휘소훈련(CPX) 등을 체계적으로 실시하고 동맹의 대응계획을 발전시켜야 한다고 당부하였다.[17] 그리고 을지연습에서 핵심적인 연습과제로 북핵관련 사항을 연습한 바 있다.

---

17 https://www.yna.co.kr/view/AKR20230823128252001?section=politics/all&site=major_news03 (검색일: 2023. 8. 24.)

4) 북한의 대남 위협발언

북한의 주요 위협 발언

북한은 이러한 군사전략과 무기를 다양하게 개발하면서 하루가 다르게 시기와 장소 및 방법을 가리지 않고 대남위협 발언을 해왔으며, 특히 2022~2023년 북한의 대남 핵위협 주요 발언을 보면 〈표 5.10〉과 같다.

〈표 5.10〉 북핵 관련 북한의 대남 주요 발언

2022 • 4. 26. 핵무력, 전쟁방지에 속박 안 돼, 근본이익 침탈 시 결행 • 6. 23. 전술핵 전방배치 가능 • 7. 28. 우리 국가 핵전쟁억제력은 정확히 신속히 동원할 만전태세 • 9. 8. 핵무력은 전쟁억제 실패하는 경우, 적대세력 침략과 공격 격퇴, … 비핵화 불가능 • 10. 10. 일곱 차례에 걸쳐 전술핵 부대 발사훈련을 통해 … 타격과 소멸할 수 있게 준비 • 11. 18. 핵에는 핵으로, 정면대결에는 정면대결로 대답할 것
2023 • 1. 1. 남조선 괴뢰들은 의심할 바 없는 우리의 명백한 적으로 현 상황은 전술핵무기 다량 생산 중요성과 필요성을 부각시켜주고 나라의 핵탄 보유량을 기하급수적으로 늘릴 것을 요구 • 2. 2. 미국의 어떤 군사적 기도에도 초강력 대응할 것 … • 2. 24. 美, 적대적 관행 이어지면 선전포고로 간주 … 연합훈련 중단 촉구 • 3. 7. 조선반도에서 핵전쟁 발발 위험이 … 현실적 단계로 이행하고 있다. 전략무기 시험, 요격 땐 선전포고 간주 … 망발 깨달을 것(김여정) • 3. 17. 핵전쟁 억제력 강화로 적들에게 두려움을 주고 … • 8. 30. 어제 南 지휘거점 초토화 가상 전술핵타격훈련 실시 … • 9. 3. 조선민주주의인민공화국 핵무력은 전쟁을 억제하고 평화와 안정을 수호해야 할 자기의 책임적인 전투적대응태세를 백방으로 강화해나갈 것
2024 • 1. 8. 대한민국은 우리의 주적, 전쟁 피할 생각 전혀 없어

출처: 필자가 언론보도를 종합한 것임

북한의 위협적 발언의 파급효과

이러한 유형의 발언은 향후에도 지속될 것으로 전망된다. 비록 지금까지 김정은 정권의 발언이 입으로만 하는 경향이 없지 않았으나 발언과 연계하여 행동을 보여주었던 일도 있는 만큼 이를 가볍게 보아서는 안 될 것이다. 예를 들면, 2020년 6월 4일 김여정은 "군사분계선 일대에서 삐라 살포 등 모든 적대행위를 금지하기로 한 판문점 선언과 군사합의서 조항을 모른다고 할 수 없을 것"이라며 "남조선 당국이 응분의 조처를 세우지 못한다면 금강산 관광 폐지에 이어 개성공업지구의 완전 철거가 될지, 남북공동연락사무소 폐쇄가 될지, 있으나마나 한 북남 군사합의 파기가 될지 단단히 각오는 해둬야 할 것"이라고 발표한 뒤 10여 일 뒤인 6월 16일 개성의 남북연락사무소를 폭파한 바 있다.

최근에는 김여정의 발언으로 종전에 없었던 '선전포고'라는 말을 하였다. '선전포고(Declaration of War)'는 적국에 대하여 전쟁을 선포하는 국제적인 공식 행위로, 북한이 이렇게 평시 사용해서는 안 될 말을 입에 올리는 이유는 언제 어디서든 어떤 빌미가 주어지면 군사적 행동을 할 수 있음을 암시하는 것으로 보아야 한다. 이에 대하여 북한이 긴장을 끌어올리기 위한 의도적인 발언일 것이라는 주장도 있지만, 그러나 지금까지 독재자들에 의한 대부분의 전쟁이 선전포고 없이 기습적으로 시작되었음을 주목해야 한다.

예를 들면, 1939년 9월 1일 독일군이 선전포고 없이 폴란드를 침공하면서 제2차 세계대전이 발발하였고 1941년 6월 22일에는 선전포고 없이 소련을 침공하면서 독소전쟁이 시작되었다. 1941년 12월 7일, 일본군이 선전포고 없이 하와이 진주만의 태평양 함대를 기습적으로 공격하면서 태평양 전쟁이 시작되었다.

<표 5.11> 제1차 세계대전 이후 주요 전쟁에서 선전포고 여부(예)

구분		일시	전쟁 개시	방어	선전포고
1차 세계 대전	오스트리아군 세르비아 침공	1914. 7. 28.	오스트리아	세르비아	○
	독일군 러시아 침공	1914. 8. 1.	독일	러시아	○
	독일군 프랑스 침공	1914. 8. 3.	독일	프랑스	○
2차 세계 대전	독일군 폴란드 침공	1939. 9. 1.	독일	폴란드	×
	독일군 프랑스 침공	1940. 5. 22.	독일	프랑스	×
	독일군 소련 침공	1941. 6. 22.	독일	소련	×
	일본군 진주만 기습	1941. 12. 7.	일본	미국	×(지연)
6·25전쟁		1950. 6. 25.	북한	남한	×
이라크군 쿠웨이트 침공		1990. 8. 2.	이라크	쿠웨이트	×

출처: 필자의 연구결과임

6·25전쟁 당시 북한군은 훈련을 빙자하여 부대를 평안도 및 함경도 지역으로부터 38도선 지역으로 전개하였고 1950년 6월 25일 새벽 4시에 기습으로 전쟁을 도발하였으며 당일 11시에 평양방송을 통하여 "인민군은 자위조치로써 반격을 가하여 정의의 전쟁을 시작하였다"라는 표현으로 침공이후 선전포고를 하는 모양을 취했다. 향후 북한이 전쟁을 도발할 시는 6·25전쟁 당시 그랬듯 기습으로 전쟁을 시작하면서 아군이 휴전선에서 무력도발을 하였다는 등의 조작된 이유를 들어 '정의의 전쟁(Just War)'을 시작하였다고 하면서 선전포고를 한 것처럼 시도할 것이다.

북한군의 군사전략은 기습전을 바탕으로 하고 있다. 기습전은 적(국군)이 예상하지 못한 시간과 장소와 방법으로 공격하는 것을 말하며, 비록 우리 국군이 알았더라도 적시에 대응하지 못하는 것도 기습전이다. 이렇게 기습전을 할 수 있도록 육군 전력의 평양-원산 이남에 70%, 해군 전력의 60%를 배치하고 있으며, 핵무기를 이용한 기습전의 가능성도 예상된다.

이처럼 독재국가들은 대부분 선전포고 없이 전쟁을 시작하였다. 이는 북한의 도발적 발언과 군사적 움직임을 눈여겨봐야 할 이유이다.

김정은 정권의 북핵관련 발언 및 사용 위협

북한이 6차례의 핵실험을 하는 동안 김정은 정권의 대남 위협적 발언은 하루가 다르게 강경해졌다. 최근 김정은 정권의 핵위협 관련 주요 발언을 보면 〈표 5.12〉와 같다.

김정은 정권의 핵전략은 시대를 달리하면서 보다 노골적으로 변화하였다. 2012년 「헌법」을 개정하여 핵보유국 지위를 명문화하였고, 이듬해인 2013년에는 '자위적 핵보유국 지위를 더욱 공고히 할 데 대하여' 법령을 채택하면서 핵보유국 지위를 공고화하였으며 핵보유를

〈표 5.12〉 김정은 정권의 북핵관련 발언

일시		내용
김여정	2022. 4. 5.	• 전쟁 초기 주도권을 장악하고 군사력을 보존하기 위해 핵전투무력 동원, 남조선군 괴멸, 전멸에 가까운 참담한 운명을 감수해야 할 것
김정은	2022. 4. 26.	• 핵무력, 전쟁방지에 속박 안 돼, 근본이익 침탈 시 결행
	2022. 6. 23.	• 전술핵 전방 배치 가능
	2022. 7. 28.	• 위험한 시도는 즉시 강력한 힘에 의해 응징, 정권과 군대 전멸 • 우리 국가 핵전쟁억제력은 정확히 신속히 동원할 만전태세 유지
	2022. 9. 8.	• 핵무력은 전쟁억제가 실패하는 경우 적대세력의 침략과 공격을 격퇴하고 전쟁의 결정적 승리를 달성하기 위하여 작전적 사명을 수행한다. 국무위원은 핵무기와 관련한 모든 결정권을 가진다. 절대로 핵포기란, 비핵화란 없다.
	2022. 10. 10.	• 7차례에 걸친 전술핵운용 부대들의 발사훈련을 통해 목적하는 시간에 목적하는 장소에서 목적하는 대상들을 목적하는 만큼 타격과 소멸할 수 있게 완전한 준비태세에 있다.
	2022. 11. 18.	• 핵에는 핵으로, 정면대결에는 정면대결로 대답할 것
	2023. 9. 26.	• 핵무기 생산을 기하급수적으로 늘이고 핵 타격 수단들의 다종화를 실현하며 여러 군종에 실전배비하는 사업을 강력히 실행

출처: 필자가 언론보도를 종합한 것임

정당화하였다. 2016년에는 '경제건설 및 핵무력 건설 병진노선'을 항구적 국가전략노선으로 선언하면서 핵무력의 질량적 강화의 추진을 선언하였고, 2022년 4월 열병식에서는 '국가의 근본이익을 침탈하면 핵무력 사명 결행' 등을 언급하면서 선제 핵공격 가능성을 시사하였다. 여기에 그치지 않고 2022년 9월 8일 열린 최고인민위원회 제14기 7차 회의에서 「핵무력정책법」을 제정하고 '핵무기 사용 5대 조건'을 발표하였다. 북한이 발표한 '핵무기 사용 5대 조건'을 보면 〈표 5.13〉과 같다.

표의 '핵무기 사용 5대 조건'이라는 내용을 보면, 언제 어떤 이유로든 김정은 정권의 필요와 의도에 따라서 핵무기를 사용하겠다는 것과 마찬가지로 핵사용 문턱을 낮추어 놓았다. 2023년 9월 26일부터 이틀간 최고인민회의를 열어 핵무력강화정책을 「헌법」에도 명시하였으며, '무장력의 사명이 국가주권과 영토완정(嶺土完整, 한반도를 공산화한다는 의미), 인민의 권익을 옹호하며 모든 위협으로부터 사회주의제도

〈표 5.13〉 김정은 정권이 발표한 핵무기 사용 5대 조건

구분	조건
아군의 대량살상무기 사용	• 핵무기 또는 대량살육무기(대량살상무기) 공격이 감행되었거나 임박했다고 판단하는 경우
국가지도부 등에 대한 핵무기 등의 공격	• 국가지도부나 국가 핵무력지휘기구에 대한 적대세력의 핵 및 비핵화 공격이 감행됐거나 임박했다고 판단하는 경우
국가주요 표적에 대한 공격	• 국가의 중요전략적 대상들에 대한 치명적인 군사적 공격이 감행됐거나 임박했다고 판단하는 경우
전쟁확대 방지, 주도권 장악	• 유사시 전쟁의 확대와 장기화를 막고 전쟁의 주도권을 장악하기 위한 작전상 필요가 불가피하게 제기되는 경우
전쟁 장기화 방지 및 파국적 상황 방지	• 유사시 전쟁의 확대와 장기화를 막고 국가의 존립과 인민의 생명 안전에 대한 파국적인 위기를 초래하는 사태가 발생해 핵무기로 대응할 수밖에 없는 불가피한 상황이 조성되는 경우

출처: 필자가 언론보도를 종합한 것임

와 혁명의 전취물을 사수하고 조국의 평화와 번영을 강력한 군력으로 담보하는 데 있다.'고 하였다.[18] 이것은 그만큼 시간이 경과 할수록 우리는 북한의 핵위협에 노출되는 상황이 심각해진다는 것을 의미한다.

조선중앙통신에서는 김정은이 2022년 9월 25일부터 10월 10일까지 7차례에 걸쳐 북한판 이스칸데르(KN-23)와 에이태킴스(KN-24), 초대형 방사포(KN-25) 등 신종단거리 탄도미사일을 운용하는 북한군 전술핵 운용부대, 장거리 포병부대의 군사훈련을 직접 지도하였다고 발표한 바 있다.

당시 김정은은 전술핵부대 군사훈련을 지도하면서 "적들과 대화할 내용도 없고 그럴 필요성도 느끼지 않는다", "핵 전투 무력을 백방으로 강화해 나갈 것", "핵 전투 무력이 임의의 시각, 불의의 정황 하에서도 신속 정확한 작전반응 능력과 핵 정황 대응태세를 고도로 견지하고 있다" 등 강도 높은 공격적인 발언을 쏟아냈다.

과거 한미 연합훈련 시 김정은 정권은 비교적 조용하게 보내는 경향을 보였지만 지금은 여러 종류의 미사일을 번갈아 가면서 대놓고 발사하는 적극적인 모습을 보이고 있다. 주·야간을 막론하고 의도하는 시간과 장소에서 한국의 특정한 표적, 예컨대 3군 본부가 위치한 계룡대라든가 F-35가 배치된 청주기지 등 주요 공군기지, 한국의 주요 수출입 항구인 부산항만과 같은 주요 표적까지의 거리를 상정하여 내륙의 발사기지는 물론 이동식 발사대(TEL)의 이용과 심지어는 내륙의 호수에서도 SLBM을 이용하여 유사시 타격을 하는 훈련을 겸하는 모습을 보였다.

북한은 잊힐만하면 미사일을 발사하는데 여기에는 전략순항미사

18 https://www.joongang.co.kr/article/25196166 (검색일: 2023. 9. 28.)

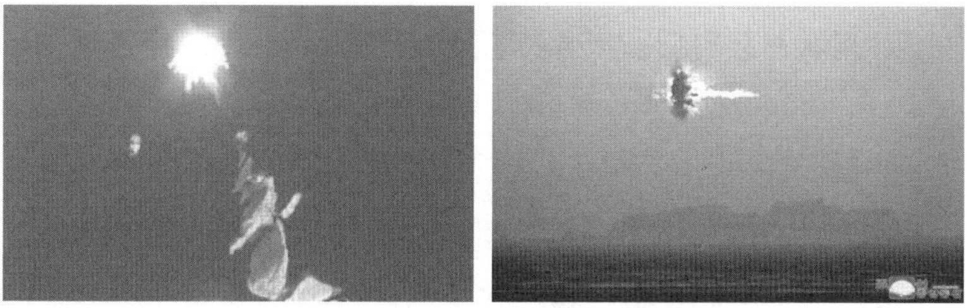

〈그림 5.8〉 북한이 공개한 미사일 폭발 사진[19]

출처: https://www.seoul.co.kr/news/newsView (검색일: 2023. 9. 4.)

일, 잠수함발사순항미사일, 장거리 및 단거리 탄도미사일, 우주발사체(천리마1형) 등으로 다양하다. 이렇게 다양한 유형의 미사일을 발사하면서 핵탄두를 탑재하여 가상의 표적 상공에서 폭발시킴으로써 실제적 핵공격 능력을 향상시키는 모습을 보이고 있다.

북한은 2023년 3월 국가핵무기 종합관리체계인 '핵 방아쇠'가 존재한다고 밝힌 바 있다. 북한이 말하는 '핵 방아쇠'는 김정은 집무실에 설치된 '핵버튼'과 전술핵운용부대, 핵무기연구소, 미사일총국 등을 C4I로 연결하는 명령 이행체계를 구성하여 핵무기 사용 명령과 투발수단 발사 실행 과정 등을 통합해 운용할 수 있는 체계를 구성했다는 의미로, 이를 공개한 것은 김정은 위원장의 발사 명령을 언제 어디서나 일사불란하게 수행할 수 있다는 것으로 보인다.[20]

---

19 왼쪽은 지난 3월 27일 전술탄도미사일에 핵전투부를 모의한 시험용전투부를 장착하여 평양시 역포구역에서 함경북도 김책시 앞의 섬을 목표로 가상적인 핵습격을 진행해 표적상공 500m에서 전투부를 공중폭발 시켰다고 밝힌 사진이다. 오른쪽 사진은 9월 2일, 순항미사일에 핵을 탑재하는 '전술핵공격 가상발사훈련'을 하면서 청천강 하구에서 서해상으로 2발을 발사하여 8자형 궤도로 1500km를 각각 2시간 7분, 2시간 8분가량 비행한 뒤 표적으로 삼은 섬의 상공 150m에서 공중폭발을 했다면서 공개한 사진이다. 북한은 500m, 400m 150m 등 다양한 높이에서 공중폭발 시험을 하면서 폭발효과를 최대한 높이려고 시도하고 있다.

20 https://www.yna.co.kr/view/ (검색일: 2023. 9. 4.)

5) 북핵 해결 및 대응방안에 대한 평가

'비핵화(Nuclear disarmament)'란 기존에 보유한 핵무기 및 핵시설을 폐기하는 것을 말한다. 비핵화는 말처럼 쉬운 것이 아니다. 비핵화를 위해서는 핵보유국이 핵을 포기한다는 의사 표명과 국제사회의 검증, 비핵화에 따른 안전보장, 경제적 지원 등의 조치가 필요하다.

핵을 개발하였거나 보유하였던 나라로서 비핵화를 한 나라로 리비아, 카자흐스탄, 벨라루스, 남아프리카 공화국 등이 있다. 리비아의 경우를 보면, 카다피는 1969년 29세에 최고지도자 자리에 앉은 뒤 반미(反美) 정책을 펴면서 파키스탄의 기술 지원을 받아 핵무기 개발을 시도했다. 그는 2003년 입장을 바꿔 핵과 생화학무기의 포기 선언과 2005년 10월 핵 프로그램을 폐기했다. 이에 대한 대가로 미국은 리비아에 금융거래와 투자 허용, 연락사무소 설치, 대사관 승격 등의 조치를 했다.

그러나 2011년 튀니지에서 재스민 혁명이 일어나면서 인접한 리비아에도 민주화 운동의 일어났고 카다피 독재를 타도하자는 시위대가 거리로 나서고 내전으로 확산하면서 그해 8월 시민군에 의해 살해됐다.

지금 전쟁이 진행되고 있는 우크라이나도 1991년 구소련 해체 이전에는 카자흐스탄, 벨라루스, 등과 더불어 많은 핵무기가 배치되어 있었다. 당시 우크라이나에는 핵탄두 약 1,700여 발과 ICBM 170여 기 이상을 보유하였던 것으로 알려져 있다. 그러나 (구)소련이 해체되면서 우크라이나의 핵무기 처리가 문제가 되었고 이후 여러 논의를 거쳐 1994년 12월 '부타페스트 안전보장 각서(Budapest Memorandum on Security Assurance)'를 체결하면서 우크라이나의 독립과 영토보전을 약속받는 대신 핵무기를 러시아로 보내거나 폐기하는 등으로 비핵화를 하였다. 그렇게 비핵화를 하면서 핵무기를 없앴으나 러시아군이 핵무기가 없는 우크라이나의 크림반도를 2014년 3월 합병한 뒤 이어 2022년 2월 침공하면서 전쟁이 발발한 것이다.

북한이 핵무기를 개발하면서 북핵의 비핵화가 국제적인 문제가 되었고, 이를 해결하기 위하여 중국을 의장국으로 하고 우리나라와 미국, 일본, 중국, 러시아 및 북한 등이 참여하였던 6자회담, 남북 및 북미정상회담과 그 외에 특사단 파견 등 다양한 활동이 있었다.

6자회담이나 남북 및 미북 정상회담, 특사단 파견 등은 외교적 협상을 통해 북핵의 비핵화를 위한 해결 과정이었다면, 대비방안은 비핵화에 실패할 경우에 대비하여 군사적 역량을 강화하는 것은 물론 북한이 핵무기를 사용할 시에 대비하여 국민의 안전을 위해서 민방위 및 국가비상대비 분야에 만전을 기하는 것이다. 그런데 현재 북핵문제의 대비에 있어 정부와 군의 문제점은 군사적 대비만으로 가능하다는 인식으로 비군사적 대비는 상대적으로 소홀히 하는 것이 아닌지 우려된다.

지금까지 북핵의 비핵화를 위한 해결방안과 비핵화 실패 시 대비

〈표 5.14〉 북핵의 비핵화 해결 및 실패 시 대비방안

구분	해결방안	대비방안
	정치+외교적 해결	군사+비군사적 대비
주요 내용	• 정상회담: 남북, 북미 • 6자 회담: 한국, 미국, 일본, 중국, 북한, 러시아 • 북핵 수석대표단 운용 • 경제지원 – 핵폐기 비용, 경제발전 등의 비용	• 군사적 대비 – 무기체계 발전: 3축 체계, 킬 웹 – 연합방위체제 구축 및 훈련 – 미 핵전력의 전개 등 • 비군사적 대비 – 민방위업무: 민방위계획 – 국가비상대비업무: 충무계획
수행 주체	• 정부	• 군사적 대비:국방부(합참), 각 군 • 비군사적 대비:행정부, 국민

출처: 필자의 연구결과임

방안의 주요 사항을 보면 그 결과 또는 성공에 상관없이 〈표 5.14〉와 같이 구분할 수 있을 것이다.

필자는 역대 정부에서 북핵의 비핵화를 위한 그간의 정치 및 외교적 해결방안은 모두 실패한 것으로 판단한다. 그 이유로, 먼저 역대 정부에서 북핵의 비핵화를 위하여 2003~2007년 여간의 6자회담에서 중국을 의장국으로 한국과 미국, 일본, 북한과 러시아 등이 참여한 회담을 하면서 함경남도 신포에 경수로 설치 및 중유지원 등 경제적 지원을 하였지만 북한은 비밀리에 핵을 개발하였기 때문이다. 노무현 및 문재인 정부에서 수차례의 남북정상회담이나 트럼프 대통령과 김정은의 싱가포르 및 하노이 북미정상 회담도 있었지만 이 역시 아무런 성과 없이 끝나면서 오히려 북한이 은밀히 핵을 개발하는 시간만 벌어주었는데 이는 또 다른 이유이다. 북핵 특별대사가 미국이나 일본, 중국, 러시아 등을 수도 없이 방문하여 북핵을 해결하기 위한 노력을 하였지만 그 어떤 성과가 있었다고 평가하기 어려운 것도 그 이유다.

김정은 정권의 핵공격에 대비하기 위한 방안으로서 군사적 대비는 3축 체계의 구축과 한미 간 확장억제에 대한 협의, 한미 간 연합훈련 등이 진행되고 있지만 북한의 핵개발 속도에 비하여 느리다고 생각하며 이제 속도를 내야 할 상황이다. 비군사적 대비인 민방위 및 국가비상대비 분야는 행정안전부의 비상대비정책국을 중심으로 행정각부와 자치단체 및 국민이 수행의 주체가 되는 부분으로 민방위 계획 작성, 대피소 지정 및 생존에 필요한 물자의 준비와 민방위 훈련, 국가비상대비계획의 작성과 정부연습 등을 통하여 대응역량을 강화하는 것을 포함하나 이 부분 역시 궤도에 도달하였다고 하기에는 미흡한 것으로 판단한다.

필자는 그동안 수도 없이 정부와 군 또는 대학이나 각종 연구기관에서 북핵관련 세미나 등을 하는 곳에 참여하였으며 정치·외교적이거나 경제적 또는 군사적 해결방안 등 여러 의견이 나오는 것을 듣고 보았다. 책과 논문도 마찬가지로 많이 보았다. 그러나 북핵관련 민방위 및 국가비상대비분야의 세미나는 필자가 근무하였던 대학에서 한 것과 국회에서 2~3회의 세미나 외에 거의 보지 못하였으며 책과 논문 역시 필자가 쓴 것 외에 손에 꼽을 정도로 보기 힘들다. 북핵이 정치와 외교 및 군사적 대비만으로 끝날 수 있다면 좋겠으나 지금 우리가 보는 바와 같이 그렇지 못하기 때문에 비군사 분야인 민방위 및 국가비상대비분야에서의 연구와 대비도 서둘러야겠다.

4. 전시 예상되는 피해 전망

1) 위협요소

북한의 선전포고, 핵전쟁, 공제적 전쟁준비 등의 위협적 발언을 볼 때 어떤 경우로든 북한이 전쟁을 도발할 경우 발생할 피해는 막대할 수밖에 없을 것이며, 이는 북한이 대규모의 병력 외에 재래식 무기와 핵을 포함한 대량살상무기 등의 사용에 의한 것이다.

병력규모 면에서 보면, 북한은 상비군은 물론 예비전력도 압도적으로 우세한 규모를 보이고 있으며 재래식무기 면에서도 우리 군에 비하여 수량 면에서 압도적으로 많다. 다만, 우리가 발전된 기술을 이용하여 현대화된 무기를 생산 및 보유하면서 질적인 면에서 우세를 보이지만, 북한도 신형전차나 방사포 등을 개발하는 것은 위협이 될 것이다.

전쟁지속능력 면에서 보면, 우리가 인구의 규모는 물론 재정 및 경제력, 산업생산력, 유류 비축량 등 모든 면에서 압도적이기 때문에 우세를 보이지만 우리가 관심을 갖고 대비해야 할 부분은 우리의 전쟁지속능력을 일거에 무력화할 수 있는 북핵으로 인한 것이다.

2) 전시 피해 전망 및 보도자료 '예'

전시 예상되는 피해

한반도에서 전쟁이 발발할 경우, 북한군이 보유한 장비와 특히 핵을 포함한 대량살상무기로 인하여 상상을 초월하는 피해가 발생할 것으로 예상되며, 〈표 5.15〉는 그 일부를 보여주는 자료이다.

이 피해는 북한군의 단발적 공격에 의한 피해 전망으로, 북한군이 동시다발적으로 재래식 무기와 핵탄두를 탑재한 대량살상무기 등을 혼합하여 미사일 공격을 할 시 예측 불가능할 정도로 그 피해는 확대될 것이다.

〈표 5.15〉 전시 피해 전망 보도(예)

1. (재래식 전력) 北 재래식 포격만으로 서울 1시간 타격 시, 13만여 명 사상자 발생
2. (화생제) 북 탄저균 2kg이면 서울서 10만여 명 사망
3. 핵무기) 50kt 공격 시 200만여 명 이상 인명피해 발생(2017)
4. 한반도에서 전쟁 발발 첫날 3~6만 명 사망 가능성(2017, NYT)
5. 개전 24시간 안에 군인 20만 명 포함 150만 명 사상(1994, 한미워게임 시뮬레이션)
6. 개전 24시간 안에 사상자 150~230만 명(2004, 합참 워게일 시뮬레이션)
7. 한반도 전쟁 시 전쟁 초기 3~20만 명 사망(미 의회조사국)

출처: 필자가 언론보도를 종합한 것임

군의 대비

군에서는 다양한 방법으로 미사일 등의 공격에 대비할 것이지만 모든 미사일을 파괴 및 요격할 수는 없을 것이다. 즉, 킬-체인이나 한국형미사일방어, 대량응징보복 등을 통해 북핵시설이나 발사기지를 탐지 및 타격하고 발사된 미사일을 요격하는 등의 조치를 한다손 치더라도 북한이 동시다발적으로 미사일을 발사할 경우, 이를 모두 탐지하여 타격하거나 발사된 미사일을 100% 요격 및 격추하는 것이 쉽지 않다는 것이다.

3축 체계는 북한이 핵·미사일을 발사하려 할 때 선제적으로 타격하는 킬-체인과 북한의 미사일을 공중에서 요격하는 한국형미사일방어, 북한이 핵·미사일로 공격하면 한국이 보복하는 대량응징보복으로 구성되어 있다.

현재 진행되고 있는 우크라이나 전쟁을 보면, 러시아군은 우크라이나로 킨잘 등 여러 종류의 미사일 공격을 하면서 우크라이나군이 이를 모두 요격 및 격추하지 못하여 수도 키이우나 르비우 등 많은 도시에서 아파트 또는 학교와 병원이 파괴되는 등으로 피해가 발생하고 있다.

가자지구에서 팔레스타인의 이슬람 과격단체인 하마스와 팔레스타인해방인민전선(PFLP)이 로켓이나 박격포 등을 사격시 2011년 배

〈그림 5.9〉 (좌로부터) 킬-체인, 한국형미사일방어, 대량응징보복 사진

출처: 국방부, 『2022 국방백서』, (주)다니기획, 2022, pp.57-61.

치되기 시작한 이스라엘군의 요격시스템인 아이언돔(Iron Dome)이 이를 요격한다. 아이언돔은 명중률이 90%를 넘을 것으로 평가됐지만 그렇다고 100% 완전히 성공하지는 못한다.[21] 10월 7일 하마스가 수천 발의 로켓포를 사격하면서 시작된 전쟁에서도 아이언돔은 이를 제대로 막아내지 못하면서 짧은 시간 비처럼 쏟아지는 로켓 앞에선 무기력했다. 우크라이나 또는 이스라엘의 상황이 한국과 같다고 할 수는 없겠지만 미사일 발사시 요격에 실패할 수 있음을 알고 그에 대비해야 한다는 것이다.

이러한 우려는 얼마 전 북한이 동시다발적으로 동해상으로 미사일을 발사하면서 여러 언론에서 제기한 바 있다. 군에서의 한국형미사일방어체계와 사드(THADD) 등의 요격체제 발전은 물론 행정부의 민방위 및 비상대비 담당 부서에서도 만에 하나라도 요격에 실패할 수도 있다는 것을 알고 국민의 생명을 지키기 위해 노력해야 한다.

인구 및 군사시설 밀집지역에서 대비의 중요성

북한은 2023년 3월 27일 '화산-31'이라면서 표준화된 핵탄두의 모습을 공개한 바 있다. 이에 대하여 이런저런 의견이 있기는 하지만 '화산-31 탄두'와 화생제를 탑재한 미사일 또는 대구경 방사포 등을 인구가 밀집한 도시 또는 산업시설과 군사시설 등을 중점적으로 공격할 것으로 예상하며, 수도권과 인구 및 산업시설이 밀집한 대전 및 대구와 광주, 부산, 울산, 창원과 군사시설이 있는 용인과 수원 및 평택

---

21 2021년 5월 10일, 팔레스타인 무장단체인 하마스는 예루살렘과 텔아비브 등 2000발 이상의 로켓을 발사했으며, 아이언돔이 90~95%의 요격에 성공하였지만 일부 실패하면서 9명이 사망하였다. 이스라엘군은 2011년 아이언돔 배치 이후 하마스 등이 로켓 발사시 90%를 방어했다고 홍보하지만 요격에 실패하거나 장비의 작동 불발 등으로 피해가 발생하는 것으로 알려지고 있다.

같은 곳은 주요 공격대상 지역이 될 가능성이 농후하다.

수도권 지역은 휴전선으로부터 40여km에 불과할 정도로 근거리이며, 우리의 정치 및 경제와 군사, 외교 등의 핵심지역으로서 신속한 민방공 경보 발령, 대피소 준비 등 피해 최소화 대책과 더불어 피해 발생시 대비 인명의 구조 및 구호, 부상자 치료와 전재민 수용 및 치료 등을 위한 계획의 발전과 역량의 강화는 시급하다.

군과 연계된 민방위 및 국가비상대비계획의 발전과 역량 강화

그러나 현재 민방위 및 국가비상대비계획 관련 군의 관심은 적은 것으로 판단된다. 통합방위 측면에서는 군에서 관심을 표하는 정도이며 민방위 및 국가비상대비계획 관련 사항은 미흡하다. 이렇게 판단하는 이유는 민방위 및 국가비상대비계획에 북핵에 대비할 계획이 미흡하게 작성되어 있다고 보기 때문이다. 핵무기로 인한 피해의 규모는 무기 위력이나 지형 및 기상 여건, 폭발형태, 대피소의 준비와 적시 대피 여부 등에 따라 다르기는 하지만 일단 공격을 받으면 대규모의 인명과 시설 등의 피해는 불가피하다. 따라서 이를 최소화하거나 복구 등을 위하여 군을 포함한 행정각부의 통합된 계획이 완전해야 함에도 그렇지 못하다는 것이다.

예를 들면, 북한의 핵무기 공격으로 히로시마에서 발생하였던 것처럼 7~8만여 명이 피폭당일 목숨을 잃고 비슷한 규모의 인원이 부상을 입었다고 할 경우, 군은 이것은 행정부가 할 일이라고 떠넘기고 방관할 것인가? 히로시마가 핵공격을 받은 이후 일본군 대본영에서는 히로시마 주둔 2군을 포함한 군에 인명구조 등의 임무를 부여하려고 했으나 2군 자체가 워낙 큰 피해를 받아서 어떤 임무도 할 수 없었다.

핵무기가 대량피해를 동반하는 대량살상무기인 것은 맞지만 우리의 대비 여하에 따라서는 피해를 많이 줄일 수 있음에도 이를 위한 민방공 경보체계, 민방위 대피소의 준비와 내부의 생존물자 등의 준비, 민방위 훈련 등 민방위 및 국가비상대비 분야의 계획발전과 더불어 각종 훈련 및 연습은 물론 장비와 약품의 준비도 필요한데 아직 미흡한 것이다.

5. 북핵대비 비군사 분야의 과업

1) 한반도에서 예상되는 민방위 및 국가비상대비업무 환경

한반도는 지진과 태풍 및 폭우 등 자연 재난은 물론 철도 및 교통, 원자력 등 국가기반시설에 대한 테러와 사건 사고도 예상된다. 김정은 정권의 재래식 무기 및 핵을 포함한 대량살상무기의 위협에도 대비해야 하는 상황이다.

특히 북핵이 심각한 위협으로 대두되면서 한국 안보의 최대 현안이 된 만큼 군사분야는 물론 비군사 분야에서도 철저한 대비가 필요하다. 북핵이 심각한 상황이기는 하지만 군과 정부의 대비에 따라서는 비록 김정은 정권이 전시 핵무기를 공격할지라도 그 피해를 많이 감소시킬 수 있다.

김정은 정권의 핵무기 사용시 군은 군사적으로 한국형미사일요격체계로 요격을 하겠지만 정부는 민방위 및 비상대비업무를 통해 대비해야 한다. 이러한 대비를 위해서는 핵공격을 받을 시 이로 인해 발생하는 피해 현상이 무엇이며 어떻게 발생하는지 알아야 한다.

따라서 여기서는 북핵관련 사항을 중점적으로 언급할 것이다. 이를 위하여 핵폭발시 발생하는 현상과 히로시마에 원폭이 투하되었을 당시 발생하였던 사항과 피폭자(Hibakusha)들의 증언을 중점적으로 언급할 것이다. 또한 김정은 정권의 핵관련 사항과 위협 발언, 이에 대비하기 위한 한국의 핵방호 관련 사항과 피해발생시에 대비하여 무엇을 할 것인지를 중점적으로 기술할 것이다.

2) 히로시마 핵공격 시 발생한 현상

1945년 8월 6일 8시 15분, 히로시마시가 핵 공격을 받았을 시 발생하였던 상황과 피폭자들이 몸으로 겪었던 경험 및 진술 내용은 북핵대비 민방위 및 비상대비업무 관련 조직편성과 계획작성이나 훈련 등을 발전시키는 데 있어 중요한 방향을 제시한다.

핵폭발 시 발생하는 물리적 현상은 열복사선, 폭풍, 방사선 및 방사능 낙진, 전자기파 등이다. 열복사선으로 인한 피해로, 원자폭탄이 폭발할 시 순간적으로 발생하는 수백만 도의 열로 인하여 인체증발(Evaporation)현상이 발생하거나 심각한 화상으로 즉각 사망 또는 화상을 입으며, 섬광이나 화구를 직접 보면 영구 또는 순간적으로 실명하는 피해가 발생할 수 있다.

폭풍의 피해로, 핵폭발 당시 짧은 시간에 순간적으로 수백만 기압이 발생하여 주변으로 확산하면서 건물이나 유리 등 시설물의 엄청난 파괴를 동반하고 이로 인하여 즉각 사망으로부터 심각한 부상에 이르기까지 대규모의 피해가 발생한다.

방사선으로 인한 피해로, 핵폭발 시는 알파선(α)과 베타선(β), 감마선(γ) 등의 방사선이 방출되는데, 이 가운데 감마선은 인체를 투과하면서 피폭량에 따라 즉각 사망으로부터 백혈병이나 암과 같은 질병으로 장기간에 걸쳐 본인은 물론 후손에게도 피해를 준다. 핵폭발 후 10여 분이 경과하면서 이른바 '죽음의 재(Ashes of Death)'라고 하는 낙진이 떨어지면서 또 다른 피해를 준다.

핵폭발 시는 인체와 시설 등의 피해만으로 끝나는 것이 아니라 각종 전자장비에도 피해를 준다. 이는 전자기펄스에 의한 피해로, 전자기기에 과전류를 일으켜 영구적인 피해를 주는 것으로서 전기를 사용하는 기기들의 사용을 불가능하게 만들며, 전자회로를 손상시켜 전자제품의 작동을 불가능하게 만든다.

전자기파는 또한 군의 통신장비는 물론 항공기와 함정 등 각종의 전투장비에도 영향을 줌으로써 작전부대의 지휘는 물론 전투마저 할 수 없게 만든다. 정부와 민간부분에서는 금융, 이동통신, 전력, 운송, 의료체계 등 현대 사회를 연결하고 움직이게 만드는 모든 네트워크에 전자기적 피해를 줌으로써 원시시대로 돌아가게 만든다.

3) 북핵공격 시 예상되는 피해

북핵으로 인해 예상되는 피해는 이미 10여 년 전 북한에서 급변사태(Sudden Change)가 발생할 경우, 내부의 혼란을 외부로 돌리기 위하여 10kt의 핵무기를 사용할 경우를 전제로 20만여 명의 사망자와 동일한 규모의 부상자 발생 및 1조 5천억 달러의 손실이 발생할 것이라고 예상한 바 있다.[22]

---

22 Bruce W. Benet, *Preparing for the Possibility of a North Korean Collapse*, RAND CORPORATION, 2013, p.70.

북한에서 급변사태가 발생하든 또는 김정은 정권이 핵사용 5대 조건 등을 이유로 미사일에 핵탄두를 탑재하여 공격에 성공하든 그럴 경우 예상되는 상황과 해야 할 업무는 〈표 5.16〉과 같다. 이는 히로시마가 핵공격을 받았을 당시 발생한 상황을 염두에 두면 예상할 수 있기도 하다.

핵공격을 받을 시 예상되는 피해로 몇몇의 핵폭발 시뮬레이션 결과가 보여주듯 단 한 발의 핵 공격도 수만~수십만여 명의 생명을 앗아가는 비극을 초래할 수 있다. 북한이 6차 핵실험 이후 한동안 국내

〈표 5.16〉 북핵피폭 시 예상되는 상황 및 대응(예)

구분	예상되는 상황 및 대응
대규모의 사망자 발생	• 사망자 현황 집계 및 확인 • 사체수습 및 처리 방침, 매장지 선정 및 매장 • 피폭지역 방역작업(인체 및 동물 사체 부패 대비)
대규모의 부상자 발생	• 부상자 구조 및 구호, 수송 및 현황집계, 분류(중상자, 경상자) • 치료인력 및 병원, 약품 등의 동원 • 부상자 치료 활동(환자유형 구분) • 부상자 수용시설 설치
대규모의 전재민 발생	• 전재민 현황집계 및 분류 • 전재민 임시수용시설 설치 또는 동원 • 전재민 수용 및 지원활동 • 대피소 내 잔류 인원에 대한 현황파악 및 지원 등
낙진발생 및 피해	• 낙진위험지역 및 안전지역 판단 및 전파 • 주민 안전지역으로의 이동 지원, 낙진오염인원 제염 활동
전자기파 방해	• 각종 네트워크 파괴 또는 작동중단(정부, 군, 민간부분) • 교통, 금융, 항공, 전력 등 전 분야의 피해 발생 • 전자기파로 인한 피해 방지대책 강구
시설 파괴	• 국가기반시설, 산업시설, 주거시설 등 각종 시설 파괴 • 피해현황 집계 및 긴급복구 우선순위 판단 및 시행 • 파괴된 각종 잔해물 제거 및 처리
치안질서 문란	• 피폭지역 무단출입 • 피폭지역 출입자 통제통제선 설치 • 군·경·공무원, 예비군 등의 배치

출처: 필자의 연구결과임

의 주요 일간지에서 북한이 핵 공격을 할 시 발생할 예상되는 피해를 보도한 내용은 〈표 5.17〉과 같다.

〈표 5.17〉 북핵 피폭 결과 피해 예측치 및 보도자료

구분	피해예측
미 국방부, 중앙정보국 (1998)	• 용산 상공 500m 상공에서 15kt의 핵무기 폭발 시 - 사망자가 62만여 명 - 반경 1.8km 이내는 직접 피해, 4.5km 이내 지역 반파
미 DTRA (2004)	• 100kt을 투하할 경우 - 핵폭발로 31만여 명 사망, 23만여 명 중상 - 2차 방사능 낙진피해 338만, 방사능 낙진으로 중경상 237만여 명
미 DTRA (2013)	• 용산지역에 20kt이 지표면에서 폭발 시 - 사망자 110만, 부상자 160만 등 270만여 명 발생 • 50kt이 지표면에서 폭발 시 - 사망자 281만, 부상자 288만 등 총 569만 명 발생
동아일보 (2017. 9. 4.)	• NUKEMAP 시뮬레이션 결과: 100kt급 시청 상공에서 폭발 시 피해 예상 - 사망자 36.2만 등 사상자 199.2만여 명 발생 - 시청반경 590m 지역은 강력한 열로 증발 - 1.16km 안에 있는 건물 붕괴, 생존 가능성 전무 - 반경 1.94km 지역 방사능 오염, 40~90% 사망 가능 - 반경 2.43km 이내 건물 붕괴, 사망자 다수 - 반경 4.67km까지 대부분 3도 화상 - 최대 300km까지 낙진 및 방사능 노출
조선일보 (2017. 9. 4.)	• 100kt 핵폭발 시, 사망자 수백만 예상 - 반경 370m 내 건물 증발 - 반경 2.7km 이내서는 모든 물체 화재, 생물체 죽음 - 반경 3.75km 이내 전신 3도 화상 - 반경 11.25km 이내 건물 대부분 반파 이상
문화일보 (2017. 9. 4.)	• 미국 랜드연구소 시뮬레이션 자료 인용 - 10kt 핵폭발 시 사상자 28~41.3만 명 발생 - 50kt 폭발 시 200만 명 이상 인명피해 발생

출처: 필자가 언론보도를 종합한 것임

표에서 제시한 수치는 시뮬레이션 결과로서 앞에서 제시한 바와 같이 신속한 민방공 경보의 발령으로 적시에 인근의 대피소로 대피를 할 수만 있다면 피해를 크게 감소시킬 수 있을 것이다.

4) 핵 공격 준비로부터 공격 이후 단계별 군과 정부의 대응

북핵에 대비하기 위하여 군사 및 비군사 분야의 업무영역과 활동을 명확히 하는 것은 피해를 최소화하기 위한 차원에서 중요하다. 핵공격을 받으면 발생할 피해는 핵무기 위력과 폭발형태, 지형 및 기상조건, 대피소의 준비 및 신속한 대피 등에 따라 정도의 차이가 있기는 하지만 수많은 피해가 발생하는 것을 피할 수는 없다.

히로시마가 핵공격을 받을 1945년 8월 그 당시는 대부분 목조건물이어서 열복사선과 폭풍은 물론 방사선에 의한 피해가 컸지만 지금 서울을 포함한 도시들은 콘크리트 빌딩과 지하시설이 많이 있는 만큼 적시에 민방공 경보만 발령되면 그 피해를 많이 줄일 수 있으며, 이를 위해서는 군사 및 비군사 분야에서 협조된 대비와 조치가 필요하다. 북핵에 대비하기 위한 군사 및 비군사 영역은 다음과 같이 구분할 수 있으며, 이러한 영역별 대비와 조치가 조화로우며 철저할 때 피해를 최소화할 수 있다.

〈표 5.18〉에서 군사영역인 북핵시설 정찰 및 탐지와 타격(Kill-

〈표 5.18〉 북핵대비 영역

구분	군사영역(국방부/합참)	비군사영역(행정안전부+행정각부)	
		민방위업무	국가비상대비업무
주요 내용	• 북핵시설 정찰 및 탐지 • 발사기지 타격(Kill-chain) • 발사시 요격(KAMD) • 대량응징보복(KMPR) • 확장억제(미국협의) • 북핵대비 훈련 등	• 민방위 대피소 준비 • 민방공 경보체계 발전 • 주민대피 안내 및 지도 • 민방위 장비와 약품준비 • 민방위 훈련 등	• 사상자 수습 및 처리 • 부상자 구조 및 구호, 치료 • 낙진제염 대책 • 전재민 수용 • 피해복구 • 정부연습 등
비고	• 전력증강+작전계획	• 민방위계획	• 충무계획

출처: 필자의 연구결과임

chain), 미사일 발사시 요격(KAMD)과 대량응징보복(KMPR) 등은 정보자산의 확보와 현무 계열 등의 미사일 개발 및 항공 전력의 확대 등으로 이전 정부에 비하여 윤석열 정부에서 박차를 가함으로써 나름대로 발전하고 있으며, 미국도 확장억제 제공 등을 약속하고 있다.

반면에 비군사 영역을 보면, 민방위 분야에서는 경보체계의 일부 발전과 대피소 지정 등을 제외하고는 거의 답보상태에 머무르고 있으며, 국가비상대비분야 역시 계획의 발전은 물론 정부연습 등도 미흡한 것으로 평가할 수밖에 없다. 정부가 북핵공격에 대비하여 민방공 훈련을 정부연습에 포함하여 실시하면서 이것만으로도 종전과 비교하여 발전한 것이기는 하지만 그렇다고 여기에 만족할 수는 없다.

북한이 전시 핵을 사용하려고 할 경우는 공격준비 단계로부터 공격단계 및 공격이후 단계로 구분할 수 있으며, 각 단계별 군 및 정부의 주요 활동은 〈표 5.19〉와 같이 구분할 수 있다.

북한이 핵공격을 준비하는 단계에서 군과 정부의 행동은 다음과 같이 구분할 수 있다. 첫째, 군이 북핵시설 정찰 및 탐지하는 단계로, 이 단계에서는 한미연합자산인 인공위성과 공군정찰 자산 등을 이용하여 발사징후를 탐지 및 전파하는 것이다. 군은 정찰자산에 의거 김

〈표 5.19〉 북핵공격 단계별 군 및 정부의 주요 활동

구분	공격준비 탐지단계	공격단계	사후처리(공격 이후 단계)
군	• 북핵시설 정찰 및 탐지 • 발사시설 및 수단 타격	• 북 미사일 요격 • 대량응징보복(시작)	• 대량응징보복(계속) • 피해복구 지원활동
정부	• 민방공 예비경보 발령	• 민방공 경보 발령 • 주민대피 안내 및 지도	• 사망자 수습 및 처리 • 부상자 구조 및 구호 • 전재민 수용 및 지원 • 시설 피해복구 • 치료지원 등

출처: 필자의 연구결과임

정은 정권이 핵을 사용하려는 징후에 따라 한미연합전력과 미사일 등을 이용하여 필요시 자위적 차원에서 발사시설 및 수단에 대해 선제타격(Kill-chain)을 함으로써 핵공격 능력을 제거할 것이다.

북한의 핵공격이 임박하였다고 판단될 시 정부에서는 군과 협조, 핵공격에 대비하여 피해를 최소화하는 차원에서 사전에 예비경보를 발령할 필요가 있다. 현재 민방공 경보는 경계-공습-해제경보, 핵경보, 화생방 경보가 있는데 북한이 핵탄두를 탑재한 미사일을 이용하여 공격할 가능성에 대비하여 행정안전부는 예비경보 발령을 검토할 필요가 있다는 것이다. 예비경보는 북한의 공격이 임박해지고 있음을 알리면서 이 단계에서는 대피소의 위치 숙지라든가 비상대비 물자의 준비 등을 하는 것을 말한다. 또한 노약자나 어린이 등 사회적 취약계층을 이 단계에 대피소로 이동시키는 방안도 필요하다고 본다.

둘째, 북한이 핵공격을 하는 단계에서 군과 정부의 행동이다. 북한이 탄도미사일을 발사할 경우, 군에서는 각종 요격 수단을 이용하여 미사일을 요격(KAMD)해서 격추할 것이다. 이 단계에서 북한이 발사한 탄도미사일이 재래식 탄두를 탑재하였는지 아니면 핵탄두를 탑재하였는지 식별하는 것은 현실적으로 어렵다. 미사일이 폭발할 시 그때 가서야 핵무기인지 재래식 무기인지 화생무기인지 식별이 된다는 의미이다. 따라서 일단 군은 핵탄두를 탑재하였을 것이라는 전제아래 대응해야 하며 이는 정부도 마찬가지이다.

또한 군에서는 북한이 핵을 탑재한 미사일을 사용하여 공격한 점을 감안, 한미연합자산과 각 군의 미사일 등의 자산을 이용하여 대량응징보복(KMPR)을 시행할 것이다. 이 단계에서 정부는 북한의 미사일 공격과 연계하여 중앙 및 지방 민방공 경보센터에서는 경계경보와 공습경보를 발령함으로써 국민의 대피를 지시할 것이다.

셋째, 북한의 핵공격 이후 단계에서 군과 정부의 행동이다. 이 단계에 군에서는 한미연합자산과 공군 및 미사일 등을 이용 대량응징보복(KMPR)을 계속하여 김정은 정권의 핵능력을 제거할 것이다. 북핵공격이후 정부는 피해의 발생 범위와 규모 등을 고려하여 군에도 인력 및 장비와 시설 등의 지원을 요청할 것이다.

이와 같이 북핵에 3축 체계를 통한 선제타격이나 요격과 대량응징보복 외 확장억제 등으로 그 대비가 완벽해진다면 바람직하겠지만 이를 장담할 수는 있을까? 2023년 4월 29일, 러시아군이 키이우 등의 도시로 미사일을 발사하면서 우크라이나군이 이를 요격하였지만 100% 완전하게 성공하지 못하면서 인명피해가 발생하였다. 2023년 5월 11일 팔레스타인의 이슬람 과격단체가 가자지구로 로켓을 발사하자 이스라엘군이 아이언돔(Iron Dome)으로 요격하였지만 역시 100% 완전하게 성공하지 못하면서 인명피해가 발생하였다. 김정은 정권이 핵탄두를 탑재한 미사일을 발사할 경우, 다수는 한국형미사일방어체계와 사드 등으로 요격에 성공할지라도 그중에 단 1~2발이라도 실패하면 발생할 인명피해는 상상을 초월한다.(Nukemap 시뮬레이션 자료에 의하면 20kt의 핵무기가 용산 상공에서 공중폭발할 경우 95,350명의 사망자와 449,140명의 부상자가 발생할 것으로 예측되었다.) 김정은 정권은 동시다발적으로 핵탄두를 탑재한 미사일을 공격할 가능성이 있는 만큼 그에 상응하는 군사 및 비군사 분야의 대비가 필요하다.

핵공격을 받으면 정부는 피해를 최소화하기 위하여 인명구조 및 구호 활동을 전개하는 한편, 민방위 및 충무계획 등에 따라 피해복구 활동 등을 실시할 것이다. 여기서 군과 관련되는 킬-체인, 한국형미사일방어, 대량응징보복과 확장억제 등은 한미가 관련되는 군사적 대비책이지만 민방위 및 비상대비분야는 고유한 정부의 업무로서 관심을 갖고 발전시켜야 할 부분이다.

5) 북핵대비 비군사 분야의 주요과업

히로시마 사례와 당시 피폭자들의 증언을 보면 핵공격시 발생된 피해의 최소화와 신속한 인명의 구조 및 구호, 피해복구 등을 위하여 비군사 분야, 즉 민방위 및 국가비상대비분야에서는 다음과 같은 대비가 필요할 것으로 판단한다. 첫째, 컨트롤 타워와 행정각부의 역할 정립이다. 민방위 업무와 국가비상대비업무는 관련법과 규정에 의하여 행정안전부 비상대비정책국이 국무총리를 보좌하여 역할을 하고, 행정각부의 업무는 평시의 업무에 준하여 전시 업무를 수행하도록 관련 계획이 수립되어 있다.

핵공격을 받으면 대규모의 인명 및 시설과 재산 등의 피해가 발생하는 대량살상무기라는 특성을 감안하여 평시의 계획수립과 전시 핵공격 이후 발생한 피해를 최소화하기 위해서는 강력한 권한을 행사할 조직이 필요하며 국가안보실이 대통령을 보좌하여 그 역할을 할 수 있을 것으로 생각하는 만큼 국가안보실은 전반적인 컨트롤 타워로서 역할을 하고, 행정안전부는 국무총리를 보좌하여 지금처럼 총괄업무를 하며 각부는 자체의 전시계획에 따라 업무를 수행하기 위한 준비를 해야 할 것으로 생각한다.

컨트롤 타워 역할을 해야 할 국가안보실에는 핵공격을 받을 때에 대비할 지침의 작성은 물론 핵 피폭 시 피해의 최소화를 위하여 적시에 인명구조와 구호, 부상자 치료, 전재민 수용 등 행정각부에 필요한 조치를 요구할 수 있도록 강력한 권한이 부여되어야 할 것이다.

둘째, 북핵대비 민방공 경보체계의 발전이다. 북한이 탄도미사일 등으로 핵무기를 포함한 공격을 할 경우, 신속히 대피하면 생존을 보장할 수 있다. 특히 북한이 극초음속 미사일을 개발하면서 대피에 가용한 시간이 극히 짧아지는 만큼 신속한 경보를 발령할 수 있도록 해야 한다.

셋째, 민방위 대피소와 내부 물자의 준비이다. 핵공격을 받을 시 대피소는 생존에 있어 대단히 중요하다. 따라서 핵폭발시 발생하는 열복사선과 폭풍 및 방사선, 낙진 등의 유입을 차단할 수 있도록 방폭문 등의 준비가 되어야 한다. 또한 대피소에서는 생존을 위하여 2주간 필요한 물자들의 준비가 필요하다. 다만, 전국의 모든 대피소를 방폭문 등을 갖춘 대피소로 만들기에는 설치비용과 소요 시간 등 여러 제한사항이 있는 만큼 대피소의 유형화 방안이 필요할 것이다.

넷째, 핵피폭 이후 인명구조 및 구호관련 사항이다. 핵 피폭 시는 대규모의 인명을 긴급히 구조 및 구호하고 치료를 해야 하는 아주 예외적인 상황이 될 것이다. 이를 염두에 두면서 행정안전부가 국무총리를 보좌하여 행정각부를 조정 및 통제하는 등 핵 피폭 시 적시에 조치를 할 수 있도록 강력한 권한을 부여해야 할 것이다. 핵 피폭 시 발생한 모든 상황이 컨트롤 타워 역할을 하는 국가안보실로 보고되어 여기서 상황을 종합적으로 판단하고, 행정각부는 국무총리의 전반적인 통제아래 부여된 역할을 신속하게 할 수 있어야 한다.

다섯째, 부상자 처리지침과 역량의 확보이다. 핵 피폭 시는 대규모의 환자가 발생하며, 그것도 핵폭발 시 발생하는 고온의 열복사선으로 인한 화상환자, 폭풍으로 건물과 유리 등 시설물이 파괴하면서 발생하는 부상환자, 고선량 방사선에 피폭된 환자, 이러한 모든 현상이 종합된 환자 등으로 평상시는 보기도 어려운 환자들이 대부분으로, 그 상태도 즉각 사망으로부터 경미한 환자에 이르기까지 다양하게 발생한다. 여하한의 치료에도 불구하고 생존이 불가능하다고 판단되는 환자는 안락사(安樂死)를 의료진에게 부여하는 등의 방침도 필요하다.

피폭환자 치료를 위해서는 일반적인 의료인력과 병원 및 약품 등의 동원만으로는 감당할 수 없을 수 있다. 핵상황에서 대규모로 다양하게 발생할 수 있는 환자를 감안하여 이들을 치료할 화상 및 방사선 치료 의사와 간호사 등의 의료인력과 장비와 시설, 약품 등 짧은 시간에 대규모의 환자를 치료할 수 있도록 전국적으로 의료인력과 장비와 시설 및 약품 등을 적시에 동원할 계획을 수립해 놓아야 할 것이다.

여섯째, 전재민 수용 능력의 확보이다. 핵 피폭 시는 짧은 시간에 대규모의 전재민이 발생한다. 이들을 낙진이 떨어지는 피폭지역에서 안전지역으로 소개하고 수용할 학교와 군부대, 공공시설이나 임시천막의 설치 등 시설과 이들에게 지급해야 할 피복과 침구류, 식량 등이 대량으로 필요하게 된다. 따라서 공공시설이나 학교 등을 동원하거나 임시로 천막을 설치하는 방안, 군부대 시설을 사용하는 방안 등 다양한 대책을 강구해야 한다. 2023년 8월, 잼버리 대회 당시 태풍이 예보되면서 4만여 대원들을 새만금에서 철수하여 전국 시·도의 대학교 기숙사와 기업 연수원, 종교시설 등을 숙소로 이용하는 순발력을 발휘하였는데 핵공격으로 수많은 전재민이 발생할 경우, 이러한 순발력 있는 대응으로 국민의 고통을 줄이려는 노력이 필요하다. 다만, 핵상황에서의 대피라는 점을 감안해야 한다.

만약 아파트와 지하 대피소와 지하철역에 대피한 시민들이 그대로 잔류할 가능성이 있다면 이들에 대한 식수와 식량 등의 지원도 필요한 상황이 될 수 있는 만큼 이러한 점도 염두에 두어여 한다.

일곱째, 사체 수습 및 처리방안의 방침설정이다. 히로시마 원폭 피폭 시는 당일 7~8만여 명, 그해 말까지 14만여 명이 목숨을 잃었다.

나가사키에서도 당일 4만여 명 그해 말까지 7만 3천여 명이 목숨을 잃었다. 이렇게 대규모로 사망한 시기가 8월로 인명 및 동물 등의 사체로 인하여 전염병이 창궐하기 좋은 시기였다. 대규모로 발생한 사망자에 대한 사체 처리가 지연될 경우는 특히 여름철이라면 사체가 부패하면서 장티푸스나 콜레라 같은 전염성 질환으로 인하여 2차 피해를 줄 수 있는 만큼 신속하게 처리해야 한다. 이러한 조치를 위해 피폭지역에서 보호의 및 방독면 등의 안전대책을 갖춘 사체수습팀을 운영하면서 동시에 사체 신원식별, 식별된 사체에 대한 매장 또는 화장 등의 처리방안 등을 당시의 상황에 맞게 적용할 방침이 필요하다.

여덟째, 낙진제염 대책이다. 핵 피폭 시는 방사선에 의한 피해는 물론, 이른바 '죽음의 재'라고 불리는 낙진에 의한 피해도 발생한다. 인체가 죽음의 재로 오염되어 있을 경우, 안전지역에서는 이들의 오염을 제거할 수 있도록 인원과 약품과 시설, 갈아입을 피복 등이 준비되어야 한다.

아홉째, 대피소로 대피한 사람들에 대한 조치이다. 핵공격을 받을 시 지하철역과 아파트 지하 주차장은 임시 대피소로서 충분히 활용할 수 있다. 피폭지역에 근접하여 있는 경우, 방폭문 등의 준비가 안 되어 있는 상황에서 출입구로 열복사선과 폭풍, 방사선, 낙진 등의 유입으로 인명피해가 발생할 수 있다. 대부분의 지하철역은 물론 아파트 지하 주차장도 수백~수천 명이 단 하루도 머물 수 있는 준비는 안되어 있다. 낙진이 떨어질 수 있는 상황에서 지하에 대피한 인원을 언제 어떤 방법으로 안전지역으로 소개할 것인가 또는 생존에 필요한 급수 및 식량 등을 어떻게 공급할 것인가? 대책이 필요하다.

열째, 치안질서 유지대책이다. 히로시마에서는 모든 시설이 파괴되었지만 그럼에도 불구하고 야쿠자 같은 조직폭력배들에 의한 강도 및 절도행위로 인해 치안 질서가 문란한 상황이 발생하였다. 부모를 잃은 어린아이들이 거리를 방황하면서 낙진에 오염되는 일도 발생하였다.

핵 피폭지역에 대한 적절한 출입통제 조치가 없으면 이와 같은 일이 발생할 수 있는 만큼, 출입통제선을 설치하고 보호의 또는 방독면 등의 안전조치를 갖춘 군·경이나 예비군, 민방위대, 공무원 등을 이용하여 허가되지 않은 인원의 출입을 금지시키는 일, 고아나 어린이 등이 방치되는 일이 생기지 않도록 필요한 조치를 해야 한다.

열한째, 이러한 업무를 위한 행정각부의 기능유지와 협업체제의 구축이다. 핵 피폭 시는 대규모로 발생할 사망자의 수습 및 처리와 부상자의 구조 및 구호와 치료, 전재민 수용 및 지원, 오염 환자 제독 등 짧은 시간에 걸쳐 범정부적이고 국가적인 노력을 요구하는 상황이 발생한다. 이러한 상황은 행정부의 어느 한 부처의 업무에 국한되지 않는, 모든 행정부처가 전력을 투입해야 할 상황으로 행정각부는 그 기능을 유지하면서 타 행정부처와 협업하여 업무를 수행해야 한다.

발생된 피해를 극복하기 위한 협업으로 이를테면, 대규모로 발생한 사망자에 대한 행정각부의 연관되는 업무로서 행정안전부는 사망자에 대한 전체적인 인원 및 개별적인 주민등록 확인, 보건복지부는 사체 수습 및 처리와 방역업무, 국토교통부는 매장지 관련 업무가 있을 것이다.

또한 전재민에 대한 업무를 예를 들면, 이들을 수용하기 위해서는 학교시설 사용(교육부), 군부대 병영시설의 사용(국방부), 임시천막의 설치(보건복지부와 산업자원부) 등이 필요하고, 전재민에 대한 식량(농림축산식품부), 음용수(환경부) 지원 등의 업무도 필요할 것이다. 이와 같은 업무를 위해서 행정각부가 상호 관련되는 업무가 많은 만큼 협업체제를 갖추는 것은 발생한 피해를 그나마 최소화하기 위하여 필요하다.

핵공격을 받을 시 발생하는 현상과 이를 가급적 빠른 시간에 복구하기 위해서는 예상되는 각종 조치 등을 감안하여 정부는 충무사태의 선포와 동시 (가칭)핵피폭대응본부를 설치하고, 각 본부의 임무 및 역할을 정할 필요가 있다. (가칭)핵피폭대응본부가 반드시 필요한 이유는 핵무기가 갖는 특성 즉, 폭발 시 발생하는 열복사선과 폭풍, 방사선 및 낙진과 전자기파 등으로 인한 피해의 광범위성과 참혹성, 장기간 지속에 대비하여 정부가 전력을 투입해서 신속히 대응함으로써 피해를 최소화해야 하기 때문이다.

핵피폭 대비 기구를 편성할 시 각각의 임무 및 역할에 맞게 책임을 부여해야 하며, 이를 근거로 계획의 수립과 실제상황 발생 시에 대비한 행동계획으로서 매뉴얼을 작성해 놓아야 한다. 이러한 (가칭)핵피폭대응본부의 구성과 행정각부가 수행해야 할 임무 및 역할을 정하고 매뉴얼을 작성하였으면 정부연습 기간을 이용하여 이러한 임무 및 역할과 매뉴얼을 적용하여 정부연습 등을 한 뒤 연습결과를 반영하여 보완하며, 이러한 사항을 반영하여 자원의 동원 및 사용 등을 포함하는 민방위 및 충무계획과 사태조치목록 등을 작성해야겠다. (또는 민방위 및 충무계획과 사태조치목록을 먼저 작성한 뒤 연습을 거쳐 매뉴얼 등을 수정하는 방법도 가능할 것이다.)

6) 북핵대비 원칙의 설정

북한의 「핵무력정책법」과 '핵사용 5대 조건', 김정은 발언 등 여러 상황을 볼 때 전시 실제 핵공격을 할 가능성이 크며 이로 인해서 막대한 인명피해가 발생할 가능성이 예상된다고 할 경우에 대비하기 위한 정부의 모습은 어떻게 되어야 할까? 필자는 북핵 공격에 대비하기 위해서는 핵무기의 특성인 열복사선과 폭풍 및 방사선으로 인한 대규모의 피해, 히로시마에서 발생하였던 참혹한 상황과 일본정부의 대응이 늦어지면서 발생한 다대한 피해 및 이로 인한 교훈, 북한군이 핵을 공격할 시 예상되는 피해 상황 등을 고려하여 〈표 5.20〉과 같은 원칙을 적용한 정부의 대응이 필요하다고 주장한다.

이렇게 김정은 정권이 핵공격을 할 경우에 대비하기 위한 원칙을 적용하자고 주장하는 이유는 핵공격을 받을 시 광범위하게 발생할 피해를 최소화하기 위해서는 컨트롤 타워의 지침에 따라 행정각부 및 자치단체의 가용한 자원과 역량을 통합하여 신속히 대응함으로써 피해를 대폭 줄일 수 있다고 판단하기 때문이다.

〈표 5.20〉 북핵 공격에 대비하기 위한 정부의 대응 원칙

구분	내용
지휘통일의 원칙	• 핵 피폭 시 아비규환(阿鼻叫喚)의 상황 발생 예상 • 컨트롤 타워+비상대비 담당부처가 전반적 상황장악 및 통제 • 행정각부의 지원 등의 업무를 조정 및 통제함으로 효과적 대응 가능토록 할 필요가 있음
신속성의 원칙	• 핵 피폭 시 대규모의 사상자가 동시에 발생하여 지속 • 생존자 중 적시 치료만 받으면 생존 가능할 수 있는 사람 다수 발생 • 신속한 치료를 통한 생존보장 필요
집중의 원칙	• 핵 피폭 시 다양한 유형과 상태를 갖는 환자 발생 • 환자 유형과 상태를 분류하여 집중적 치료 등의 조치 필요
노력통일의 원칙	• 동시에 대량의 사상자 발생으로 구도 및 구호 소요 급증 • 행정각부의 노력의 통일로 효과적인 대응 역량 확보 필요
신속동원의 원칙	• 대규모로 발생한 부상자 치료를 위하여 필요자원 신속 동원 긴요 • 자원의 신속한 동원으로 피해 최소화
유관기관 업무 협조 원칙	• 모든 유관기관 간 파트너십을 원칙으로 협조 • 계획수립으로부터 시행에 이르기까지 지속적인 협조

출처: 필자의 연구결과임

7) 북핵대비 군사-비군사 분야의 단계별 대응 및 조치(종합)

앞에서 제시한 북핵관련 군과 정부의 주요 조치사항을 종합해 보면, 북한의 도발로 상황이 악화하고 전쟁이 발발하면서 핵공격을 할 시 군사 및 비군사 분야에서 단계별로 취해야 할 대응 및 조치사항은 〈표 5.21〉과 같이 구분할 수 있다.

표를 설명하면, 북한의 도발 징후가 고조되면 정부는 국방부 장

〈표 5.21〉 북핵대비 군사-비군사 분야의 단계별 대응 및 조치

구분			핵공격 준비단계 (충무사태 선포 이후)	핵공격단계 (전시)	사후처리 (종전이후 단계)
군사 부분 (군)	Kill-Chain(탐지/타격)		탐지/준비	시행	
	KAMD(한국형미사일방어)		준비/점검	시행	
	KMPR(대량응징보복)		준비/점검	시행	
	확장억제 시행(연합사)		준비/점검	시행	
EMP(공통)			예방대책	유지/피해복구	복구
비군사 부분 (정부)	핵피폭대응본부 창설		준비/점검	운용	
	민방위	대피소 점검/보강	점검/보강/운용		
		민방공 경보망	점검/보강	운용	
		주민대피	대피(취약계층)	대피	
	비상대비	사망자 수습/처리	준비/점검	시행	
		부상자 구조/구호	준비/점검	시행	
		전재민 수용/지원	준비/점검	시행	
		긴급복구	준비/점검	시행	
		정부기능 유지	준비/점검	유지/피해복구	
		낙진제염	준비/점검	시행	
		중/장기 복구		준비/시행	시행
		피폭자 등의 치료		준비/시행	시행

출처: 필자의 연구결과임

관의 건의로 국무회의 심의를 거쳐 대통령은 충무사태를 선포한다. 충무사태가 선포되면 전시 북한이 반드시 핵을 사용할 것이라는 전제아래 군에서는 군사적 대응책을 준비 및 점검하며 정부는 정부대로 (가칭)핵피폭대응본부를 창설하여 북핵 공격상황에 준비/점검을 하고 민방공 경보체계 및 대피소 등의 점검/보완과 더불어 노약자 등 사회적 취약계층의 사전대피도 필요에 따라 조치해야 한다.

군에서는 북한이 핵탄두를 탑재한 미사일로 공격을 할 것으로 예상되면 지휘 및 발사, 지원체계와 이동식 발사대 등의 핵심표적을 탐지하여 킬-체인(Kill-Chain)으로 이를 제거할 것이다. 북한이 동시다발적으로 핵탄두를 탑재한 미사일을 발사하면 패트리엇, 천궁-Ⅱ, L-SAM 등의 수단으로 다층적으로 요격을 하겠지만 이때 모든 미사일을 요격할 수 있을 것이라고 장담할 수는 없다.

북한이 극초음속 미사일에 핵탄두를 탑재하여 공격한다고 할 경우, 수도권 지역에서는 대피에 가용한 시간이 2~3분 정도밖에 안 될 정도로 촉박하며 이 짧은 시간에 정부는 민방공 경보를 발령하고 시민들은 대피해야 한다. 미사일이 폭발하면서 피해가 발생하면 이 시기를 전후하여 군은 고위력 및 초정밀 무기를 사용하여 북한의 전쟁지도부와 핵심시설 등에 대한 대량응징보복을 시행할 것이다. 앞에서 언급한 바와 같이 북한이 핵을 사용한 이상, 김정은 정권의 마지막이 될 정도로 대량응징보복을 할 것이다.

핵공격을 받은 이후에는 대규모의 인명피해가 발생할 가능성이 큰 만큼 정부는 컨트롤 타워의 지침에 따라 (가칭)핵피폭대응본부를 중심으로 행정각부 및 자치단체 등과 연계하여 사망자 수습 및 처리, 부상자 구조 및 구호, 전재민 수용 및 지원, 긴급복구 등으로 피해의 최소화 및 국민생활의 안정 등의 조치를 취해야 한다. 종전이후에는 장기적인 복구의 시행과 더불어 장기적 치료를 요하는 피폭자 등에 대한 치료도 병행해야 한다.

6. 소결론

1) 북한군 위협양상의 변화에 따른 대응책 강구

북한은 시대를 달리하면서 재래식 무기는 물론 대량살상무기 등의 무기체계를 발전시켜 왔고 이제는 핵이 최대의 안보위협 요인이 되고 있으며, 이 외에도 무인기, 사이버 등으로 다양하게 진화되고 있다. 북한의 무기체계 및 위협양상 변화에 따라 군사적 대비는 물론 비군사적 대비도 병행되어야 하며 여기에는 민방위 및 국가비상대비업무가 포함된다.

특히 북한이 극초음속 미사일을 개발하고 있음을 감안하여 민방위 업무는 신속한 민방공 경보를 발령할 수 있는 시스템의 구축과 민방위 대피소의 확장, 대피소 내부에 생존에 필요한 물자의 준비, 민방위 훈련 방법의 개선 등이 필요하다. 국가비상대비업무는 북핵 등의 피해로부터 피해를 최소화하는 업무로서 사망자 수습 및 처리, 부상자 구조와 구호 및 치료, 전재민 수용, 피해복구와 이러한 사항을 포함하는 정부연습 등이 여기에 포함된다.

2) 북한의 호전적 발언에 대한 주의

최근 김정은 정권의 선전포고 대남발언이 매우 호전적으로 변화되고 있다. 이는 향후 어떤 도발로 이어질 수 있음을 경고하는 것으로 군사 및 비군사 분야에서 대비태세의 유지가 필요하다. 특히 북핵대비 군사적 대응책의 강화는 물론 비군사 분야에서도 민방위 및 국가비상대비계획의 작성이나 대피소와 내부 준비물의 준비 등은 시간적 여유가 없음을 알고 서둘러야 할 것이다.

3) 히로시마와 나가사키 핵피폭 당시의 교훈

핵무기로 인한 피해를 최소화하기 위해서는 핵폭발 시 발생하는 일반적 특성과 히로시마와 나가사키에서 발생하였던 사례를 분석해 보면 많은 부분을 해결하는 데 도움을 줄 수 있다. 정부는 핵폭발 시 발생하는 일반적 특성과 히로시마 및 나가사키시가 핵공격을 받을 당시 발생하였던 사례와 피폭자들의 증언을 분석하여 민방위 및 국가비상대비업무의 계획발전이나 정부조직의 개편 및 역량의 강화, 민방위 훈련 및 정부연습 실시 등에 참고해야 한다.

4) 핵피폭 대비 피해 최소화 방안 강구

핵무기는 대량살상무기다. 핵공격에 대비하여 민방위 업무 체제를 갖추고 핵공격을 받은 후에는 피해가 발생할 시 신속한 조치를 할 경우 피해를 줄일 수 있다. 이를 위하여 컨트롤 타워의 역할은 중요하며 군과 행정각부 및 자치단체의 연계된 대응이 반드시 필요하다.

6장
북핵대비
민방위 업무

1. 개요

'민방위(Civil Defense)'란 '민방위 사태'가 선포될 경우, 주민의 생명과 재산을 보호하기 위하여 정부의 지도하에 주민이 수행하여야 할 방공(防空), 응급적 방재(防災), 구조와 복구 및 군사 작전상 필요한 노력 지원 등의 모든 자위적 활동을 말한다.

민방위 업무(Civil Defense Affairs)는 「민방위기본법」에 의하면 전시나 사변 또는 이에 준하는 충무사태나 국가적 재난으로부터 주민의 생명과 재산을 보호하기 위한 업무이다. 다만, 여기서는 전시나 사변 또는 이에 준하는 충무사태와 통합방위사태가 선포될 시, 특히 본 연구와 관련하여 갑종사태 선포 시 대량살상무기 공격 등의 도발로 발생한 비상사태에 대응하기 위한 업무에 중점을 두고 언급한다.

통합방위 '갑종사태(甲種事態)'는 일정한 조직체계를 갖춘 북한군의 대규모 병력의 침투 또는 핵무기를 포함한 대량살상무기 공격 등의 도발로 발생한 충무사태를 말하며 국방부 장관의 건의로 대통령이 선포한다.

「통합방위법」에 의하면 북한이 핵공격을 할 시 통합방위본부장이 필요한 조치를 할 수 있다. 그러나 북한이 핵을 실제로 사용한 상황이라면 이는 전쟁과 다름없는 상황이며, 이 경우는 정부가 민방위 사태나 충무사태 등의 선포 이후 필요한 조치를 해야 할 것이다.

따라서 북핵관련 민방위 및 국가비상대비업무는 현재 체제에서는 행정안전부가 주도하여 민방위 및 국가비상대비계획을 작성하거나 민방위 훈련 및 정부연습 등을 하는 것이 타당하며 따라서 관련 민방위 및 국가비상대비계획과 민방위 훈련 및 정부연습 등을 발전시켜야 할 것이다.

한국이 당면하는 민방위 업무는 자연재해 및 재난, 사회적 재난 등으로부터의 대비도 당연히 중요하지만 당면하는 북핵 등 전시에 대비하여 민방위 계획의 작성으로부터 민방공 경보체계의 발전, 민방위 대피소의 준비와 민방위 훈련, 전쟁상황에서 공격을 받아서 피해가 발생할 시에 대비할 수 있도록 하는 것이 더 중요하다. 이는 전쟁으로 인한 피해, 특히 핵공격을 받을 시 피해는 자연재해 및 재난 등의 피해와는 피해 규모와 양상에서 비교할 수 없기 때문이다.

이 가운데 핵공격에 대비할 민방위 업무는 민방공 경보체계의 발전, 민방위 대피소의 설치와 내부에 생존에 필요한 물자의 준비, 민방위 훈련 등이 핵심적인 영역이라고 할 수 있다. 이를 반영한 계획의 작성, 극초음속 미사일 등에 대비할 민방공 경보체계의 확립, 민방위 대피소의 발전과 2주간 내부 체류 보장을 위한 물자 등의 준비, 개인의 생존을 보장하기 위한 민방위 훈련 등의 발전이 필요하다.

2. 해외 민방위 업무 사례

1) 전쟁시기의 민방위 업무

제2차 세계대전 당시 영국의 민방위 업무

히틀러는 1933년 1월 선거를 통해 정권을 잡은 뒤 제1차 세계대전의 평화조약인 1919년 6월의 베르사유 조약에서 규정한 독일군의 군비통제 조항을 폐기하면서 군비를 증강하였다. 1936년 3월에는 중립지대인 라인란트에 독일군을 진주시켰고 1937년에는 스페인 내전에 콘도르 군단을 보내 전술과 무기를 시험하였다.

1939년 9월 1일 독일군이 폴란드를 침공하면서 제2차 세계대전이 발발하였다. 폴란드는 독일군의 침공에 맞서 용전분투하였지만 1939년 8월 23일, 독일과 소련이 비밀리에 체결한 독소불가침조약에 따라 소련군도 동쪽에서 침공하면서 양면에서 공격을 받는 상황에서 개전 1개월이 안 된 상황에서 항복하였다. 독일군은 1940년 5월 10일에는 벨기에, 네덜란드 등을 침공하여 점령 후 프랑스를 침공하였고 프랑스군은 졸전 끝에 개전 6주 만인 6월 22일 항복하였다. 프랑스군이 항복하자 독일군은 영국 본토에 대한 상륙작전보다는 공군에 의한 폭격으로 전환하였다. 독일군의 영국 본토에 대한 폭격은 1940년 9월에 시작되어 1941년 5월까지 9개월간 지속되었으며 당시 민간인 4만여 명이 사망하였고 4만 6천여 명이 부상하였다.

당시 독일공군기의 폭격은 런던을 포함한 대도시 지역에 집중되었으며, 영국 정부는 폭격으로부터 주민을 보호하기 위하여 런던의 지하철을 포함한 지하시설을 주민 대피용 공간으로 활용하였다. 많을 때는 일시에 177,000여 명이 지하철에서 잠을 자기도 하였다.

또한 영국 정부는 1938년부터 전쟁이 발발할 경우에 대비하여 폭격으로부터 시민들을 보호하고자 정원이 있는 개인주택은 앤더슨 대피호(Anderson Shelter)를 만들어 대피소로 활용토록 하였다. 이렇게 전쟁 전 150만 개소의 앤더슨 대피호를 설치하였으며 전쟁기간 중 210만 개소를 추가하여 총 360만여 개의 대피호를 설치하여 대피소로 활용하였다. 그렇지 못한 경우에는 모리슨 대피호(Morrison Shelter)를 만들어 시민들을 보호하였다.

〈그림 6.1〉 1940년 9월 독일공군의 런던 폭격

출처: https://www.bbc.com/news/magazine (검색일: 2023. 9. 4.)

〈그림 6.2〉 1940년 가을 런던의 지하철로 대피한 시민

출처: https://daily.jstor.org/what-life-was-like-during-the-london-blitz/ (검색일: 2023. 9. 4.)

앤더슨 대피소는 상단에 볼트로 고정된 6개의 철판과 양쪽 끝에 강판이 있으며 크기는 1.95m×1.35m였다. 출입구는 강철판으로 만들었으며 윗부분과 측면은 흙을 덮어 방호력을 강화함으로써 내부의 인원을 보호했다. 정부는 주당 5파운드 미만의 소득을 올리는 저소득층에게는 앤더슨 대피소용 자재를 무료로 제공했다.

제2차 세계대전 당시 독일공군의 폭격이나 V-1·2의 포격으로 많은 영국 시민이 희생되기는 하였지만 지금 북한이 위협하는 것처럼 핵무기와 수많은 방사포로 인한 피해는 아니었다. 그런 만큼 핵무기는 물론 대량의 방사포 등의 위협에 대비할 적절한 강도를 갖춘 대피소의 준비가 필요하다.

북핵 위협이 심각해지는 우리로서 눈여겨보아야 할 것은 앤더슨

〈그림 6.3〉 앤더슨 및 모리슨 대피호

출처: https://www.findmypast.co.uk/blog/history/anderson-and-morrison-air-raid-shelters-and-the-british-public (검색일: 2023. 9. 4.)

대피호이다. 핵공격 대비 대피소는 방폭문 등 완벽한 설비를 갖추도록 하는 것이 바람직하지만 그에 따른 비용과 시간적 소요 등도 만만치 않은 만큼 앤더슨 대피호 형태의 대피소를 갖춘다면 나름의 효과를 거둘 수 있기 때문이다. 이러한 대피소는 핵무기는 물론 재래식 무기에도 직접 피폭되지 않은 한 피폭거리에 따라 일정시간 상당한 방호효과를 줄 수 있는 만큼 충무사태 이후 개인주택이나 빌라 등 공간이 있는 곳에서 유사한 대피호를 설치할 수 있도록 정부는 필요한 규격과 설치방법 등 설계도면과 자재를 공급할 계획을 검토해야 한다.

이스라엘의 가자지구 민방위 업무

이스라엘은 1949년 독립이후 주변의 아랍국들과 여러 차례 전쟁을 한 바 있다. 지금도 이슬람 과격단체의 테러로 시민이 희생되면 이에 대한 보복으로 군사작전을 하는 등 잦은 충돌이 지속되고 있기도 하다. 특히 가자지구(Gaza Strip)는 팔레스타인의 이슬람 과격단체가 로켓이나 박격포 등을 사격하면서 인명피해가 발생하고 있으며, 이에 이스라엘군은 아이언돔을 개발하여 대응함으로써 피해를 줄이는 한편, 시내의 정거장은 물론 학교 등 도처에 대피호를 설치해서 포격을 받

〈그림 6.4〉 이스라엘 가자지구의 대피호

출처: 왼쪽은 https://www.israel21c.org/wall-coating-turns-any-room-into-a-bomb-shelter, 오른쪽은 https://www.timesofisrael.com/liveblog_entry/ashkelon-hospital-treats-8-people-hurt-running-for-bomb-shelters/ (검색일: 2023. 9. 9.)

을 시 신속히 대피할 수 있도록 하고 있다.

〈그림 6.4〉는 팔레스타인의 무장단체가 로켓과 박격포 등으로 공격을 하자 가자지구 시민을 위하여 정거장에 설치한 대피호로 주로 재래식 무기의 공격으로부터 방호를 제공한다. 이러한 대피호는 재래식 무기에 대비하는 것이기는 하지만 벽면과 출입문을 얼마나 강화하느냐의 여부와 폭발원점으로부터의 거리에 따라 핵을 포함한 대량살상무기에도 일시 부분적인 방호가 가능하다.

우크라이나 전쟁에서 민방위 업무

러시아-우크라이나 전쟁은 푸틴 대통령이 우크라이나의 탈나치화, 비무장화를 명분으로 2022년 2월 24일 우크라이나를 기습적으로 침공하면서 전쟁이 시작되었다. 개전 초기 러시아의 일방적 승리로 단기전으로 끝날 것이라는 전망과는 달리 2024년 1월 현재 개전 23개월째로 접어들고 장기소모전으로 진행되면서 궁극적인 전쟁의 결과를 예측하기에는 어려움이 있다. 서방국가에서 예측하는 우크라이나 전쟁이 결과에 대한 전망(Foreign Policy)을 보면, 유혈사태가 지속되는 장기전 양상, 우크라이나의 결정적 승리, 우크라이나의 분할, 평화협정으로 종전, 예상치 못한 사건으로 종전으로서 화학무기나 핵무기 사용, 러시아의 정권 교체 등으로 종전을 맞을 가능성 등을 언급하고 있다. 또는 위의 시나리오 가운데 하나 또는 2개 이상이 합쳐진 경로로 전개되거나 끝날 가능성이 있을 것이다.

러시아군의 공격은 주로 미사일과 공군의 폭격을 중심으로 진행되면서 수도 키이우의 민간거주 아파트나 병원, 학교 등의 시설물은 물론 발전소와 유류저장소 등의 산업시설, 그리고 공군기지와 같은 곳이 주요 표적이 되고 있다. 특히 주목해야 할 것은 러시아의 핵무기 사용 가능성이다. 러시아는 전세가 불리해지면서 푸틴 대통령이나 국가안보회의 부의장 메드베데프, 외무장관 라브로프 등이 핵무기 사용 가능성을 종종 언급하였다.

러시아의 핵공격 위협에 대비, 키이우 시에서는 시민들에게 요오드화칼륨(KI)을 제공하였고, 젤렌스키 대통령도 러시아의 핵무기를 사용한 공격 가능성을 경고하였다. 우크라이나 정부는 러시아군의 핵무기 사용 가능성이 높아짐에 따라 아파트, 지하철 등 전국의 민방위 대피소를 점검하였으며, 키이우 지하철역은 대피소로 활용되고 있다.

〈그림 6.5〉 러시아군의 공습으로 지하철로 대피한 키이우 시민

출처: https://www.nytimes.com/2022/03/02/world/europe/russia-ukraine-war-shelters.html (검색일: 2023. 9. 4.)

우크라이나 민방위 업무는 다음과 같은 시사점을 준다. 먼저, 대피소의 문제이다. 전시 전 국민이나 공무원 등이 대피할 곳을 모두 핵으로부터 방호할 시설을 설비하면 좋겠으나 그렇게 하기에는 막대한 비용과 시간이 소요된다. 따라서 핵대피 시설의 용도를 감안하여 등급화하는 방향으로 설치함으로써 핵대비 능력을 강화할 필요가 있다.

행정각부 및 광역단체의 충무시설은 전시 정부기능 및 행정의 지속성을 유지하기 위하여 1등급의 시설로서 완전한 핵방호 능력을 갖춘 대피소로 하고 기초자치단체 및 공공행정기관, 아파트의 지하 주차장 등은 2~3급 시설로서 재래식 무기는 물론 제한된 핵방호 능력을 갖추도록 설비를 하며, 일반 주택이나 빌라 등의 지하실은 4등급의 대피소로서 이러한 곳은 전시 방호능력을 보강함으로써 재래식 무기와 제한된 핵방호 능력을 갖추도록 하는 것이다. 이것은 필자가 제안하는 한가지 방안으로서 연구를 통하여 보다 구체화할 수 있을 것이다.

둘째, 이렇게 준비된 대피소 내부에는 잔류할 인원을 판단하여 생존에 필요한 준비사항의 기준을 제공해야 한다. 내부에 준비가 필요한 물품으로는 급수설비, 비상식량과 약품, 침구류, 등화도구, 방송 청취용 라디오, 대변응고제, 방독면, 기타 공구류 등이 있다. 요오드화칼륨을 비롯한 약품도 사전에 충분하게 비축해 놓는다면 핵상황에서 유용하게 사용할 수 있을 것이다.

2) 주요국의 민방위 업무 사례

지구상의 많은 국가에서는 자연재해나 테러 등 인위적 재난은 물론 핵 테러와 핵 공격을 받을 경우 정부가 할 일을 법적으로 규정하고 민방위 체제를 발전시키고 있다. 미국과 스위스의 사례를 살펴본다.

미국(United States of America)

미국은 자국이 당면할 수 있는 가장 '파국적인 상황(Catastrophic event)'으로 미국의 어느 도시에서든 대규모의 인명과 재산의 손실을 초래할 수 있는 핵테러(Nuclear Terror)를 예상하고 있다. 북핵이 미 안보의 최대안보 위협요인으로 부각됨에 따라 북핵에 대한 대비도 강조되고 있다.[1] 이와 같은 위협에 따라 모든 정부기관은 대응계획을 수립해 놓아야 한다. 핵 관련 사고나 테러 등이 발생할 시 대규모의 인명과 재산피해를 야기하기 때문에 주정부와 연방정부 차원의 효과적인 준비태세는 수만~수십 만여 명의 인명피해를 예방할 수 있다.[2] 핵 관련 사고와 테러 등은 미국의 국가안보전략에서도 매우 중요하며, 미국 국민에 대한 테러리스트들의 대량살상무기의 확산과 사용에 대비하여 우선권을 두고 대비태세를 갖추어야 한다.[3]

「국토안보법(Home Security Act)」에서 국토안보부 장관은 사건이 발생할 경우에 대비하여 국가적인 대응체제(National Response Framework, NRF)를 갖추고 연방정부 및 각 기관이 국내에서 사고의 예방 및 준비, 대응, 복구계획 등을 모두 통합하도록 규정하고 있다.[4]

「대량살상무기대응방위법(Defence Against Weapon of Mass Destruction

---

1 http://edition.cnn.com/2017/08/08/politics/cnn-poll-north-korea-threat/index.html (검색일: 2018. 2. 10.). 이에 따르면 미국인의 62%는 북한의 미국의 안보에 있어 최대의 위협요인이며, 77%의 미국인은 북한이 미국으로 미사일을 발사할 능력이 있다고 생각하는 것으로 나타났다.

2 National Security Staff Interagency Policy Coordination Subcommittee for Preparedness & Response to Radiobiological and Nuclear Threats, *Planning Guidance for Response to a Nuclear Detonation* (Second Edition), p.8.

3 THE WHITE HOUSE, *NATIONAL SECURITY STRATEGY*, WASHINGTON, 2015, pp.8-9, p.11.

4 Thomas J. Murphy, *Disaster Response Staff Officer's Handbook: Observations, Insights, and Lessons*, Center for Army Lessoned Learned, 2010, pp.14-15.

Act)」에서는 화생방 무기의 사용 및 확산, 핵물질이나 기술 등의 확산에 대비하여 연방정부의 대응 등을 규정하며, 국방부 장관은 안보 및 안전업무에 관하여, 에너지부 장관은 화생방 대응에 대한 집행기구로 지정되어 있다.[5]

「스태포드법(The Stafford Disaster Relief and Emergency Assistance Act, Stafford Act)」에서는 각종 자연재해 및 재난이 발생할 시에 대비하여 연방정부와 주의 재난선포와 연방정부 및 주정부의 할 일과 정부기관의 역할 등을 포함하고 있다. 이 법에 의하면 재난이 발생하여 대통령이 비상사태를 선포할 경우, 연방재난관리청은 연방정부 차원에서 구조작전을 통합 및 조정시킬 책임을 수행한다. 군은 연방정부의 요청에 따라 필요한 지원을 해야 한다.[6]

국내에서 발생한 사건에 대하여 대통령 지시 5호 및 8호(Homeland Security Directive) 등에 의하여 정부의 각 기관이 단일 또는 기관별 협업으로 대비하도록 규정하고 있다. 또한 집행명령(Executive Order) 12656호에서는 비상시에 대비하여 준비태세의 유지와 사건 발생 시 대응 및 책임 등을 규정하고 있고, 여기서는 국토부장관이 일차적으로 국방부와 에너지부 및 보건부 등의 모든 노력을 협조시킬 책임을 규정하고 있다. 국방부는 핵무기와 핵물질 및 장치를 포함하는 모든 위험에 대하여 병력을 동원하거나 물자를 제공하는 등으로 참여할 것을 포함하고 있다.

또한 국토안보부 장관은 사고 원인이나 피해규모, 복잡성 등에 관계없이 연방정부, 주정부 등에서 발생하는 각종 사건을 관리하기

5 Ibid., p. 17, pp.20-21.

6 Bruce R. Lindsay and Francis X. McCarthy, *CRS INSIGHT: Stafford Act Assistance and Act of Terrorism*, CRS, 2016. 6. 21; Murphy, op. cit., p.16.

위한 국가적 차원의 관리시스템(National Incidents Managements System, NIMS)도 발전시키도록 규정하고 있다.

미국은 기후변화, 사이버 공간에서의 위협, 우주공간에서의 위협, 정교한 기술을 갖는 무기의 확산, 테러리스트들에 의한 대량살상무기에 사용 가능성도 심각히 우려하고 있다. 따라서 미 본토에서 핵 공격을 억제하는 것을 국방부의 기본적인 역할로 인식하여 전략을 수립하며, 정부 당국과도 대량살상무기가 사용될 상황에 대비하여 협력을 강화할 것임을 밝히고 있다.[7] 이러한 상황을 반영하여 미 국방부의 전략은 물론[8] 합동교범 등에서 미군의 운용에 대한 지침을 포함하고 있다.[9]

연방정부 못지않게 주정부 차원에서도 핵관련 적극적인 대응책을 강구하고 있다. 특히 북한의 ICBM 발사시험과 병행하여 핵위협이 가중되었을 당시 괌 주정부(Guam State Government)와 하와이 주정부(Hawaii State Government)의 대응이 시사하는 바는 크다.

먼저 괌 주정부의 북 핵위협에 대응하기 위한 조치를 보자. 2017년 북한이 괌을 포위사격을 하겠다고 위협을 한 적이 있다. 북한이 미사일을 실제로 사격할 경우 괌에 도달하는 시간은 14분이 될 것으로 괌 주정부는 판단하였다. 이를 감안하여 괌 정부는 먼저 주정부 홈페이지에 북한의 미사일 공격 시에 대응하는 방법을 게시하였다. 여기에는 공격대비 준비할 사항과 공격 시 대비할 사항, 공격 이후의 대비사항

7 DEPARTMENT OF DEFENCE, *QUADRENNIAL DEFENCE REVIEW 2014*, pp.33-34.

8 DEPARTMENT OF DEFENCE, *STRATEGY FOR HOMELAND DEFENCE AND DEFENCE SUPPORT OF CIVIL AUTHORITIES*, DEPARTMENT OF DEFENCE, 2013, p.1, p.9, p.13.

9 Joint Chief of Staff, *Defence Support of Civil Authorities(Joint Publication 3-28)*, Joint of Staff, 2013, p. Ⅱ-1, p. Ⅱ-15. 합동교범에서는 민간당국 지원을 위하여 지원계획 수립을 6단계로 구분하고 있다.

Pacific Daily News

HAGÅTÑA, GUAM | FRIDAY, 08.11.17 | GuamPDN.com | PART OF THE USA TODAY NETWORK

HAFA ADAI, IT'S FRIDAY

TOURISM RECORD SET

SEE STORY, PAGE 10

MONITORING INVADERS

SEE STORY, PAGE 2

14 MINUTES

North Korea considers mid-August attack plan against Guam

SHAWN RAYMUNDO

If North Korea fires missiles toward Guam, they would take about 14 minutes to reach the island, said Guam Homeland Security spokeswoman Jenna Gaminde.

She said residents would be immediately notified by the 13 All-Hazards Alert

See MINUTES, Page 4

INSIDE

Taiwan tourist drowned, autopsy confirms

The elderly man who drowned in Tumon Wednesday was a tourist from Taiwan, the island's medical examiner said.

Shang-Yun Wu, 90, died from asphyxia due to drowning, Dr. Aurelio Espinola said after performing an autopsy Thursday.

Sonja Sanchez, supervisor of the Guam Visitors Bureau's Visitor Safety Officer Program, said a certified lifeguard at a nearby tower on the beach responded to the drowning incident at around 11 a.m. Wednesday.

Guam Fire Department units responded to the Hyatt Regency Guam area shortly after, according to firefighter and spokesman Kevin Reilly.

GFD medics transported the man to Guam Regional Medical City, according to Sanchez.

Wu is the seventh water-related fatality this year.

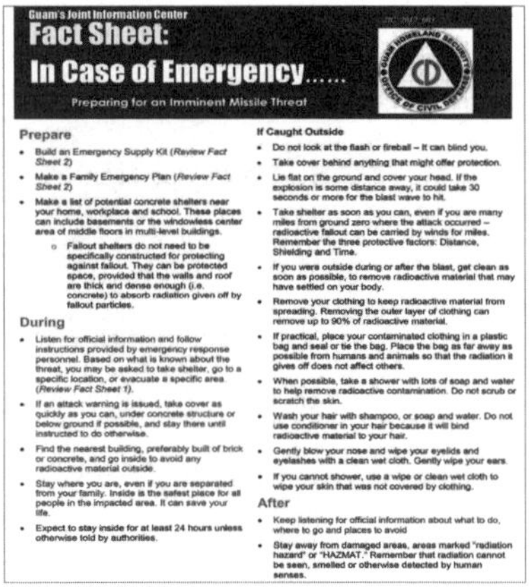

Guam's Joint Information Center

Fact Sheet: In Case of Emergency......

Preparing for an Imminent Missile Threat

Prepare

- Build an Emergency Supply Kit (*Review Fact Sheet 2*)
- Make a Family Emergency Plan (*Review Fact Sheet 2*)
- Make a list of potential concrete shelters near your home, workplace and school. These places can include basements or the windowless center area of middle floors in multi-level buildings.
  - Fallout shelters do not need to be specifically constructed for protecting against fallout. They can be protected space, provided that the walls and roof are thick and dense enough (i.e. concrete) to absorb radiation given off by fallout particles.

During

- Listen for official information and follow instructions provided by emergency response personnel. Based on what is known about the threat, you may be asked to take shelter, go to a specific location, or evacuate a specific area. (*Review Fact Sheet 1*).
- If an attack warning is issued, take cover as quickly as you can, under concrete structure or below ground if possible, and stay there until instructed to do otherwise.
- Find the nearest building, preferably built of brick or concrete, and go inside to avoid any radioactive material outside.
- Stay where you are, even if you are separated from your family. Inside is the safest place for all people in the impacted area. It can save your life.
- Expect to stay inside for at least 24 hours unless otherwise told by authorities.

If Caught Outside

- Do not look at the flash or fireball – It can blind you.
- Take cover behind anything that might offer protection.
- Lie flat on the ground and cover your head. If the explosion is some distance away, it could take 30 seconds or more for the blast wave to hit.
- Take shelter as soon as you can, even if you are many miles from ground zero where the attack occurred – radioactive fallout can be carried by winds for miles. Remember the three protective factors: Distance, Shielding and Time.
- If you were outside during or after the blast, get clean as soon as possible, to remove radioactive material that may have settled on your body.
- Remove your clothing to keep radioactive material from spreading. Removing the outer layer of clothing can remove up to 90% of radioactive material.
- If practical, place your contaminated clothing in a plastic bag and seal or tie the bag. Place the bag as far away as possible from humans and animals so that the radiation it gives off does not affect others.
- When possible, take a shower with lots of soap and water to help remove radioactive contamination. Do not scrub or scratch the skin.
- Wash your hair with shampoo, or soap and water. Do not use conditioner in your hair because it will bind radioactive material to your hair.
- Gently blow your nose and wipe your eyelids and eyelashes with a clean wet cloth. Gently wipe your ears.
- If you cannot shower, use a wipe or clean wet cloth to wipe your skin that was not covered by clothing.

After

- Keep listening for official information about what to do, where to go and places to avoid
- Stay away from damaged areas, areas marked "radiation hazard" or "HAZMAT." Remember that radiation cannot be seen, smelled or otherwise detected by human senses.

〈그림 6.6〉 괌 주정부 홈페이지에 게시된 미사일 공격 시 대피요령

출처: http://ghs.guam.gov (검색일: 2018. 3. 15.)

등을 포함하였다.

〈그림 6.6〉의 신문 내용은 북한이 괌을 향하여 미사일을 발사할 경우 14분이면 도달할 수 있을 것이라고 경고하는 것이며, 이렇게 만약 괌이 공격받을 경우에 오른쪽의 괌 정부 사이트에 게시된 자료에서는 무엇을 준비하며 공격을 받을 시 주의할 사항, 공격이후의 조치사항을 제시하고 있다. 여기 제시된 내용을 몇 가지 보면, 미사일 공격에 대비하여 괌 주민은 긴급대피킷을 준비하고 가족대피계획을 만들며, 집이나 사무실 학교 등의 근처에 대피할 수 있는 콘크리트 건물에 지하실이 있거나 다층건물의 경우는 유리창이 없는 곳의 목록을 준비해 놓을 것을 권장한다. 미사일 공격을 받을 시는 대피소 같은 곳에서 주정부의 라디오 방송을 듣고 지시에 따르며, 핵 피폭 시는 콘크리트 건물의 지하실 등에 대피해 있으며, 가족과 떨어져 있을 때에도 그대로 현재의 위치에 있도록 해야 한다. 주정부에서 다른 말이 없으면 피폭 이후 최소한 24시간 이상 대피시설에 머물러 있어야 한다.

만약 실외에 있을 때에는 섬광이나 화구를 보지 말고, 보호를 제공할 수 있는 방호물 등을 이용하여 대피하며, 피폭지로부터 몇 마일 떨어져 있을 경우에는 가능한 가까운 대피소로 즉시 대피할 것을 권고하는 내용도 포함하고 있다. 핵피폭 이후에는 가능한 비누를 사용하여 방사능 오염물질을 씻어내도록 샤워를 하고, 피부를 긁어서 상처가 나지 않도록 주의해야 한다. 머리를 감을 때는 샴푸와 비누를 사용하고 콘디셔너는 머리카락에 방사능 물질을 그대로 남게 하기 때문에 사용해서는 안 된다. 샤워를 할 수 없는 상황이라면 젖은 깨끗한 천 같은 것으로 노출된 피부를 닦아주어야 한다. 핵 피폭 이후에는 주 정부의 지시에 의거하여 낙진을 피하여 무엇을 할 것인지, 어디로 가야 하는지 등을 따르며, 방사능 위험지역이나 피해를 입은 지역에서 멀리 떨어져 있을 것을 경고한다. 인체 감각기관으로는 방사선을 볼 수도 냄새를 맡을 수도, 찾을 수도 없다는 것을 알아야 한다는 것도 강조하고 있다.

다음은 하와이 주 정부의 대응을 보자. 주 정부는 북한이 ICBM급 미사일을 하와이로 발사할 경우 20분이면 도달할 수 있을 것으로 판단하였다. 그런 만큼 이 시간 안으로 대피할 것을 강조한다. 민방공 경보는 하와이의 태평양사령부에서 발령한다. 주 정부는 미사일 공격에 대비하여 홈페이지에 대피요령을 탑재하였고, 개인이 준비해야 할 물자의 종류도 제시하였다. 여기에 그치지 않고 민방위 대피훈련도 실시한다.

〈그림 6.7〉의 신문기사를 보면, 북한이 대포동 2호나 대륙간탄도탄에 핵탄두를 탑재하여 발사할 경우 하와이는 물론 미 서부도 타격권에 넣을 수 있을 것임을 경고하고 있다. 또한 KN-08 미사일이 개발 중에 있으며 하와이를 사정권에 둘 것이라고 경고하는 내용도 있다.

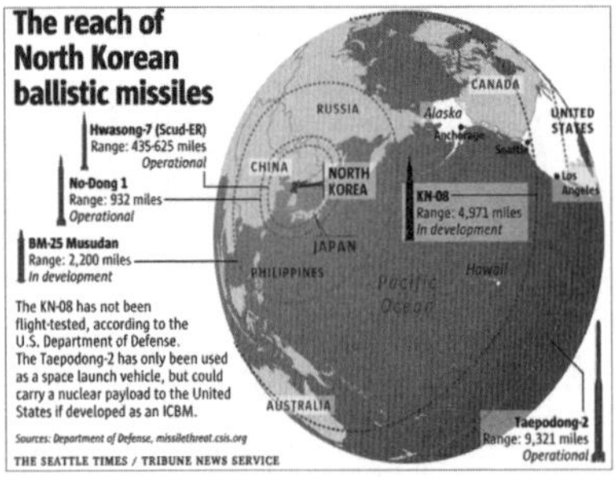

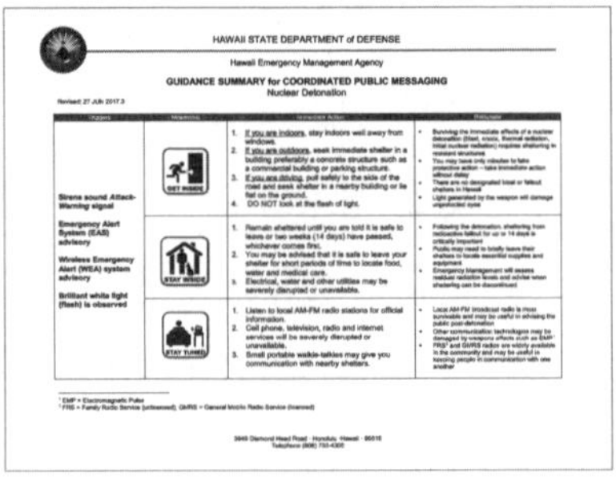

HAWAII STATE DEPARTMENT of DEFENSE

Hawaii Emergency Management Agency

GUIDANCE SUMMARY for COORDINATED PUBLIC MESSAGING
Nuclear Detonation

[illegible]	[illegible]	[illegible]	[illegible]
Sirens sound Attack-Warning signal Emergency Alert System (EAS) advisory Wireless Emergency Alert (WEA) system advisory Brilliant white light (flash) is observed	GET INSIDE	1. If you are indoors, stay indoors well away from windows. 2. If you are outdoors, seek immediate shelter in a building preferably a concrete structure such as a commercial building or parking structure. 3. If you are driving, pull safely to the side of the road and seek shelter in a nearby building or lie flat on the ground. 4. DO NOT look at the flash of light.	[illegible]
	STAY INSIDE	1. Remain sheltered until you are told it is safe to leave or two weeks (14 days) have passed, whichever comes first. 2. You may be advised that it is safe to leave your shelter for short periods of time to locate food, water and medical care. 3. Electrical, water and other utilities may be severely disrupted or unavailable.	[illegible]
	STAY TUNED	1. Listen to local AM-FM radio stations for official information. 2. Cell phone, television, radio and internet services will be severely disrupted or unavailable. 3. Small portable walkie-talkies may give you communication with nearby shelters.	[illegible]

〈그림 6.7〉 하와이 주정부 홈페이지에 게시된 미사일 공격 시 대피요령

출처: http://dod.hawaii.gov (검색일: 2018. 3. 15.)

하와이는 미사일 공격을 받을 경우 사이렌과 긴급경보시스템, 무선긴급경보시스템 등을 이용하여 경보를 전파한다. 경보가 발령되면 주민들은 즉각 방호능력을 갖춘 시설로 대피해야 하며, 이때는 유리창으로부터 멀리 떨어져 있을 것과 실외에 있을 경우는 즉각적으로 대피소를 찾되 특히 콘크리트 건물이 유리하며, 운전 중일 경우는 도로가에 차를 주차하고 가까운 곳의 빌딩으로 대피하거나 그렇지 못할 경우는 도로가에 납작 엎드리라고 하고 있다. 또한 핵폭발 시는 직접적으로 섬광을 보지 말 것을 경고하고 있다.

대피소에 머무르는 동안 하와이 주 정부에서 핵 피폭 이후 실외로 나가도 좋다고 하는 방송을 듣거나 아니면 방사선 위험이 현저히 낮아진 2주 뒤에 대피소를 떠나도록 하며, 음식과 식수 및 의약품 등을 구하기 위하여 짧은 시간 대피소를 이탈해도 좋다고 할 때는 잠시 대피소를 떠날 수 있다고 하고 있다. 대피소에서는 하와이 지역의 방송을 들으면서 실내에서 머물 것을 권고하고 있다. 북미정상회담 이후 주정부의 대응이 다소 완화되기는 하였지만, 언제라도 핵위협이 제기되면 이러한 상황은 다시금 강조될 것이다.

여기서는 핵 공격 시 괌과 하와이 주 정부의 대비태세만 제시하였지만 알래스카 등 다른 주정부도 핵 테러나 핵발전소 사고 등 주정부가 당면할 수 있는 핵관련 안보환경에 맞게 다양한 방식으로 대응방안을 제시하고 있다.

미 연방정부나 주 정부와 군이 종전의 북핵 위협이나 핵테러 등에 대응하기 위하여 대비하는 사항과 그 교훈을 잘 살펴보아야 한다. 김정은 정권의 핵위협이 한국보다 미국에 더 커서 그렇게 미 연방정부와 군이 대비태세를 갖추고 주 정부가 주민들에게 경각심을 주며 민방위 대피훈련을 실시하고, 홈페이지에 각종 대응요령을 제시해 놓았겠나 하는 점이다.

첫째, 미 연방정부나 주 정부의 대량살상무기 및 핵테러 등에 대한 인식이다. 이미 9·11테러로 미 본토가 테러를 받아 수많은 시민의 희생을 경험하였다. 미국으로서는 미 본토에 대한 핵을 포함한 공격으로 다시 다수의 국민이 희생하는 일이 발생할 경우 이는 전혀 받아들일 수 없는 것은 물론 그러한 행동을 한 정권이나 집단은 그 체제의 종말이 될 것이라 의지를 표현한 바 있다. 최근에 나온 미국의 핵태세검토보고서가 그것이다. 그만큼 대량살상무기를 이용한 공격이나 테러와 핵관련 사고 등에 대한 미 연방정부와 주 정부의 인식은 명확하다. 이를 뒷받침하기 위하여 다양한 법령과 대통령의 지시 등의 준비를 통해서 연방정부나 주 정부와 군 모두 법적 역할을 명시하고 있다.

둘째, 정부와 군의 대응태세 유지의 다양성이다. 연방정부는 물론, 주 정부와 군에 이르기까지 핵관련 다양한 대비를 하고 있다. 여기에는 연방정부의 법령 준비로부터 대통령의 지시, 국방부의 지침이나 군의 교리는 물론 부대의 편성에 이르기까지 제대별 대응을 포함한다.

셋째, 연방정부는 각종의 사고에 대하여 지휘체계의 일원화를 도모하고 있다. 사태의 종류에 따라 국토안보부는 연방정부의 각 부와 군을 통제하는 등으로 효과적인 대응이 가능토록 하고 있다. 국방부와 합참은 물론, 각군본부 등에서도 각종 지침과 교리로 각각 법규와 대통령 지시 등에 규정된 임무와 역할을 할 수 있도록 반영하고 있으며, 군부대에도 임무를 부여하고 있다.

넷째, 주 정부의 북핵을 포함하는 대량살상무기 위협에 대한 심각성의 인식이다. 괌과 하와이주 정부는 북한의 미사일 공격 시에 대비하여 주민들이 알고 준비해야 할 사항을 제시하는 것은 물론 민방위 훈련 등을 통해 주민의 생존능력을 강화하고 있다. 이는 우리의 지자체들이 북핵을 포함하는 핵 위협에 대한 대비가 너무 무관심한 것과는 대조되는 부분이다.

스위스(Switzerland)

스위스는 제1차 세계대전이나 제2차 세계대전 당시 독일과 프랑스 등 유럽의 강대국 중간에 끼여 항상 원치 않은 전쟁에 휘말려 들 가능성이 있었지만 결코 원하지 않은 전쟁에 휘말려들지 않으면서 독립과 중립국 신분을 유지하였다. 이러한 배경에는 스위스가 영세중립국이지만 그냥 중립국인 아닌 이른바 '무장중립정책(Armed Neutrality Policy)'을 유지하면서 외세의 침입에 대응할 준비를 갖추는 한편으로 국가지도자의 리더십과 국민의 저항정신이 있었기 때문이다.

스위스는 주지하는 바와 같이 영세중립국이다. '영세중립국(永世中立國, Permanent Neutrality)'이란 조약에 의하여 자위(自衛)의 경우를 제외하고는 영구히 타국가간의 전쟁에 참가하지 않을 의무를 부담하는 한편 타국가에 의하여 자국의 독립과 영토보전이 보장된 국가를 말한다. 스위스는 나폴레옹 전쟁을 종결하는 1815년의 비엔나 회의에서 영세중립국으로 국제사회가 인정한 나라로 지금도 여전히 영세중립국이다. 제2차 세계대전 당시인 1939년 9월, 독일군의 침공 가능성이 높아지자 스위스는 이에 맞서 전인구의 1/10에 해당하는 40만여 명의 민병군(Militia)을 동원하여 독일과 스위스의 국경선 지역 교량에 폭약과 철조망과 지뢰지대를 설치하였으며 방어진지를 구축하는 등 전투 준비를 갖추었다. 알프스 산악으로 정부기관을 이전하고 무기와 탄약을 비축하는 등 요새화(National Redoubt)하면서 장기전도 준비하였다. 독일과 이탈리아를 연결하는 철도와 교량과 터널을 폭파할 준비도 하였다. 이러한 여러 노력과 결기를 보여줌으로써 히틀러가 침공을 포기하게 만든 무장중립국(Armed Neutrality)이 스위스이다.

비록 스위스는 영세중립국이기는 하지만 이름뿐인 영세중립국이 아니라 무장중립국이면서 영세중립국이다. 중립국이라고는 하지만 스위스는 53억 달러의 국방비와 14만여 명의 상비군 외 예비군에 해당하는 민병군이 8만여 명이 있다. 장비는 224대의 전차(레오파드 2A형)와 자주포 176대, 항공기 178대(전투기 27, 헬기 57, 다목적기 25 등) 등을 보유하고 있다.[10]

또한 전 국민 870만여 명을 핵 전쟁아래서 모두 대피시킬 수 있는 민방위 대피소를 갖추고 있는 것으로 알려져 있다. 스위스는 1959년 5월 24일 스위스 국민은 연방헌법에 시민보호에 관한 사항의 반영에 찬성하였는데, 당시는 제2차 세계대전 당시 융단폭격과 일본에 대한 원폭으로 인한 피해, 미국과 소련 외 영국, 프랑스, 중국에서 핵무기 개발 및 보유 과정에서 스위스 일부에서 원자폭탄을 개발하자는 의견도 있었으나 이 의견은 배제되면서 전쟁을 포함하는 긴급한 상황에 대비하여 민방위 대피소를 준비하는 것으로 결정되었다. 1963년 연방

---

10 https://armedforces.eu/Switzerland (검색일: 2023. 9. 26.)

민방위청이 설립되었으며, 민방위 대피소 건설에 박차를 가하면서 현재 스위스에는 36만여 개소의 대피소가 있으며, 2,300여 개소의 공공 대피시설 외에 5만여 개의 침상을 보유한 지하병원도 있다.

스위스는 영세중립국이면서도 민방위 제도가 세계에서 가장 발전된 나라이다. 스위스의 민방위(Civil Defence)는 1934년 최초로 그 개념이 시작되었고 제2차 세계대전 이후 1954년 민방위령 제정을 계기로 획기적으로 발전하였다. 1959년 「헌법」 개정 시 민방위 관련 사항이 반영되었고 1962년에는 「민방위법」이 제정되었다.

이 무렵은 냉전이 최고조에 달하던 시기로 북대서양 조약기구(NATO)와 바르샤바 조약기구(WTO)의 대립에서 전쟁이 발발할 경우 핵을 포함하는 대량살상무기의 사용으로부터 국민의 안전을 보장하기 위해 민방위가 특히 강조되었으며, 이에 따라 민방위 업무가 획기적으로 발전되었다.[11] 1970년대 들어서는 민방위 개념이 대량살상무기와 재래식 무기의 위협에 대비하는 개념으로까지 확장되었다.

「연방헌법」에서는 연방정부가 재난이나 국가비상사태 발생 시 시민과 재산을 보호할 책임을 규정하고 있고, 이에 따라 남성들을 의무적으로 민방위대로 편성하고 동원할 수 있는 권한을 갖고 있으며, 여성은 지원에 의해 가능하다(「연방헌법」 59조).

민방위는 총력전 차원서 중요시되고 있으며, 국가방위의 일부분으로 민방위대는 연방정부의 통제에 따라 전시 외부의 침공으로부터 저항능력을 증대시키기 위해 또는 전시나 그와 유사한 상황에서 국민의 생존 가능성을 증대시키기 위해 동원되며, 평시는 자연 및 인위적

---

11 Hans Mumenthaler, "Civil Defence: Means for Disaster Relief," *Swiss Neutrality and Security: Armed Forces, National Defence and Foreign Policy*, New York: St. Martin's Press, 1990, p.49.

재난발생 시 시민들의 안전과 재산보호에 대한 책임을 수행한다.[12]

스위스의 민방위 체제는 스웨덴과 더불어 세계에서 가장 잘 발전된 것으로 평가받고 있다. 전국에 민방위 경보센터가 설치되어 있고, 이 센터는 중앙방송에 연결되어 있다. 민방공 경보는 적 항공기 공습과 자연적 재난경보 및 화생방 경보로 구분되어 있다.

스위스 정부는 민방위를 위해서 3가지의 의무사항을 규정하고 있다.[13] 첫째, 의무사항은 민방위 시설설치에 관한 의무로, 주택이나 건물을 신축하거나 재건축을 할 시 대피시설을 의무적으로 설치해야 한다. 이것이 스위스에 있어서 민방위의 기본개념이다. 개인 또는 공공시설 외에도 지하병원 같은 의무시설, 군 지휘시설, 소방인원과 장비를 보관하기 위한 공간 등이 준비되어 있으며, 전 국민을 수용할 수 있는 지하 대피시설도 준비되어 있다.

둘째, 의무사항으로 26개 주(Canton)에 있는 3,000여 개의 지역사회(Community)가 자체 민방위조직을 갖추고 장비 준비와 훈련을 하며 민방위상황, 이를테면 재해와 재난이나 재래식 또는 핵공격과 같은 공격으로 인명에 피해가 발생하면 구조와 구호, 치료 등의 임무를 수행한다.

셋째, 의무사항은 남성들이 민방위대에 편성돼서 민방위 임무를 수행하는 것으로, 20~60세의 남성 가운데 병역의무가 없으면 민방위대에 의무적으로 편성되어야 한다. 그들은 민방위 기본교육을 이수한 뒤 각각의 분야에서 민방위대원으로서 임무를 수행해야 한다.

2011년 한국을 방문한 국방부 장관은 "스위스에 있는 모든 주택

---

12 Mumenthaler, *op. cit.*, p.50.

13 *Ibid.*, pp.52-54.

과 빌딩 가운데 95%는 지하 방공호를 갖고 있고, 핵 공격과 낙진오염에 수개월간 버틸 수 있는 축구장 크기의 지하 방공호가 3만 5,000개가 넘는다."고 하면서 전국에 공공 대피소만 해도 27만여 개가 있다고 하였다.[14] 이렇게 준비된 대피시설은 30만여 개소로 스위스 전 국민을 수용하고도 남을 수 있을 정도로 충분(전 인구의 114% 수용)하다.

〈그림 6.8〉의 사진들은 스위스의 민방위 대피시설이다. 오른쪽 사진은 냉전이 최고조에 달하던 시기에 루체른(Luzern)에 건설된 가장 큰 핵 대피시설로 1976년 10월에 완성되었으며, 당시 4,000만 스위스 프랑의 예산이 투입되었다. 2만여 명을 수용할 수 있으며, 아직도 운용하고 있다. 내부에는 지휘실, 병원, 방송국, 지원시설, 심지어는 감옥소도 있다. 시설 운용비로 연간 25만 프랑을 사용한다.[15]

냉전종식 이후 한때 이러한 시설을 '지난 시대의 유물(Relics of the Past)'이라고 주장하는 한 의원이 개인의 주택에서 대피시설을 제거 가능토록 하는 법령을 제안하였지만, 정부는 무장충돌이 발생할 경우는

〈그림 6.8〉 스위스 민방위 대피시설

출처: https://www.swissinfo.ch/ (검색일: 2018. 3. 15.)

---

14 chosun.com (2011. 7. 27.) "스위스 힘의 비결은 중립과 국방력" (검색일: 2012. 7. 11.)

15 https://www.thelocal.ch/20161020/inside-switzerland-largest-nuclear-bunker-40-years-on (검색일: 2018. 2. 25.). Caroline Bishop, Inside Switzerland's largest nuclear bunker- 40 years on (2016. 10. 20.)

물론 테러리스트들의 이른바 '더러운 폭탄(Dirty bomb)' 공격이나 화학 사고, 자연재해에도 결론을 내려 아직 민방위 시설들을 그대로 유지토록 하였다.[16](최근 들어 정부는 민방위시설의 일부를 폐쇄하기로 하였다고 발표하였다. 그 이유로는 과거 냉전처럼 안보상황이 긴박하지 않고, 시설을 유지할 수 있을 정도로 민방위대원들도 충분치 않으며, 지금의 국제상황이 변화되고 있기 때문이라고 하였다.)[17]

스위스가 독일이나 프랑스, 이탈리아 등 주변국으로부터 심각한 안보위협을 받는다거나 우리나라처럼 핵위협이 존재해서 이렇게 전 국민이 대피할 수 있는 민방위 대피소를 만들고 유지하는 것은 아니다. 북핵위협이 심각한 우리로서는 반면교사로 삼아야 한다.

3. 민방위 업무 개관

1) 민방위 업무의 태동과 변화

정부수립 이후 민방위 업무는 전쟁기간 중인 1951년 계엄사령부에 민방위 총본부 창설 후 1월 26일 민방공업무를 내무부(치안국)로 이관하였다. 1967년 9월에는 내무부 치안국에 방위과를 설치하였고

---

16 https://www.swissinfo.ch/eng/prepared-for-anything-bunker-for-all/995134 (검색일: 2018. 2. 25). Daniele Mariani, Bunker for all (2009. 7. 3.)

17 https://www.swissinfo.ch/eng/businesss/bunker-down-saiss-aethorities-to-phase-out-around-1000-civil-shelters/43736008 (검색일: 2018. 2. 25.). Swissinfo.ch and agencies, Swiss authorities to phase out 1,000 civil defence facilities (2017. 12. 7.)

1975년 7월에는 「민방위기본법」을 공포하였으며 8월에는 내무부에 민방위 본부를 설치하였고 9월에는 민방위대를 창설하였다. 2004년에 6월에는 소방방재청(민방위계획과)에서 업무를 수행하였으며 2014년 11월 행정안전부로 업무가 이관되었다. 현재는 행정안전부의 비상대비정책국에서 업무를 수행한다.

2) 민방위 임무

민방위는 전시·사변 또는 이에 준하는 비상사태나 국가적 재난으로부터 주민의 생명과 재산을 보호하기 위한 임무를 수행한다. 이를 위하여 평시에는 재난대비로서 재난대비 민방위 교육과 훈련, 각종 재난대비 예방활동, 비상급수시설과 대피소, 대피지역 및 통제소의 설치와 관리, 민방위 경보망 관리 및 경보태세 확립, 민방위 시설과 장비의 유지관리 등의 임무를 수행한다. 유사시에는 인명구조 및 노력지원, 경보전파, 주민통제 및 소산, 교통통제, 등화관제, 인명구조 및 의료와 소화활동, 피해 시설물의 응급복구, 적이 침공 시 군사작전에 필요한 물자의 운반 등 노력지원, 민심안정 및 승전의식 고취 등의 임무를 수행한다.

3) 민방위대 편성 및 교육

대한민국의 만 20~40세의 남자는 민방위대 의무 편성자이다. 다만, 의무편성자로서 경찰공무원, 소방공무원, 군인, 예비군 등은 제외한다. 편성 의무자가 아닌 만 17세 이상 남성 또는 여성은 지원에 의거 편성 가능하다.

민방위대는 지역민방위대와 직장민방위대로 구분하며 지역민방위대는 주소지를 단위로 하여 통·리를 단위로 하는 통·리 민방위대와 시·군·구를 단위로 하는 기술지원대로 구분한다. 직장민방위대는 직장(편성 의무기관 등) 내에 민방위대를 편성한다.

민방위 대원으로서 1~4년차는 4시간의 집합교육, 참여형 교육(재난 수습·복구 활동 등)을 이수해야 하며 5년차 이상은 비상소집훈련, 사이버교육 등을 이수해야 한다. 민방위 훈련은 매월 15일 실시하는 것을 원칙으로 하며 필요시 일정 및 실시 여부 조정하여 할 수 있다.

민방위 훈련은 「민방위기본법」에 의거 연간 10일(50시간) 범위에서 할 수 있도록 규정하고 있으나 실제는 4시간만 실시하며, 종전에는 이론 위주의 훈련을 했으나 그나마도 코로나19 이후에는 미실시하거나 인터넷으로 실시하였다. 북핵 등의 위협 심각성을 감안하여 전시 생존성을 보장할 수 있도록 실습 위주의 민방위 훈련이 필요하다.

4) 민방위 사태의 선포와 민방위대원 동원

민방위 사태의 선포는 적의 침공이 있거나 있을 것이 확실할 때로서 전면전·국지전·공습·화생방전 등 적의 침공이 있거나 있을 것이 확실한 경우와 무장공비의 기습·파괴 및 살상 행위로 인하여 경찰력만으로는 치안확보가 곤란하고 해당지역에 군병력을 투입하여 대공비작전을 수행하게 되어 민방위대원의 동원이 필요할 때, 다른 법령에 따라 대통령이 인적 자원을 동원하기 위하여 동원령을 발하였을 때, 자연재난이나 사회재난이 있을 경우 그 재난을 예방하고 복구하여야 할 관서의 기능만으로는 그 사태를 수습하는 경우 등에 할 수 있다. 민방위 대원에 대한 동원은 행정안전부 장관, 시·도지사, 시장·군수·구청장 등이 각각의 권한 범위에서 명령할 수 있다.

5) 민방위 계획의 작성

민방위 계획으로 기본계획은 행정안전부 비상대비정책국에서 작성하여 국무총리에 보고하고 대통령 승인 후 하달한다. 집행계획은 중앙관서에서 작성하여 국무총리에게 보고 및 관계기관에 하달하며, 시·도계획은 시·도에서 작성하여 중앙관서장에게 보고 및 시·군·구에 하달하고 시·군·구 계획은 시·군·구에서 작성하여 시·도지사로 보고한다. 민방위 계획에는 민방위대의 편성 및 동원, 운용과 동원해제 등을 포함한다.

6) 민방공 경보

민방공 경보는 전국 또는 일부 지역에 항공기나 유도탄, 지·해상 병력에 의한 공격이 예상되거나 공격이 있을 경우 또는 화생방에 의

〈표 6.1〉 민방공 경보의 종류

구분	발령 시기	신호
경계 경보	• 화생방 무기를 포함한 적의 항공기·유도탄 또는 지·해상전력에 의한 공격이 예상될 때 발령	사이렌 평탄음 (1분)
공습 경보	• 화생방 무기를 포함한 적의 항공기·유도탄 또는 지·해상전력에 의한 공격이 임박하거나 공격이 진행 중일 때 발령	사이렌, 파상음 (3분)
화생방 경보	• 화생방작용제가 살포되거나 살포되었음이 탐지되었을 때, 또는 화생방 무기의 공격으로 오염이 예상되거나 화생방 공격 확인 시 발령	음성경보
핵 경보	• 적의 항공기, 유도탄, 또는 지상 및 해상 전력에 의한 핵공격이 임박하거나 진행 중일 때 발령	
경보 해제	• 화생방 무기를 포함한 적의 항공기·유도탄 또는 지·해상전력에 의한 공격 징후가 소멸하였거나 추가적인 공격이 예상되지 않을 때 발령	

출처: 국민재난안전포털(http://www.safekorea.go.kr/idsiSFK/neo/sfk/cs/contents/civil_defense (검색일: 2023. 9. 23.)

한 공격이 있을 경우에 그 사실을 국민에게 신속히 전파함으로써 피해를 최소화할 수 있도록 하기 위한 경보체제이다. 적의 탄도미사일 등이 발사되었거나 가능성이 있을 경우 공군작전사령부가 경보를 요청하여 행정안전부 중앙경보통제소가 경보를 발령하며 이 경보는 전국의 사이렌 경보단말기를 통하여 전파된다. 또한 TV와 휴대폰 문자 메시지 등을 통해서도 전파된다. 현재 민방공 경보는 규정에 의거 경계 및 공습경보, 화생방 경보, 핵경보와 해제경보로 구분하며, 각각의 발령은 〈표 6.1〉과 같다.

4. 북핵대비 민방위 업무의 현 실태

1) 울릉도 지역 공습경보와 서울 경계경보 발령의 파장, 그리고 민방위 대피훈련

2022년 11월 2일 오전 8시 51분, 북한이 북강원 통천에서 동해상 북방한계선(NLL) 이남으로 탄도미사일을 발사했다. 1953년 7월 휴전이후 처음으로 NLL을 향해 탄도미사일을 발사하는 무력 도발을 한 것이다. 이 미사일은 NLL 이남 26km, 속초 동방 57km, 울릉도 서북방 167km 공해상 지역에 낙하하였다. 비록 공해라고는 하지만 영해가 기준선에서 12해리(약 22km)임을 고려하면 영해에서 멀지 않은 곳에 떨어진 것이다.

당시 공군의 중앙방공통제소(MCRC) 및 탄도탄 경보 레이더 등과 연계된 중앙민방위경보통제센터에서 울릉군에 공습경보를 발령하였고 TV 자막을 통해 송출하였다. 그러나 울릉도 지역에서는 민방공 경보가 발령되었어도 경보전파 상황을 모르는 주민도 있었고 주민용 대피소도 없어서 어디로 대피해야 할지 알지 못하는 등의 혼선이 발생하였으며, 공습경보 사이렌이 울리고 25분이 지나서야 문자가 주민들에게 발송됐다. 실제 미사일이 울릉도에 떨어졌더라면 끔찍한 인명피해가 발생한 뒤에야 문자를 알려주는 상황이 되는 것이다.

미사일, 특히 핵을 탑재한 미사일이라면 공습경보의 발령은 1분 1초가 국민의 생명과 직결되는 문제인데 이렇게 시간이 지연되면서 여러 비판이 제기되었다.

그리고 지난 2023년 5월 31일, 북한이 우주발사체를 발사할 당시 서울특별시에서 경계경보를 발령하면서 또 다른 문제가 제기되었다. 5월 31일 북한이 로켓 발사직후 6시 32분 서울 전역에 경계경보 사이렌과 함께 '대피 준비' 재난 문자를 발송됐다가 41분 해제하였다. 이후

〈그림 6.9〉 울릉도 공습경보를 알리는 TV 자막

출처: https://www.upinews.kr/newsView/ (검색일: 2023. 9. 4.)

행정안전부에서는 오전 7시 3분 '서울특별시에서 발령한 경계경보는 오발령 사항임을 알려드림'이라는 문자를 발송하면서 혼란이 발생하였다.

서울시로 미사일이 직접 날아오지 않아서 시민들은 안도했지만 만약 '이것이 진짜 공습이었다면'이라면 어떤 상황이 발생하였을까? 북한이 밝힌 발사체 발사 시간은 6시 27분이고, 군은 2분 뒤인 29분에 이를 포착하였다. 서울에서 경보가 울린 시간은 6시 32분, 발사 후 5분 뒤였다. 여기에 문자 전송까지는 9분이 추가된 6시 41분에 발송됐다.

여기서 잠깐, 북한이 평양에서 극초음속 미사일을 발사하면 대략 2분이면 서울에 떨어진다. 만약 이 짧은 시간에 요격하지 못하면 서울은 어떻게 될까? 여기서 보면, 극초음속 미사일이 발사된 상황에서 대피를 위한 5분은 긴 시간이다. 그런 만큼 미사일 발사징후 탐지 및 발사 확인, 요격과 경보발령 시스템을 고도화하지 못하면 전시라면 그 피해는 고스란히 국민에게 돌아간다.

북한이 발사한 로켓의 비행로는 서해상으로서 직접적으로 서울로 향한 것은 아니었다. 서울시의 경계경보가 비록 오발령이라고 판명이 나기는 했지만 경보를 발령한 것은 우리의 안보상황에서 민방위 경보의 중요성과 동시에 대피의 중요성 역시 일깨워주는 계기가 되었다. 비록 북한의 발사체가 서해상에서 추락하였지만 지난 해 11월 북한의 미사일이 울릉도 쪽으로 날아오면서 공습경보가 발령됐던 것을 생각해 본다면 서울시의 경계경보 발령을 무조건 잘못된 것이라고 탓할 것만도 아니다.

사실, 북한이 극초음속 미사일을 개발하면서 경보발령 후 대피에 가용한 시간이 2~3분으로 짧아지는 상황에서 민방공 경보의 발령은 대단히 중요한 문제이다. 따라서 서울특별시의 경보발령은 1,000만

수도 서울 시민의 안전을 생각해 볼 때 과도하게 대응했다고 말하기는 어려운 부분도 있다.

전시 국민의 안전과 직결되는 민방공 경보체계가 허점을 드러내는 이유는 지난 5년간 민방위 훈련이 유명무실해진 것과 무관치 않을 것이다. 문재인 정부는 2017년 8월 이후 민방위 훈련을 실시하지 않다가 윤석열 정부가 출범하면서 민방위 훈련을 재개하였다. 북핵 위협이 가중되는 상황에서 이러한 문제를 반복하지 않으려면 실제와 같은 훈련을 계속하는 수밖에 없다.

을지연습 기간인 8월 23일 오후 2시부터 20분간 민방위 훈련이 전국적으로 실시되었다. 6년 만에 전 국민이 참여하여 북한의 미사일 도발 등 공습상황이 발생했을 때 신속하게 대피하기 위한 훈련으로 하였지만 지역은 지역대로 중앙은 중앙대로 여러 문제점이 지적됐다. 몇 가지 소개하면 강원도에서는 주민대피소가 잡목에 가려 입구조차 찾기 어렵다든가, 내부는 온갖 벌레 사체들과 함께 눅눅한 냄새가 나고 가장 중요한 수도시설은 물조차 나오지 않았으며 응급처치세트와 상비약도 없었고, 훈련 사이렌이 울리자 안내유도요원 30여 명이 시민들을 지하상가로 대피하도록 유도했지만 호응은 낮았다.[18]

서울에서는 공습경보에도 담배를 피우면서 통제를 잘 따르지 않은 시민, 경보에 관계없이 산책하는 시민, 대피소 위치도 모르는 주민, 백화점이나 마트에는 사람들이 그대로 장을 보는 등 훈련과 상관없는 주민이 많았다. 일부에서는 "행정안전부 알림 문자도 보고 사이렌도 들었지만, 평일 대낮에 할 일도 많은데 굳이 대피해야 할 필요성을 느끼지 못했다"고 하는 사람도 있었다. 이런 여러 행동에 대해 정부 관계

18 https://www.kwnews.co.kr/page/view/2023082316410110100 (검색일: 2023. 8. 24.)

자는 "많은 시민이 민방위 훈련 자체를 몰랐거나, 그 취지를 잘 이해하지 못한 것으로 보인다"고 했다. 전문가들 사이에서는 "민방위 훈련을 형식적으로 해서는 안 된다"는 말도 나왔다.[19] 실제 상황이라면 경보가 발령되면 대피하지 말라고 해도 하겠지만 대피훈련에 대한 적절한 동기부여나 홍보가 없다 보니 이러한 현상이 발생하는 것으로 생각한다. 이러한 현상이 우리가 당면한 민방위 훈련의 현실이 아닐까?

2) 법령의 현실태

북핵위협이 하루가 다르게 심각해지고 있음에도 이와 관련된 사항의 법령에 대한 반영은 미비하다고 할 수밖에 없다. 북핵에 대비할 민방위 대피소 설치는 물론 대피소 내부의 물자 준비에 관한 사항 규정은 어디에도 없다.

북핵 위협 등의 증대를 감안한 민방위대 편성 확대 및 교육 강화 등이 반영되어야 하며, 특히 이론보다 실습을 할 수 있는 방향으로 발전이 필요하다.

전반적으로 북핵 위협이 심각해진 지 오래되었음에도 불구하고 법령의 발전 또한 미흡하다. 대량살상무기 위협 하 생존성 보장을 위하여 민방위 조직 대상과 대피소의 확대설치, 대피소 내부에서의 일정기간 체류할 수 있는 여건의 준비, 훈련 방법의 개선 등을 반영한 법령이 필요하다.

---

19 https://www.chosun.com/national/2023/08/24/6QYCVE2GAFC67FVP4K2HXTG4KY/ (검색일: 2023. 8. 24.)

3) 민방위 업무의 현실태

민방위 계획

북핵은 한국이 당면하는 최대의 안보위협으로 민방위 계획에 중점적으로 포함하여 작성해야 하며, 여기에는 민방공 경보 발령, 대피소의 지정확대와 생존에 필요한 물자의 종류와 기준 설정 및 제시, 민방위 훈련 등을 포함해야 할 것이다. 북한이 극초음속 미사일에 핵탄두를 탑재하여 발사할 경우, 대피시간의 촉박함과 발생할 피해의 광범위 및 참혹성 및 장기간 지속성 등을 고려하여 무엇보다 민방위 계획에 이를 반영하여 작성해야 할 것이다. 이와 관련하여 중앙정부와 자치단체의 역할을 규정할 필요가 있다.

민방공 경보

핵공격을 받는다는 상황을 상정할 때 국민을 살리는 가장 기본적인 수단으로서 민방공 경보는 대단히 중요하다. 북한이 현재 개발하는 미사일을 보면, 극초음속으로 인하여 경보발령에 가용한 시간이 점점 단축되는 것은 물론, 예상되는 낙하지역을 짧은 시간에 판단하여 전파하는 것도 쉽지 않을 것이다. 여기에 핵무기로 인한 피해가 광범위한 점을 감안하여 민방공 경보 발령의 개선이 필요한 부분이 있다.

북핵 등에 대한 경계 및 공습경보, 화생방 경보의 가장 빠른 경보전달 수단은 사이렌이며 그 외 수단으로 방송 및 TV, 휴대폰 문자, 전광판 등을 이용한다. 앞서 언급한 바와 같이 경보전파에 가용한 시간이 짧아지고 있는 만큼 신속한 경보발령 및 경보전파 수단의 다양화는 필요하다. 경보가 발령될 시는 모든 시민이 신속하게 이를 인지하여 빠른 시간에 대피소로 대피할 수 있도록 하는 것은 국민 한명 한명의 목숨을 지키는 것과 같은 만큼 모든 국민이 한 명도 빠지지 않게 경보를 청취할 수 있도록 경보전파 수단을 다양하게 발전시켜야 한다.

특히 주야간을 막론하고 경보를 발령하면 신속하게 대피소를 찾을 수 있도록 방법을 강구하는 것은 생존을 보장하는 면에서 중요하다. 경보가 발령된 상황에서 주변에 대피소가 있음에도 빠른 시간에 찾을 수 없어서 그대로 노출되는 경우를 대비하여 대피소 위치를 신속하게 찾을 수 있도록 방법도 제공해야 한다. 아파트나 사무실에 있어서 사이렌 경보음을 듣기 어려운 상황에 대비하는 방안도 강구해야 한다.[20] 또한 주야간을 막론하고 아파트 등 대단위 주민거주 지역에서 자동적으로 민방공 경보를 전파할 시스템의 구축이 미흡하기 때문에 민방공 경보센터 → 아파트 관리실 → 아파트 주민으로 자동 전파 시스템을 구축할 필요가 있다.

북한이 극초음속 미사일을 개발하면서 종전에 비하여 경보전파 시간은 단축될 것으로 판단되는 만큼 경보발령 및 전파시간의 단축 방안은 반드시 필요하다. 북한이 극초음속 미사일을 발사할 경우, 핵무기에 피폭될 시 광범위한 지역에서 피해가 발생할 수 있음을 감안하여 민방공 경보는 핵탄두를 탑재하였을 것이라는 전제 아래 광역지역에서 경보를 발령난 것도 발전시켜야 할 부분이다.

---

20 민방위 경보전파 대상 건축물(민방위기본법 시행령 별표 3의2)에는 운수시설로 여객(버스)터미널, 철도 및 도시철도 역사, 항만터미널, 공항터미널이 있고, 대규모 점포(「유통산업발전법」 제2조 제3호에 따른 대규모 점포)로서 하나의 건물 또는 연접한 둘 이상의 건물로서, 상시 운영되는 매장이며, 매장면적 합계가 3,000m^2 이상인 경우와 영화상영관으로 7개관 이상의 복합상영관 등을 대상으로 한다. 사이렌 경보 사각지역에 해당할 수 있는 아파트 등의 지역도 민방공 경보 전파 대상 건축물에 포함해야 할 것이다.

민방위 대피소

핵공격을 받는다는 상황을 상정할 때 국민을 살리는 가장 기본적인 수단으로서 대피소의 준비 역시 중요하나 다음과 같은 이유로 여러 문제가 발견된다.

첫째, 대피소 안내표시의 문제이다. 재래식 탄두이든 핵탄두이든 공격을 받을 때 신속하게 대피를 위해서는 짧은 시간에 어디에 대피소가 있는지 쉽게 찾을 수 있어야 한다. 따라서 대피소 위치를 신속하게 찾을 수 있도록 표시판 설치나 위치표시 안내 등은 대단히 중요하다. 민방위 대피소로 지정된 지하철역, 공공기관 및 아파트 지하 주차장 등의 입구에는 빨간색 바탕에 민방위 표식이 그려진 '대피소' 표지판이 붙어 있지만, 평소 관심을 갖고 보지 않으면 그냥 지나치기 쉽다. 다음은 지하철역과 아파트 주차장의 대피소 표시이며, 그나마도 아파트 지하 주차장의 차량 출입구는 표시판이 없는 경우가 많다.

〈그림 6.10〉 민방위 대피시설 표시 실태[21]

출처: 필자가 촬영한 사진임

21 왼쪽 및 오른쪽은 지하철역 입구, 아래는 아파트 차량 진출입구

갑자기 경계경보나 공습경보가 울리는 상황이라면 혼란스럽고 공황이 발생할 수 있는데 이렇게 표시판이 설치되었거나 없는 경우라면 대피소를 쉽게 찾을 수 있을까?

둘째, 대피소의 소요 판단 및 지정의 문제이다. 행정안전부 자료에 의하면 전국의 민방위 대피소는 17,153개소(접경지역 정부지원 시설 227, 공공용시설 16,926)로 수용소요 5,184만여 명에 비하여 1억 2,759만여 명을 수용할 수 있다. 이는 대부분 재래식 무기 공격시 잠시 대피할 곳과 수용 가용한 능력을 산정한 것이지만, 이만큼 대피소를 지정하였기 때문에 충분하다고 주장할 것은 아니다.

❹ 죽전2동 주민센터 지하주차장(15,289m², 18,532명)

❺ 죽전아이뷰 아파트 지하주차장 (4,574m², 5,544명)

❻ 벽산타운 아파트 2단지 지하주차장 (9,864m², 11,956명)

〈그림 6.11〉 죽전2동 주민대피소 지정 및 수용인원[22]

출처(지도): https://map.kakao.com/ (검색일: 2023. 9. 9.)

---

22 대피소 지정현황은 행정안전부 국민재난안전포털(https://www.safekorea.go.kr/idsiSFK/neo/main/ main.html)의 민방위 대피소를 참조하였다.

17,000여 개소의 민방위 대피소 숫자가 많은 것처럼 보이지만 지정된 대피소가 핵이나 화생무기 등의 공격을 받을 시 실질적 대피소로 사용에는 여러 어려움이 예상되며, 이는 대피소로의 접근성의 문제 때문이다. 필자 본인이 사는 경기도 용인시 수지구 죽전2동의 경우 민방위 대피소 관련 지정 현황을 우선 보면 〈그림 6.11〉에서 보는 바와 같이 3개소가 지정되어 있다.

〈그림 6.11〉의 3개소 대피소를 보면 다음과 같은 문제점이 있으며, 이는 다른 지역도 대동소이할 것으로 생각한다. ① 지역 내 지하주차장을 보유한 많은 아파트가 있는데 이를 대피소로 지정하지 않은 문제이다. 경계경보나 공습경보 발령 시 본인이 거주하는 아파트의 지하 주차장을 두고 수백m 떨어진 곳에 있는 정부지정 대피소로 갈 주민들은 없을 것이다. 따라서 지하 주차장 등의 공간을 보유한 아파트는 물론 공공기관, 상가 등은 모두 보안상 또는 영업상 등의 제한사항이 없으면 기본적으로 대피소로 사용하도록 지정방침을 개선하는 것이 필요하다. 핵무기의 광범위한 피해 및 참혹성을 감안하여 대피소로 사용 가능한 지하공간이 있는 아파트나 공공시설 등은 보안상 이유가 되지 않는다면 경보발령시 인근에서 활동하는 사람들이 모두 대피할 수 있도록 지정하는 것이 피해를 줄일 수 있는 길이다. ② 한 곳에 수천 명으로부터 2만여 명에 이르기까지 대규모의 인명을 대피토록 하겠다는 계획의 부적절성이다. 일단 민방공 경보가 발령되면, 특히 핵공격을 받은 상황이라면 대피소로 대피해서 당장은 안전하였다고는 할지라도 낙진이 떨어지는 등으로 실외로 나올 수 없게 된다. 그런 상황에서 많은 인원이 좁은 곳에 대피하였을 경우 발생할 수 있는 급식, 급수, 용변처리, 취침 등의 수많은 문제를 생각해 보면 이러한 지정은 잘못된 것으로 판단한다. ③ 지하 주차장 내의 대피소로서의 준비에 관한

문제이다. 공공용 대피소의 경우 일정기간 생존을 위해서 식량 등의 비상식량은 물론 응급약품, 응급도구, 식수설비, 화장실 등 여러 준비가 필요하다. 특히 북핵 공격을 받을 시는 방사선 및 낙진이 완전히 사라지는 2주간의 기간 생존에 필요한 물자 등의 준비가 필요하나 이에 대해 무엇을 준비할 것인지에 대한 물품의 종류와 수량의 제시 등 여러 면에서 미흡하다. 이와 관련하여 필자가 거주하는 지역에 대피소로 지정된 3곳의 내부 준비실태를 확인해 본 결과는 <표 6.2>와 같다.

이는 비록 필자가 거주하는 곳의 대피소 준비와 관련되는 것이기는 하지만 이는 전국적으로 대동소이한 문제를 갖고 있을 것으로 보이는 만큼 대피소로서 역할을 위해 최소한의 필요한 설비와 물자 등을 준비해 놓도록 기준의 제시와 준비가 필요하다.

<표 6.2> 대피소 내부 준비 실태

구분	주민복지센터	B 아파트	C 아파트
면적/수용인원	15,289m²/18,532명	4,574m²/5,544명	9,864m²/11,956명
식수설비	없음	없음	없음
비상조명등	없음	없음	없음
비상용품 보관함	없음	없음	없음
방독면	민방위대원용 일부	없음	없음
응급처치비품	일부	없음	없음
방송청취 설비	없음	없음	없음
화장실	스포츠센터용 사용 가능	없음	없음
비상발전기	있음	있음	있음
공조시설	있음	있음	있음
기타	지상1층 수영장 사용 지하1·2층 지하 주차장	지하 저수조 있음	지하 저수조 있음

출처: 필자의 확인 결과임

〈그림 6.12〉 민방위 대피소 입구와 내부 준비물

출처: 필자가 촬영한 사진임

셋째, 대부분의 대피소가 대량살상무기 방호능력에서 취약하다. 핵폭발 시 발생하는 피해는 핵무기 위력이나 폭발방법, 기상여건 등 여러 요인과 폭발원점으로부터 대피소까지의 거리등에 따라 다르기는 하겠지만 열복사선과 폭풍, 방사선 및 낙진 등이 출입구를 통하여 대피소 내부로 유입되면서 피해를 줄 수 있다. 그러나 열복사선과 폭풍 및 방사선, 낙진 등의 유입을 차단할 수 있는 방폭문과 공기정화장치 등의 설치는 미흡하다.

대피소의 준비 관련 지침의 하나로 대피소와 외부를 통하는 공기가 유통될 수 있는 곳은 테이프 등을 이용하여 밀봉하도록 제시하고 있는데 이러한 임시적 조치도 필요하지만 그러나 이러한 조치로는 재래식 및 대량살상무기 폭발 시 방호는 물론 내부잔류에 한계가 있을 수밖에 없다. 따라서 보다 궁극적인 방법으로 대피소의 보완을 위하여 출입문 방호기준을 제시하고 그에 따른 준비를 해놓도록 해야겠다.

그런데 방폭문 등을 완전히 갖춘 대피소를 설치하면 바람직하겠지만 이를 위해서는 막대한 비용과 장기간의 시간 소요 등 여러 면에서 어려움이 있다. 따라서 대피소 유형을 설정하여 설치하는 방향으로 발전이 필요하다.

넷째, 중소도시 및 주택과 빌라 거주 주민을 위한 대피소에 관한 것이다. 2023년 8월 23일 실시된 민방위 대피훈련에서 읍·면·동 지역에 대피소가 없는 것이 지적된 바 있다. 강원도 홍천군이나 횡성군에서 대피소가 없어서 그냥 집에 머무르는 경우로 진행되었는데 이는 여기만 해당하는 것이 아니다. 춘천, 원주, 강릉도 대피소가 100여개 가까이 있지만 80%는 동(洞) 지역에 몰려 있어서 면단위 지역은 대피할 곳이 없다.[23] 이번 민방공 훈련은 북한의 미사일 도발과 같은 공습 상황이 발생할 경우 신속하게 대피할 수 있는 요령을 익히기 위해 실시됐지만, 면 지역 주민들에게는 '먼 나라 이야기'일 뿐이 된 것이다.

개인주택이나 빌라 등에 거주하는 주민들로서 가까운 거리에 대피소가 없을 경우, 자가 정원의 공간을 이용하여 간이 대피소를 설치하는 방안을 제시할 필요가 있다. 이러한 사항을 반영하는 지역 및 유형별 대피소의 설치 표준도면과 내부 준비(급수설비, 비상식량, 비상의약품, 비상대비 도구 등)의 개선방안을 제시해야 한다. 대도시 지역과 중소도시, 농어촌의 군 지역 등에 가해질 북핵 위협은 차이가 있을 것으로 판단되는 만큼 대피소의 유형을 달리함으로써 경비와 시간을 절약하면서 생존능력을 강화할 수 있다.

다섯째, 그 외에 아파트 주민이 아닌 외부의 사람이나 노약자 등의 대피소 출입에 관한 사항이다. 아파트에 거주하는 주민은 엘리베이터나 계단으로 대피할 수 있지만 외부인은 보안장치 대문에 자동차 출입구로 들어가야만 한다. 휠체어를 탄 장애인이나 노약자는 대피에 어려움이 많다. 이러한 문제들은 어떻게 해소해야 하나.

아파트에서 지하 대피소로 계단을 이용하여 도보로 이동하는데

---

23 https://www.kwnews.co.kr/page/view/2023082316524602963 (검색일: 2023. 8. 24.)

소요되는 시간은 아파트 구조에 따라 다르기는 하지만 건강한 남자의 경우라면 1층에서는 지하 대피소로 이동하는데 약 25~30초 정도 소요되며, 각층은 여기에 10여초 정도 더 소요된다.(이는 집안에서 대피를 위해 준비하는 시간은 제외한 것이다. 엘리베이터 사용은 단전의 가능성 또는 동시에 여러 주민이 사용하려고 버튼을 누르면서 작동의 어려움 발생이 예상되는 상황 등으로 배제하였다.)

가정에 노약자 또는 어린이, 여성 등이 같이 대피해야 할 경우라면 이동에 더 많은 시간이 소요될 수밖에 없을 것이다. 또한 동시에 대피하면서 계단이 복잡한 상황에서 시간을 지체시킬 수도 있다. 정책당국은 이 점을 고려하여 대피방안을 제시해야 한다.

대피소로 대피하는 과정에서 생존에 필요한 물자를 가져오지 못한 상태에서 핵공격을 받았다면, 핵폭발 이후 약 10분 지나서 낙진이 떨어지기 시작하는 만큼 이 시간을 이용하여 가정에 준비되어 있을 생존에 필요한 물자를 대피소로 가져오도록 해야 한다.(다만, 이것은 폭발원점으로부터 거리에 따라 다를 것이다.) 이러한 불편을 해소하기 위해서 지하 주차장 내부에는 평시부터 생존에 필요한 물자를 각 가정이 준비해 놓도록 물자보관함을 설치해 놓는다면 어떨까?

민방위 훈련

민방위 훈련은 재래식 무기는 물론 핵무기로부터도 국민의 생존을 보장하기 위한 가장 기본적인 사항이다. 그간 민방위 훈련은 재래식 무기로부터 생존을 위한 대피훈련으로 그나마도 형식적이었고 해도 그만 안해도 그만인 훈련이었으며 코로나19를 이유로 거의 중단하였었다. 종전의 민방위 훈련은 대피만 하는 훈련으로 끝났으며, 적으로부터 공격을 받았을 때를 상정하여 이와 관련되는 행정각부 등이 참여하는 훈련을 하는 경우도 거의 없었다. 개인의 대피소로 대피도 중요하지만 정작 행정각부가 공격을 받아 피해가 발생할 경우 무엇을 할 것인지에 대한 훈련은 무시된 것이다.

국민이 각각 처해 있는 상황이 다른 상황에서 사이렌 경보가 발령될 경우, 각 개인의 대피가 일률적으로 같을 수는 없다. 지하철역이 근거리에 있다면 지하철역으로 대피한다고 하지만 고층아파트에 거주한다면, 대피소가 없는 사무실에 있다면, 시장에 있다면, 차를 운전하고 있다면, 논밭에서 영농작업을 하고 있다면, 공장에서 일하고 있다면 … 이렇게 각각의 여건이 다른 상황에서 무조건 지하로 대피하라고 할 수는 없다. 따라서 각각의 상황에 맞는 대피방법을 제시해야 하지만 이런 면에서는 미흡하다.

재래식 무기나 핵무기에 대비할 민방위 훈련을 한다면, 이는 곧 전쟁과 같은 상황이므로 일단은 대피해야 하지만, 이어서 정부는 충무지휘소를 점령하여 이를 개소한 준비를 연계하는 등 차원을 달리하는 연습으로 진행해야 하지 않을까?

이제 민방위 훈련이 정상화의 길로 가면서 북핵관련 훈련으로 변화하고 있지만 보다 북핵위협에서 개개인의 생존과 정부기능의 유지를 보장할 수 있는 모습으로 시간과 방법 등의 변화가 필요하다. 거리에서 활동하던 시민들은 물론 아파트에 거주하는 주민들도 어떻게 훈련에 참여할 것인지 등 방법의 개선도 필요하다. 또한 정부도 행정기능이 마비될 수도 있다는 상황을 상정하여 훈련을 할 수 있는 방안을 강구해야 한다(정부연습과 연계). 이러한 면에서 아직 개선해야 할 요소가 많다.

5. 북핵대비 민방위 업무의 발전 방향

1) 「민방위기본법」

북핵이 핵심적 위협이 된 이상 「민방위기본법」은 이에 맞는 사항으로 개정이 필요하다. 첫째, 핵 등 대량살상무기 관련 사항의 반영과 국가 및 자치단체의 임무와 준비 등의 사항을 포함하여 개정해야 할 것이다. 둘째, 공공시설 및 아파트 등을 건축할 시 지하 대피소 설치에 대한 기준을 포함해야 하며, 핵무기 등으로부터 방호관련 출입문 및 출입구 설치에 관한 표준안 등을 제시하도록 규정을 포함해야 할 것이다.

셋째, 대피소의 지정관련 현재는 지하철역이나 공공기관의 지하시설, 아파트 지하 주차장 등을 대상으로 지정하였는데 이를 포함하여 대피소 지정에서 제외되었던 아파트 지하 주차장, 공공기관의 지하층, 상가 등의 지하층으로 대피소로 활용할 수 있는 공간 가운데 보안상 또는 공공업무상, 사업상 관련되는 곳을 제외한 곳은 기본적으로 대피소로 활용하도록 법령의 개정이 필요하다.

넷째, 정부는 대피소 관련 대피인원을 감안한 내부의 준비물 기준, 즉 급수설비와 비상식량의 종류와 기준, 비상약품의 종류와 수량, 응급도구 등 시설별 기준을 제시한 법령의 개정도 필요하다. 그 외에 민방위대 편성 확대 및 교육실시 방안으로 특히 핵무기 관련 사항을 반영하며 대피요령 등을 실습하도록 반영할 필요가 있다.

2) 민방위 계획

민방위 계획에는 핵 등 대량살상무기 관련 사항 포함하여 작성해야 한다. 군 경보발령과 민방위 계획과 연계된 계획의 작성, 대피소의 설치 기준 및 대피소 내부의 준비사항 등의 제시, 고층아파트 등의 거주 주민 대피방안, 기타 핵공격 등에 대비할 장비 및 약품 등의 준비사항을 포함한 계획의 작성이 필요하다.

3) 민방공 경보

북한은 20여 종류의 미사일 외에도 폭격기 및 방사포 등의 여러 공격수단을 보유하고 있다. 미사일 중에는 극초음속 미사일인 이스칸데르가 있으며, 모든 미사일에 핵탄두를 탑재 가능한 것으로 알려져 있다. 이외에도 북한이 보유한 폭격기와 방사포 등도 핵탄두를 투발할 수 있다. 특히 북한군이 극초음속 미사일에 핵탄두를 탑재하여 발사할 경우 경보를 전파할 시간을 단축할 수 있는 방안을 강구(5분-2분)하기 위한 기술적 발전과 더불어 이를 신속히 전파할 수 있도록 방법의 개선이 필요하다.

첫째, 북한이 미사일 등을 사용하여 공격할 경우의 대비이다. 북한이 전쟁을 도발하면서 핵공격을 할 시 사용할 주요 수단은 탄도미사일과 폭격기 및 방사포가 될 것이다. 탄도미사일을 사용하여 공격할 경우, 요격에 실패한다면 한국의 어느 곳에 떨어져 폭발하기 전까지는 그것이 핵탄두를 탑재하였는지, 재래식 무기를 탑재하였는지, 화생제를 탑재하였는지 짧은 시간에 식별이 불가하다. 따라서 미사일을 발사할 경우는 일단 핵탄두가 탑재되었을 것이라는 전제 아래 공습경보를

〈표 6.3〉 북한의 공격수단별 예상되는 피해규모의 순위[24]

공격수단		피해규모 순위	비고
탄도미사일	• 핵탄두 탑재	1	북한이 미사일을 발사하여 민방공 경보 발령 시 일단 핵무기 탑재하 공격할 것이라는 전제아래 경보발령 필요
	• 화생무기 탑재	2	
	• 재래식 탄두 탑재	3	
폭격기	• 핵탄두 공격	1	
	• 화생무기 공격	2	
	• 재래식 무기 공격	3	
포격 (방사포 등)	• 핵탄두 탑재	1	
	• 화생무기 공격	2	
	• 재래식 무기 공격	3	

출처: 필자의 연구결과임

발령하여 대피하고 미사일이 떨어져 폭발한 이후에 그에 따라 대응하는 방향으로 민방위 및 국가비상대비업무를 발전시키는 것이 타당할 것이다. 북한의 폭격기들이 탑재한 무기 또는 대구경 방사포를 이용하여 공격할 경우도 동일한 개념으로 대응해야 할 것이다. 이렇게 하는 이유는 핵무기로 인한 피해가 재래식 무기나 화생무기에 비하여 워낙 크게 발생하기 때문이다.

둘째, 민방공 경보 전파 시간을 단축하는 방안이 필요하다. 현재는 북한이 탄도미사일을 발사하는 등으로 공습경보를 발령하는 경우, 공군작전사령부에서 경보를 요청하면 행정안전부의 중앙경보통제소에서 공습경보를 발령하는 체제인데, 이는 극초음속 미사일이 사용되는 등 급박하게 전개될 수 있는 전장환경을 고려하면 그 대응시간이

24 여기서 피해규모의 순위라고 함은 각각의 공격수단으로 1회씩 공격할 경우 발생하는 피해의 규모를 말한다. 즉, 모든 공격수단에서 핵탄두로 인한 피해가 가장 크고 다음은 화생제이며, 재래식 무기의 포격에 의한 피해가 상대적으로 가장 작다는 것을 의미한다.

매우 제한될 것이라는 전제아래 공군작전사령부가 바로 공습경보를 발령함으로써 시간을 단축해야 한다는 것이다.

셋째, 핵탄두를 탑재한 미사일에 공격을 받을 경우 발생할 광범위한 피해를 감안하여 경보발령 시간을 단축할 방안과 동시에 경보발령 지역의 광역화 방안이 필요하다. 예를 들면, 미사일이 낙하할 지역이 판단되면 예상 낙하지역을 중심으로 광범위한 지역에 민방공 경보를 발령하자는 것이다. 용인지역이 예상 낙하지역이라면 성남, 수원, 이천 등의 인접한 지역도 경보 발령지역에 포함해야 한다는 것이다.

넷째, '유무선 복합 민방위 대피소 안내용 경보기' 설치의 검토이다. 갑자기 민방공 경보가 발령되면 극도의 혼란 또는 공황 상태가 되면서 가까운 곳에 대피소가 있어도 찾기가 쉽지 않으며, 사각지역이라면 더욱 그렇다. 따라서 지하철역이나 공공기관 및 아파트 대피소 등 시민들이 민방공 경보 발령 시 대피해야 할 곳의 입구에는 '유무선 복합 민방위 대피소 안내용 경보기'를 설치하여 주·야간을 막론하고 경보 발령시 신속하게 대피소를 찾아서 대피할 수 있도록 해야 할 것이

- 필요성: 사이렌 경보 시 대피소 위치 신속 인식
- 경보수신 방법: 유선 및 무선(KBS 송출)
- 구성품
  - 유선·안테나, 경보장치(발광, 음향), 배터리
  - 경보기 회로, 전원연결 코드, 전기충전 장치
  - 경보기 킷, 벽면부착 장치대, 주파수 동조기
- 설치장소
  - 지하 대피소 입구: 지하철, 아파트, 공공기관 등(중형)
  - 간이 대피소: 고층건물, 공공기관 등의 층별 대피소(소형)
- 운용
  - 민방공 경보 발령 시 유선 및 무선으로 수신
  - 경보발령

〈그림 6.13〉 유·무선 복합 민방위 대피소 안내용 경보기(예)

출처: 필자의 연구결과임

다. 민방공 경보 발령 시 극히 혼란한 상황에서 이 경보기가 작동하면 대피소를 신속하게 찾을 수 있도록 하면서 인명피해를 줄이는 데 커다란 도움을 줄 수 있다.

중앙경보통제소에서 민방공 경보를 발령하면 이 경보기는 이를 유선 또는 무선으로 수신하여 음향 및 발광장치가 작동하고 주변의 사람들이 이를 보거나 들으면 신속하게 대피할 수 있도록 운용하는 개념이다.

지하철역 및 공공용 대피시설, 아파트 지하 주차장 등의 입구에 설치(벽면 또는 지상고정)하며, 전원은 일반전기 또는 배터리나 태양광을 이용하고, 정전시에 대비하여 충전장치도 설치해야 한다. 경보 수신을 위하여 무선 안테나와 유선을 설치하고 주야간 모두 사용 가능토록 음향 및 발광 장치를 동시 사용하며 이를 위하여 민방공 경보 발령 시 전파수신, 음향 및 발광으로 전환토록 회로를 구성하거나 또는 유선을 연결하여 작동하도록 회로를 구성한다. 경보를 수신하는 즉시 음향 및 발광장치가 3분간 작동할 수 있도록 한다.

이 경보기는 지하철역 입구 및 내부, 공공용 대피시설 입구, 지하 주차장 보유 백화점 및 마트 등 시민의 유동이 많은 곳에는 의무적으로 설치하고, 아파트 지하 주차장 입구 등은 권고적으로 설치를 할 수 있도록 한다.

다섯째, '민방위 대피소 안내용 휴대폰 앱(app)'의 개발이다. 이 앱은 민방공 경보 발령 시 대피소의 위치를 신속히 찾을 수 있도록 안내하기 위한 것으로 앱을 개발하여 휴대폰에 설치를 권장하고 충무사태 선포 시는 이 앱의 설치를 강제하는 방향으로 추진하면 실제 민방공 경보 발령 시 신속한 대피로 인명피해를 줄이는 데 커다란 기여를 할 수 있다. 이는 지진이 발생할 경우 상황을 휴대폰으로 전파하는 것과

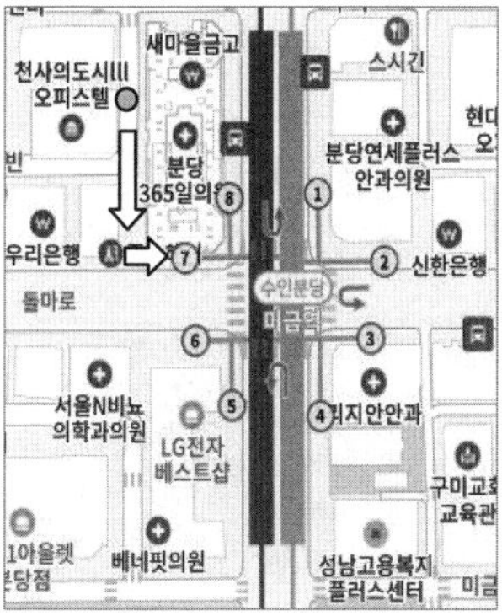

- 필요성: 사이렌 경보발령 시 대피소 위치 제공, 신속 대피 보장
- 경보수신 방법: 휴대폰 앱
- 입력 및 출력사항
  - 전국 대피소 위치(행정안전부 위치정보 제공)
  - 본인의 현재 위치
  - 대피소까지의 방향 및 거리
- 민방공 경보 발령 시 화면표시 사항
  - 민방공 경보 발령 시 앱 활성화
  - 휴대폰 운용자 위치
  - 최기거리 대피소까지 거리 및 방향 표시

〈그림 6.14〉 민방위 대피소 안내용 휴대폰 앱 개념도(예)

출처: 필자의 연구결과임, 지도: https://map.kakao.com/

같은 개념이다.

북한군의 미사일 등의 공격이 임박하거나 시작되었을 경우, 행정안전부 민방위경보통제소에서 민방공 경보를 발령할 시, 휴대폰의 액정화면에 가장 가까운 대피소의 위치와 방향과 거리가 표시되면 시민들은 이를 보고 즉시 대피할 수 있도록 한다.

시민들이 '민방위 대피소 안내용 휴대폰 앱'을 효율적으로 사용하기 위해서는 현재의 대피소 17,000여 개소의 위치는 물론 이에 추가하여 대피소로 활용할 수 있는 전국 아파트의 지하 주차장, 지하철역, 공공기관 및 상가 등의 지하 대피소 위치를 모두 입력할 수 있도록 위치정보를 제공해주어야 한다. 이를 앱에 모두 포함하여 개발해야 한다. 정부는 일상 활동이나 전시 민방공 경보가 발령된다고 가정해 볼 때 현재의 지정된 대피소로 대피는 거리에 따라 비현실적임을 알고 가능한 대피소의 지정 확대를 검토해야 한다.

여섯째, '민방공 경보용 방송설비'의 개선이다. 민방공 경보를 발령하면 아파트 관리실 또는 공공기관이나 사업체의 사무실 등에서 주

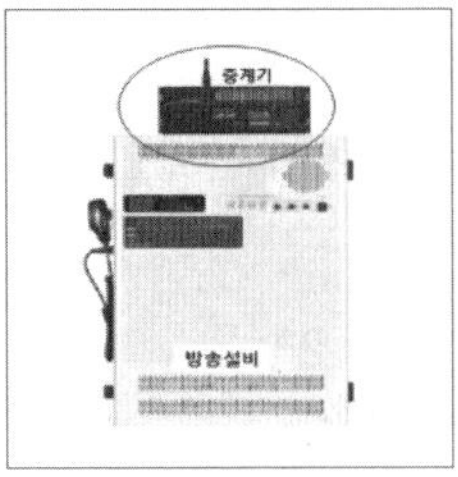

- 필요성: 경보전파 사각 지역보완(아파트, 사무실 등)
- 경보수신 방법: 유선 및 무선
- 구성품
  - 유선·안테나, 전원연결 코드, 주파수 동조기
  - 중계기 회로, 방송설비 연결장치
  - 전기충전 장치, 중계기 킷
- 설치장소: 아파트 등의 관리실, 사무실
- 운용
  - 민방공 경보 발령 시 유·무선으로 경보 수신
  - 중계기를 통하여 자동으로 방송설비 연결
  - 자동으로 경보음 아파트 가구별 중계전파

〈그림 6.15〉 유·무선 복합 민방공 경보 방송 중계기(예)[25]

출처: 필자의 연구결과임

야간 또는 관리원이나 사무원의 유무에 상관없이 중계기가 유선 또는 무선으로 경보를 수신 후 자동으로 각 가정 또는 사무실로 경보를 전파하여 스피커로 방송할 수 있도록 시스템을 갖추어 나가는 것이다.(현재 재난중계용 설비를 변형하여 이용하는 방안도 고려할 필요가 있다.)

이 설비가 필요한 이유는 사이렌 경보 사각지역, 특히 야간에 민방공 경보가 발령되었으나 관리원이 없는 상황에서 잠자고 있을 주민들에게 경보를 전파함으로써 대피할 수 있도록 여건을 마련해주기 위한 것이다.

일곱째, 지하철역의 열차 도착을 알리는 화면을 민방공 경보 발령 시 활용할 수 있는 방안을 강구해야겠다. 민방공 경보의 발령으로

25 건축물 내 경보전파체계는 경보단말장비를 설치하여 구내방송장비와 연동할 경우 별도의 조작 없이 자동으로 건물 내에 경보를 전파할 수 있다. 민방위 경보단말장비가 설치되지 않은 경우 시 · 도 경보통제소에서 이동전화 또는 문자 메시지를 통해 전파하는 민방위 경보를 수신하여, 라디오 방송 또는 TV 자막 방송을 통해 확인한 후 건물 내 이용객에게 경보전파 및 대피에 필요한 안내방송을 신속히 실시할 수 있다. 민방위 경보단말장비란 「민방위기본법」 제33조제3항에 따른 민방위 경보전파 대상 건축물에 설치하여 민방위경보를 유 · 무선 통신망으로 신속하게 수신하여 구내방송장비 또는 문자방송장비를 통해 자동으로 전파하는 장비이다.

시민들이 대피하였을 경우, 대피한 시민들은 상황의 전개에 대하여 많은 궁금증을 갖고 있을 것이다. 이때 경보발령 내용과 정부의 전달사항 등을 화면에 표시하는 방법으로 활용할 수 있을 것이다. 이를 위해서 유선을 설치하는 방안을 강구해야 할 것이다.(휴대폰을 활용하는 방안도 가능하다.)

경보기의 제작 및 활용, 휴대폰 앱 개발, 발송설비와 표지판, 지하철역의 액정화면 활용 등의 준비사항을 포함하는 정부 차원의 개선이 필요하다. 북핵위협이 심각해진 지 이미 여러 해가 지났지만 국민의 안전과 생존을 보장하기 위한 우리의 준비는 그간 사이렌 경보에 의존하면서 안전디딤돌 앱 등을 만들었지만 긴박한 상황에서 활용도는 의문이다. 이러한 문제점을 보완하여 민방공 경보 전파 수단을 다양화함으로써 사각지역을 최소화하면서 경보발령 시 신속한 대피를 보장할 수 있도록 보완하면 인명피해를 상당히 줄일 수 있을 것이다.

정부는 이렇게 '유무선 복합 민방위 대피소 안내용 경보기'와 '민방위 대피소 안내용 휴대폰 앱(app)' 및 '민방공 경보용 방송설비' 등을 운용하는 데 필요한 조치로서 KBS에 경보를 발령할 주파수 설정, 한

〈표 6.4〉 민방공 경보 전파-대피 수단의 다양화 방안(종합)

구분		운용
기존	• 사이렌 경보	• 전국 사이렌 경보단말기
	• 국민안전포털, 안전디딤돌	• 대피소 위치
추가	• 유·무선 복합 민방위 대피소 안내용 경보기	• 모든 대피소 입구
	• 대피소 안내용 휴대폰 앱	• 개인 휴대폰
	• 민방공 경보용 방송설비의 개선	• 아파트, 사무실 등의 관리실
	• 지하철역 액정화면 활용	• 민방공 경보, 정부 공지사항 전달

출처: 필자의 연구결과임

국통신(KT)이 각종 선로를 구성할 수 있도록 필요한 조치 등을 해야 할 것이다.

이러한 복합적 경보시스템을 구축하기 위해서는 당장은 적지 않은 예산이 소요될 것이다. 그러나 이러한 시스템의 구축없이 실제 핵공격 상황으로 수많은 국민이 목숨을 잃었다고 가정해 본다면 이는 국민의 안전과 생명 보존을 위한 작은 투자에 불과할 것이다.

4) 민방위 대피소

북핵 등으로부터 국민의 생명과 안전을 위한 핵심적인 시설로서 우리의 취약분야 중 하나인 대피소의 문제로 첫째, 대피소의 소요 판단 및 지정의 발전이다. 전국의 민방위 대피소 대부분이 재래식 무기 공격 시 잠시 대피할 곳에 1인당 소요 면적을 곱하여 산정한 것으로 재래식 무기는 물론 북핵을 고려할 시 불충분하다. 핵무기의 광범위한 피해 및 참혹성을 감안하여 대피소로 사용 가능한 지하 공간이 있는 지하철역은 물론 아파트나 공공기관 및 상가 등의 지하는 보안 또는 영업상 등의 이유가 되지 않는다면 경보발령 시 인근에서 활동하는 모든 시민이 제한 없이 용이하게 접근하여 대피할 수 있도록 대피소 지정과 동시에 경보기와 표지판을 설치해야 한다.

둘째, 지역별 대피소 지정의 발전이다. 앞서 필자가 거주하는 용인시 수지구 죽전2동의 경우 주민센터와 2개 동의 아파트가 대피소로 지정되어 있음을 언급하였다. 여기서 제시한 수용 가능한 인원은 죽전2동 주민을 모두 포함한다. 이렇게 수치만 보면 죽전2동의 모든 주민이 대피할 수 있을 것으로 계산상으로는 판단되지만 현실적으로는 민방공 경보가 발령될 시 1분 1초가 긴박한 상황에서 누구도 본인이 거주하는 아파트 또는 가장 가까운 거리의 지하 주차장 등을 버리고 지정된 대피소로 이동하지 않을 것인 만큼 지정방침을 개정하여 지역의 모든 지하 주차장, 공공기관 및 상가 등의 지하를 대피소로 대피할 수 있도록 해야 한다. 대피소 지정의 현실화가 필요하다.

지하 주차장을 보유한 아파트는 모두 대피소로 활용한다는 전제 아래 내부에는 일정기간 잔류하는데 필요한 급수설비 등 부족한 부분을 보완해 나갈 수 있도록 해야 한다.

또한 지하철역과 아파트 및 공공시설의 대피소로 활용될 입구에는 대피소 안내판 부착은 물론 음성 및 발광용 경보 장치도 설치해서 주야간을 막론하고 민방공 경보를 발령할 경우 주변에서 활동하는 사람들은 누구든지 용이하게 대피할 수 있도록 해야겠다.

셋째, 건물 건축 시 대피소 설치 등에 대한 기준의 제시이다. 향후 공공기관 및 아파트 등의 건축물에는 신축시 지하 대피소 설치 및 내부 준비물의 기준을 제시해야 할 것이다. 신축건물에는 지하 공간을 대피소로 사용할 수 있도록 급수설비는 물론 화장실 등의 설비를 의무화하며 대피소로서 효율성을 높이기 위해 비상식량과 침구류, 방독면, 응급약품, 용변 고형화 약품, 단전시 대비 등화장비, 방송 청취용 라디오 등을 준비하도록 규정해야 한다.

넷째, 대피소의 출입구 설치 기준의 제시이다. 재래식 무기는 물론 핵무기를 포함하는 대량살상무기의 공격에 대비하여 출입구 및 출입문 설치 기준과 내부 준비물 종류 및 수량 등의 기준 제시와 출입문, 특히 차량이 출입하는 곳에 열복사선과 폭풍 및 방사선, 낙진 등의 유입을 차단할 수 있는 시설을 설치함으로써 어느 정도의 피해를 줄일 수 있도록 정부가 도면과 설치방안 및 기준 등을 제시해야 할 것이다.

지하 주차장을 대피소로 사용할 경우에 대비하여, 핵폭발시 열복사선 및 폭풍과 방사선 및 낙진 등은 물론 화생무기 작용제 유입을 차단하기 위한 출입구 보강방안과 장기간 주민대피시 차량을 주차장에 그대로 주차할 것인지 아니면 외부로 내보내고 그 공간을 주민이 사용토록 할 것인지 어느 것이 합당한 것인지도 정부는 그 방안과 기준을 제시해야 한다. 필자는 대피소 내부의 차량을 충무사태 선포 이후에는 아파트 주변의 가용한 공간으로 모두 이동하여 주차하고 내부는 주민들이 사용할 수 있도록 공간을 확보해야 한다고 생각한다. 차량이 먼저가 아니고 아파트 거주 주민의 안전이 우선하기 때문이다. 대피소 내부에서는 최소한의 사생활 보호를 생각하여 가족단위 텐트를 사용할 것인지 등을 검토하여 방안을 제시할 필요도 있다.

다섯째, 대피소 위치안내 방법의 보완이다. 이는 야외 또는 거리 등에서 활동 중 민방공 경보가 발령될 경우 신속히 가장 가까운 거리의 대피소로 이동할 수 있도록 하기 위해서 표지방법을 개선하는 것이다. 북한이 핵탄두를 탑재한 극초음속 미사일로 공격을 할 시는 1분 1초가 중요한 만큼 주민들이 신속히 대피소를 찾을 수 있도록 하는 것은 대단히 중요하다. 따라서 주민들의 이동이 많은 곳에는 대피소로의 거리 및 방향 등을 표시한 표지판을 설치하며 주야간을 막론하고 경계 및 공습경보 발령시 부착된 표지판에 따라 신속히 대피소로 대피하도록 보장해야 할 것이다. 현재는 대피소를 주변으로 표지판이 일부 설치되어 있기는 하지만 이를 보다 넓은 지역으로 확대할 필요성이 있다. 평시부터 안내표지를 설치해 놓으면 바람직하겠으나 이런저런 이유로 그렇지 못할 경우라면 충무사태 선포 이후에라도 자치단체가 주도하여 설치를 강제할 수 있도록 해야 한다.(앞에서 언급한 휴대폰 앱을 개발 및 사용할 경우, 많은 도움이 될 것이다.)

여섯째, 중소도시, 주택 및 빌라 등의 대피소 설치방안의 제시이다. 아파트는 대부분 주차장으로 활용되는 지하시설이 있어 대피소로 사용할 수 있겠지만 주택이나 빌라는 그렇지 못한 경우가 많다. 개개인이 알아서 대피소를 설치한다면 바람직하겠으나 그렇게 할 수 없을 상황에 대비하여 재래식 무기와 핵무기의 피해를 일부 줄일 수 있는 대피소의 설치를 제시하는 것도 필요하다.

이와 관련 영국이 제2차 세계대전 당시 설치 및 활용하였던 앤더슨 대피호는 우리에게도 유용한 방안을 제시한다. 이러한 대피호는 재래식 무기는 물론 핵 등 대량살상무기로부터도 거리에 따라 방호력을 제공받을 수 있는 만큼 특히 지하 대피소가 인근에 없는 대도시를 포함한 중소도시, 개인주택이나 빌라 등에서 가용한 공간이 있을 경우 충무사태 선포 이후 설치하여 사용할 수 있도록 해야겠다.

아래의 왼쪽 사진은 1945년 8월 6일, 히로시마가 원폭공격을 받았을 당시 폭발원점(Ground Zero)으로부터 5,000피트(약 1,500m) 떨어진 곳에 있었던 대피소의 모습으로 주변의 많은 건물 또는 주택은 화재로 전소되고 폭풍으로 모두 무너지면서 폐허로 변하였지만 대피호는 원래의 모습을 유지하는 것을 볼 수 있다.

〈그림 6.16〉 원폭공격 이후 히로시마와 나가사키 대피소

출처: 왼쪽은 https://www.aljazeera.com/gallery/2015/8/6/atomic-bomb-in-1945-a-look-back-at-the-destruction, 오른쪽은 https://www.atomicarchive. com/resources/ documents/bombing-survey/section_IV.html (검색일: 2023. 9. 4.)

오른쪽 사진은 8월 9일, 나가사키가 원폭공격을 받았을 당시 폭발원점으로부터 멀지 않은 곳의 작은 언덕에 있었던 터널형 대피소로서 여기 역시 주변은 모두 폐허로 변하였지만 내부로 대피하였던 사람들은 안전 또는 경미한 피해를 입은 것으로 알려졌다.

영국과 히로시마 및 나가사키의 사례를 감안하여 정부는 정원이 있는 빌라나 개인용 주택, 또는 대피호를 설치할 언덕 등이 근처에 있을 경우에는 앤더슨 대피호나 히로시마 및 나가사키와 유사한 형태의 대피호를 설치할 수 있도록 대피인원을 고려한 시설의 규격과 설치방안, 내부 준비물 등을 제시하고 충무사태 선포 이후에는 이를 설치할 수 있도록 적극적인 홍보와 설치를 권장해야 할 것이다.

이 대피호는 설치용 자재 규격 및 방식, 흙을 덮을 두께 등에 따라 핵무기와 재래식 무기로부터 제한적인 방호력을 제공받을 수 있는 만큼 이를 설치한다면 다소나마 피해를 줄일 수 있다. 정부는 충무사태 선포 이후 개인주택 또는 공간이나 근처의 가용한 곳이 있는 빌라 등에 대피호를 설치함으로써 재래식 무기는 물론 제한적으로 핵방호 능력을 확보할 수 있도록 해야 한다. 이렇게 할 수 있도록 표준도면과 자재 공급방안 등을 제시해야 할 것이다. 개개인도 평시에 이에 필요한 자재를 준비해 놓는다면 생존에 기여할 것이다.

일곱째, 기존 대피소의 개선 및 확대 설치방안이다. 〈그림 6.17〉에서 왼쪽은 아파트의 지하 주차장으로 창문은 외부로 노출되어 있다. 이 지하 주차장은 핵공격을 받을 시 폭풍에 의해 유리창이 파괴되면서 열복사선과 폭풍이나 방사선 및 낙진이 그대로 유입될 수 있다. 오른쪽 사진은 산지를 정리하여 놀이터 공원을 만든 곳으로 인근에는 개인주택과 빌라에 주민이 수백 명 거주하나 부근에 대피소는 없다.

〈그림 6.17〉의 왼쪽 아파트의 지하 주차장은 충무사태 선포 이

〈그림 6.17〉 핵공격 대비 보완이 필요한 부분(왼쪽: 지하 주차장, 오른쪽: 터널형 대피소)

출처: 필자가 촬영한 사진임

후 유리창을 막을 수 있도록 마대 등에 흙을 넣어서 또는 벽면에 두텁게 흙을 덮어서 핵공격 시 열복사선 및 폭풍과 방사선 등을 차단할 수 있도록 해야 하며, 오른쪽 개인주택 및 빌라의 경우는 야산을 이용하여 터널형 대피소를 설치하면 핵공격 시 대피할 수 있을 것이다. 자치단체에서는 이러한 개선 소요를 파악하여 충무사태 선포 이후 조치할 사항의 목록에 포함하거나 단계적 사업에 포함하여 대피소를 만드는 방안도 고려해야 한다.

또한 지하철역이나 아파트 지하 주차장이 미관이나 채광 또는 주변 여건을 고려하여 상부를 유리창과 구조물로 해 놓은 곳을 볼 수 있는데 이는 단순히 전시 상황만을 생각해 보면 핵공격을 받을 시 열복사선, 폭풍, 방사선으로부터 그대로 피해를 받을 수 있어서 대피소로 사용할 수 없다. 이러한 부분을 개선하기 어려운 곳은 대피소 지정에서 제외해야 한다.

여덟째, 대피소의 유형화 발전이다. 모든 대피소를 재래식 무기는 물론 핵무기를 포함한 대량살상무기로부터도 완전한 방호를 제공받을 수 있도록 방폭문 등을 모두 설비하면 좋겠으나 이는 설치비용과 소요 기간 등으로 쉽지 않다. 따라서 대피소의 중요성과 용도, 지역 등을 고려하여 유형화할 필요가 있다. 예를 들면, 정부기능의 유지 등 전시 행정에 있어 중요한 중앙행정기관 및 광역자치단체 등의 충무시설은 1급 대피소로 전시 정부기능의 유지와 행정의 지속성 확보를 위하여 완전한 방호능력을 갖추도록 설비하고 기타 공공기관이나 아파트 등은 2급 대피소로 핵공격을 받은 이후 일정기간 동안 방호력을 제공할 수 있도록 제한적인 설비를 갖추며 지하철역은 3급의 대피소로서 재래식 공격, 핵 및 화생제로부터 부분 방호를 하며 핵공격을 받은 이후 단기간 생존에 필요한 생존물자를 준비하고 일반주택이나 빌라 등 지하 주차장이 없는 곳은 4급 대피소로 간이형 대피소를 설치해서 재래식 무기와 핵무기로부터 일정시간 제한적인 방호력을 제공하도록 하는 것이다.

간이형 대피소는 주택이나 빌라 등의 정원에 지하 대피소를 만들고 출입구 설치와 흙을 일정 높이로 덮어 방호력을 제공받을 수 있도록 준비한다. 제2차 세계대전 당시 영국은 독일군의 폭격기가 공습 시 지하철역을 대피소로 활용하였지만 그럴 여건이 안 되는 개인주택이나 빌라에서는 360만여 개소의 앤더슨 대피호를 만들어 주민을 보호

〈표 6.5〉 민방위 대피소의 구분 및 설치방안(예)

구분	기준	적용대상
1급	• 재래식 공격, 핵 및 화생제로부터 완전한 방호 제공 • 2주 이상 장기간 생존물자 준비	• 충무시설
2급	• 재래식 공격, 핵 및 화생제로부터 부분 방호 • 공격 이후 일정기간 생존에 필요한 생존물자 준비	• 아파트 및 공공기관 등의 대피소
3급	• 재래식 공격, 핵 및 화생제로부터 부분 방호 • 공격당시 단기간 생존에 필요한 생존물자 준비	• 지하철역 대피소
4급	• 재래식 무기, 핵 및 화생제로부터 제한적 방호 • 단기간 잔류에 필요한 생존물자 준비	• 개인주택, 빌라 등의 간이 대피소

출처: 필자의 연구결과임

하였던 적이 있다. 이스라엘 가자지구에 설치한 유형의 대피소를 가정 또는 빌라지역에 설치하고 두껍게 흙으로 덮으며 철제출입문을 설치하고 내부에 생존에 필요한 물자를 준비하면 핵공격을 받을지라도 폭발원점으로부터 거리에 따라서 일정기간 부분적인 방호와 생존을 보장할 수 있는 만큼 이러한 방안도 강구해야 한다.

아홉째, 파출소와 주민복지센터 및 농협 또는 기타의 기관 등을 통합하여 사무실을 신축하면서 동시에 지하에 주차장과 식당 등을 설치하고 유사시 이를 대피소로 활용하는 방안도 필요하다. 통상 이들 건물은 소속 행정기관이 다르면서 독립하여 설치하는데 향후 이러한 사무실을 신축할 경우에 통합하여 설치하되 지하에는 식당과 주차장, 1층은 파출소, 2층은 농협, 3층은 주민복지센터 등으로 사용하도록 설계하자는 것이다. 이렇게 하면 부지소요는 물론 건물 신축 비용도 줄어들며, 핵상황에서 대피소로 사용할 수도 있는 등 여러 이점이 있다. 정부는 이러한 방법이 가능토록 유관기간 협의를 거쳐 시범적으로 추진하였으면 한다.

〈그림 6.18〉 제2차 세계대전 당시 런던의 주택용 앤더슨 대피호

출처: https://www.shutterstock.com/image-photo/old-anderson-shelter-second-world-war (검색일: 2023. 9. 4.)

5) 아파트 거주 주민 등의 대피방안 제시

먼저 아파트에 거주하는 주민들의 대피방안이다. 수도권은 물론 지방의 중소도시에서도 고층아파트 건설이 증가하면서 거주 주민이 증가하는 추세이다. 국토면적이 좁은 우리나라로서 일면 불가피한 면도 있지만 문제는 전시에 발생한다. 아파트에 거주하는 주민들은 경계 및 공습경보에 따라 저층 및 고층아파트 거주 주민의 대피방안이 일률적으로 같을 수가 없다.

민방공 경보 발령 시 고층아파트 거주 주민은 경보발령으로 아파트의 승강기를 사용하여 지하로 대피하려고 한다면 동시에 여러 사람이 사용하려고 시도하면서 실제 사용할 수 없는 경우에 처할 수 있으므로 가급적 사용을 지양해야 한다.

경계경보가 발령될 경우는 신속히 계단을 이용하여 대피소로 대피하며, 공습경보 발령시는 대피소로 대피에 가용한 시간이 극히 제한될 것인 만큼 2~3층 이하는 계단을 이용하여 대피소로 대피하되 그 이상 고층에 거주하는 주민들은 거실보다는 콘크리트로 둘러싸인 화장실이 재래식 무기는 물론 핵공격을 받을 시에도 열복사선 및 방사선으로부터도 그나마 안전할 수 있는 만큼 그곳으로 대피해야 한다.(화장실로 대피하면 단전 및 단수 가능성에 대비하여 즉시 가용한 용기에 물을 최대한 받아놓기를 권한다.) 정부는 고층아파트 주민의 생존을 위해 민방공 경보가 발령될 시 어떻게 대피할 것인지에 대한 방법을 제시해야 한다.

다음은 지하 주차장이 없는 아파트 주민의 대피방안이다. 아파트 건축 기간이 경과하여 지하 주차장이 없는 아파트라면 전시 대피에 있어 어려움이 발생할 수 있다. 주변에 간이형 대피소를 설치할 공간이 있다면 간이형 대피소를 설치토록 하되, 그렇지 못할 상황이라면 주변의 지하 대피소를 보유한 아파트를 공동으로 사용할 수 있도록 정부는 방침을 정하고 자치단체가 주도하여 대피소로 지정할 수 있도록 하는 것도 한 방안이 될 것이다.

피폭 원점으로부터 거리에 따라 다르기는 하겠지만 폭발원점으로부터 가까울수록 핵폭발 당시의 열복사선, 폭풍으로 아파트가 화재 또는 붕괴의 가능성도 예상되는 만큼 당시의 상황에 따라 적절한 대응이 필요하겠다.

그 외에 아파트에 거주하지 않는 사람들로 주변에서 행동하던 중 민방공 경보가 발령될 시 아파트의 대피소로 즉시 대피할 수 있도록 충무사태 선포 이후에는 보안장치를 해제해 주는 것도 필요하다. 장애인과 노약자들은 충무사태 선포 시부터 충분한 시간을 갖고 대피소로 대피하는 방안도 생각해 보자.

6) 낙진에 대한 대비

'낙진(Fallout)'이란 핵폭발에 의하여 생기는 방사능재이다(방사선과 방사능에 대한 구분이 필요하다).[26] 낙진은 핵폭발 이후 10여 분 정도 지나면 떨어지기 시작한다. 방사능에 직접 노출되면 2주 정도 후에 그 증상이 나타나는데 세포가 괴사하거나 변이되며 심할 경우 사망한다. 낙진이 몸에 묻거나 호흡기 또는 상처 등을 통하여 인체로 흡수되거나 또는

---

26 방사선(Radiation)은 원자핵이 붕괴될 때 방출하는 알파선(α선), 베타선(β선), 감마선(γ선)과 같은 일종의 공간을 이동하는 에너지로 사람이 방사선을 쬐였을 경우의 영향 정도를 나타내는 측정단위는 Sv(시버트)이다. 방사능(Radioactivity)은 방사능(방사성)물질의 원자핵이 단위시간당 붕괴되는 수를 의미하며, 방사능 강도를 측정하는 단위로는 Bq(베크렐)을 사용한다. 주로 채소와 수산품, 해양, 토양의 오염 정도를 파악하는 데 사용한다. 예를 들면 1kg당 양파는 47Bq, 고추는 91Bq, 배추는 68Bq, 쌀은 24Bq, 어류는 76.9Bq을 방출한다.(https://www.kaeri.re.kr/board, 검색일: 2023. 8. 30.)

방사능에 오염된 동식물을 섭취하면 직간접으로 피폭되면서 그곳에서 끊임없이 방출되는 방사선을 계속 받게 된다. 따라서 방사능 오염이 방사선을 직접 쬐는 방사선 피폭보다 훨씬 위험도가 높을 수 있다.

낙진은 핵폭발의 영향 중 열복사선과 폭풍 및 방사선에 의한 피해보다 상대적으로 작은 피해에 해당하지만 화산재처럼 주위의 먼지나 이런 부수물들이 뜨거운 공기를 타고 올라가 먼 곳까지 확산한다.

핵폭발 후 낙진이 떨어지기 전에 10여 분의 시간이 있으며, 낙진의 강도는 4~6시간 경과할 시 가장 강하다. 폭발 후 몇 분 안에 다층건물의 안이나 지하의 대피소 등으로 대피할 수 있다면 바로 콘크리트나 벽돌 벽을 가진 건물의 내부로 대피하는 것이 다소 안전하다.

미국 정부는 "정부의 별도 지시가 없는 한, 폭발 후 24시간 이내에 독자적으로 움직이지 말라"고 권고한다. 연방재난관리청의 자료에 따르면 핵공격을 받을 시 낙진으로 인한 피해는 '7-10법칙(7-10 Rule of Thumb)'에 의거 7시간이 지나면 1/10씩 감소한다. 예를 들어, 1,000R/hr의 방사선은 7시간이 지나면 100R/hr이 되고 다시 49(7×7)시간이 되면 10R/hr이 되며, 343시간(7×7×7, 2주)가 지나면 1R/hr의 미미한 수준으로 하락한다. 따라서 대피소에는 2주간 생존할 수 있는 식품류를 포함한 준비가 필요하다.

핵폭발 시 정부의 민방공 경보와 안내를 청취할 수 있는 방송 청취용 라디오, 대피간 발생할 수 있는 부상에 대한 대응과 개인위생 및 응급대응용품 등을 준비해 놓는 것이 좋으며, 대피할 시 신속한 이동과 운반이 용이하도록 물자를 배낭 또는 캐리어 등에 보관해 두면 상황 발생 시 신속하게 대치할 수 있다. 평시 대피용 물품의 준비가 부족한 우리로서는 충무사태가 선포되면 필요한 물품을 준비해 놓도록 하는 것도 한 방안이 될 것이다.

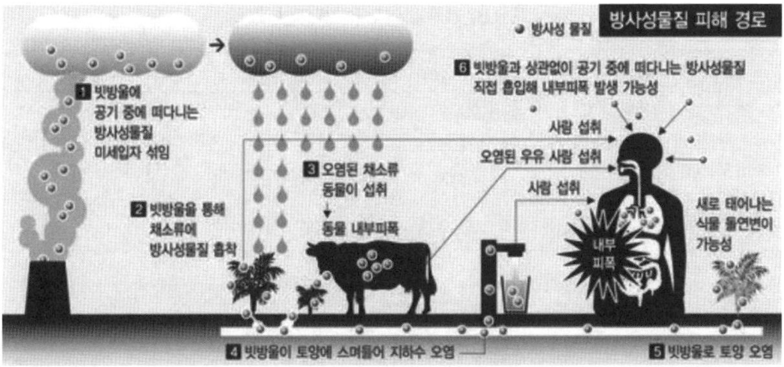

노출된 방사선량 (mSv)	구역질과 구토	설사	두통	중추신경계 기능	비고
1,000~ 2,000	2~6시간 노출 시 5~ 50% 가능성	없음	약간	손상 없음	28~31일 잠복기: 경미한 백혈구감소증, 신경증 등 가능
2,000~ 6,000	1~2시간 노출 시 50~ 100% 가능성	3~8시간 노출 시 약간	4~24시간 노출 시 50% 가능성	6~20시간 노출 시	7~28일 잠복기: 백혈구감소증, 자반병, 점장출혈, 장기 손상, 감염, 탈모 등

〈그림 6.19〉 방사성 물질 인체 유입 및 피해 경로

출처: https://m.blog.naver.com/PostView.naver? (검색일: 2023. 9. 20.)

미국의 연방재난관리청의 자료에서는 낙진 도달 전후의 대피 방법을 〈표 6.6〉과 같이 강조하고 있다.

핵폭발 이후 낙진을 피해 '7-10 법칙'에 의거 방사능이 현저히 감소하는 2주 동안 견딜 수 있는 식수와 식품 등이 가용하고 대피소 내부 공기를 순환 및 여과하면서 적정한 온도를 유지할 수 있는 등 대피소에 머물 수 있는 여건이라면 그대로 잔류하되 대피소가 낙진을 막기 어렵거나 머물 수 없는 여건이라면 보다 안전한 곳으로 이동해야 한다. 낙진을 피해서 이동할 시는 정부가 소개하는 안전지역 또는 콘크리트 건물의 중심부로 가면 더 안전할 수 있다. 다만, 정부의 수송수

〈표 6.6〉 핵폭발 이후 낙진대피 방법

실내 대피(GET INSIDE)	실내 잔류(STAY INSIDE)	방송 청취(STAY TUNED)
• 최기거리의 건물로 대피 – 콘크리트 건물이 좋음 • 피복 벗고 오염 피부 씻기 • 건물지하 또는 중앙으로 이동 – 외부벽 또는 지붕에서 이격	• 24시간 실내 잔류 – 창문 밀폐 – 생수를 마시고 밀폐된 용기 음식 섭취 – 정부 지시에 따라 행동	• 정부방송 청취 – 안전 이탈시기 및 장소 확인 • 배터리용 라디오 사용 • 휴대폰, 인터넷, TV 등은 사용 곤란

출처: https://www.ready.gov/sites/default/files/2020-11/ready_nuclear-explosion fact-sheet: https://www.epa.gov/radiation/radiation-health-effects (검색일: 2023. 9. 4.)

단 등의 지원 없이 가족 또는 개인이 이동할 시는 낙진의 인체 침투를 막을 수 있는 마스크를 하거나 비옷이나 외투 등을 입고 30분 이내에서 이동하며 바람을 맞고 수직방향으로 이동해야 한다.

미국의 연방재난관리청(FEMA)에서는 핵폭발 시 안전을 위하여 핵공격 전의 준비사항과 핵공격을 받을 시 생존을 위해서는 무엇을 할 것인지, 핵공격 이후에는 안전을 위해서 무엇을 할 것인지 등을 제시하는 데 〈표 6.7〉을 참고하면 좋을 것이다.

노출된 사람들은 최대한 노출 시간을 제한하거나 최소화하면 방사선 인체 피폭을 줄일 수 있다. 또한 방사선원으로부터의 거리가 멀어질수록 방사선량도 급격히 감소하는 만큼 거리를 이격하거나 납이나 콘크리트 등의 차폐막을 설치하거나 뒤에 위치하면 피폭량을 줄일

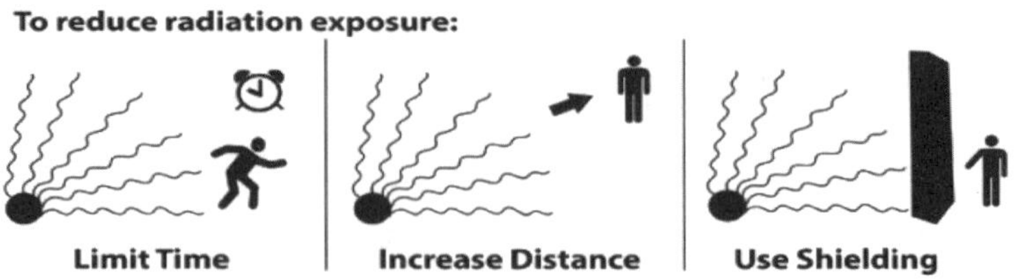

〈그림 6.20〉 방사선 인체 피폭을 줄이는 방법

출처: https://www.epa.gov/radiation/radiation-health-effects (검색일: 2023. 10. 3.)

〈표 6.7〉 핵폭발 시 안전하게 지내는 방법

지금(핵공격 전): 무엇을 준비할 것인가?	핵공격 시: 생존을 위해 무엇을 할 것인가?	핵공격 이후: 안전을 위해 무엇을 할 것인가?
• 대피소 위치 확인 – 가정, 직장, 학교 등 많은 시간을 보내는 곳에서부터 가장 가까운 곳 • 차량, 야외 등은 대피소로 부적절 – 지하 또는 큰 건물의 중앙을 찾을 것 • 긴급물자 킷 준비 – 식수, 음식, 약품, 배터리용 라디오 등을 준비	• 핵공격 경보 시 – 최기거리 실내대피소 대피, 창문에서 멀리 떨어질 것 • 야외 활동간 핵폭발 시 – 생존요령에 따른 행동 • 핵폭발 폭풍이 지난 뒤 – 낙진대비 최기거리 건물 실내로 대피 – 10분 내 적절한 곳으로 이동 – 낙진도달 이전 실내 도착 • 방송청취, 정부가 제공하는 안내에 따라 대피	• 대피소내 잔류 • 오염된 피복 제거 • 낙진제거 위한 샤워, 씻기 • 음료 등의 취식시 유의 – 야외 방치 음식 취식 금지 • 부상을 입었을 경우 – 방송에 따라 필요한 조치

출처: https://www.ready.gov/sites/default/files/2020-11/ready_nuclear-explosion_fact-sheet (검색일: 2023. 9. 4.)

수 있다.

7) 민방위 훈련

민방위 훈련은 재래식 무기는 물론 핵을 포함한 대량살상무기의 공격을 받는 상황에서 개인의 안전을 위하여 가장 기본적인 사항이다.

첫째, 민방위 훈련 기회의 증대 및 방법의 개선이 필요하다. 북한이 핵무기를 포함한 화생무기 등을 사용할 경우 남녀노소 구분없이 모든 국민에게 피해를 준다. 따라서 모든 국민은 이러한 피해 양상을 인식하여 스스로 자기를 보호하기 위한 민방위 훈련을 받아야 할 것이며 필요한 장비 등의 준비도 필요하다. 이를 위하여 민방위 훈련 대상은 온라인 교육보다 집합교육을 하도록 방법과 시간을 확대하고, 민방위 교육대상이 아닌 사람들은 자체적으로 온라인을 통하여 필요한 사항을 보면서 숙지할 수 있도록 자료를 제공해야 한다. 전국적으로 실시하는 민방위 훈련은 횟수 및 방법의 개선으로 실질적 훈련이 되도록 개선해야겠다.

둘째, 주민복지센터를 이용한 교육의 확대이다. 전국적으로 주민복지센터에서 많은 주민이 참여하는 다양한 과정을 운용하는 만큼 북핵 등 대량살상무기 관련 시청각 교육과 실습장비 등을 준비해서 활용토록 해야 할 것이다. 주민에 대한 강의 등의 일부 시간을 이용하여 개인의 생존보장 차원에서 북핵 등 관련 교육을 하는 방향으로 행정안전부는 지침과 방안, 교육자료 등을 제공해야 한다. 정부방송(KTV) 또는 중앙방송(KBS) 등에서는 주기적으로 국민보호 및 안전차원에서 핵을 포함한 대량살상무기 관련 시청각 자료를 방송하는 방안도 필요하다.

셋째, 주민이 각각 처해 있는 상황을 고려한 민방위 훈련이다. 민방공 경보 발령 시 시민들이 처해 있을 상황은 각각 다를 수 있다. 길거리에서 보행하는 사람, 아파트에 거주하는 사람, 사무실에서 사무보던 사람 등 각각 처해 있는 환경이 다를 것인 만큼 이러한 상황에서 전시 핵공격을 받는다면 어떻게 하는 것이 생존에 필요할지 알려주고 훈련을 하는 방안을 제시해야 한다.

넷째, 국민과 정부기관을 통합하여 동시에 민방위 훈련을 하는 방안이 필요하다. 국민 훈련은 경보발령 → 대피소로 대피 → 생존물자 준비 점검/사용방법 숙지 → 부상자 구조 및 구호 → 낙진 제거 → 전재민 수용 등 일련의 과정을 핵폭발 시 발생할 수 있는 사항을 염두에 두면서 훈련을 진행하고 정부기관의 훈련은 행정각부와 자치단체 및 유관기관 등이 각각의 역할에 맞게 참여하는 방향으로 하는 것도 필요하다. 이를 위한 훈련의 단계는 경보발령 → 대피소로 대피 → 생존물자의 준비 및 사용법 숙지 → 충무시설 운용 준비 및 운용 → 도상 연습 및 실제훈련 등으로 일반 국민과는 차별화하여 실시하는 방안으로 진행할 필요가 있다.

〈표 6.8〉의 설명으로, 1단계 훈련은 주로 민방공 경보 발령 후 대피에 중점을 둔 훈련으로 주로 민방위 훈련 시 적용하며, 2단계 훈련은 대피소내의 생존물자의 준비 및 실태점검으로 이를 통하여 생존물자 준비의 중요성을 인식하고 준비하기 위한 것이다. 3단계 훈련은 북한의 침공으로 전쟁이 발발하였다는 전제 아래 민방위 및 비상대비분야가 통합된 훈련으로, 북한이 탄도미사일을 발사하여 민방공 경보 발령으로부터 요격에 실패하면서 실제 핵공격을 받았다는 상황을 상정하여 제반 절차를 점검하고 미흡한 분야를 보완하기 위한 훈련이다. 3단계 훈련 시 국민은 1·2단계 훈련에 추가하여 부상자가 발생한 상황을 가정하여 구조 및 구호와 치료, 사망자 발생 상황을 가정한 사체 수습 및 처리, 전재민 수용에 대비하여 각각 국민이 알고 행해야 할 일을 훈련하는 것이다.

〈표 6.8〉 북핵 관련 민방위 및 비상대비 단계별 훈련 및 참여 범위(예)

구분		민방위 훈련			비상대비훈련		
		경보발령	대피소 대피	생존물자 사용법	부상자 구조/치료	낙진제염	전재민 수용
국민	1단계						
	2단계						
	3단계						
정부	1단계						
	2단계						
	3단계				충무시설 운용 준비/도상 및 실제연습		

출처: 필자의 연구결과임

이때 정부는 공무원이 충무지휘소를 개설한 뒤 핵 공격을 받았을 경우를 상정하여 부상자 구조 및 구호와 치료, 사망자 수습 및 처리, 전재민 수용 등 제반 과정을 관계기관이 참여한 가운데 도상연습과 실제훈련을 실시하면서 미흡한 분야를 찾아내어 보완할 수 있도록 한다. 1~2단계 훈련은 평시 민방위 훈련에 하고 3단계 훈련은 정부연습기간을 이용하여 할 수 있을 것이다. 이러한 훈련은 전시에 이러한 상황이 현실화할 시 발생할 혼선을 줄이기 위해서는 불가피하다.

8) 기타

첫째, 방사능 측정장비 및 약품 보유기준의 제시와 준비이다. 북한이 핵무기를 사용할 경우에 대비, 행정기관이 준비해야 할 방사능 탐지 및 측정장비와 방호약품에 대한 기준을 제시하도록 해야 한다. 정부는 평시 보유기준은 물론 충무사태 선포 이후에 대비하여 비상대비계획에 장비 및 약품 생산계획과 업체를 지정하고 충무사태 선포 시는 즉시 이를 생산하여 이를 필요로 하는 기관에 공급하도록 할 필요가 있다. 자치단체가 준비해야 할 방사능 측정장비 및 약품의 종류를 제시하면 〈표 6.9〉와 같다.

이러한 물품은 평시 정부가 장비 및 약품의 용도 및 사용빈도를 고려하여 기준수를 제시하고 확보하도록 하면서 충무사태 선포 이후에는 업체가 생산량을 확대하여 공급할 수 있도록 중점관리업체로 지정하고 자금을 지원하는 등 정부차원에서 관심을 가져야겠다.

둘째, 아파트 관리사무실에 핵관련 필요한 장비와 약품 비치이다. 아파트 단지의 주민을 보호하기 위하여 핵공격 이후에 대비하여 아파트 인근 지역과 대피소 내부의 방사능 탐지와 피폭된 인원의 임

〈표 6.9〉 북핵대비 자치단체의 준비 사항(예)

구분	방사능 측정		방사능 방호약품	
	광역시·도	시·군·구	광역시·도	시·군·구
품목	휴대용 방사능측정기/방사능 방호복		방사능 방호약품(3종)	
용도	방사선 탐지/방사능방호		방사능 해독/피폭 치료제	
기준	3대/3벌	읍·면·동 기준 1대/1벌	주민대비 일정 비율(5~10%)	
비고	약 100만 원			

출처: 필자의 연구결과임

시적 치료 등을 장비와 약품 등의 기준을 제시해야 한다. 〈표 6.10〉은 단지 필자가 제시하는 것으로, 정부는 검토를 거쳐 기준을 제시해야 하겠다.

우크라이나 수도 키이우에서 한때 러시아의 핵공격 가능성이 경고되면서 요오드화칼륨 알약[27]을 분배하였던 적이 있는데 이러한 물

〈표 6.10〉 북핵대비 아파트 단지별 준비물품 종류(예)

구분	방독면	휴대용 방사능측정기	방사능 방호약품	방사능 전신방호복
용도	개인방호	방사능 탐지	방사능 해독/치료	방사능 탐지방호
기준	개인당 1	2대	주민의 5% 이내	관리요원당 1

출처: 필자의 연구결과임

27 요오드화칼륨(potassium iodide) 은 무색 및 백색의 결정 분말이고 냄새가 없으며, 물에 잘 녹는다. 요오드화칼륨은 방사능 유출 등으로 인한 응급상황 발생 시 방사성 요오드가 갑상샘에 농축되는 것을 막아 인체를 보호해주는 기능을 하는 약품으로 알려져 있다. 요오드화칼륨을 복용하면 체내 요오드 농도를 증가시켜 요오드를 주로 흡수하는 기관인 갑상선을 요오드로 포화시켜 더 이상 방사선요오드가 갑상선에 못 들어오게 한다. 방사선 피폭 시, 방사성 요오드는 공기로 방출되어 호흡, 음식물, 음료 등을 통해 체내에 들어와 갑상선에 의해 빠르게 흡수되어 갑상선을 파괴한다. 이때, KI를 복용하면 방사성 요오드 대신 비방사성 요오드가 갑상선에 축적됨으로써 방사성 요오드의 흡수를 차단하고, 결과적으로 소변

자의 평시 일정량 비축과 사용법을 숙지함으로써 핵공격 시 대응능력을 확보할 수 있다.(화생무기 공격 시 대비 탄저균 및 천연두 등의 백신도 필요하다.) 방독면과 낙진 등의 제독 물자의 비축도 필요하다.

셋째, 병원 등 공공시설에서의 대피에 대한 방안의 제시이다. 만약 병원과 같은 곳에 치료인력과 환자가 있는 상황에서 민방공 경보 발령 시 지하 대피소로 신속히 대피할 여건이 허락하지 않는다면 병원의 내부 공간에 앞뒤로 콘크리트 벽으로 보호되는 곳에 대피공간을 준비하여 재래식 무기는 물론 열복사선 및 폭풍, 방사선 등으로부터 직접적인 피해를 줄일 수 있도록 해야 할 필요가 있다. 이렇게 준비된 사무실 등에는 필요한 표지를 부착해 놓아야 하며 민방위 훈련 시 대피훈련을 한다면 좋을 것이다.

넷째, 치료병원의 지정 확대이다. 정부는 북한의 핵공격 등에 대비하여 현재 지역별로 여러 치료병원을 지정해 놓고 있지만 이를 중첩되게 확대하고 그 목록을 유지하며 실제 상황 발생 시 신속하게 병원과 의사 및 약품을 동원할 수 있도록 정부연습이나 자치단체 훈련 등을 이용하여 점검해야 한다. 이렇게 하는 이유는 핵공격을 받을 시 대규모로 발생할 환자에 대하여 치료역량을 조기에 확보할 필요성 때문이다.

다섯째, 이러한 조치 외에 정부는 평시 민방위 및 국가비상대비 차원에서 국민이 알고 준비해야 할 사항을 팜프렛 또는 책자화하여

으로 배설되게 한다. 따라서 방사선 노출 전 · 후 1-2시간 이내 KI를 권장 용량으로 복용하면, 방사성 요오드 노출에 의한 갑상선암 발생 위험성을 감소시키거나 예방하는 효과가 있다. KI를 방사성 요오드 흡입 후 15분 안에 투여하면 90% 이상, 6시간 안에 투여하면 50% 가량을 방어하는 효과가 있다. KI는 약 24시간 동안 보호 효과가 있으므로, 위험이 더 이상 없을 때까지 매일 복용해야 한다. 그러나 복용량이 1일 요구량의 수백배에 해당하므로 아무런 위험이 없는데도 오남용하게 되면 부작용을 초래할 수 있으므로 치료 필요성이 위험성보다 클 경우에만 투여하는 것이 바람직하다.

각 가정에 배포하고 충무사태가 선포될 시는 방송과 신문, SNS 등을 이용하여 알려주어야 하겠다. 특히 시청각 효과가 높은 TV와 신속히 전파할 수 있는 SNS를 이용하여 집중적으로 알려줄 수 있도록 평시부터 동영상을 준비해 놓을 필요가 있다. 이러한 활동들이 국민을 살리는 길이다.

핵공격을 받을 시 발생할 피해를 극복하기 위한 방안을 모두 언급할 수 없는 만큼 이와 관련된 책자인 미국토부의 「핵폭발시 대응 지침」과 「핵 전쟁과 의학」 등을 참고하여 중앙정부와 자치단체 등이 할 업무를 식별할 수 있다.

다음은 개인의 목숨을 보전하기 위해서 숙지해야 할 사항으로, 이를 간략히 언급하면 먼저 공습경보 시 행동요령을 숙지해야 한다. 군이 적시에 북한군 미사일 발사기지 등의 동향과 발사 준비여부를 탐지한다면 그곳을 공군기의 폭격이나 미사일 등을 이용하여 타격할 것이다. 핵탄두 등을 탑재한 미사일을 발사할 경우는 당연히 궤적을 탐지하여 요격할 것이다. 미사일 탐지와 동시에 군에서는 공습경보를 발령할 것이며, 전국의 도처에 있는 사이렌과 중앙 및 지방의 TV와 라디오 등의 방송망을 통해서 모든 국민에게 즉시 전파될 것이다. 북한이 핵을 탑재한 미사일을 발사하면 한반도의 어느 도시에 도착할 시간은 짧게는 불과 2~4분, 길어도 10분을 넘지 않을 것이다. 이 시간은 개인의 생명을 좌우할 천금 같은 시간이 될 것인 만큼 좌고우면하지 말고 가장 가까이 있는 대피소 등으로 대피해야 한다.

다음은 핵폭발 시의 개인행동이다. 핵폭발 시 개인이 생존을 위하여 대피하는데 가용한 시간은 불과 수초에 불과할 것이다. 핵폭발 시는 인체의 피해는 대부분 열복사선에 의한 화상과 폭풍에 의한 부상 및 방사선에 의한 피폭으로 발생한다. 열복사선과 방사선은 빛의 속도로 확산하면서 피해를 준다. 폭풍은 건물을 붕괴 또는 파괴하면서 그 파편에 의한 피해가 발생한다.

이러한 화상과 부상, 방사선 피폭은 핵폭발 이후 불과 1분 이내에 대부분 발생한다. 그런 만큼 핵폭발 당시로부터 1분 이내의 행동은 개인의 생명을 좌우한다. 핵폭발 이후에는 약 10분이 지나면 낙진이 떨어지면서 또 다른 피해가 발생한다. 따라서 모든 국민은 생존을 위하여 핵폭발 시 화상과 부상, 방사선 피폭과 낙진으로부터 안전대책을 강구해야 한다.

핵폭발 이후 행동으로, 첫째, 정부의 방송을 청취하자. 대피시설에 있다면 방송을 청취하면서 그곳에서 머무르자. 둘째, 개인방호 조치를 하자. 셋째, 피폭지역에서 오염되었을 상황이 있을 수 있으므로 필요시 검진과 치료를 받자. 넷째, 피폭지역에서는 낙진 등으로 음식물과 식수 등이 오염되었을 가능성이 있는 만큼 이를 섭취할 시 주의를 기울이자.

그 외에 우리 사회에는 사회적 약자로서 독거노인, 소년소녀가장 등 다수의 취약계층이 있다. 전시 상황에서는 이러한 사회적 취약계층의 삶이 더욱 어려워질 수 있으나 행정력이 모두 이를 지원하기에는 한계가 있을 것이다. 다행히 읍·면·동에는 부녀회와 노인회 등 여러 주민자치 조직이 있는 만큼 이러한 조직을 이용하여 민방위 사태는 물론 충무계획이 유효할 시도 활용할 수 있는 방안을 강구할 필요가 있다.

6. 소결론

1) 북핵대비 민방위 업무의 중요성 인식

민방위 업무가 그간 지속적으로 발전되어 온 것이 사실이나 북핵 위협이 가중되는 상황에서 개선 및 발전이 필요한 부분이 적지 않다. 북핵의 위협은 하루가 다르게 가중되나 이에 국민의 보호 및 안전을 위한 대피소 등의 준비는 미흡하다.

핵공격을 받을 시 광범위한 피해가 발생하는 것은 맞지만 민방공 경보체계의 발전이나 규격을 갖춘 대피소 준비, 대피소 내부의 물자 준비, 민방위 훈련의 내실화 등을 통해 피해를 많이 감소시킬 수 있다.

2) 현재의 민방위 업무의 불완전성 보완

민방위 업무의 중요성에 비하여 그간 훈련시간의 축소 및 교육방법의 변화 등 형식적으로 실시하는 경향이 많았다. 북핵에 대비할 민방위 업무는 북한의 극초음속 미사일 발전에 따른 신속한 경보의 발령 및 전파, 핵대비 민방위 대피소의 준비 확대와 다양화, 대피소 내부에 생존에 필요한 물품의 종류 및 기준의 제시, 민방위 훈련의 내실화 등이 될 것이다.

3) 북핵대비 민방위 분야의 정부 역할 강화

북핵은 대한민국 안보의 제1 위협요인이다. 핵공격을 받을 시 다대한 인명 및 재산상의 피해가 발생하지만 정부와 국민의 노력 여하에 따라서는 그 피해의 상당한 부분을 감소시킬 수 있다. 이를 위해서는 민방공 경보시스템의 발전, 경보발령 및 전파 수단의 다양화, 대피소의 확대 지정, 대피소 내부의 준비물 준비 등이 필요하다. 정부는 개선이 필요한 부분에 대하여 정부의 기준 제시 등을 통해 국민의 생존을 높여야겠다.

4) 북핵대비 개인의 생존성 강화 노력

북핵 공격 시 피해의 감소를 위해서는 정부의 노력만으로 모두 해결할 수는 없다. 국민 개개인도 핵폭발시 발생하는 현상, 대피소의 위치와 대피요령의 숙지 등 개인의 안전과 생명보전을 위하여 알고 행동해야 할 사항은 숙지해야 한다.

7장
북핵대비
국가비상대비업무

1. 개요

국가비상대비업무(National Emergency Preparedness Affairs)는 전시나 이에 준하는 사태로 충무사태를 선포할 시에 정치와 경제, 외교, 과학기술, 예비전력 및 군사력 등 국가의 전 역량을 동원하여 국가총력전(Total War)을 수행함으로써 인명 등 국가적 피해를 최소화하면서 전쟁에서 승리하기 위한 범정부 차원의 전시에 대비하기 위한 업무이다.

제1차 세계대전이나 제2차 세계대전 등의 주요 전쟁사를 보면 연합국이 승리할 수 있었던 이유로 군사작전의 승리를 기본으로 정부기능의 유지는 물론 국민생활이 안정이 되었을 때 가능하였음을 볼 수 있다. 이러한 정부의 노력은 영국이나 미국에서는 War Effort(전쟁지원 노력)라 하였고 국민의 전쟁지원 활동은 Home Front(후방전선 지원) 활동으로서 이는 곧 우리나라에서의 국가비상대비업무와 같다.

남북한의 병력규모와 무기체계, 북한군의 군사전략과 전술 등을 볼 때 한반도에서 일단 전쟁이 발발하면 남북간의 의도와는 달리 전면전으로 진행될 가능성이 크다. 6·25전쟁 당시처럼 북한이 전면적인 기습으로 전쟁을 도발할 경우 전면전 양상에서 군사작전은 합동참모본부가 미군과 한미연합작전으로 수행할 것이지만 정부에서는 전쟁의 궁극적인 승리를 위하여 정부기능의 유지는 물론 국민생활의 안정 등의 다양한 조치가 필요하다. 여기에 그치지 않고 군이 군사작전을 계속할 수 있도록 병력의 보충으로부터 각종 수송 및 건설기계, 장비와 탄약과 유류, 식량과 피복 등의 물자도 지원해야 한다. 이것이 전쟁에서의 승리를 위한 국가비상대비업무이다.

이 장에서는 제1차 및 제2차 세계대전 당시 영국의 국가비상대비업무와 우크라이나 전쟁에서의 우크라이나 국가비상대비업무를 먼저 간략히 기술한다. 이어서 우리나라의 국가비상대비업무를 간략하게 알아보고 북핵대비 국가비상대비업무 실태 및 발전방향을 제시한다.

2. 해외 국가비상대비업무 사례

1) 제1차 세계대전 당시 영국의 국가비상대비업무

제1차 세계대전에서 나타난 총력전 양상으로서 대표적인 사항은 영국과 프랑스 및 독일의 사례에서 찾아볼 수 있지만, 특히 영국에서 나타난 상황을 비상대비계획 3대 기능과 연계하여 보면 다음과 같은 사항들이 있다.

먼저 영국정부는 정부기능의 유지를 위하여 많은 법령을 제정하였다. 의회는 정부가 전쟁을 수행하는데 필요한 조치를 할 수 있도록 「국토방위법」, 「전시탄약법」 등을 제정하여 정부에게 많은 권한을 부여하였다.

「국토방위법(Defense of the Realm Act, DORA)」에서는 전쟁중에 정부가 전쟁을 수행하는 데 필요한 건물이나 토지를 징발하거나 정부의 전쟁에 필요한 조치를 반대한 범죄 등에 검열 등 정부에 강력한 권한을 부여하였다.

「전시탄약법(Munition of War Act)」은 무기나 탄약 수요가 급증하자 정부는 공장폐쇄, 노동자 파업 등을 금지하면서 급증하는 수요에 부응

〈그림 7.1〉 제1차 세계대전 당시 영국 여성들의 역할

출처: https://www.dailymail.co.uk/news/article-4521774/Incredible-photos-reveal-women-s-vital-roles-WWI.html (검색일: 2023. 9. 4.)

하여 막대한 양의 무기 및 탄약을 생산할 수 있도록 한 법이다.

여기에 그치지 않고 대규모의 병력동원을 위한 법령의 제정과 정부조직 확대 등의 다양한 조치, 무기와 탄약의 생산을 위한 여성들의 대규모 동원이 시행되었다. 왕립 육·해·공군 등에서는 많은 여성이 남성 군인들의 역할을 대신하였으며, 영농현장에서도 여성영농부대(Women's Land Army)를 편성하여 농작물 생산에 투입되었으며, 탄약 공장에서도 여성들이 탄약을 생산함에 있어 주요한 역할을 하였다.

국민생활의 안정유지를 위하여 농업분야에서 정책이 다양하게 시행되었다. 농작물 생산물 확대를 위한 영농지의 개간 등의 정책과 식량을 포함한 배급제의 시행, 식량절약을 위한 요리법의 개발 및 식량절약 포스터 등의 홍보도 하였다.

전쟁비용을 충당하기 위한 정부의 노력은 광범위하게 전개되었다. 세금을 올리고 새로운 항목의 세금을 만들었으며, 잉글랜드 은행의 발권력으로 대량으로 화폐를 발행하여 전쟁비용으로 사용하였다. 이에 인플레이션이 발생하자 전시채권을 발행하여 시중의 돈을 회수하면서 전쟁비용을 조달하였지만 그래도 비용을 충족할 수 없게 되자 캐나다와 호주 등의 영연방국가는 물론 미국에서 막대한 돈을 빌려서 사용하였다.(종전 이후 미국과 협의를 거쳐 50억 달러에 달하는 채무액을 결정하였

〈그림 7.2〉 제1차 세계대전 당시 영국의 배급제 홍보

출처: https://ww1hull.com/ww1-prices-tax-and-food-rationing-2/ (검색일: 2023. 9. 4.)

〈그림 7.3〉 제1차 세계대전 당시 영국의 전시채권 판매 홍보

출처: https://www.loc.gov/pictures/resource/cph (검색일: 2023. 9. 4.)

다.) 이러한 사항 외에도 수많은 조치가 시행되었으며, 이는 프랑스와 독일 등 모든 참전국에도 공통으로 나타난 사항이었다.

2) 제2차 세계대전 당시의 영국의 국가비상대비업무

독일이 1938년 3월 오스트리아를 합병하고 이어서 체코를 1939년 3월 합병한 뒤 9월에는 폴란드를 침공하면서 제2차 세계대전이 발발하였다. 제2차 세계대전이 본격적으로 시작되었지만, 전쟁을 수행할

〈그림 7.4〉 제2차 세계대전 영국의 병력모집 홍보 포스터

출처: https://www.iwm.org.uk/collections/item/object (검색일: 2023. 9. 5.)

준비는 병력이나 전투 장비와 탄약 등 여러모로 미흡하였다.

1939년 봄, 유럽의 정세가 한창 악화되자 정부에서는 5월, 20세에서 22세 사이의 독신 남성에게 적용되는 제한적 징집 계획인 「군훈련법(Military Training Act)」을 제정했으며 이에 따라 6개월간의 군사훈련을 받아야 했다. 전쟁이 발발하자 의회는 「국가복무(국군)법[National Service (Armed Forces) Act]」을 제정하였으며 이 법에서는 영국에 거주하는 18세에서 41세 사이의 남성이 군에 입대하도록 의무화하였다.

전쟁이 확대되면서 영국은 병력모집을 확대하였으며 이렇게 기간 중 병력은 〈표 7.1〉과 같은 규모로 증가하였다.

이미 제1차 세계대전에서 육군이나 해군 및 공군과 산업현장에서 전투 장비와 탄약의 생산 및 영농작업을 위하여 많은 여성이 참여

〈표 7.1〉 제2차 세계대전 당시 기간 중 영국의 병력의 확대

구분	1939	1940	1941	1942	1943	1944	1945
인원(만명)	106.8	181.2	328.5	388.0	445.2	469.1	490.6
비고	매년 4월 1일 기준, 2차 세계대전(1939. 9. ~ 1945. 5.)						

출처: https://www.theguardian.com/news/datablog/2011/sep/01/military-service-personnel-total (검색일: 2023. 9. 4.)

〈그림 7.5〉 제2차 세계대전 당시 ATS 대원 모집 홍보 포스터

출처: https://www.nam.ac.uk/explore/auxiliary-territorial-service (검색일: 2023. 9. 4.)

〈그림 7.6〉 제2차 세계대전 당시 탄약공장에서 여성들의 활동

출처: https://www.iwm.org.uk/history/the-vital-role-of-women-in-the-second-world-war (검색일: 2023. 9. 4.)

하였던 경험이 있는 영국은 제2차 세계대전이 발발하면서 제1차 세계대전보다 더 많은 여성이 전쟁을 지원하였다.

군에서는 지원지역복무(Auxiliary Territorial Services)와 여성지원공군(Women's Auxiliary Air Force), 여성왕립해군복무(The Women's Royal Naval Services) 등으로 군의 역할을 지원하였으며, 다양한 포스터로 모집홍보를 전개하였다.

산업현장에서 무기 및 탄약생산 기술을 가진 많은 남성이 전선으로 동원되면서 숙련된 기술자가 부족한 상황이 되면서 이 자리에 숙련도는 낮았지만 여성이 일정 기간의 교육을 거쳐 생산활동에 투입되었다. 전쟁 기간 중 95만여 명의 여성들이 전투 장비와 탄약 생산공장

〈표 7.2〉 제2차 세계대전 당시 연도별 여성인력의 고용인원

구분	1939	1940	1941	1942	1943	1944	1945. 6.
인원(만명)	509.4	557.2	611.0	691.5	725.3	710.7	676.8
비고	기준	+47.8	+101.6	+182.1	+215.9	+201.3	+167.4

출처: Stephen Broadberry and Peter Howleft, Blood. Sweat, and Tears: British Mobilization for World War II, A World At Total War: Global Conflict and the Politics of Destruction, 1937~1945, Cambridge University Press, p.171에서 부분 발췌.

에서 무기와 포탄과 실탄을 만들었다.

많은 남성이 동원되면서 노동력이 부족한 상황에서 부족한 노동력 보충을 위하여 정부는 여성영농군(Women's Land Army, 이하 WLA)을 제1차 세계대전에 이어 다시 창설하면서 영농작업에 투입하였다.

영국은 제1차 세계대전에서 승리하여 전승국이 되었지만 남은 것은 종전 이후 50억 달러의 대미채무였다. 그런 상황에서 전쟁이 발발하자 영국은 전쟁비용을 조달하기 위하여 조세의 인상과 전시채권 판매는 물론, 국내외에서 금과 같은 자산의 판매와 특히 미국의 지원이 중요하였다. 영국은 1939년부터 1945년까지의 전쟁 기간 중 국내에서 166억 4,700만 파운드(약 671억 달러)를 세금으로 조달하였으며 152억 3,700만 파운드(약 378억 달러)를 새로 차입하였고 10억 파운드(약 25억 달러) 이상의 해외자산을 매각하여 전쟁비용으로 사용하였다. 미국의 「무기대여법(Lend lease act)」에 의거하여 314억 달러를 지원받기도 하였다.

전쟁 이전 영국은 매년 5,500만 톤의 각종 식료품을 수입할 정도로 식품의 해외의존도는 높았으며, 이는 제1차 세계대전 당시처럼 독일군이 잠수함 공격이 시작되면 식량사정이 다시 악화되자 영국본토에서 식량증산을 위한 방안이 필요하였다.

<그림 7.7> 제2차 세계대전 당시 영국의 전시채권 판매 관련 홍보물

출처: https://www.iwm.org.uk/ (검색일: 2023. 9. 4.)

정부는 1939년 10월부터 '승리를 위한 농사짓기(Dig for Victory)' 캠페인을 시작하여 각 가정이 농사를 짓기 위한 운동을 장려하면서 개인의 정원이나 꽃밭이나 채소를 재배하기 위한 농지로 전환되었으며, 전국의 많은 목축지와 공원 심지어 런던 타워 밖에 있는 잔디밭도 경작지로 변하였다.

이와 병행하여 배급제를 시행하였다. 배급제를 시행하기 위하여 모든 시민에게는 배급책과 쿠폰을 지급하였으며, 개인은 등록과 동시에 지정된 상점에서 식품을 사야만 하였다. 시민들은 육류나 채소. 빵 등 각각의 식품을 구입하기 위하여 여러 상점을 다녀야만 하였다.

독일군의 본토 침공에 대비하여 지방에서는 '향토방위대(Home Guard)'를 편성하였다. 1940년부터 1944년까지 운영된 이 향토방위대는 일명 '아빠 부대(Dad Units)'로, 170만여 명의 자원봉사자들로서 군 복무를 하기에는 너무 어리거나 나이가 많은 사람(당시 영국군 복무는 18~41세) 또는 군 복무를 할 자격이 없는 사람들로 구성됐으며, 독일군이 침공할 시 지역을 방위하는 역할을 하는 것이었다.

향토방위대원들은 마을을 지키기 위하여 보초를 서면서 경비에

〈그림 7.8〉 '승리를 위한 농사짓기' 캠페인 포스터

출처: https://www.iwm.org.uk/collections/item/object (검색일: 2023. 9. 4.)

나섰으며 마을과 마을을 연결하는 도로의 길목에도 향토방위대원이 배치되어 철조망과 바리케이드를 설치하고 검문을 하면서 독일군의 침공에 대비하였다. 또한 독일군의 상륙침공에 대비하여 도로의 표지판을 모두 제거하였는가 하면, 모든 차량이나 건물은 등화관제용 커튼을 설치해야 했고 여기저기에 방공호를 설치하였다.

3) 우크라이나 전쟁에서 국가비상대비업무

2022년 2월 24일, 러시아가 우크라이나 침공할 당시만 해도 단기전으로 끝날 것으로 예상하였지만 우크라이나의 저항으로 개전 20개월째를 맞으면서 조심스럽게 우크라이나의 우세를 예측하는 여러 보도가 나오고 있다.

현재 전쟁이 진행되는 우크라이나 전쟁에서 지금의 시점에서 누가 승리할 것인지 전망하는 것은 어려운 일이기는 하나 열세한 국력에도 불구하고 러시아군에게 많은 피해를 주면서 주도적으로 전쟁을 끌고 나가는 우크라이나의 의지는 높이 평가할 만하다.

우크라이나에서 발생하고 있는 여러 상황을 감안하여 볼 때 우리나라에서 발생할 수 있는 사항을 비상대비계획 3대 기능의 연계하여 보면 다음과 같은 교훈을 도출할 할 수 있다.

먼저 정부기능 유지의 중요성이다. 러시아군은 침공을 하기 이전부터 사이버전을 통하여 우크라이나 정부기관은 물론 군의 지휘통제 시설 등의 기능을 방해하였고, 전쟁이 발발하면서 장거리 미사일로 수도 키이우와 마리우풀, 부차 등의 정부기관이나 C4I 등의 시설에 대한 정밀타격을 하였다.

또한 이 전쟁에서 특징적인 것 중의 하나는 '가짜 뉴스'가 횡행하는 것이다. 이번 전쟁에서 러시아의 '큰 거짓말' 즉 속임수가 많았는데 예를 들면, 젤렌스키가 극단 선택을 했다는 등의 뉴스를 전파하는 것이다. 이는 우크라이나 국민과 군의 사기 저하를 목적으로 하기 위한 의도가 크다.

한반도에서 전쟁 발발할 시 북한은 사이버전과 신형방사포 등의 재래식 전력은 물론 미사일과 핵무기를 사용한 공격이나 특작부대 습격, 무인기 공격 등 다양한 수단과 방법을 이용하여 행정부의 시설이 밀집해 있는 서울특별시 광화문 정부청사 일대와 세종특별자치시 및 과천의 정부종합청사 같은 곳을 집중적으로 공격할 것이다. 뿐만 아니

〈그림 7.9〉 우크라이나 국민의 저항활동

출처: https://www.wsj.com/articles/russian-invasion-ukraine-battle-of-kyiv (검색일: 2023. 9. 4.)

라 철도 및 도로, 원전, 금융, 방송 등 국가기반시설에 대하여 물리적 공격은 물론 사이버전을 수행할 것으로 예상되면서 이로 인하여 정부 기능 유지는 물론 국민생활의 어려움과 군사작전 지원을 위한 자원 동원에까지 여러 어려움이 예상되는 만큼 방호는 물론 방화벽 대책이 필요하다.

또한 북한은 국내의 반정부 세력과 연계하거나 사이버 공간을 이용하는 등으로 다양한 형태의 '가짜 뉴스'를 만들어 국민과 군의 사기 저하를 시도할 것이다. 따라서 개전 직전 및 전쟁기간 중 북한발 또는 국내 반정부 및 지하단체의 가짜 뉴스 통제대책의 발전은 전쟁에서의 승리를 위하여 대단히 중요한 문제로 대책이 필요하다.

다음은 국민생활 안정유지의 중요성이다. 러시아군은 장거리 미사일로 병원, 학교, 아파트 등을 무차별적으로 정밀공격하여 다대한 인명피해의 발생 및 시설이 파괴되고 있으며, 우크라이나 곡물창고 등에 대해서도 미사일 공격으로 피해를 입히고 있다. 이러한 공격으로 많은 인명피해 등의 발생에도 불구하고 우크라이나의 치료약품 부족과 병원 시설의 파괴 등으로 치료에 있어 어려움이 발생하고 있으며 일부지역에서 식량부족이 제기된 바 있다.

이러한 사항들은 전시 특히 수도권을 중심으로 한반도에서도 유사하게 발생하면서 국민생활의 안정적 유지에 있어 어려움의 발생이 예상된다. 전시 의료지원 및 혈액확보와 전재민 및 난민 등에 대한 구호 및 수용 등의 계획 점검이 필요하며, 식량수급을 위한 대책도 면밀하게 수립되어야 한다.

다음은 군사작전 지원을 위한 자원동원의 중요성이다. 우크라이나 정부는 전 국민에 대한 총동원령을 발령하여 18~60세의 남성들 총동원하고 있고, 그 외 여성 등을 이용하여 국민의용군 등을 조직하여 러시아군에 대규모로 저항하고 있다. 우크라이나 전쟁에서는 여성 5~6만여 명이 군에 복무하고 있다. 이들은 다양한 위치에서 역할을 하고 있다. 국토방위군(TDF) 등에 여성 자원복무자와 군복무자가 아닌 남성들도 다양한 역할로 전쟁지원 활동을 하고 있다. 국가총력전 차원에서 여성과 예비역 등의 역할은 전쟁지원 활동을 위하여 대단히 중요한 만큼 정부는 전시 이들을 적절히 활용한 계획을 수립해 놓을 필요가 있다. 이를 위해서 행정각부는 물론 자치단체 등에서도 전시 자원복무자를 운용할 직위 또는 계획을 수립할 수 있도록 관련 기관의 지침이 필요하다.

지금까지의 전쟁은 주로 재래식 전쟁에 대비할 비축물자의 중요성이 강조되었는데 이는 이대로 중요하지만, 우크라이나 전쟁의 진행을 보면 정밀무기의 중요성이 커지면서 반도체가 중요시되고 있는데 이 새로운 전쟁양상에서는 어떤 물자가 비축물자로 중요시되는지도 검토가 필요한 부분이다. 러시아군은 전투장비 생산용 반도체 조달의 어려움이 발생하면서 유도무기 생산이 저조하여 냉장고 등의 반도체를 정밀무기 제조에 사용하는 것으로 알려지고 있다. 우리도 무기 및 탄약 생산하기 위한 원부자재 비축물자 수준이 저조하여 전시 산업동원에 이어 어려움이 예상된다. 따라서 원부자재 비축을 지속하되 특히 정밀무기용 반도체 등을 적정량 확보하도록 비축물자에 포함하는 것도 중요하다. 충무사태 선포 시 시중유통 금속물자 중 무기제조용 산업동원업체로 전환하는 방안도 산업동원의 확대를 위하여 필요한 조치가 될 것이다.

그 외에 특히 국가비상대비 차원에서 관심을 가져야 할 부분으로 핵관련 사항이 있다. 푸틴 대통령 등 러시아 수뇌부에서 핵무기 사용 가능성을 언급하고 있는 만큼 러시아군이 전술핵무기를 실제로 사용할 경우에 발생할 상황을 보면서 민방위 대피소의 준비와 비상대비 분야에서 교훈을 도출하여 비상대비계획과 사태조치목록에 반영하는 것이다. 이미 북한은 '핵무기 사용 5대 조건'을 말하면서 전시 어떤 이유로든 필요시 핵무기를 사용할 수 있음을 공언한 바 있다.

한편, 전쟁이 장기화되면서 러시아나 우크라이나 모두 인원 및 장비 등의 손실이 증가하는 소모전 양상으로 발전되고 있음에도 주목해야 할 것이다. 전쟁이 장기화하면서 이럴 경우 국가동원의 역할은 전쟁지속능력을 확대하는 것인 만큼 정부는 우크라이나 전쟁을 교훈으로 전쟁지속능력을 확보 및 유지하기 위한 방안을 강구해야 한다.

전쟁단계를 반영한 비상대비계획 작성도 중요하다. 우크라이나 전쟁을 보면 전쟁이전 단계에는 러시아군 침공 준비, 우크라이나의 방어준비가 있었고 개전 및 방어단계에서는 러시아군 침공(지상, 해상, 공중, 사이버 등)과 우크라이나군의 총력적 대응이 있었다. 그 결과 러시아군은 북부지역에서 많은 피해를 입으면서 철수하였다. 반격 및 교착단계에서 우크라이나군은 북부를 사수하였고 러시아군은 철수하여 동남부에 전력을 집중하면서 동남부 지역에서 장기소모전으로 진행하고 있다.(종전 및 전후처리 단계는 향후 전쟁의 진행을 보아야 한다.)

방어적 입장에서 전쟁은 통상 이와 같이 전쟁이전 단계 → 개전 및 방어단계 → 반격 및 격멸단계 → 종전 및 전후처리 단계로 진행되며 한반도에서도 이러한 전쟁의 단계가 예상되고 우리의 전쟁지도지침에도 이와 같은 전쟁단계가 포함되어 있다. 그러나 전시대비 계획에는 이러한 전쟁단계를 반영한 과업의 선정 등 여러 미흡한 점이 발견되는 만큼 보완이 필요하다.

따라서 반격 및 격멸단계 이후는 핵심적 과업을 선정하여 작성하되 을지연습간 정부의 비상대비업무담당부서는 2부 연습에 참여하여 군과 보조를 맞춰 완전한 계획을 만들도록 할 필요가 있다.

비상대비 차원에서 전쟁의 기간은 중요한 문제이다. 지금까지 제1차 세계대전이나 제2차 세계대전, 현재 진행되고 있는 우크라이나 전쟁 등 주요 전쟁을 보면, 초기에는 대부분 단기전이 될 것이라는 전망을 하였지만, 장기화하면서 소모전으로 진행되는 경향을 보였다.

제2차 세계대전 당시 영국이 오랜기간 전쟁을 할 수 있었던 이유 중의 하나는 미국이 「무기대여법」을 통하여 막대한 지원이 있었기 때문이며 6·25전쟁에서 한국이 장기간 항쟁을 할 수 있었던 이유 중의 하나는 미국을 위시하여 국제연합에서 한국에 지원이 있었기 때문이다. 역사상 많은 전쟁에서도 개전 초기 단기전 희망과는 달리 장기전화 되었던 사례가 많은 점을 감안하여 우리도 장기전 대비 계획수립 지침 검토와 충무계획상 장기전 대비 계획 수립지침 반영 및 집행계획상 장기전 대비 지침과 방침 등을 포함해야 한다.

우리도 군은 물론 행정각부도 국가비상대비 차원에서 장기전에 대비할 기본적인 지침과 계획의 작성은 물론 전쟁지속능력의 확보 등의 계획이 필요하며, 이를 위한 기본지침의 수립과 전쟁지속능력 판단 및 부족역량 보완을 위한 검토와 계획의 발전이 필요하다.

종전 이후 계획의 발전에 관한 것이다. 전쟁기간 중 종전 이후에 대비할 계획수립은 지극히 불가하다. 따라서 종전 이후에 대비하여 평시 계획을 수립해 놓고 당시 상황을 고려하여 융통성 있게 적용하도록 해야 한다. 이렇게 수립된 계획은 정부연습 시기를 이용하여 계획 토의를 통해서 발전시켜야 한다. 이는 전시 예상되는 상황을 고려, 핵심적인 과업을 식별하고 과제별 방침을 정하고 정부 연습을 통하여 방침의 발전을 도모하는 방향으로 할 수 있을 것이다.

또한 종전 이후에는 필연적으로 동원된 수백만여 명의 예비군 병력이나 수십만여 대의 각종 수송 및 건설기계 등도 동원을 해제하고 원상태로의 복귀, 즉 복원(復元)을 해야 한다.

우리의 법령에도 종전 시 '동원해제 및 복원'을 하도록 관련 법령에 규정하고 있으며, 그 과정은 대단히 어려울 것이다. 따라서 평시 동원해제 요건 및 절차와 행정각부별 역할 등을 명확히 규정하고 계획을 발전시키며 정부연습을 통해 미비한 점을 보완해야 한다.

3. 시사점

앞에서는 제1차 및 2차 세계대전 당시의 영국의 War Effort 및 Home Front 활동 사례와 진행중인 우크라이나 전쟁에서의 사례의 일부를 제시하였지만 사실 그 업무의 범위는 광범위하며 수많은 사례를 갖고 있다.

이러한 사례가 제시하는 것은 전쟁은 정부와 국민이 하는 것이고 군은 정부와 군의 지원을 받아서 군사작전을 한다는 것이다. 이 과정에서 정부와 국민은 무수히 많은 피와 땀과 눈물을 흘렸으며 그러한 결과가 전쟁에서의 승리로 귀결되었던 것이다.

이러한 사례는 한반도에서 전쟁이 발발할 시도 예외 없이 그대로 나타날 것이다. 정부와 국민의 지원없이 군은 단 하루도 군사작전을 할 수 없다고 해도 과언이 아니며 따라서 정부는 이러한 역사적 사례를 교훈으로 삼아 국가비상대비업무를 시행함에 있어 무엇이 문제가 되는지 찾아서 발전시키기 위한 노력이 있어야 한다.

4. 국가비상대비업무 개관

1) 국가비상대비업무의 태동과 발전

한국은 6·25전쟁 당시 개전초기 비상대비업무의 불비로 정부와 군은 물론 국민도 극심한 고통을 감수해야만 하였다. 군은 병력을 포함한 전투지속에 필요한 지원을 전혀 받지 못하였고, 국민역시 아무런 지원없이 고향을 떠나 피난을 가면서 갖은 고통을 겪었다. 정부가 개전 3일 만에 그 기능을 상실하면서 발생한 일로서 이는 정부수립 2년이 경과하는 가운데 비상대비 조직을 편성하거나 계획을 수립하는 등을 할 수 없는 상황에서 불가피하게 발생한 일이다. 종전이후에도 전후복구와 비상대비업무에 대한 이해의 부족 등으로 이를 여전히 소홀히 하다가 1968년 1·21 사태가 계기가 되어 박정희 대통령의 지시에 의거 이 업무를 시작하였다.

비상대비 연습인 정부연습(태극연습)은 정부차원에서 비정규전을 중심으로 도상연습으로 최초로 실시(7. 5~7.)하였다. 비상대비업무를 수행할 비상기획위원회는 1969년 3월 대통령령 3818호로 국가안전보장회의 내에 설치되어서 업무를 시작하였으며, 당시 위원장은 장관급, 부위원장은 차관급으로 편성되었다. 현재의 비상대비계획인 충무계획의 작성은 1968년 1·21 사태 이후 국가동원체제연구회 내 비상대비계획반에서 최초로 시작하였다. 이후 비상대비연습과 충무계획은 시간을 달리하면서 점진적으로 발전해 왔다.

2) 국가비상대비업무의 주요 내용

전쟁은 단순히 군사작전만으로 진행되지 않는다. 군사작전을 주로 하는 국방부(합참)의 일이 있고 군사작전에 필요한 인적 및 물적 자원을 동원해줘야 하는 행정부의 일도 있다. 그런가 하면 전쟁기간은 물론 종전 및 전후처리 단계까지 정부가 그 기능을 유지해야 할 일도 있고, 국민생활의 안정을 유지해야 할 일도 있다. 이렇듯 국가비상대업무는 전시 군사작전의 지원을 위한 인적·물적 자원의 동원, 정부기능의 유지, 국민생활의 안정유지 등 이른바 충무계획 3대 기능의 내용을 포함하고 있다. 이를 구체적으로 보면, 군사작전 지원을 위한 자원동원 업무는 인적 및 물적 자원을 동원하기 위한 업무로 소관자원을 관리하는 행정각부에서 하고 있으며, 여기에는 국방부(병무청) 소관으로 병력동원 및 전시근로 소집이 있다. 또한 행정안전부는 기술인력동원, 국토교통부는 수송 및 건설기계 등의 동원, 산업통상자원부는 유류 및 탄약 등의 자원동원, 농림축산식품부는 양곡류 등의 동원 책임을 갖고 있다. 이러한 사항은 소관 자원을 관리하는 행정각부의 책임이다.

정부기능의 유지는 전시 정부기능을 유지함으로써 군사작전 지원을 위한 자원 동원은 물론 국민생활의 안정 등에 기여하기 위한 업무로서 여기에는 충무사태 선포 이후 정부기관의 소산, 주민 및 차량통제, 전쟁비용의 조달 및 전시예산 운용, 접적지역 주민 철수 등의 정부업무를 포함하며, 행정각부가 모두 포함된다.

국민생활의 안정유지 업무는 비록 전쟁기간일지라도 국민이 기본적인 삶을 유지하면서 전쟁지원 활동을 전개할 수 있도록 하기 위한 업무로써 필요한 경우 배급제 시행, 단전 및 단수대비, 부상자 처리 및 전재민 수용, 물가안정 등 국민생활 관련 광범위한 업무를 포함하며 소관부처에서 협조부처와의 협조로 시행한다.

전시 전쟁을 원활하게 수행하기 위한 자원의 동원과 정부 기능의 유지, 국민생활의 안정은 상호 긴밀히 연계된다. 즉, 아무리 전후방 지역에서 치열한 전투가 진행될지라도 정부가 그 기능을 제대로 발휘해야 국민생활의 안정을 유지할 수 있고, 국민생활이 안정돼야 군사작전의 지원을 위한 병력과 장비 및 물자 등의 자원동원이 원활해지며 군사작전 지원을 위한 자원동원이 제대로 되어야 비로소 군에서는 군사작전을 제대로 할 수 있다. 이렇듯 전시 정부기능 유지와 국민생활의 안정 및 군사작전 지원을 위한 자원동원의 3축은 긴밀하게 연계된다.

이와 같이 국가비상대비업무는 전시 정부기능을 유지하면서 국민생활의 안정을 유지하고 또한 군이 군사작전을 수행하는데 필요한 병력의 동원 등으로 전승에 기여할 수 있도록 하기 위한 정부의 전시대비 업무이다. 국가비상대비업무는 곧 전쟁의 승리에 기여하는 정부 고유의 업무로서 그만큼 정부의 관심이 필요하다.

3) 국가비상대비계획의 작성

국가비상대비업무는 전시 국가지도자의 전쟁지도를 중심으로 국민의 항전의지와 국력의 요소인 군사력과 경제력, 외교력, 과학기술력, 예비전력 등을 통합하여 총력전을 실시함으로써 피해를 최소화하면서 승리하기 위한 정부의 전시대비업무이다.

국가비상대비업무는 전시 충무계획의 3대 기능인 정부기능의 유지와 국민생활의 안정유지 및 군사작전 지원을 위한 자원(인원과 물자)의 동원을 위한 업무를 포함하고 있으며 전쟁을 수행하면서 정부기능을 유지하고 국민생활의 안정을 유지하며 군사작전을 수행하는 필요한 인적 및 물적자원을 동원하는 모든 업무를 포함한다고 할 정도로 매우 광범위한 내용을 포함하고 있다.

국가비상대비업무는 대통령으로부터 행정각부는 물론 광역 및 기초자치단체와 동원업체로 지정된 중점관리업체까지 포함하며 이를 위한 계획에는 기본지침 및 기본계획(행정안전부 비상대비정책국), 집행계획(행정각부), 시행계획(시·도 광역자치단체), 실시계획(기초자치단체, 중점관리업체) 등이 있다.

4) 국가비상대비업무의 수행체제

국가비상대비업무는 「비상대비업무에 관한 법률」 등 관련 법령 및 충무계획에 의거, 대통령으로부터 행정각부와 시·도 및 시·군·구, 읍·면·동에 이르기까지 전 행정기관이 관련된다.

서북도서나 휴전선 등의 지역에서 북한군의 도발로 국가적 위기 상황이 발행하면 상황의 정도에 따라 국방부 장관은 충무사태의 선포를 건의하며 국무회의 심의를 거쳐 대통령에게 건의하면 대통령은 충무사태를 선포하고, 이에 따라 국무총리는 국가비상대비업무를 총괄한다. 이를 위하여 평시 충무계획을 작성하고 정부연습을 실시한다. 행정안전부의 비상대비정책국은 국무총리를 보좌하여 비상대비업무를 수행하며 기본지침과 기본계획 등의 작성과 정부연습 계획 및 실시 등의 업무를 수행한다.

충무사태가 선포되면 행정각부는 사태조치목록에 의거하여 단계별 조치를 하며, 이를 위하여 평시 기본지침에 의거 집행계획의 작성과 소관자원을 관리한다. 시·도에서는 시행계획, 시·군·구에서는 실시계획을 작성하며 평시 각종 영장의 발부 및 교부와 전시 시행 등의 업무를 수행한다.

5. 북핵대비 국가비상대비업무의 현실태

1) 국가비상대비업무의 현실태

현재의 국가비상대비업무는 역대 정부에서 이 업무에 대한 인식이 부족하면서 발생하고 있는 국가비상대비조직의 약화 현상과 이로 인하여 현재 작성되어 있는 국가비상대비계획이 불완전성, 정부연습의 실시 등 여러 가지로 나타나고 있다. 여기서는 위의 3가지를 중점적으로 언급한다.

국가비상대비조직의 약화

국가비상대비업무를 수행하는 비상기획위원회는 창설 이후 국무총리비상기획위원회 등의 명칭 변경을 거쳐 현재는 행정안전부 내 비상대비정책국으로 업무를 수행하고 있다. 창설 당시 장관급 독립기관으로 업무를 수행하였으나 지금은 행정안전부의 한 국(局)으로 존치할 정도로 조직과 인원이 축소되는 등 약화되었다.

북한군의 위협이 재래식 무기에서 핵을 포함하는 대량살상무기로 심화되고 전쟁양상이 재래식 전쟁에서 핵전쟁 양상으로 변화되는 동안 국가비상대비업무를 수행할 조직과 인원은 지속적으로 약화되면서 현재는 겨우 명맥만 유지하는 상황으로 매년 동일 수준의 업무만 반복적으로 하는 상황이 되었다.

〈표 7.3〉에서 보는 바와 같이 1960년대 위협수단은 주로 재래식 전력으로서 전쟁양상은 국지전과 전면전 양상을 보였지만 이 당시 비상대비 조직은 장관급으로 편성되면서 업무를 수행하였다. 이후 1970~1990년대까지는 북한의 대남도발이 극심해지면서 인력이 보강되는 등의 역할이 일부 강화되었다.

2000년대 이후에는 위협수단이 다양화되면서 전쟁양상도 국지전과 전면전 양상에 대량살상무기가 사용되는 양상으로 발전되어 갔지만 오히려 비상대비 조직은 정치적 경제적인 논리 등으로 조직과 인력이 서서히 약화되기 시작하였다. 국가비상대비업무가 군사작전

〈표 7.3〉 시대별 비상대비 조직 및 인력 약화 현상

구분	위협수단	전쟁양상	비상대비조직	인원
1960년대	재래식전력	국지전+전면전	비상기획위원회 (1969, 장관급)	25명 (1969)
1970년대	재래식 전력	국지전+전면전	비상기획위원회 (장관급)	32명 (1970)
1980년대	재래식 전력+화학무기	국지전+전면전+ (제한된) 화학전	비상기획위원회 (장관급)	61명 (1981)
1990년대	재래식 전력+화생무기	국지전+전면전+ (제한된) 화생전	비상기획위원회 (장관급)	75명 (1992)
2000년대	재래식 전력+화생무기	국지전+전면전+ (제한된) 화생전	국가비상기획위원회 (차관급)	83명 (2003)
2010년대	재래식전력+대량살상 무기+사이버	국지전+전면전+대량살상 무기+사이버+무인기	비상대비기획관 (국장급)	39명 (2011)
2020년대 이후	재래식전력+대량살상 무기+사이버+무인기+?	국지전+전면전+대량살상 무기+사이버+무인기+ ?	비상대비정책국 (국장급)	36명 (2020)

출처: 박계호, "변화되는 북한의 안보위협대비 국가비상대비업무 발전방향 연구", 『2020 비상대비연구논총』, 통권 제46권, 제일기획, 2020, p.61.

을 수행하는 그 이상의 안보와 관련되는 범정부적인 업무임에도 불구하고 행정적인 이유로 그 소속을 행정안전부에 편성한다든가 전시 정부종합상황실을 운용하면서 정부의 전시업무를 총괄해야 할 문서고가 있는 과천이 아닌 세종시에 위치시킨 것도 안보현실과 업무의 중요성을 도외시한 잘못된 조치이다.

북핵과 화생무기의 사용 가능성에 무인기 및 사이버 전 등이 예상되는 국지전은 물론 전면전 가능성이 예상되면서 그에 따라 비상대비업무 환경이 더욱 악화되어 감에도 불구하고 비상대비 조직은 현저히 약화된 가운데 그 상태가 지속되고 있고 이러한 문제점과 개선방안에 대하여 이미 많은 논의와 건의가 있었음에도 이 업무에 대한 관심의 부족과 선입견 등으로 여전히 그 상태를 유지하고 있다.

이미 앞에서 언급하였지만, 제1차 세계대전이나 제2차 세계대전 당시 영국과 미국 등 연합국이 군사작전만의 승리로 전쟁을 종결한 것이 아니다. 오히려 후방에서 정부와 국민의 노력이 있었기 때문이라는 것을 알아야 한다. 그러나 우리나라에서는 정부와 국민의 노력을 간과하는 현상이 지속되고 있다.

국가비상대비계획의 불완전성

국가비상대비계획은 전쟁지도지침 및 한반도에서 예상되는 전쟁양상과 전쟁단계를 반영하여 작성되어야 한다. 그러나 현재 작성되어 있는 국가비상대비계획이 전시에 대비할 계획으로 보기에는 미흡하다. 이렇게 평가하는 이유의 하나로서 국가비상대비계획이 한반도에서 예상되는 전쟁단계 및 양상에 대응할 수 있어야 하나 그렇지 못하기 때문이다.

현재는 충무계획의 3대 기능을 포함하여 전쟁 이전단계 및 개전

〈표 7.4〉 6·25전쟁의 진행단계

구분	전쟁 이전/임박	개전 및 방어	방어 및 격멸	종전 및 전후처리
기간	1950. 6. 25. 이전	1950. 6. 25. ~ 9. 14.	1950. 9. 15. ~ 1953. 7. 26.	1953. 7. 27. ~ 1960
전쟁 국면	• 북한 전쟁준비 • 38도선 전투 • 평화협상 제안 • 국내반란 발생	• 전면침공 • 서울피탈 및 후퇴 • 유엔군 파병 • 낙동강방어선 전투	• 인천상륙작전 • 서울탈환 및 북진 • 중공군 개입 및 후퇴 • 참호전 • 휴전회담 전개	• 휴전 • 정전위 설치 • 전후복구 등

출처: 박계호, "을지태극연습의 개선방안 연구", 『2021 비상대비연구논총』, 통권 제47권, 제일기획, 2020, p.261.

및 방어단계 위주로 작성되어 있는데 충무계획의 개념과 작성범위의 확대 등을 통하여 반격 및 격멸단계와 종전 및 전후처리 단계 이후의 관련 사항도 포함할 필요가 있다. 이는 전쟁의 전 단계를 반영한 완전한 전시대비 계획으로 만들기 위한 것이나 전쟁단계에 대한 반영 없이 전쟁 이전단계 및 개전 및 방어단계 위주로 작성되어 있어 실제적 상황이 되면 문제가 발생한다.

지난 전쟁사를 보면 방어적 입장에서 대부분의 전쟁사에서 나타난 전쟁단계는 전쟁 이전 → 개전 및 방어 → 반격 및 격멸 → 종전 및 전후처리 단계로 진행되었으며, 6·25전쟁의 진행단계도 전쟁이전 단계로부터 종전 및 전후처리 단계를 거쳐 진행되었다.

제2차 세계대전 당시 영국은 독일의 침공으로 방어적 입장에서 전쟁을 시작하였지만 다음과 같은 단계로 전쟁을 수행하였으며 끝내 승리하였다. 영국의 전쟁단계는 〈표 7.5〉와 같이 구분할 수 있다.

표에서 보는 바와 같이 한국과 같은 방어적 입장에서의 전쟁은 통상적으로 전쟁이전단계, 개전 및 방어단계, 반격 및 격멸단계, 종전 및 전후처리 단계 등으로 진행되었다. 한반도에서도 일단 전쟁이 발발하면 특별한 사정이 발생하지 않는 한 위의 단계로 진행될 것인 만큼

〈표 7.5〉 제2차 세계대전 당시 영국의 전쟁단계

구분	전쟁이전	개전 및 방어	반격 및 격멸	종전 및 전후처리
기간	1940. 8월 이전	1940. 9. ~ 1944. 5	1944. 6 ~ 1945. 4	1945. 5월 이후
주요 상황	• 독일군 폴란드 침공 • 독일군 프랑스 침공 • 프랑스 항복	• 영국본토 폭격 • 대서양 전투 • 아프리카전투	• 노르만디 상륙작전 • 파리탈환 • 독일본토 공격	• 히틀러 자살 • 독일군 항복 • 독일분할 점령 • 전후복구 등

출처: 박계호, "을지태극연습의 개선방안 연구", 『2021 비상대비연구논총』, 통권 제47권, 제일기획, 2020, p.262.

이러한 전쟁단계를 반영한 완전한 계획을 작성해야 한다.

정부연습의 실시 미흡

정부연습은 전시에 대비하기 위한 범정부 차원의 연습이다. 따라서 행정각부는 전시 소관업무와 관련하여 예상되는 상황을 판단하고 조치하는 연습을 해야 한다. 그러나 한동안 이 정부연습을 왜 하는지 의문이 많았으며 아직도 이 문제는 다음과 같은 이유로 말끔하게 해소되지 않고 있다고 판단한다.

첫째, 연습상황의 전개의 적절성의 문제이다. 행정각부는 소관업무에 대하여 책임지고 현재 발생하는 국내외 상황을 평가하여 조치하면서 필요에 따라서는 유관부처와 화상회의든 대면회의든 회의를 할 수 있도록 상황실을 편성하고 상황을 평가할 팀을 편성하여야 하며, 이러한 상황판단을 기초로 연습을 하는 것이 전쟁상황에 대응하는 연습으로서 맞을 터인데 그렇지 못하면서 투입된 노력대비 효과가 미흡한 연습을 지금까지 해 왔다고 해도 과언이 아니다. 능동적인 연습이 아니라 수동적인 연습, 끌려가는 연습을 해왔다고 해도 틀린 말이 아니다.

둘째, 연습과업 적절성의 문제이다. 전쟁이 발발하면 군사는 물론 비군사 분야에서도 수많은 상황이 발생하며 이 가운데는 전쟁의 진행과 결과에 중대한 영향을 미칠 핵심적인 사항이 있는가 하면 별로 영향을 미치지 않을 일도 있다. 전쟁사에 나타났던 사례를 보면 식량의 안정적인 공급은 전쟁의 진행 및 결과에 중대한 영향을 미칠 정도로 중요하였던 핵심적인 과업이었다.

이는 급격히 확대되는 병력을 충원하기 위한 동원이나 전쟁비용의 조달 등에 있어서도 마찬가지였다. 한반도 상황을 보면, 핵을 포함한 대량살상무기에 의한 피해 발생 시 피해의 최소화 및 이를 복구하기 위한 것도 핵심과업에 포함해야 할 부분이다.

핵심과업 중에는 중앙부처와 지방자치단체가 긴밀하게 대응해야 할 과업이 있는가 하면 수도권 지역과 후방지역을 달리 적용해야 할 과업들도 있다. 그 외에 일률적으로 전국적인 차원에서 동일하게 조치할 과업이 있는가 하면 지역별로 차별적으로 조치해야 할 과업들도 있다.

전쟁기간 중 수많은 상황이 발생하면서 모든 상황이 같은 비중으로 일어나고 조치를 요구하는 것이 아닌 만큼 전쟁의 진행과 결과에 중대한 영향을 미칠 중요한 상황을 잘 식별하여 이러한 상황을 중점적으로 정부연습 기간에 유관부처 간의 협조를 거쳐 토의하고 문제점을 찾아서 개선하기 위한 노력이 필요하며, 매년 정부연습을 실시하는 이유도 여기에 있을 것이다. 이러한 핵심적인 과업은 통상 행정각부 간 긴밀한 협조를 거쳐 조치해야 할 과업이나 그간 소홀히 되었다.

셋째, 상황실 편성 및 운용 적절성의 문제이다. 이는 중앙부처의 상황실 편성 및 운용에 관한 것으로, 전시 행정각부는 기본지침에 의거 전시종합상황실을 편성하는데 여기에는 공통반과 기능수행반으로 통상 편성한다. 몇몇의 상황실 편성을 보면, 전시대비 편성이라고 보기에는 미흡한 것으로 판단하며 이는 행정각부의 상황실에 상황평가반이 없는 것이 문제이다. 대개 종합상황반이 있기는 하나 통상의 연습실태를 보면, 여기서는 단순히 발생하는 상황 또는 메시지를 받아 처리하는 역할 정도에 그치고 있으며, 현재 및 장차의 상황을 판단하여 행정각부가 취할 과업을 식별하는 역할을 하지 못하고 있다. 중앙부처는 전시 소관업무에 대한 종합적 상황판단 및 선조치 등의 능력이 필요하다.

넷째, 연습실시 및 평가의 적절성 미흡이다. 정부연습 중앙통제반에서는 군사연습과 연계되어 비군사 분야에 영향을 미치거나 또는 개별적으로 발생된 상황이 전쟁의 진행이나 결과에 중대한 영향을 미칠 과업위주로 연습각본을 구성해야 할 것이다. 특히 전쟁단계별 전쟁의 진행 및 결과에 중대한 영향을 미칠 핵심과업 또는 과제를 잘 식별하여 연습단계별로 상황을 부여함으로써 최대한 전쟁상황에 부합하는 연습이 진행될 수 있도록 해야 할 것이다.

여기에 덧붙여 북핵 및 화생무기 등의 위협이 악화됨에 따라 정부차원에서도 행정각부의 비상대비 계획에 정부의 조치사항을 반영하기 위한 계획을 작성하고 정부연습을 계획하고 시행해야 함에도 불구하고 이 분야의 전문가가 없는 것도 문제라 생각한다. 이로 인하여 비상대비계획의 작성, 정부연습의 실시와 평가 등 여러 문제점이 발생되고 있다. 이 문제는 우리나라가 당면할 수 있는 안보위협에서 민방위 및 비상대비계획의 작성 및 시행에 있어 중요한 문제로 생각하며 시급한 개선이 필요한 부분이다.

2) 북핵대비 국가비상대비업무의 현실태

계획 작성

충무계획은 한반도에서 예상되는 전쟁양상을 반영하여 전쟁단계별로 작성해야 하며 북핵이 안보위협의 제1요인이 된 만큼 당연히 반영되어야 한다. 북핵대비 계획의 작성을 위해서는 핵무기의 물리적 특성, 히로시마에서 발생하였던 여러 상황 및 교훈, 한반도에서 예상되는 전쟁양상, 행정각부의 소관업무 등을 기반으로 해야 한다. 또한 핵무기로 인한 피해가 광범위하게 참혹하게 장기간에 걸쳐 다양하게 나타나는 현상을 감안해야 한다. 정부는 적절하게 신속히 대응할 경우 피해를 줄일 수 있음을 알고 정부는 가용한 행정력을 신속히 동원할 수 있도록 해야 한다.

이를 위해서는 컨트롤 타워의 강력한 통제아래 신속하게 대응할 수 있도록 가용한 역량을 최대한 신속하게 집중적으로 동원할 수 있는 계획을 작성해야 한다.

이 과정에서 군을 포함한 행정각부간의 긴밀한 협업이 필요한 만큼 이러한 사항을 반영한 계획을 작성하고 이를 바탕으로 정부연습을 실시한 뒤 보완이 필요하다. 이와 관련하여 정부의 역량을 강화하기 위한 인력의 양성이나 필요 장비 및 약품 등의 생산 및 보급하기 위한 전평시 계획도 필요하다.

정부 조직

북한의 위협이 시대를 달리하면서 악화되면서 군에서는 그에 맞게 조직을 발전시키고 훈련을 하며 대응수단을 개발하는 등으로 그 역량을 강화하고 있다. 북핵이 대한민국 안보의 제1이 위협요인이 되면서 3축체계의 개발과 확장억제, 한미 간 협의기구 핵·WMD 대응본부, 전략사령부 창설 등이 그러한 것이다. 그러나 비상대비분야에서는 오히려 앞에서 언급한 바와 같이 조직은 약화되고 인력은 감소하면서 현재는 겨우 명맥만 유지하는 정도이다.

북핵이 군사분야의 대응과는 별도로 이러한 비군사적 대응으로 모두 해결할 수만 있다면 그렇다고 할 수 있겠지만 계속 언급하거니와 지나간 모든 전쟁사를 볼 때 군사적 승리만으로 전쟁을 끝낸 경우는 없다. 북핵이 눈앞의 위협으로 현실화한 지금, 전쟁이 발발한다면 군사적 승리를 넘어 정부와 국민의 승리가 있어야 하며, 이를 위한 역할을 해야 할 비상대비정책국은 현재와 같은 명맥만 유지하는 정도의 조직과 인력으로 머물게 하면 전쟁 발발 시 그 어려움은 그대로 정부와 국민의 몫이 될 것이다.

정부연습

북핵이 핵심적 위협인 만큼 전시에 대비하기 위한 정부연습에서는 핵심적인 연습과업이 되어야 하는 것은 당연하다. 그러나 지난 역대 정부에서는 북핵연습을 마치 금기어처럼 여기면서 도외시하였고 그런 결과는 북핵대비 정부의 대응역량의 약화 등으로 나타났으나 윤석열 정부들어 이제 북핵대비 연습이 핵심적 과업으로 진행되는 상황이다.

다만, 북핵대비 정부연습이 제대로 되기 위해서는 고민이 필요하다. 어떤 모습으로 연습상황을 조성하고 전개하며 어떻게 정부의 유관기관이 발생한 상황을 조치하고 토의하는 연습을 할 것인지 등에 대한 진지한 논의가 필요하다. 2023년도처럼 각 시·도에 맡겨 자체적으로 알아서 하라는 식의 연습은 곤란하다. 이것은 북핵에 피폭될 시 중앙정부가 할 일이 있고 자치단체가 할 일이 있기 때문이다.

6. 북핵대비 국가비상대비업무의 발전방향

1) 북핵 피폭대비 원칙의 정립

핵 공격을 받을 시는 헤아릴 수 없을 만큼 대규모의 인적·물적 피해가 발생한다. 그런 만큼 평시에는 모든 국민들이 대피할 수 있을 대피시설을 준비해 놓아야 하고, 전시 핵 공격 가능성 경고될 시는 적시에 경보를 전파하며 국민들은 즉시 대피시설로 대피해야 한다. 또한 핵무기에 공격을 받으면 신속한 대응을 통해 발생된 피해를 최소화해야 한다. 이렇게 하기 위해서는 전·평시를 막론하고 행정부와 군의 협조가 필요하다. 국민들이 알고 행동해야 할 일도 있다.

평시 핵에 효과적으로 대응하기 위해서는 이와 관련되는 사항을 규정한 법령이 필요하다. 또한 행정부의 역할과 군의 협조사항 등을 규정한 대통령 지시 또는 지침 등도 필요하다. 핵 공격 시에 대비하여 민방공 경보체계를 확립하고 민방위 대피역량을 확대해야 하며, 전시 핵 공격을 받을 경우에는 중앙정부에서는 즉시 (가칭)핵피폭대응본부를 편성하여 중앙정부 및 자치단체의 역량을 집중하여 피해 최소화 활동을 전개해야 한다.

군은 평시에는 핵위협에 대한 군 고유의 업무인 각종 군사적 대응능력을 확보하는 것으로 킬-체인, 한국형미사일체계 등이 그것이다. 이와 병행하여 민방공 경보체계를 확립하는 것이다. 전시에는 핵을 탑재하였을 것으로 추정되는 미사일 공격이 탐지되면 민방공경보를 발령하는 한편으로 이를 요격하여 격추해야 한다. 핵무기에 피폭되었을 경우에는 행정부를 지원하여 피해를 최소화해야 한다.

대비 원칙

히로시마와 나가사키에서는 수많은 인원이 죽거나 부상을 입으면서 목불인견(目不忍見)의 아비규환(阿鼻叫喚) 상황이 발생하였다. 학교에서는 학생들이 수십~수백 명이 일시에 사망하였고, 병원에서는 의사와 간호사는 물론, 환자들도 일시에 사망하거나 심각한 부상을 입었다. 직장이나 가정에 머물다가 심각한 화상을 입은 사람들은 고통을 이기지 못하면서 스스로 목숨을 버리거나 부상자들 가운데는 적시에 적절한 치료가 제공되지 않으면서 생존 가능한 사람도 사망하는 등으로 그 피해가 눈덩이처럼 확대되었다.

가옥이나 건물의 유리창이 파괴되면서 인체에 수많은 유리파편이 박혀 죽거나 고통을 받은 사람도 있었다. 화상이나 부상의 형태와 정도는 말로 표현하기 어려울 정도로 다양하였다. 방사선에 과도하게 피폭되었으나 처음에는 아무 이상이 없어 부상자 구조에 나섰다가 며칠 뒤 구토와 탈모 등의 증세가 나타나면서 원인을 알지도 못한 채 죽어간 사람도 있었다.

말로 표현하기 어려운 비참한 상황이 도처에서 발생하였지만 이를 구조하러 나선 인원도 많지 않았고, 전재민도 수없이 발생하였지만 이들을 수용할 시설도 급식지원도 매우 부족하였다. 우리도 핵 공격을 받을 시는 유사한 상황이 예상된다. 따라서 이러한 상황을 염두에 두고 피해를 최소화하면서 인명을 최대한 구조하기 위해서는 정부와 군과 자치단체의 긴밀한 협조가 필요하다. 이를 위하여 다음과 같은 원칙이 필요하다.

첫째, 지휘통일의 원칙이다. 핵 공격을 받을 시는 컨트롤 타워의 지침아래 (가칭)핵피폭대응본부가 총괄하하여 피해 상황을 장악 및 통제하며, 행정각부 및 공격을 받은 지역의 담당 행정기관과 군의 지원

요소 등을 통합 및 통제하고 지원함으로써 효과적으로 대응 가능토록 해야 한다.

둘째, 신속성의 원칙이다. 핵 공격을 받을 시는 대규모의 사상자가 동시에 발생하여 지속되고 생존자 중 적시 치료만 받으면 생존 가능할 수 있는 사람이 예상되므로 신속한 치료를 통해 생존성을 제고시켜야 할 것이다. 셋째, 집중의 원칙이다. 핵 공격을 받을 시 다양한 유형과 상태를 갖는 환자가 발생하는 만큼 환자의 유형과 상태를 분류한 뒤 집중적인 치료 등의 조치를 통해 생존성을 제고시켜야 한다.

넷째, 노력통일의 원칙이다. 핵 공격을 받을 시 동시에 대규모의 부상자가 발생하면서 구호 및 구조소요가 급증하는 만큼 관련 행정기관은 노력의 통일로 효과적인 대응 역량을 확보해야 한다. 군도 행정부의 업무를 지원하여 피폭지역에 투입되는 만큼 국가비상대비업무를 담당하는 총괄부서의 통제 아래 활동하는 것이 바람직하다.

다섯째, 신속한 동원의 원칙이다. 대규모의 부상자가 발생되지만, 이들을 치료하기 위한 전문치료인력과 장비와 약품, 수용시설 등 많은 부분은 동원에 의존해야 한다. 동원이 늦어지면 늦어지는 만큼 희생자가 급증할 수밖에 없다. 따라서 필요한 전문치료인력과 장비와 물자 등을 신속히 동원할 수 있도록 평시 면밀한 계획의 수립이 필요하다.

여섯째, 유관기관 간의 긴밀한 업무협조(partnership)의 원칙이다. 핵 공격을 받을 시 대량살상이 우려되는 만큼 이와 관련되는 모든 유관기관은 파트너십을 기초로 평시부터 계획수립과 훈련의 협조는 물론, 실제상황이 발생하였을 시도 긴밀히 협조해야 한다.

북핵대비 군과 행정부의 협조 시 고려사항

핵 공격을 받을 시에 대비하여 행정부와 군이 협조할 시는 다음

사항들이 고려되어야 하겠다. 첫째, 군의 행정부에 대한 인원과 시설, 장비 등의 지원 능력이다. 군은 전방지역에서의 작전임무는 물론 후방지역에 침투하여 후방교란 및 시설파괴와 요인암살 및 전방증원 방해 등의 활동을 전개할 특작부대도 소탕해야 한다. 계엄령이 선포되면 계엄업무도 시행해야 한다. 여기에 핵 공격을 받을 시는 인명구조 및 구호와 피해복구 지원도 수행해야 하는 어려운 환경에 처할 수 있다. 이 중에서 삼중의 임무를 수행해야 하는 만큼 전력을 기울여 인명 구호 및 구조, 피해복구 지원활동을 할 수 없게 될 상황에 처해질 가능성이 있다. 인명구조 및 구호 등의 활동에 투입될지라도 군이 보유한 여러 장비와 물자는 지원활동 기간에 제한을 줄 수밖에 없는 만큼 이러한 상황도 고려되어야 한다.

둘째, 행정부의 군에 대한 지원능력이다. 군은 단기간에는 가용한 병력과 약품이나 식량 등 자체보유 능력을 활용하여 긴급구호 및 구조와 피해복구 지원활동, 전재민 수용을 위한 병영시설이나 부상자 치료를 위한 군병원의 제공 등이 가능하겠지만, 장기간 지원활동을 위해서는 행정부에서 약품이나 식량 등의 물자지원이 필요한 만큼 이러한 사항도 고려되어야 한다.

셋째, 핵 공격을 받을 당시의 군사 및 치안상황이 고려되어야 한다. 북한군은 20만여 명의 특작부대를 보유하고 있다. 적 침투전술을 고려할 시 전시 북한군은 아군 후방지역에 지상 및 해상, 공중으로 많은 특작부대를 침투시켜 민심교란과 기습, 아군의 전방증원 등을 방해할 것이다. 여기에 범죄자들에 의한 치안질서 혼란상황, 반정부 및 반국가 단체에 의해 혼란상황도 예상되는 만큼 이러한 상황도 염두에 두어야 한다.

넷째, 핵 공격을 받은 상황에서 부여된 임무를 수행하기 위해서는 당면하게 될 위험과 훈련수준 및 부대의 방호능력에 대한 판단이 필요하다. 핵 공격을 받은 지역에서 활동 시는 일정기간 방사능 낙진에 피폭될 가능성, 건물붕괴 및 화재, 전염성 질환 등 다양한 위험에 처해질 가능성이 있다. 여러 위험요인이 있는 만큼 이러한 상황을 극복하면서 지원업무를 수행하기 위해서는 이를 극복하기 위한 훈련수준의 유지와 개인 및 부대 방호능력, 개인의 작업지속 능력 등이 고려되어야 한다.

〈표 7.6〉 군과 행정부 협조 시 고려사항(예)

구분	내용
군의 지원능력	• 가용 인원지원 능력(건제유지 부대병력, 군의관 및 간호장교 등) • 군 시설 지원능력(군 막사, 병원시설 등) • 가용 군 장비(탐지, 오염제거, 수송 및 건설장비 등) • 군 보유약품의 종류와 수량(치료, 소독, 방역 등) • 군 방호능력(장비, 훈련 등)
행정부의 군 지원능력	• 장비지원 수량(수송 및 건설 장비, 의료장비 등) • 물자지원 가용수량(식량, 음료수, 침구류, 텐트류 등) • 시설지원 능력(학교, 공공시설, 대규모 수용 가능시설 등) • 약품 종류 및 지원능력(화상, 부상, 방사선 치료약품) • 각종 보호장비, 화생방 탐지장비 등
부대 훈련 수준	• 지원 시 당면할 위험: 방사선, 건물붕괴/화재 등의 위험 • 부대 훈련수준 및 방호능력 • 구호 및 구조 활동 지속능력 등
치안상황	• 피폭지역에서의 적 침투 및 활동 상황 • 범법죄자에 의한 치안질서 문란 행위 • 반정부 및 반국가 단체의 활동 등
피폭상황	• 피해지역 범위 및 정도 • 낙진위험 정도 및 범위 • 피폭지역 오염제거 능력

출처: 박계호 외, 『핵과 국가비상대비업무』, p.204.

2) 북핵대비 계획작성 교훈

북한의 핵무기 위협은 수도권이나 군사기지와 산업 밀집지역으로 집중될 것으로 예상되나 군과 합동으로 민방위 및 비상대비계획 시행 준비에 대한 검토 및 보완은 미흡하다. 군은 핵관련 자치단체가 계획작성에 필요한 정보와 계획작성에 대한 도움이 필요하고 자치단체는 군의 협조하 계획을 작성할 필요가 있다.

핵공격을 받을 시 발생할 사항을 알아야 그에 맞는 대비를 할 수 있다. 이러한 사례는 히로시마 핵공격을 받을 시 발생하였던 사항과 교훈을 보면 알 수 있다. 히로시마 원폭 피폭 이후 일본 정부 및 군, 히로시마시 등의 조치사항을 분석하여 보면 다음과 같은 일이 발생하였는데 이는 북한이 핵공격을 할 경우 유사하게 발생할 것이기 때문에 북핵대비 계획을 수립할 시 참고해야 한다.

첫째, 피폭수습을 위한 중앙정부 또는 지방정부의 노력이 부족하였다. 원폭투하 이후 일본 중앙정부나 지방정부가 사망자 처리나 부상자 치료 등에 있어 적극적인 조치가 부족하여 많은 사람이 아무런 치료 없이 목숨을 잃었다.

둘째, 피해인원 집계의 어려움이 발생하였다. 그 이유는 종전에 볼 수 없었던 대량살상무기의 사용으로 인하여 대규모의 다양한 피해가 발생하였고 피해 조사를 해야 할 행정조직 자체가 모두 피해를 입어 조사를 할 수 없었으며 피해가 당일에 국한된 것이 아니라 두고두고 오랜 기간에 걸쳐 나타나면서 쉽지 않았기 때문이다.

셋째, 부상자 치료 지연으로 피해가 확산되었다. 핵이 폭발하면 대규모의 사망자가 발생하지만 비슷한 규모의 부상자도 발생한다. 이 부상자들은 핵폭발 시 발생하는 고열로 인한 심각한 화상환자부터 섬광을 보고 영구 실명한 환자, 폭풍으로 인한 심각한 부상자, 방사선 피폭으로 인한 환자 등 다양하게 발생한다. 이렇게 발생한 부상자들 가운데는 적시에 치료를 받으면 생존할 수 있는 환자도 다수 있다.

넷째, 치안질서 유지 문란 행위가 발생하였다. 히로시마의 대부분이 파괴된 상황에서 혼란한 틈을 이용하여 야쿠자 같은 조직폭력배들은 이득을 취할 목적으로 시내에서 강도 및 절도행위를 하면서 치안질서가 문란하였다. 부모를 잃은 수천 명의 어린이가 부모를 찾아 시내를 우왕좌왕 배회를 하였지만 이들에 대한 구호 및 수용 등의 통제는 미흡하였다.

다섯째, 사체 처리가 지연되었다. 원폭이 폭발하면 대규모의 인명 희생은 피할 수 없게 되며, 따라서 신속하게 사체를 처리해야 한다. 사망자 신원의 확인과 매장지와 화장 또는 집단매장 등의 방법 결정과 사체 수거를 위하여 사체수습낭도 필요하게 된다. 사체가 적시에 수습되지 않으면 특히 여름철에는 부패하면서 각종 전염병의 원인이 될 수 있다.

여섯째, 적시적인 피해자 수용이 중요하다. 핵폭발 시는 낙진으로부터 안전한 지역으로 이동해야 하며, 안전지역에서는 중앙정부나 지방정부가 부상자 치료는 물론, 전재민 등을 위한 수용시설이 설치되어야 한다. 수용시설에 수용하기에 앞서 이미 낙진에 오염된 환자들은 낙진제거 활동도 필요하다.

이러한 사항을 염두에 두면서 북핵에 대비할 계획을 작성함에 있어서는 다음의 사항이 반영되어야 한다. 첫째, 원폭 피폭 시 중앙정부의 컨트롤 타워 역할의 중요성이다. 핵 피폭시는 대규모로 발생할 사망자에 대한 처리와 부상자 등에 대한 구호 및 구조, 대규모로 발생할 난민들을 위한 수용과 지원, 방사능에 오염된 환자들의 제독 및 치료

지원, 오염물질 제거 등 해야 할 업무는 많다. 중앙정부 가운데 비상대비업무를 책임지는 기관에서 전반적으로 상황을 장악하고 관련부처들이 이에 협조하여 각종 조치를 취함으로써 그 피해를 최소화할 수 있어야 한다.

둘째, 대규모 사망자 또는 부상자 집계의 중요성이다. 히로시마와 나가사키 원폭 피폭 시 사망자의 집계가 조사처마다 차이가 컸다. 이는 원폭의 폭발이 그만큼 광범위하게 발생하기 때문에 생기는 현상이다. 원폭공격을 받을 시 행정체계를 신속히 동원하지 못하거나 체계화 및 일원화하지 못하면 사망자 현황을 정확히 집계하는 것은 물론 치료의 제공 등도 지연시키는 일이 발생할 수 있다.

셋째, 대규모의 부상자들을 신속히 치료하기 위한 계획수립이다. 원폭 공격을 받을 시는 동시에 다양한 종류와 부상 정도를 달리하는 대규모 환자가 발생하며, 이들 환자는 화상환자, 일반 부상환자, 방사능 피폭 환자 등 유형이 각각 다르고, 그 정도도 상황이 너무 심각하여 곧 사망할 환자로부터 약간의 치료만 받으면 곧바로 일상의 생활로 복귀 가능한 환자 등 다양하다. 따라서 이들을 신속히 분류하고 치료하기 위한 대책이 수립되어 있어야 하며, 여기에는 치료 의사와 간호사 등의 동원은 물론, 병원과 시설 및 약품 등을 포함해야 한다.

넷째, 신속한 사체 처리를 위한 계획수립이다. 원폭 피폭 시는 수만~수십만여 명의 사망자가 발생하며, 사망자를 적시에 처리하지 못하면 전염병의 창궐로 인하여 2차적인 피해가 발생할 수 있다. 따라서 원폭 피폭 시는 사체에 대한 신원확인, 매장이나 화장 등 신속히 처리할 수 있도록 행정각부의 명확한 업무분장이 필요하다. 원폭 피폭에 대비하여 사체 처리를 어떤 방법으로 할 것인지 여러 상황에 대한 판단을 기준으로 잠정적인 계획의 수립은 물론, 방역대책도 검토되어 있어야 한다.

다섯째, 피폭지역에서의 치안질서 유지대책이다. 피폭지역에는 적절한 출입통제 대책이 없으면 어떤 이익을 취할 목적으로 또는 가족을 찾기 위한 목적 등으로 낙진 피폭에 대한 안전대책 없이 무단으로 출입할 인원이 발생할 수 있다. 따라서 피폭지역의 인원출입을 통제할 수 있도록 출입통제선을 설정하고 방독면이나 보호의 등으로 안전대책을 강구한 경찰이나 공무원, 군인 및 예비군, 민방위대원을 배치해야 할 것이다.

여섯째, 대규모 전재민 수용을 위한 계획수립이다. 핵 피폭지역은 모든 시설물이 파괴되거나 설령 파괴가 안 되었다고 할지라도 낙진으로 인하여 주민들이 일정기간 동안 거주할 수 없다. 주민들을 안전지역으로 대피시키고 안전지역에서는 부상자에 대한 치료는 물론 대규모의 난민을 수용하면서 급식 등 많은 지원이 필요한 만큼 이러한 상황을 상정한 면밀한 지원계획의 수립이 필요하다.

일곱째, 피폭 이후 군이나 민방위대 등의 운용방안이다. 군은 피해 주민에 대한 구호 및 구조 활동, 치료 등을 위해서 가장 유용하게 사용할 수 있는 조직이다. 피폭지역 내에 위치한 군도 피해를 입겠지만, 낙진으로부터 안전한 지역에 주둔 또는 작전 중인 부대들이 있을 것이므로 이들 부대 가운데 작전에 지장을 주지 않는 범위에서 여건을 고려하여 운용할 수 있어야 한다. 특히 피해 초기단계에 있어 군의 역할은 중요하므로 군도 이러한 상황에서 적극적으로 피해를 최소화하는 데 참여해야 할 것이며, 아울러 민방위대를 활용할 계획도 필요하다.

3) 북핵대비 국가비상대비업무의 범위

그렇다면 북핵 관련 국가비상대비업무는 어떻게 구분할 수 있을까? 핵 공격을 받을 시에 대비한 전·평시의 업무도 국가비상대비업무와 연계하여 정부기능의 유지와 국민생활의 안정 유지 및 군사작전 지원을 위한 자원동원 등으로 구분할 수 있다. 이는 다시 행정각부가 해야 할 비군사 분야에서의 업무와 군이 해야 할 군사 분야의 업무로 구분할 수 있으며, 상호 간 긴밀히 연계된다. 먼저 군사 분야에서의 업무로, 여기에는 평시에는 핵 공격에 대비하여 미사일 보관시설이나 발사기지, 폭격기 등의 비행장 활동을 탐지하고 타격할 수단을 확보하며 필요시 군사적 대응조치를 검토하는 등을 포함한다. 전시에는 적이 미사일이나 폭격기 등을 이용하여 공격할 경우 이를 탐지하여 민방공경보를 발령하는 한편 요격 및 격추하는 것을 말하며, 국방부(합동참모본부)가 주요 수행부처가 된다. 이러한 군사 분야의 업무는 엄밀히 말하면 국가비상대비업무의 범위는 아니다.

다음은 핵 공격에 대비하기 위한 평시 비군사 분야에서의 비상대비업무로, 먼저 어떠한 상황에서도 정부의 기능을 유지할 수 있도록 시스템을 갖추는 것이다. 여기에는 핵공격 아래서도 정부기능 유지에 필요한 방호시설과 이를 연결할 C4I 체계는 물론 정부기능 유지에 관련되는 인력의 피해 방지 등을 포함한다.

민방위 대피시설을 준비하고 개인방호 요령을 숙지하며, 핵 공격을 받을 시 발생할 부상자에 대비하여 의사 및 간호사 등 전문치료 인력이나 병원시설과 장비 및 약품 등을 동원할 수 있도록 계획을 수립하고 전재민 발생 시에 대비하기 위한 수용 및 지원계획을 수립하는 것 등을 포함한다.

〈표 7.7〉 북핵 피폭 시 국가비상대비업무의 범위(예)

구분	정부기능 유지 분야	국민생활안정 유지 분야	군사작전 지원 분야
내용	• 정부기능 유지 지속성 확보 • 피폭지역 내 정부기관 및 주민 안전지역으로 이동 • 인원/시설 등의 피해 현황 파악 • 국가기반시설 긴급복구 • 주민등록 유지 업무 • EMP 피해 복구 • 피폭지역 내 질서 유지 등	• 사망자 수습 및 처리 • 부상자 구호 및 구조, 치료 등의 지원 • 전재민 수용 및 지원 • 낙진오염 제거 • 생필품 등의 공급 등	• 동원병력피해 지원 • 군 작전도로 피해 복구 • 피해자원 대체 지정 • 동원업체 피해 복구 등

출처: 박계호 외, 『핵과 국가비상대비업무』, p.185.

핵 공격 경보를 받을 시는 국민을 민방위 대피시설로 대피하도록 지도하고, 핵에 피폭되었을 시는 우선 정부의 제 기능을 유지하면서 피폭지역 내 정부기관 및 주민의 안전지역으로의 이동지원과 인원과 시설 등의 피해현황 파악, 국가기반시설 긴급복구와 주민등록 유지 업무 등을 해야 한다. 국민생활의 안정을 유지하기 위해서는 사망자를 수습하여 처리하고, 부상자에게는 치료를 제공하며, 낙진으로부터 안전대책을 강구하는 것은 물론 필요시 안전지역으로 소개해야 한다. 전재민 구호와 수용을 위한 각종 지원과 낙진오염 제거 등도 포함한다. 군사작전 지원과 관련된 자원동원 업무로는 동원병력피해 지원과 피해자원에 대한 대체지정 등이 있다.

핵 공격을 받을 시 대규모의 인적·물적 피해는 물론 국민의 심리적 피해까지 광범위하게 발생하는 만큼 충무계획을 작성하는 행정부처는 타 부처와의 협조와 군 당국과 연계된 계획을 수립해야 하겠다.

〈표 7.8〉 핵 관련 군사 및 비군사 분야의 전·평시 업무(예)

구분	평시	전시
군사 분야	• 경보전파망 구축 • 핵 공격 탐지수단 구축(정찰자산) • 핵 공격대비 타격 및 요격수단 등의 확보 (킬 체인, 한국형 미사일체제 등) • 핵 피폭대비 지원계획 발전 • EMP 대응책 수립 등	• 핵 공격수단 탐지 및 전파 • 핵 공격수단 요격 및 격추 • 핵 피폭 시 낙진위험예측 및 전파 • 핵 피폭 시 비군사 분야 지원 • EMP 예방 및 대응 등
비군사 분야	• 경보전파망 운용(중앙경보센터) • 개인방호요령 숙지 • 민방위 대피시설 준비 • 의료인력 및 약품, 병원 동원계획 • 전재민 수용 및 지원계획 수립 • 낙진위험예측 훈련 • 대량피해 복구계획 수립 • EMP 대응책 수립 등	• 핵 공격경보 전파망 운용/전파 • 낙진안전지역 판단, 이동 • 사망자 수습 및 처리 • 부상자 구호 및 구조, 치료제공 • 낙진오염 제거 • 생존자 수용 및 지원 • 긴급피해복구 및 파괴 잔해물 제거 • 피폭지역 내 치안질서 유지 • EMP 예방 및 대응 등

출처: 박계호 외, 『핵과 국가비상대비업무』, p.186.

4) 북핵 대비 행정부의 전·평시 업무

북한군이 핵을 탑재한 미사일을 발사하여 군에서 요격하였으나 일부 실패하면서 특정 지역이 공격을 받았다고 가정할 경우 정부와 군은 무슨 일을 해야 할 것인가? 히로시마 및 나가사키에서 발생한 여러 상황이나 핵 공격을 받을 시 예상되는 여러 상황을 가정하여 볼 때, 우선적으로는 부상자의 구조와 응급치료를 통하여 단 한 명이라도 사망자를 줄이는 것이며, 이어서 전재민 수용 및 지원, 사망자 수습 및 처리, 낙진오염 제거 지원, 피폭지역에서의 주민 무단출입 통제 및 치안질서 유지, 파괴된 건물 콘크리트 제거와 긴급복구 계획 수립 및 시행 등이 될 것이다. 이와 같이 예상되는 상황에서 해야 할 업무를 고려하여 다음과 같은 (가칭)핵피폭대응본부를 설치해서 신속히 대응하면 어떨까!

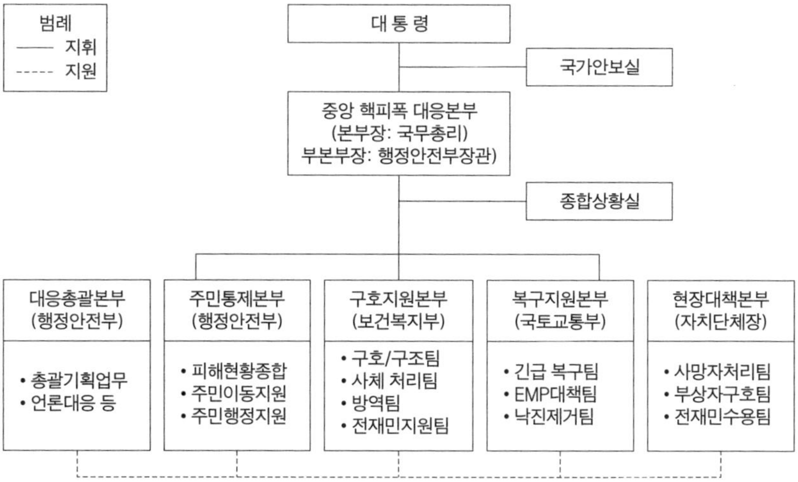

〈그림 7.10〉 (가칭)핵피폭대응본부 편성(안)

출처: 박계호 외,『핵과 국가비상대비업무』, p.207.

(가칭)핵피폭대응본부는 평시에는 을지연습 기간에 핵 공격을 받을 경우에 대비하여 관련부처가 통합된 연습을 통해 역량을 강화하며, 전시에는 개전과 동시 핵 피폭 상황이 발생할 경우에 대비하여 운용할 준비를 갖추고 있다가 실제 상황이 발생할 경우는 즉시 임무를 수행할 수 있도록 준비되어야 하겠다. 이를 위해 상황발생시 즉시 조직체를 구성할 수 있도록 본부와 행정각부의 구성 및 임무와 역할 등을 명시한 규정을 작성해 놓고 있어야 하겠다. 이러한 사항들을 반영한 대통령 지시 등이 문서화되어 있으면 바람직할 것이다. (가칭)핵피폭대응본부의 임무와 역할은 핵 공격을 받을 시 예상되는 상황과 이를 극복하기 위하여 〈표 7.9〉와 같이 정할 수 있을 것이다.

총괄대응본부는 핵피폭대응본부의 전반적인 업무를 총괄하는 업무를 수행할 수 있도록 총괄대응팀과 국민을 상대로 핵 공격을 받은 사항을 전파하는 등의 업무를 위해 언론대응팀을 편성해야 할 것이다

〈표 7.9〉 (가칭)핵피폭대응본부의 임무 및 역할(안)[1]

구분	임무 및 역할	편성
총괄대응 본부	• 핵 피폭상황 종합 및 전파 • 행정각부의 업무 조정 및 통제 • 홍보 및 유언비어 대응 등	• 책임: 행정안전부 • 지원: 행정부 파견인원
주민통제 본부	• 인적피해현황 종합 • 사망자 및 부상자 등의 행정지원업무 • 각종 위험사항 확인 및 전파 • 주민에 대한 각종 지원소요 종합 및 행정부 협조	• 책임: 행정안전부 • 지원: 행정안전부, 보건복지부, 국토교통부, 원자력안전위 등
구호지원 본부	• 부상자에 대한 구호 및 구조 • 전재민에 대한 각종 지원업무 총괄 • 사망자 수습 및 처리 • 방역지원업무 조정 및 통제 등	• 책임: 보건복지부 • 지원: 국방부, 농림축산, 식품부, 행정안전부 등
복구지원 본부	• 피해상황 종합 및 복구지원소요 판단 • 긴급피해복구 우선순위 판단 및 지원 • 낙진제거 활동 • 복구지원활동 종합 및 통제	• 책임: 국토교통부 • 지원: 국방부,행정안전부, 과학기술정보통신부 등
종합 상황실	• 민방위 경보전파 • 핵 피해상황 접수 및 전파 • 지원소요 종합 및 조정	• 책임: 행정안전부 • 지원: 행정각부 및 군 연락관
현장대책 본부	• 자치단체장 책임하 중앙정부와 협조 운용 • 중앙정부 건의사항 판단 및 건의 • 가용 자원 이용 구호 및 구조활동 전개 • 피해복구 활동 시행	• 책임: 광역자치단체장 및 정부연락반

출처: 박계호 외, 『핵과 국가비상대비업무』, p.208.

총괄대응본부는 핵피폭대응본부의 전반적인 업무를 총괄하는 업무를 수행할 수 있도록 총괄대응팀과 국민을 상대로 핵 공격을 받은 사항을 전파하는 등의 업무를 위해 언론대응팀을 편성해야 할 것이다.

총괄기획팀은 핵 공격상황 발생 시 대응을 위하여 군이 필요한지, 소방인력과 민방위대원이 필요한지 등을 판단하여 관련부처와 협

1 박계호 · 김용빈, "북한 위협하 비군사 분야 대비방안에 대한 연구; 히로시마 원폭 피폭사례 분석 중심으로" 〈표 9〉를 부분 수정한 도표임

조를 하며, 이후에는 주민통제와 구호 및 구조활동, 복구지원활동 등에 대한 총괄업무를 수행한다. 언론대응팀은 핵 공격을 받은 사항을 국민을 상대로 안내 방송을 해야 한다. 국민들은 무슨 일이 발생하였고, 내가 생존하기 위해서는 무엇을 어떻게 해야 할지 궁금한 상황이 많을 것이다. 그런 만큼 정부가 해야 할 일 중의 중요한 하나는 방송을 통해 국민에게 핵 공격 상황과 이에 대비하기 위한 사항을 알려주는 역할이 될 것이다. 정부는 다음 상황을 포함하여 방송을 통해 국민에게 심리적인 안정감을 주고 대피를 할 수 있도록 지도해야 하겠다.

〈표 7.10〉 북핵 피폭 시 정부의 방송에 포함할 사항(예)

구분	내용
핵 피폭 상황 관련	• 핵 피폭일시 및 장소, 위력 및 피해범위 • 정부의 종합적인 피해복구 활동(개요)
사망자 수습 관련 및 처리	• 사망자 수습 및 처리 관련 정부의 활동 • 생존자 가족 신고 등 주민등록지원 사항
부상자 구조 및 구호관련	• 부상자 구조 및 구호 관련 정부의 활동 • 부상자 구조 및 치료소 위치, 지원사항 • 화상 및 부상환자 주의사항, 방사선 피폭시 증세 및 주의사항 • 기타 각종 지원활동
전재민 수용 및 지원관련	• 안전지역 위치 및 대피소 이탈시간 • 안전지역으로 주민 이동로 및 방법, 이동간 준수사항 • 전재민 이동 및 수용 등을 위한 정부지원 사항 • 고아 등의 수습 및 수용 등의 사항
낙진피해 예방관련	• 낙진 위협지역 및 지속시간, 낙진의 강도 • 낙진지역에서 주민 활동시 주의 사항 • 대피시설 등으로부터 안전지역으로 이동 적절 시간 • 안전지역에서 낙진제거, 피복교체 착용 등 주의사항 • 음식 및 식수 등의 취식시 주의 사항
국민에 대한 당부사항	• 피해 최소화를 위한 정부의 노력에 협조 호소 • 각종 유언비어, 범죄행위 등에 대한 주의 및 엄벌 경고 • 피해자를 위한 전국민적 지원 촉구(피복, 식량 등) • 전염병 전염 등 2차 피해예방을 위한 준수사항

출처: 박계호 외, 『핵과 국가비상대비업무』, p.210.

주민통제본부는 피해현황종합팀과 주민이동지원팀, 주민행정지원팀으로 편성하며, 피해현황종합팀은 핵 공격으로 인하여 발생한 사망자 및 부상자, 전재민과 건물 등의 피해를 종합하는 일을 수행한다. 주민이동지원팀은 피폭지역으로부터 안전지역으로의 주민이동을 지원하는 업무를 수행하며, 이를 위하여 차량의 제공은 물론 안전지역의 위치 등을 확인해야 할 것이다. 핵 피폭상황에서 누가 죽고 살았는지 아니면 부상을 입었는지 확인은 중요하다. 사망자와 부상자, 생존자 현황 등을 파악하여 가족생존 여부를 알 수 있도록 지원하는 업무는 중요한 만큼 이는 주민행정지원팀에서 수행해야 할 것이다.

다음은 구호지원본부에 관한 것으로, 부상자 구호 및 구조팀과 사체 수습 및 처리팀, 방역팀, 전재민 지원팀으로 편성하되, 보건복지부가 주도하여 관련 부처와 군의 지원을 받아서 할 수 있을 것이다.

먼저 부상자 구조 및 구호팀의 업무에 관한 것이다. 앞서 언급하였듯이 부상자는 화상이나 부상, 방사선 피폭 등 단일요인으로 인한 부상, 화상과 부상, 화상과 방사선 피폭, 부상과 방사선 피폭 등의 이중 요인에 의한 부상, 화상 및 부상과 방사선 피폭 등 3중 요인에 의한 부상자에 이르기까지 다양하게 발생할 것이다. 환자의 상태도 여하한의 치료에도 불구하고 곧 사망할 인원으로부터 긴급한 응급치료만 받으면 생존할 수 있는 부상자, 오랜 기간에 걸쳐 치료를 받아야 하는 환자, 약간의 치료만 받으면 곧 일상생활로 복귀할 부상자, 별다른 치료가 필요 없는 경미한 환자, 방사선에 피폭되었음에도 불구하고 처음 며칠간의 증세가 나타나지 않다가 구토, 탈모 등의 증세를 보이다가 사망하는 환자 등에 이르기까지 다양하게 발생할 것이다.

인간 생명의 귀중함을 생각해본다면 모든 환자를 모두 치료해야 하겠으나 동시에 다양하게 발생할 환자의 규모에 비하여 치료전문 의사 등의 인력과 약품, 시설과 장비는 부족할 수밖에 없는 상황에 직면할 것이다. 그런 만큼 환자의 종류 및 중증도 등 상태에 따라 여하한의 치료에도 불구하고 곧 사망할 것으로 판단되는 부상자는 고통을 줄일 수 있도록 하는 대책을 강구해야 한다. 예상되는 다양한 상황을 상정하고 사전에 검토하여 방침을 정해 놓아야 할 것이다.

부상자를 구조 및 구호하기 위한 방법이다. 먼저 피폭당시의 부상자 구조 및 구호 상황을 예상하여 보면 다음과 같을 수 있을 것이다. 심각한 화상을 입은 환자를 비롯한 부상자, 방사선 피폭자 등이 부서진 아파트나 학교와 공공시설, 가옥, 도로, 학교 운동장 등 도처에서 발견될 것이다. 그들 중에는 본인의 힘으로 피폭지역으로부터 안전한 지역으로 이동이 가능한 환자들도 있을 것이고, 들것으로 운반이 필요한 환자도 있을 것이며, 자력으로 전혀 움직일 수 없는 환자로 응급차량이 필요한 환자도 있을 것이다. 그런가하면 부상자 구조 및 구호가 필요한 시간에 낙진이 떨어지면서 개인방호를 위한 대책이 필요한 상황에 직면할 수도 있을 것이다. 부상자를 수송하기 위해 차량의 이동이 필요하나 도로상에는 건물의 파괴물이나 수목의 전도, 피폭 시 발생한 웅덩이 등 다양한 장애물로 인하여 응급 차량의 운행이 불가능하거나 지연되는 상황이 발생할 수도 있다. 대규모의 부상자가 발생한 상황에서 긴급한 구조가 필요하나 구조해야 할 환자의 규모나 환자의 상태의 정도, 피폭지역에서 구조 환경과 낙진 등 최악의 상황이 될 수 있는 것이다.

그렇다면 어떻게 부상자 구조 및 구호를 진행해야 할 것인가? 먼저 언제 구조 및 구호 인력을 피폭지역으로 투입할 것인가의 문제가 대두된다. 피폭지역에는 낙진이 떨어지고 있기 때문에 피해 최소화를 위한 인명구조의 중요성이나 긴급성에도 불구하고 즉시 투입할 수 없는 상황이 될 것이기 때문이다. 이러한 상황은 피해상황을 종합적으로 판단하고 대응해야 하는 총괄대응본부에서 군 등의 협조를 받아 판단하고 조치해야 할 사항일 것이다.

부상자 구조 및 구호 인력을 어떻게 동원하고 편성 및 운용할 것인지는 인원피해의 최소화에 중요한 사항이다. 소방대원과 군에서 지원되는 인력은 물론 민방위대원이나 예비군과 공무원 등이 여기에 참여할 수 있을 것이다. 부상자 구조 및 구호 팀의 활동 환경은 최악의 상황이 예상되는 만큼 방독면이나 개인보호를 위한 복장과 방사능 탐지 장비, 제독장비 등을 휴대해야 할 것이다. 또한 인명구조대는 무너진 건물 속에서 부상자를 찾아내야 하는 활동도 필요한 만큼 수색견 또는 로봇 등을 동반하는 상황도 염두에 두어야 한다. 부상자 구조 및 구호팀은 부상자를 발견하여 구조를 하였을 시 현장에서 응급조치가 필요한 상황도 예상되는 만큼 간호사와 의사들도 필요시 동반하는 방법을 찾아야 한다. 다음은 언제 구조인력을 투입할 것인가를 판단해야 한다. 낙진 피폭의 위험 때문이다. 지진이 발생할 시 부서진 건물 속에서 생존할 수 있는 골든타임(Golden Time)은 통상 72시간을 이야기 한다. 핵 공격을 받을 시 골든타임은 열복사선과 부상 및 방사선 피폭 등의 복합적 요인으로 인하여 이보다 더 줄어들 것이다. 그런 만큼 최단시간에 부상자를 구조하기 위해서는 신속한 대응을 요한다.

부상자 구조 및 구호팀에 편성되어야 할 수색 및 구조반은 부상자의 위치를 찾아서 구조하는 임무를 수행한다. 이를 위하여 군견이나 수색견 등을 동반하고 부상자의 위치를 확인하였을 시는 구조 임무를 수행한다. 요즘 많이 사용되는 드론도 사용할 수 있다. 필요시 중장비를 투입할 수 있을 것이다. 수색 및 구조반은 피폭지역에서 많은 인원이 있을 수 있는 학교나 아파트, 마트 같은 건물을 대상으로 우선적으로 수색 및 구조 임무를 수행해야 할 것이다.

수송반은 수색 및 구조팀이 찾아낸 부상자를 병원이나 치료시설 등으로 수송하는 업무를 수행하며, 응급구조팀이나 소방대의 앰뷸런스를 이용하되 필요시는 군의 의무중대나 또는 항공 지원도 받을 수 있어야 한다. 도로장애물제거반은 긴급구조 및 구호 인력이 피폭지역을 출입하는데 장애가 될 수 있는 건물 또는 수목 등의 장애물을 제거하는 임무를 수행하며, 분류반은 후송된 환자들을 응급조치를 한 뒤 병명 및 상태에 따라 분류하여 해당 병원으로 보내 전문적인 치료를 받도록 한다. 치료지원반은 화상이나 부상, 방사선 피폭 등 환자의 상태에 따라 치료를 제공하는 업무를 총괄지원하며, 이는 화상전문병원이나 방사선 병원 등에서 임무를 수행할 수 있을 것이다.

다음은 사망자 수습 및 처리에 관한 것이다. 히로시마 사례를 보면 사망자들은 신원을 확인할 수 없을 정도로 검게 탄 사체로부터 심각한 골절이나 머리부상, 위나 폐의 부상과 유리 파편상 등으로 인한 사망, 과도한 방사선 피폭으로 인한 사망, 가옥에 화재가 발생하면서 화상으로 인한 사망 등 다양한 원인으로, 그것도 넓은 지역에서 여기저기 분산된 상태로 발생하였다. 사망자 수습 및 처리를 위해서는 많은 인력이 필요하였지만 경찰이나 민방위대들에 의하여 제한적으로 이뤄졌다. 사망자들에 대한 신원확인도 제대로 이뤄지지 않았다. 그나마 경찰이나 민방위대가 수습한 사망자들은 학교나 사원 등 가용한 시설과 공간을 활용하여 화장되었다. 당시 일본은 패전직전이었기 때문에 체계적인 사망자 수습과 처리를 할 수 없었던 상황에서 궁여지책으로 처리를 한 것이다.

이러한 히로시마의 사체 수습 및 처리에 대한 교훈과 한반도에서 피폭 시 예상되는 상황을 염두에 두면서 사망자 수습 및 처리를 위한 계획을 발전시키고 전시에는 당시의 상황에 맞게 시행할 필요가 있다. 수많은 사람들이 사망한다고 할지라도 신원확인이 가능한 사망자는 신원을 확인하여 기록을 남기고 매장을 하든 화장을 하든 후일 생존한 가족에게 사체처리 상황을 알려주기 위한 계획도 있어야 한다.

현재 국내에는 화상전문 치료병원이 5곳에 지나지 않는 것으로 알려지고 있다. 그렇다고 무턱대고 핵 피폭 시 대규모로 발생할 환자를 대비하여 화상전문 병원을 여기 저기 만들자고 할 수도 없다. 이러한 현실과 예상되는 상황을 감안하여 대규모로 발생할 화상 및 방사선 환자를 어떻게 처리할 것인지 대응책이 있어야 한다.

사체처리 방안도 사전에 방침이 검토되어야 한다. 먼저 누가 어떤 방법으로 할 것인지에 관한 것으로, 예를 들어 군의 지원을 받으면서 소방대원과 민방위대 및 예비군을 동원하는 것도 한 가지 방법이고 보건 분야의 공무원이 하는 것도 한 가지 방법이다. 군에서는 전시 대량사상자 발생에 대비하는 훈련을 하는 만큼 이러한 훈련도 사상자 처리에 도움이 될 것이다. 상황이 긴박하게 전개될 것인 만큼 군과 공무원을 모두 활용하는 방법으로 사체 처리가 필요할 것이다.

다음은 수습된 사체를 어떻게 처리할 것인지의 문제로, 화장을 할 것인지 아니면 그대로 매장을 할 것인지의 문제이다. 대규모의 사체를 수습하는 과정에서 사체수습낭도 필요하게 되는 만큼 이를 확보하기 위한 계획도 필요하다. 매장을 할 시는 어느 곳에 어떤 방법으로 할 것인지에 대한 검토도 필요하다.

사체처리팀은 피폭지역에서 군이나 민방위대 및 예비군, 공무원 등을 지휘하여 사체를 수습하고 수습된 사체는 확인을 거쳐 신원을 확인하고 신원을 확인할 수 있으면 기록을 남기는 등의 업무를 수행해야 한다. 또한 수습된 사체를 매장 또는 화장 등의 방법으로 사체를 처리하는 업무도 해야 할 것이다.

방역팀의 업무이다. 피폭지역에는 사람은 물론 가축 등의 사체도 있을 것이다. 적시에 수습되지 않으면 특히 여름철에는 전염병 창궐이 문제가 될 수 있다. 따라서 군의 지원을 이용하거나 보건관련 공무원을 이용하는 등의 방법으로 방역을 할 수 있는 대책도 수립되어야 한다. 지상방역은 물론 항공방역 등을 통해 전염병이 확산되지 않도록 해야 할 것이다.

핵피폭 아래서 인명 구조 및 구호팀의 활동은 대단히 어려운 상황에서 진행될 가능성이 크다. 도처에서 화재가 그대로 진행되는 상황이 될 수 있고, 낙진이 떨어지는 상황이 될 가능성도 있다. 건물은 대부분 파괴되었으며 차량이 진입해야 하나 도로는 온통 건물이나 수목 등의 폐기물로 인하여 이동에 방해를 받는 상황이 될 수도 있을 것이다. 구조 및 구호를 해야 할 사람들은 화상을 입거나 부상을 입은 사람, 방사능에 피폭된 사람 등 다양할 것이며, 그들의 상태도 중증 또는 경상환자에 이르기까지 다양할 것이다. 부서진 건물 속에서 구조를 요청하는 사람이 있는가 하면, 사경을 헤매면서 도로가에서 구조를 요청할 사람도 있을 것이다. 그들 가운데는 임산부도 있을 것이고 어린아이와 노인들도 있을 것이다. 이런 상황들이 히로시마에서 발생하였다. 그야말로 최악의 조건인 가운데 인명구조 및 구호를 해야 할 상황에 직면하게 되는 것이다. 그런 만큼 인명구조 및 구호 활동을 위한 팀은 숙련된 전문 인력과 인명 구호 및 구조에 적합한 장비와 약품 등을 휴대해야 할 것이다.

구조 및 구호팀은 부상자를 구조할 시 현장에서 응급조치 후 안전지역에서 부상자를 분류하여 필요한 치료를 할 수 있도록 후송시켜야 한다. 구조를 하였으나 중증환자로 여하한의 치료에도 불구하고 생

〈표 7.11〉 긴급구호 및 구조팀 휴대 물품(예)

• 휴대용방사능측정기	• 철근절단 장비	• 낙진방지 장갑	• 소화기
• 휴대용 전기톱	• 환자운반 들것	• 응급구조세트	• 비상약품

출처: 박계호 외, 『핵과 국가비상대비업무』, p.216.

존 가능성이 희박한 사람은 그 고통을 줄여주기 위하여 필요한 조치를 할 수 있도록 의료진에게 적절하게 권한의 위임도 필요한 상황이 발생할 수 있을 것이다. 구조된 부상자들은 환자의 상태에 따라 분류하여 시설로 입원시키거나 필요한 경우는 현장에서 응급조치도 할 수 있어야 하며, 이를 위하여 응급치료 장비와 약품을 휴대해야 할 것이다. 당연히 구급차 등 응급차량은 물론 치료인력의 동반도 필요할 것이다.

다음은 핵 공격을 받은 직후 발생할 낙진으로부터의 피해를 방지하기 위한 대책이다. 방사능 낙진에 피폭되면 피폭량의 정도에 따라 단기간 사망으로부터 장기간 치료를 받아야만 하는 상황이 발생할 수 있는 만큼 오염을 제거하기 위한 활동이 필요하다.

다음은 피폭지역의 치안질서 유지에 관한 것이다. 히로시마에서는 도시가 완전히 파괴된 위험한 상황에서도 조직폭력배인 야쿠자가 강도 및 절도를 하면서 치안질서를 문란시키는 상황이 발생한 바 있다. 만약 한국의 어느 도시가 피폭되면 조직폭력배 등이 혼란한 틈을 이용하여 어떤 이득을 취할 목적으로 유사한 행위를 할 것으로 우려된다. 잃어버린 가족을 찾아 피폭지역으로 들어가는 인원도 발생할 것이다. 피폭상황에서 반정부 활동을 하는 단체들의 활동도 배제할 수 없다.

부모를 잃은 학생이나 고아도 발생할 것이다. 히로시마에서는 수

〈그림 7.11〉 낙진지역으로부터 안전지역으로의 주민소개(예)

출처: 박계호 외, 『핵과 국가비상대비업무』, p.219.

천 명의 어린이 고아가 발생하여 지역사회가 나서서 이들을 돌보았다는 이야기가 있다. 핵 공격을 받을 시 한국도 예외가 아닐 것인 만큼 정부나 지역사회, 종교단체가 나서서 이들을 찾아 수용하고 지원하기 위한 계획도 필요하게 될 것이다.

피폭지역으로 무단출입을 하는 인원이 없도록 출입통제선을 설치하여 허가되지 않은 인원의 출입을 통제하면서 피폭상황을 이용한 치안질서 문란 행위를 단속해야 할 것이다. 피폭지역에서의 낙진위험과 화재, 시설물의 파괴 등 제반 안전 위협요인을 감안하여 출입통제선 안으로의 출입통제는 경찰과 군인, 관계공무원, 예비군 등을 이용하면 될 것이다.

다음은 전재민 구호 및 구조와 수용을 위한 준비와 지원이다. 히로시마 피폭당일 시를 떠났던 시민들은 며칠 지나지 않아 방사능 위협 아래서도 자기가 살던 곳으로 돌아와 지하공간이나 파괴된 건물 자재 등을 이용하여 임시로 거주할 공간을 만들고 살았다. 당연히 방사능에 오염되면서 후일 그 피해가 나타났다.

핵 공격을 받은 지역에서는 거주시설의 파괴와 낙진으로 인하여 한동안 거주할 수 없는 환경이 된다. 그런 만큼 수많은 사람은 낙진으로부터 안전한 지역으로 이동시켜야 한다. 정부는 국민생활 안정차원에서 이렇게 대피한 사람들의 현황을 파악하여 임시로 수용하고 식량은 물론 생필품에 이르기까지 지원하여야 할 것이다. 그 수는 핵무기 위력 등에 따라서 수만 명이 될 수 있고 수십만 명이 될 수도 있다.

집결지에서는 일차적으로 인원을 확인 후 안전지역의 수용시설로 수송하거나 부상을 입었을 시는 치료병원으로 후송한다.

다음은 이들을 수용할 시설 등을 지정하고 수용준비를 하는 것이다. 학교나 체육관 같은 시설을 활용하는 방법, 텐트를 설치하여 수용하는 방법, 군 병영시설을 활용하는 방법 등 이용 가능한 모든 방법이 동원되어야 한다.

일시에 대규모의 지원을 필요로 하는 상황이 발생하는 만큼 중앙정부가 동시에 모든 일에 대처하기에는 그 역량이 부족할 수 있을 것이다. 따라서 지방자치단체에서도 지원이 필요하다.

이렇게 수용된 인원들에 대해서는 피복으로부터 급식, 급수 등은 물론 부상자에 대한 치료에 이르기까지 다양한 지원이 필요할 것이다. 이러한 지원을 위해서는 행정부의 많은 부처가 관련될 것이다.

다음은 전재민 구호 및 지원을 위해서는 주민등록반, 물자지원반, 시설지원반, 낙진제거지원반 등이 필요할 것이다. 먼저, 주민등록반은 핵 피폭지역으로부터 안전지역으로 이동한 생존자들의 현황과 가족

관계를 파악하며, 이산가족이 발생할 수 있는 만큼 이들을 찾아 상호 간 연결해주는 역할을 해야 하겠다. 핵 공격을 받을 시는 다른 어느 때보다 많은 희생자가 발생하면서 한 가족이 모두 사망하는 등 다양한 상황으로 인하여 가족들이 분산될 수 있는 만큼 가족의 생존여부를 확인하여 알려주는 것은 매우 중요하다.

물자지원반은 집결한 주민들에게 식량과 식수, 피복, 침구류 등 생존에 필요한 각종 물자 소요를 확인하여 관련 행정각부에 요청 및 획득하여 지원을 하는 역할을 한다. 시설지원반은 생존자를 수용하는데 필요한 시설을 지원하는 업무로, 여기에는 학교시설을 사용하거나 군 시설을 이용하는 방법, 임시로 텐트를 설치하는 방법 등이 있다. 낙진제거지원반은 피폭지역으로부터 온 주민들의 낙진제거를 지원하는 임무를 수행한다.

전재민 구호 및 지원과정에서 유관 행정각부와의 협조는 중요한 문제이다. 우선 수용된 주민들에 대한 현황과 가족관계의 파악으로부터 전재민 수용을 위한 학교시설 등을 사용할 경우는 교육부가, 병영시설을 사용할 경우는 국방부가, 전재민 수용 텐트가 필요할 경우 이를 생산하여 공급해야만 하는 경우라면 산업통상자원부가 관련될 것이다. 피해시설 설치를 위한 장비의 지원이 필요하다면 국토교통부가 필요할 것이고, 식량 등의 지원을 위해서는 농림축산식품부가, 급수를 위해서는 환경부가, 부상자 치료 지원을 위해서는 보건복지부가 관련될 것이다. 많은 부처가 관련되는 만큼 컨트롤 타워의 역할과 관련 행정부의 긴밀한 협조가 필요하다. 핵 공격을 받을 시는 동시에 대규모의 피해가 발생되고 대규모의 지원소요가 발생하는 만큼 인접한 자치단체의 지원은 필수적이다.

전재민 수용과 지원을 위해서는 〈표 7.12〉에서 보는 바와 같이 많은 행정부처가 관련되는 만큼 행정안전부가 컨트롤 타워가 되어 업무 협조 및 조정과 유관기관의 협조를 시키는 역할이 필요하다.

〈표 7.12〉 전재민 수용 및 지원을 위한 관련부처의 업무(예)

구분	예상되는 지원업무
행정안전부	• 전재민 규모 및 현황파악, 주민등록업무 지원 • 수용시설내의 질서 유지(경찰) • 전재민 수용시설에 대한 경계 제공(경찰)
국방부	• 낙진으로부터 안전지역 판단 및 제공 • 전재민 수용을 위한 병영시설 등의 지원 • 전재민 수용 국방부 보유 텐트 등의 설치 • 전재민에 대한 치료 등의 지원(인력, 치료 장비 및 약품 등) • 전재민 수용시설에 대한 방호 지원 • 낙진오염 인원에 대한 오염제거 활동 지원
국토교통부	• 피폭지역에서 안전지역으로 전재민 수송수단 지원 • 전재민 수용시설 설치시 필요한 토목공사 지원
기획재정부	• 전재민 수용과 지원 관련 예산 판단 및 지원 • 행정기능 회복관련 지원예산 판단 및 지원 • 기타 예산소요 판단 및 지원
보건복지부	• 전재민에 대한 의료 인력과 약품 등의 지원 • 전재민 수용시설 등에 대한 방역업무 지원 • 낙진오염 환자의 오염제거 지원 • 고아 등의 수용 및 지원사항
산업통상자원부	• 전재민 수용에 필요한 산자부 소관 물자 지원 • 전재민 수용에 필요산 산자부 소관 공사 지원 • 낙진오염활동에 필요한 물자 등의 지원
농림축산식품부 해양수산부	• 전재민 수용에 필요한 소관 자원 지원(식량, 농산물, 해산물 등)
환경부	• 전재민 수용시설에 대한 급수 등의 지원 • 낙진위험으로부터 안전지역 설정(기상청) • 낙진오염제거 지원활동
문화체육관광부	• 전재민의 안전지역 이동 및 수용 등 홍보 • 낙진위험지역 홍보
교육부	• (필요시) 전재민 수용을 위한 학교시설의 사용 • 필요시 학업활동 여부 판단 및 지원
과학기술정보통신부	• 전재민 수용시설에 대한 통신망 구축 등의 지원

출처: 박계호 외, 『핵과 국가비상대비업무』, p.221.

다음은 피폭지역의 긴급복구에 관한 것으로, 이를 위하여 복구지원본부아래 긴급복구팀과 EMP 대응팀, 낙진제거팀으로 편성할 수 있을 것이다. 먼저 긴급복구팀의 업무이다. 피폭지역에는 시·군·구청 등의 행정기관이나 전화국, 은행, 학교, 군사시설, 정수시설 등 다양한 시설이 위치할 것이다. 또한 교량도 있어 교통에 있어 중요한 역할을 할 것이다. 이러한 시설이 파괴되어서 정부기능의 유지나 국민생활의 안정에 커다란 지장을 줄 경우 긴급 복구를 해서 그 기능을 회복시켜야 할 것이다. 그런 만큼 정부기능의 유지와 국민생활의 안정 등 중요성을 검토하여 긴급복구 우선복구 순위를 정한 뒤 인력과 복구자재 및 장비 등이 가용할 경우 복구를 해야 할 것이다.

우선 먼저 요구되는 것은 피해지역의 출입을 용이하게 할 수 있도록 도로에 산재하여 있을 부서진 건물의 콘크리트 잔해나 전도된 수목, 불탄 차량 등의 장애물을 제거하는 것이 될 것이다. 주도로가 확보되면 우선 복구해야 할 대상들의 잔해물을 제거하면서 긴급복구를 진행하는 순으로 진행될 것이다.

피폭지역에서 건물 콘크리트 잔해물 등의 처리와 긴급복구에 관한 것이다. 이는 비록 사망자 수습 및 처리, 부상자 구호 및 구조, 전재민의 안전지역으로의 이동 및 수용 등의 업무보다는 그 우선순위가 떨어지기는 하나 언제인가는 해야 할 일이다.

〈표 7.13〉 북핵공격 시 긴급복구 대상의 선정(예)

순위	1순위	2순위	3순위	4순위
대상	도로망 복구	교통수단 복구	병원시설 복구	통신수단 및 관공서
사유	피폭지역 진출·입로 확보	피폭지역 교통로 및 수단 확보	피폭지역 주민 의료 지원 등의 지원 업무	피폭지역 통신로 구축 및 관청업무 시작

출처: 박계호 외, 『핵과 국가비상대비업무』, p.222.

우선 도로가에 있을 각종 건물 등의 장애물을 제거하여 중장비나 긴급후송 차량이 운행할 수 있도록 도로를 개통하는 것은 당면하는 업무가 될 것이다. 도로망이 개통되면 정부의 긴급복구 우선순위에 따라 순차적으로 복구를 시행한다. 긴급복구팀에서는 이러한 업무를 수행할 수 있을 것이다.

이러한 작업을 하기 이전에 피폭지역 내에서 방사선과 낙진 등의 위험을 사전에 확인되어야 한다. 피폭지역 내 건물 등의 폐기물에서는 일정기간 잔류방사선에 의한 위험도 있는 만큼, 이를 감안하면서 제거작업을 해야 한다. 건물 폐기물을 수거하여 처리할 시는 폐기물 종류와 방사선 위험 등을 고려하여 위치를 지정하여 매몰하거나 또는 소각을 하거나 아니면 약품을 사용하는 등의 방법이 사용되어야 할 것이다. EMP 대책팀은 피폭지역에서 피해상황을 확인하여 긴급복구 대책을 수립하는 업무를 수행한다.(이와 같은 사항을 반영한 행정각부의 비상대비업무 내용은 별지를 참조.)

여기 제시하는 것은 어디까지나 히로시마와 나가사키 피폭당시 발생하였던 상황과 한반도의 어느 특정지역이 공격을 받았을 당시의 상황, 정부 조직과 부처의 임무 등을 염두에 두면서 작성한 것인 만큼 실제적 대응은 핵 공격으로 발생한 피해 규모와 당시의 상황을 염두에 두면서 해야 할 것이다.

3) 핵공격을 받을 시 군과의 협조

다음은 핵관련 군의 역할에 관한 것이다. 예를 들어 북핵이 실제적 위협이 되는 시간은 북한정권이 핵탄두를 미사일에 탑재하여 공격하거나 폭격기를 이용하여 폭격하고자 할 경우가 될 것이다. 그런 만큼 이러한 움직임을 조기에 탐지하여 미사일 발사기지를 타격하거나 미사일 발사 시 요격하는 등으로 그 위협을 제거해야 한다.

요격에 실패하여 인적·물적 피해가 발생하였을 시는 정부의 신속한 인명 및 물적 피해 최소화를 위한 대응이 필요하다. 핵 공격으로 인한 피해가 워낙 크게 발생하는 만큼 행정부의 적극적 대응은 물론 군의 적극적인 지원도 필요하다. 핵 피폭 시 군이 행정부를 지원할 필요성은 다음과 같이 생각해 볼 수 있을 것이다.

첫째, 군 본연의 임무 완수 차원이다. 아무리 전쟁 중이라고 해도 군은 전쟁 시 야기될 또 다른 위협으로부터도 국민의 안전과 생명을 최우선적으로 보호를 해야 한다. 핵 공격으로 인하여 수많은 국민이 죽거나 부상을 입은 상황에서 사망자를 수습 및 처리하거나 부상자를 치료하고 주거시설이 파괴되어 살 곳이 없는 국민들에게 임시로 거주할 공간을 만들어 주는 등으로 국민의 안전과 생명을 지키는 것은 군의 기본적인 임무수행은 물론 전승에 기여하는 차원에서도 매우 중요하다. 이미 군에서는 각종 재난 발생 시 행정부 또는 자치단체를 지원하도록 법규와 규정이 있고 실제 다양한 활동으로 지원을 한 바도 있다. 핵 공격으로 인하여 전대미문의 인적피해가 발생할 상황에서 군의 역할은 다양할 것이다.

둘째, 원폭 공격으로 인하여 광범위하게 발생하는 피해를 최소화하기 위한 것이다. 원폭 공격을 받을 시 대규모의 사망자는 물론 헤아릴 수 없을 정도의 부상자도 발생할 것이다. 이들에게 적시에 적절한 치료를 제공하고 긴급히 거주할 수 있도록 병영시설을 제공하거나 천막설치와 같은 임시거주 시설의 준비 등 발생한 피해를 최소화하기 위해 군이 지원할 수 있는 분야는 많다. 만약 부상자 구호를 위한 인명구호 및 구조 활동에 있어 초기 대응이 지연될 시 인명피해를 포함한 피해 범위가 확대될 수 있는 만큼 군의 신속한 지원은 피해를 최소화하는 데 있어 중요하다.

셋째, 핵 공격을 받을 시 행정부의 부족한 능력을 보완하기 위한 것이다. 핵 공격을 받을 시 가장 먼저 신속하게 조직적으로 대응할 수 있는 조직은 군이다. 행정부도 신속히 대응할 수 있도록 노력하겠지만 그럼에도 불구하고 군보다는 대응 속도 면에서 떨어질 수밖에 없다. 군도 피폭지역 내에 위치한 부대는 피해를 입겠지만 전투임무에 종사하는 부대들을 제외하고는 부상자에 대한 구호 및 구조와 전재민 지원 등을 위하여 신속히 조직적으로 행정부를 지원하여 임무를 수행할 수 있도록 조직화 되어 있고 또한 그렇게 해야 한다.

넷째, 국민의 심리적 안정에 기여하기 위한 것이다. 지금까지 자연재해 및 재난발생시 군이 투입되어 인명구조는 물론 복구활동을 지원하여 국민들의 심리적 안정에 기여하였다. 대규모 인명피해가 발생한 핵 피폭상황에서 피해 최소화를 위한 군의 적극적인 지원활동은 국민들의 심리적 안정에 크게 기여할 것이다.

다섯째, 전쟁이라는 상황에서 적절히 대응하기 위함이다. 핵 공격을 받을 시 정부의 대응이 방해를 받거나 지연될 가능성이 많다. 행정 각부가 피해를 입거나 피해복구를 위해 동원 가능한 자원의 부족으로 인해 또는 후방지역에 침투하여 교란활동을 벌이는 등의 특작부대의 활동이 정부의 활동을 지연시킬 요인들이다. 군은 자체적인 무장력 외에도 제한적이기는 하지만 피해복구를 위한 가용한 자원도 보유하고 있다. 전장상황은 항상 유동적이며 불확실성의 지배하에 있게 마련이다. 군의 대응과 지원활동은 이러한 전장의 불확실성과 유동적 상황을 최소화 하는 반면에 지원효과를 최대화하는 데 도움을 줄 수 있다.

이 외에도, 정치·경제·사회·군사적 이유를 들 수 있다. 먼저 정치적 이유로, 만약 원폭 공격으로 국민이 대규모 피해를 입어 구호 및 구조, 치료 등 한 시가 급한 상황임에도 불구하고 군이 이런저런 이유로 투입이 지연되거나 또는 안 되어서 피해가 급증하였다고 할 시 군에 대한 신뢰의 저하는 물론 정치적 비난 또는 책임론에 휘말릴 가능성이 크다.

경제적인 이유로, 피해지역에 대한 구호 및 구조, 전재민 수용 등에 따라 많은 비용이 소요된다. 전쟁기간 중 막대한 전쟁비용이 소요되는 가운데 핵 공격에 따른 비용 역시 급증하는 만큼 군이 투입되어 다양한 지원활동을 함으로써 이러한 비용을 줄이는데 기여할 수 있다.

군사적인 이유로, 피폭지역에도 군 병력이나 군 시설이 존재하는 만큼, 행정부와 연계하여 피해복구를 위한 활동이 필요하다. 특히 피폭지역 내에 동원자원이 위치할 경우, 피해복구를 위한 적극적인 지원활동이 필요하게 될 것이다.

4) 행정부와 군의 협조 분야

핵 공격을 받을 시 대응을 위해서는 군이 자체적으로 할 업무가 있고, 군과 행정부가 긴밀히 협조를 해야 할 업무가 있으며, 행정부가 자체적으로 해야 할 업무가 있다. 따라서 군과 행정부가 각각 자체적으로 할 업무를 식별하는 것 못지않게 연계된 대응조치를 위하여 협조가 필요한 분야를 식별하는 것은 중요하다.

〈표 7.14〉를 간단히 설명하면 다음과 같다. 먼저, 핵위협에 대응하여 평시 할 업무는 경보전파 체제 확립, 민방위 대피시설 강화, 개인방호요령 숙지 등으로, 이를 위하여 관련 행정부에서는 경보전파수단 확립, 민방위대피 시설설치, 개인방호요령 숙지 등의 조치가 필요하고 군에서는 이를 지원하기 위하여 경보전파체제 연동, 민방위 대피시설

기준 제공과 개인방호요령 협조 등의 조치가 필요하다.

〈표 7.14〉 북핵대비 행정부와 군의 협조 필요 분야(예)

구분		예상되는 업무	협조사항	
			행정부	군
평시		• 생존요령 전파. 숙지 • 경보전파 체제 확립 • 민방위시설 강화 • 개인방호요령 숙지	• 핵 피폭 시 생존교육 • 경보전파체제 구축 • 민방위대피 시설설치 • 개인방호요령 전파	• 경보전파체제 확립 • 민방위대피시설 기준협조 • 개인방호요령 협조
핵 공격경보		• 핵 공격 경보 발령 • 국민 대피 안내 • 공격수단 요격	• 민방위 경보 전파 • 주민대피 안내/지도 • 정부기능 유지 등	• 핵 공격정보 탐지 및 전파 • 핵 공격지역판단 및 전파 • 공격수단 요격
핵피폭 이후	대응 준비	• 핵피폭대응본부 구성 • (가칭) 핵피폭지원사령부 편성 • 피해상황 확인 • 지원요소 판단/협조	• 중앙/지방대책본부 편성 • 피해상황 확인 • 지원소요 판단 • 지원요소 협조 • 민방위대 동원 판단	• (가칭) 핵피폭지원사령부 편성/지원 • 지원소요 판단/요청 • 예비군부대 동원
	사망 처리	• 사망자 수습 및 처리 • 사망자 집계 • 사체처리 방법결정 • 방역업무	• 사망자 수습 및 처리 • 사망자 집계 • 화장/매장 등의 결정 • 방역업무	• 사망자 수습 및 처리 지원 • 매장/화장 지원 • 방역업무 지원
	부상 처리	• 부상자 구조 및 구분 • 부상자 치료 • 부상자 수용시설 확보 • 치료인력 등 동원	• 부상자 구조 및 구분 • 부상자 치료 • 부상자 수용시설 확보 • 치료 인력 등의 동원	• 부상자 구조 지원 • 부상자 치료 지원 • 부상자 수용시설 설치 • 치료 인력 등의 제공
	낙진 제거	• 낙진위험예측 및 전파 • 낙진오염 제거 • 주민 안전지역 대피 • 낙진제거 활동	• 낙진위험 경고 • 피폭지역 내 주민 이동 • 주민이동 지원 • 오염제독 지원	• 낙진위험예측도 판단/제공 • 주민이동 지원 • 낙진오염 제거활동 지원
	전재민 처리	• 전재민 수용시설 판단 • 전재민 지원소요 판단 • 지원소요 조치	• 전재민 수용소 설치 • 전재민 지원소요 조치 • 치안질서 유지 등	• 전재민 수용시설 제공 • 전재민 구호 등의 지원 • 기타 지원업무 수행
	긴급 복구	• 긴급복구 대상 판단 • 복구지원 소요 결정 • 긴급복구	• 복구대상 판단 • 복구지원 소요 판단 • 복구 업체 등의 동원	• 복구지원 소요 판단 • 복구 지원
	잔해 처리	• 잔해물 수거 • 수거 잔해물 처리	• 잔해물 수거 • 수거 잔해물 처리	• 잔해물 수거 지원 • 수거 잔해물 처리 지원

출처: 박계호 외, 『핵과 국가비상대비업무』, p.228.

다음은 핵 공격 경보시의 조치로, 핵을 탑재한 미사일을 발사하였을 시 또는 폭격기가 접근 시, 군에서는 요격은 물론 즉시 공습경보를 발령하고 중앙경보센터에서는 공습경보를 전국적으로 발령하며, 민방위요원이나 공무원 등은 주민들을 신속히 지하 대피시설로 대피하도록 통제해야 한다.

요격에 실패하여 핵무기에 피폭되어 피해가 발생하였을 시 중앙정부는 즉시 (가칭)핵피폭대응본부를 설치하고 자치단체도 지역대책본부를 설치하여 피해상황을 확인하며 군의 지원을 요청한다. 군에서는 정부의 요청과 작전상황을 종합하여 피해상황 극복 지원을 위한 (가칭)핵피폭지원사령부를 편성한 뒤 투입할 수 있도록 한다.[2] 필요시는 예비군도 동원할 수 있다.

이후 피폭지역으로 지원부대를 투입할 시는 사망자 수습 및 처리와 부상자 구호 및 구조, 전재민 수용시설의 설치, 낙진오염 제거, 잔해물 제거 지원 활동 등을 행정부와 협조하여 전개해 나간다. 전쟁단계별 협조할 사항은 〈표 7.15〉와 같다.

핵 공격을 받을 시는 무엇보다도 피해상황을 종합적으로 판단하고 유관기관을 협조시켜 사태를 극복하기 위하여 중앙정부와 자치단체에 (가칭)핵피폭대응본부를 설치하고 인명의 구호 및 구조와 피해복구업무를 시작하는 것이다. 핵 공격을 받을 시는 긴급히 조치할 사항으로부터 장기적으로 조치해야 할 사항까지 해야 할 업무는 不知其數이다. 긴급히 해야 할 우선적 업무는 피폭지역을 판단하고 부상자를

2 미국이나 일본, 중국 등 많은 나라는 자연재해 등으로 인명과 재산상의 피해가 광범위할 시는 대규모의 군을 투입하며, 이때 지휘통일을 위하여 임시사령부를 편성한다. 미국에서 카트리나가 발생하였을 시 합동군사령부가 편성됐고, 중국은 쓰촨성 대지진 발생 시 재난구조사령부를 편성하였다. 일본에서도 후쿠시마 원전사고 발생가 발생하였을 시 지역군사령부 예하에 합동임무부대가 육상과 해상, 항공자위대를 통합하여 임무를 수행하였다.

〈표 7.15〉 북핵대비 전쟁단계별 군과 행정각부의 협조사항(예)

구분	군사(국방부)	비군사(행정각부)
전쟁 이전 단계	• 경보전파체제 구축 • 민방위 대피역량 강화 협조 • 피폭 시 행정부 조치사항 지원, 협조 • 피폭대비 행정부 요청사항 확인, 지원계획 작성 등	• 경보전파망 구축 및 전파체제 • 민방위 대피 시설 준비 지도 • 피폭대비 행정부 계획작성 • 피폭대비 군 지원 요청사항 확인 및 요청 등
전쟁 단계	• 경보전파망 운영 • 사상자 처리, 전재민 수용 등 지원 • 낙진오염 제거 지원 • 긴급복구 등의 지원 등	• 군 경보전파망 연계, 운용 • 사상자 처리, 전재민 수용 협조 • 낙진오염 제거 지원 요청 • 긴급복구 요청 등
전쟁 이후 단계	• 치료인력과 장비, 시설, 약품 등의 지원 • 잔해물 처리 등의 지원	• 피폭자 치료지원 요청 • 피폭지역 잔해물 제거 요청

출처: 박계호 외, 『핵과 국가비상대비업무』, p.230.

신속히 구조 및 구호하여 치료를 제공함으로써 사망자를 최소화 하는 일이 될 것이다. 아울러 사망자를 수습하여 화장이나 매장 등을 통해 사체를 처리하면서 전염병 창궐을 방지하기 위하여 방역을 하며, 대규모로 발생할 전재민을 수용할 천막 등을 설치하거나 학교와 같은 시설을 동원하고 이들에게 필요한 지원을 제공하는 것이다. 한편 낙진 도달시간과 상태 등을 판단하여 위험지역을 경고하고 지역 내 주민을 안전지역으로 이동시키며, 오염된 환자들의 낙진제거 활동도 긴급을 요하는 업무가 될 것이다. 그 외에 긴급피해복구도 필요하다. 이러한 업무 가운데는 인명피해 최소화를 위하여 부상자 치료와 같은 긴급업무도 있고 상대적으로 긴급복구와 같이 우선순위가 떨어지는 업무도 있다. 또 동시다발적으로 아니면 순차적으로 해야 할 일도 있다. 인명피해의 최소화에 우선순위를 두면서 상황을 종합적으로 판단하고 조치해야 한다. 이런 과정에서 신속한 조치는 중요한 만큼 중앙부처를 신속하게 편성할 준비를 평시부터 해 놓아야 할 것이다.

한편 장기적으로 할 일은 화상 및 부상, 방사선 피폭으로 인한 부상자들 가운데 장기적 치료를 요하는 인원에 대한 치료, 폐허화된 도시의 잔해물 제거와 동시에 복구를 하는 작업이 될 것이다. 원폭피폭 시 발생할 제반 상황과 행정부의 비상대비업무를 고려하여 중앙정부와 자치단체의 조직을 편성해야 할 것이다. 광역자치단체는 중앙정부 편성을 참고하고 자치단체의 행정조직과 업무를 고려하여 편성하면 될 것이다.

행정부와 군의 협조 강화를 위한 지원 및 피지원 사항

핵 공격으로 대규모의 피해가 발생할 시, 군은 발생된 피해를 최소화하면서 상황을 극복하기 위하여 정부가 신속히 동원하여 활용할 수 있는 조직이지만 전장상황으로 인하여 지원능력에는 한계가 있을 수밖에 없다. 군이 행정부의 역할을 지원할 수 있는 범위에는 사망자 수습 및 처리와 부상자에 대한 구호 및 구조와 치료 등의 제공, 낙진에 오염된 사람들의 낙진제거, 전재민을 위한 임시시설의 설치나 군 시설의 제공과 전재민에 대한 급식과 치료 등의 지원, 파괴된 국가기반 시설에 대한 긴급복구 지원, 치안질서 유지 등을 포함할 수 있다. 군의 지원활동이 지속되기 위해선 행정부의 지원이 필요하다. 이러한 지원을 위하여 군은 행정부에 수송 및 치료 등의 장비와 식품과 약품과 같은 물자의 지원을 요청할 것이다.

행정부와 군의 협조를 원활히 할 수 있도록 하기 위한 조치로는 다음을 생각하여 볼 수 있을 것이다. 첫째, 핵관련 군사-비군사 업무를 연계시키기 위해서는 범정부 차원의 조직과 협의체가 필요할 것이다. 이는 핵 위협이 그만큼 현실적이고 위협적이며, 일단 피해가 발생하면 그 범위를 가늠하기 어렵기 때문이다. 현재 행정안전부에 편성된

비상대비정책관실만으로는 행정각부의 업무조정 및 통제와 지도 등에 한계가 있을 것으로 생각된다. 국가안보실이 주도하여 강력한 권한을 행사하면서 업무를 장악하여 이끌고 행정각부가 참여하여 대응책을 수립해야 할 것이다.

둘째, 핵관련 민군 협의체 편성 및 운용이 필요하다. 여기서는 국방부와 합동참모본부의 핵관련 조직과 행정안전부의 비상대비조직의 업무를 연계하여 핵위협대비 군사 및 비군사 분야의 대응과 피폭 시 피해 발생 최소화 및 신속한 복구 등에 관한 사항을 협조할 수 있을 것이다. 이를 위하여 국방부 및 합동참모본부의 대량살상무기 전담조직과 행정안전부 비상대비정책관실, 필요한 행정부도 포함하여 군사-비군사 업무의 협조와 계획 발전 등에 대한 업무를 수행해야 할 것이다.

셋째, 핵 공격 시에 대비, 군사부문과 비군사 부문의 연계를 위하여 군사부문에서는 국방부와 합동참모본부, 각 군(육군)본부의 업무분장을 규정해 놓을 필요가 있다. 이는 핵 공격을 받을 시 그만큼 군의 역할이 중요하기 때문에 사전에 이를 구분하여 놓음으로써 필요한 시기에 신속한 대응을 하기 위한 것이다.

〈표 7.16〉 북핵대비 군의 기관별 업무분장(예)

구분	국방부	합동참모본부	각 군(육군)본부
업무	• 지원지침 작성 • 전시계획 작성 • 핵 피폭 시 군 지원 여부 판단 및 결정 • 행정부 지원요청 소요 판단 및 요청 • 예비군 동원여부 결정	• 군사상황 고려, 투입 • 부대규모와 시기 판단 • 군사상황 고려 투입 • 부대 철수시기 판단 및 건의	• 지원계획 작성 • 투입부대 지휘체계구성 • 지원소요 판단 및 제공 • 안전관리 프로그램 작성 유지 및 시행 • 예규 작성 • 예비군 동원 판단/건의

출처: 박계호 외, 『핵과 국가비상대비업무』, p.233.

넷째, 핵 공격을 받을 상황이 발생할 시 (가칭)핵피폭지원사령부의 편성 및 운용을 검토해야 한다. 이는 핵 공격으로 대규모의 피해가 발생한 상황에서 피해를 최소화하기 위한 방안이다. (가칭)핵피폭지원사령부에는 지원부대를 할당하여 지휘체계를 일원화 한 가운데 행정부 요청에 부응하여 군 병력과 구조장비 및 시설, 치료약품 등을 지원한다. 이 부대는 부대장과 참모장, 피폭지역 복구 지원소요를 감안하여 보병, 공병, 의무, 보급, 화학 등의 부대와 여기에 편제된 장비 등을 휴대하며, 추가하여 필요에 따라 지역별 산재하여 있는 국군병원이나 국군 시설 등을 지원할 수 있다.

(가칭)핵피폭지원사령부는 피폭지역에서 행정부와 협조하여 사망자 수습과 처리, 부상자의 구호와 구조 및 치료 제공, 전재민을 위한 임시천막 등의 숙영시설 준비와 급식 등의 제공, 피폭지역에서의 치안 질서 유지 등의 임무를 수행할 수 있을 것이다. 이러한 임무를 위하여 필요시 연락관을 필요한 기관에 파견하거나 또는 행정부에서 필요한 연락관을 파견 받는 방법을 강구할 수 있다.

이렇게 부대를 편성하는 이유는 핵 피폭상황이 발생한 상황에서 신속한 부대지원을 통해 피해를 최소화하는 한편, 작전부대 지휘관들

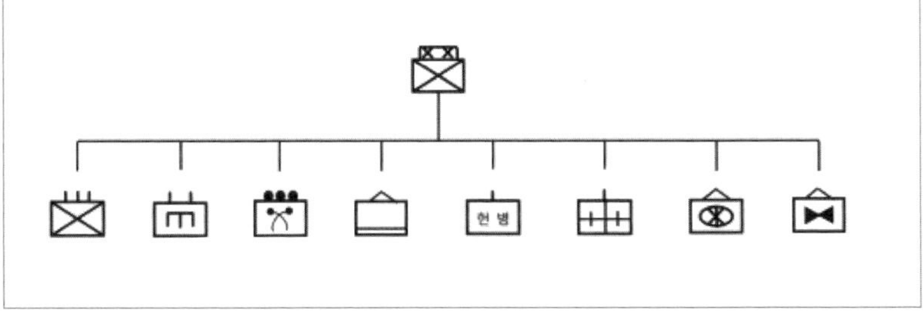

〈그림 7.12〉 (가칭)핵피폭지원사령부의 편성(안)

출처: 박계호 외, 『핵과 국가비상대비업무』, p.234.

이 전투임무 수행에 전념을 기울이도록 여건을 보장하기 위한 것이다.

(가칭)핵피폭지원사령부는 핵 공격을 받을 시에 최대한 신속히 편성할 수 있도록 국방부의 전시관련 계획에 지침을 포함하고 육군본부의 전시관련 계획에 기본방침, 부대편성 및 임무, 지휘체제 등을 잠정적으로 계획하여 놓고 있다가 전시 핵 공격을 받은 상황이 되면 바로 편성하여 임무를 수행할 수 있도록 하는 것이 좋겠다. (가칭)핵피폭지원사령부가 지원할 수 있는 범위는 〈표 7.17〉과 같다.

〈표 7.17〉 (가칭)핵피폭지원사령부의 지원범위(예)

상황	부대/병과	지원활동 범위
사망자 수습 및 처리	보병, 공병, 의무, 보급 (영현부대)	• 사망자 수습 및 처리 • 사체 매장 및 화장 • 방역활동
부상자 구호 및 구조	보병, 항공, 의무	• 부상자 구조 및 구호 활동 • 부상자에 대한 치료제공 • 부상자 치료약품 및 시설의 제공 • 특수 환자에 대한 항공 수송 등
전재민 구호 및 수용	보병, 공병, 의무, 보급	• 전재민 구호 및 이동 • 전재민 수용 시설 설치 • 전재민에 대한 급식
낙진예방 및 제거	의무, 화학	• 낙진측정 및 위험지역 판단 • 낙진제거 시설의 설치 및 운영 • 낙진제거 활동
긴급피해 복구	보병, 공병	• 피해복구 병력 및 장비 지원 • 피해복구 시설의 복구 활동 • 피해복구에 필요한 장비의 제공
피폭지역 출입통제	보병, 헌병	• 피폭지역 출입통제 병력제공 • 피폭지역 출입 업무 수행 • 민관군 합동 순찰 임무 • 계엄임무 수행을 통한 질서 유지
도로 및 건물 등의 잔해물 제거	보병, 공병	• 파괴된 건물 등의 잔해 수거 및 수송 • 피폭지역 내 도로 장애물 제거 • 잔해물 매몰 또는 소각 등의 처리 • 방사선 제거 활동

출처: 박계호 외, 『핵과 국가비상대비업무』, p.235.

(가칭)핵피폭지원사령부는 행정부와 협조하는 가운데 군 단독으로 임무를 수행할 수 있고, 예비군이나 민방위대 및 경찰, 행정부와 합동으로 임무를 수행할 수도 있다. 예를 들면, 사체수습을 위하여 보병부대를 주축으로 의무부대가 지원하는 형태로 특정지역에서 군 단독으로 할 수 있고 아니면 보건복지부 등의 관계 공무원 및 동원된 의료인력과 합동으로 할 수도 있다. 부상자 치료를 위하여 의무부대가 단독으로 할 수 있고, 보건복지부 등의 관계 공무원 및 동원된 의료인력과 합동으로 할 수 있다. 국가기반시설 등의 피해복구를 위하여 공병부대가 단독으로 할 수 있거나 공병부대와 행정부에서 동원한 업체가 합동으로 할 수도 있다.

치안질서 유지를 위하여 헌병부대가 단독으로 하거나 또는 검찰 및 경찰과 합동으로 할 수도 있다. 피해에 따른 인명구조 및 구호, 복구의 긴급성이나 지원 가능한 부대 및 기관 등에 따라 다양하게 할 수 있을 것이다. 다만, 낙진과 같은 위험이 따르는 만큼 방독면과 보호의 착용이나 방사선을 탐지 및 측정하는 필요한 장비 등을 준비한 뒤에 가능할 것이다. 부대가 피폭지역으로 이동 후 투입 시는 방사선에 대한 측정, 병사들의 건강 및 심리상태 확인, 보호의 착용, 피폭지역에서의 화재 및 건물 붕괴 등으로 인한 위험 등에 대한 사전 확인 및 준비가 반드시 필요하다.

이러한 조치들은 피폭 이후 시간경과, 지역별 낙진위험 정도, 인명피해가 집중적으로 발생한 지역 및 구호와 구조 우선순위, 부대훈련 정도, 현재 진행되고 있는 지역에서의 기타 위험 등 제반 상황과 부대의 지원능력 등을 종합적으로 판단한 뒤 할 수 있을 것이다.

다섯째, 국방부 및 각 군 본부 지원능력 강화 방안이 강구되어야 한다. 핵 공격으로 대규모 피해가 발생하였을 경우, 군이 피해복구를 위해서 중요한 역할을 해야 하는 만큼 국방부 및 각 군 본부는 이러한 상황을 감안하여 부상자 및 전재민 등에 대한 신속한 지원을 위하여 의료인력과 약품 등은 물론 전재민에 대한 식량 등을 배급할 수 있는 역량이 강화되어야 한다.

한편, 군을 투입할 시는 여러 가지 제한사항의 발생도 예상되는 바 다음을 고려해야 할 것이다. 첫째, 군은 전시 전투임무가 우선인 만큼 군사작전을 우선으로 하되, 핵 피폭지역에서 인접하여 주둔하거나 작전하고 있는 부대 가운데 여력이 있는 부대와 피폭지역에서 떨어진 곳에 주둔하는 부대 가운데 지원활동에 지장 없는 부대들로 지원해야 할 것이다. 둘째, 투입될 부대가 필요로 하는 장비와 물자, 시설 등을 우선으로 지원한다. 전투임무 수행에도 많은 장비와 물자가 필요한 상황에서 군의 대민지원도 중요한 상황임을 감안하여 지원부대가 필요한 장비 및 물자를 판단 및 제공해야 한다. 셋째, 행정부는 지원활동에 필요한 제반 자원을 제공해야 한다. 군이 보유한 장비와 물자 등의 자원만으로는 피폭지역에서 활동에 있어 제한이 따를 수밖에 없다. 행정부의 지원이 군의 임무수행 능력을 강화하는 데 도움이 된다. 넷째, 군사 및 비군사 분야 협조를 위하여 연락관을 상호 파견하여 긴밀한 협조체제를 구축한다. 피폭지역에서의 상황은 긴박하게 전개될 것이다. 신속한 대응 및 피해 최소화를 위하여 정부와 군의 긴밀한 협조가 어느 때보다 중요한 만큼 연락관을 파견하여 협조해야 할 것이다. 다섯째, 피해지원을 위하여 필요시 (가칭)핵피폭지원사령부 지휘아래 지휘체계를 일원화하고 그 역량을 최대화한다. 여섯째, 투입될 부대는 피해복구에 대한 전문성과 장비를 갖추고, 방사선 등의 위험을 고려하여 투입한다. 피폭지역에는 여러 위험요소가 존재하는 만큼 전문성이 요구된다. 일곱째, 투입될 부대는 안전관리 프로그램에 따라 투입한다.

〈표 7.18〉 안전관리 프로그램에 포함할 사항(예)

1. 피해 최소화를 위한 위험평가(방사선 노출이나 화재 및 건물붕괴 등의 위협) 2. 작업인원 안전 및 건강상태 확인 3. 개인 보호장비 준비 4. 방사선 선량 위험 및 인체에 미치는 영향 판단 5. 방사선 누적량 추적 및 기타 건강관련 자료 6. 방사능 낙진과 같은 고위험 환경에서 훈련 7. 장기적 의료 지원 및 관찰 프로그램 준비 8. 투입 이후 환경에서 작업 기준시간 등

출처: 박계호 외, 『핵과 국가비상대비업무』, p.238.

피폭지역에서 지원활동에 참여하게 될 부대는 방사선에 피폭되는 등의 위험은 물론 화재 및 건물 붕괴 위험 속에서 활동하게 된다. 따라서 이러한 안전 위해요인을 고려하여 훈련과 투입될 인원이 휴대해야 할 장비라든가 물자, 투입 시 작업시간 등의 기준이 설정되어야 하며, 이들을 안전관리 프로그램(Safety management program)에 따라 투입 전 훈련을 한 뒤에 투입해야 할 것이다.[3]

핵 공격을 받을 시 인명에 대한 구호 및 구조 활동을 할 경우에 대비하여 이에 대한 예규를 준비하고 이를 기준으로 각종 보호장비를 갖춘 훈련된 인원이 참여하며, 이와 관련되는 조직들은 상호 협조하여 방사선에 대한 평가, 오염지역에서 다양한 방해 요인에 의한 지연 가능성을 고려해야 한다.

여섯째, 핵 공격 시 대비 대응능력 확대방안으로, 대도시 지역을 중심으로 지역예비군 활용방안을 강화하기 위하여 예비군 대대를 편

3 National Security Staff Interagency Policy Coordination Subcommittee for Preparedness & Response to Radiological and Nuclear Threats, *Planning Guidance for Response to a Nuclear Detonation (Second Edition)*, 2010, p.51.

성할 필요가 있다. 예비군이 창설될 당시인 1960년대 말로부터 2000년대 초까지 당면한 위협은 주로 전차와 탱크 등의 재래식 무기와 무장공비의 후방지역 침투 등에 대응하는 것이었다. 이러한 위협에 대응하여 예비군에 부여된 임무는 전시 병력동원 외에 향토방위임무를 기본적으로 하였다.

그러나 북한이 핵을 보유하면서 위협양상이 바뀌고 있는 만큼 우리의 대응도 종전과 같아서는 안 된다. 재래식 무기의 위협은 그대로 존재하면서 대량살상무기의 위협이 가중되는 만큼 이에 대응하는 상비군의 전략과 전술의 변화와 더불어 부대조직과 훈련도 개선되고 있다. 예비군의 대응도 이에 보조를 맞추어야 하며, 이를 위하여 조직과 훈련의 개선이 병행되어야 한다.

예비군의 향토방위지원과 관련하여 핵 피폭 시 지역주민의 구호 및 구조 등 역할의 확대가 필요하다. 지금의 예비군 부대는 행정구역 단위로 중대 및 지역대를 일괄적으로 편성하고 있는데 이러한 핵공격을 받아 대량피해 발생 시 구조 및 구호 활동 등의 지원을 위하여 자원이 많은 서울이나 그 외에 광역시에 예비군 부대를 새로 편성하는 것이다. 여기에는 예비군들의 병과와 특기를 고려하여 별도로 부대를 편성하고 이들에 대한 운영은 자치단체의 장에 맡기며, 이에 필요한 장비는 자치단체의 장 책임아래 필요시 동원하는 것이다. 전장상황이 바뀌고 있고, 특히 핵공격을 받을 시는 광범위하게 피해가 발생하는 만큼 예비군 운용을 종래와 같이 향토방위라는 군사임무 위주의 소극적 범주에서 머물러서는 안 될 것이다.

예비군 대대가 창설될 시 수행할 임무로는 사망자 수습 및 처리 지원, 부상자 구호 및 구조 후 의료지원팀에 인계, 전재민 수용시설의 설치 지원, 피폭지역에서의 주민의 안전지역으로 이동 지원, 치안질서

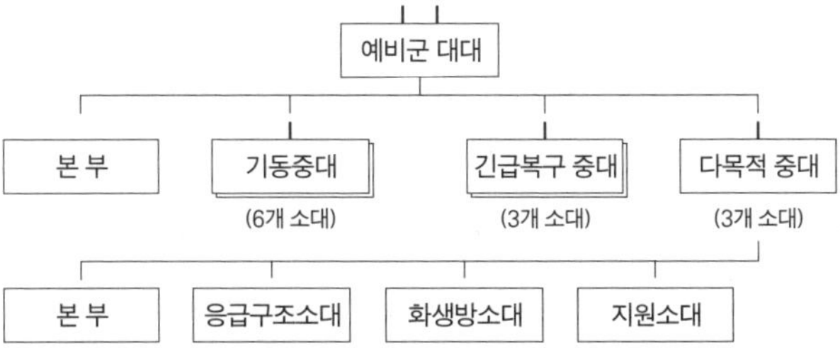

〈그림 7.13〉 대규모 재난 발생에 대비한 예비군 부대편성(안)[4]

출처: 필자의 연구결과를 기록한 것임

유지 지원 등이 될 것이다. 다만, 예비군 대대가 이러한 임무를 수행하기 위해서는 수송 및 건설장비, 방독면과 보호의 등의 준비가 필요한 만큼 이에 대한 조치도 병행되어야 할 것이다.

5) 북핵대비 컨트롤 타워 및 국가비상대비 조직의 발전

북핵 위협의 심각성을 감안하여 국가안보실이 대통령을 보좌하여 컨트롤 타워로서 역할을 수행해야 할 것이다. 현재 대형재난은 대통령실에서 컨트롤 타워 역할 수행하고 있음을 감안하며 핵을 포함한 대량살상무기의 피해 광범위를 고려할 시, 대통령실에서 컨트롤 타워 역할은 불가피할 것으로 판단된다.

국가안보실은 전시 군사와 비군사 분야가 연계된 업무 수행 및 계획작성 등을 컨트롤 타워로서 지침의 부여와 감독 및 통제를 하며, 국무총리는 비상대비에 대한 총괄 및 조정, 통제 역할(비상대비계획의 작

4 박계호 · 엄영호, "예비전력 정예화 및 향방작전 실효성 제고방안", 『2013년 육군전투발전: 미래 육군의 지상작전 수행개념 발전방향』, 한국전략문제연구소, 2013, pp.477-488) 〈그림 3-1〉을 수정한 것임

성과 시행 등)의 업무를 총괄하도록 한다.

또한 북핵 등 위협의 변화 및 심각성을 감안하여 비상대비조직의 개편을 적극적으로 추진해야 할 필요가 있다. 조직의 개편 방안으로 종전의 비상기획위원회 이상으로 강화하는 방안, 국무총리실로 조정 및 확대하는 방안, 행정안전부에 편성하되 확대하는 방안 등을 제시한다. 비상대비조직의 확대 방안에 대한 장점 및 단점의 비교는 <표 7.19>와 같다.

표의 방안에 대한 검토결과, 당면하는 민방위 및 비상대비업무를 고려 시 종전 비상기획위원회 이상의 조직으로 편성할 필요가 있는

<표 7.19> 비상대비 조직의 확대 방안 비교

구분	장점	단점	결론
국무총리 산하 '국가비상기획위원회' (장관급)	• 전·평시 비상대비 체제 완비 – 전시위협 대비 능력확대 및 강화 • 국무총리 역할 증대 • 정부부처 조정·통제 강화	• 정부조직개편으로 정치적 부담 • 포괄적 안보위협 대비 곤란	1
국무조정실 내 '비상대비실' (국무3차장, 차관급)	• 전·평시 비상대비 체제 일부 향상 – 전시위협 대비 능력 • 신속, 유연한 의사결정 가능 • 정부부처 총괄·조정·통제 강화	• 정부조직개편으로 정치적 부담 • 포괄적 안보위협 대비 곤란	2
행정안전부 '비상대비본부' (차관급)	• 전·평시 비상대비체제 일부 향상 • 전시위협 대비 능력 • 비상대비 업무 용이 • 통합 시너지 효과 증대 ※ 민방위 대원, 비상대비계획관 통제 용이	• 행안부 내 수시 보직 변경으로 비상대비전문가 양성 곤란	3
행정안전부 '비상대비실' (실장급)	• 조직개편 용이, 정부 부담 최소 • 전·평시 비상대비체제 가능 • 전시위협 대비 능력 • 통합 시너지 효과 증대	• 조직위상 약화 정부 부처 통제 곤란 • 행안부내 수시 보직 변경으로 비상대비전문가 양성 곤란	4

출처: 김용석 외, 「국가비상대비조직의 문제점과 미래 발전방안 연구」(구, 국민안전처 정책연구), 2015, p.161. 부분 수정.

것으로 사료된다. 신편 비상대비 조직은 장관급 위원장과 차관급의 부위원장의 정무직으로 편성하며 북핵 등 대량살상무기 담당부서를 편성, 국방부 및 합참의 북핵담당 부서와 협조하여 정부차원 업무를 수행해야 한다. 여기서 북핵대비 군 협조업무로는 민방공 경보체계 발전과 대피소 구축, 핵공격을 받을 시 군의 지원사항 등이 될 것이며, 정부연습 등의 지원도 필요하다.

일각에서는 국가안보실에 국가비상대비업무를 담당할 차장급 또는 비서관 편성 등에 대한 의견이 제기되고 있음을 감안하여 이에 대한 검토도 필요하다. 북핵 등 대량살상무기 관련 전문가를 편성하여 민방위 및 비상대비계획의 작성과 연습 등에 참여토록 여건의 보장이 필요하다.

6) 북핵대비 계획의 발전

기존의 전쟁사 사례 및 「전쟁지도지침」, 군작전 계획과 한반도에서 예상되는 전쟁단계에 맞춰 비상대비계획을 전반적으로 재작성해야 한다. 특히 북핵관련 군사-비군사 분야를 연계하여 행정각부의 역할 등을 반영한 통합된 계획을 작성해야 한다.

북한이 핵무기 사용을 공언함에 따라 핵공격을 받을 시에 대비한 민방위 계획과 인명구조 및 구호, 전재민 수용 등의 계획에서 발전이 필요하다. 군과 협업으로 수도권 지역에 대한 민방위 및 비상대비계획 시행 준비실태의 전면적 검토 및 보완 추진해야겠다.

계획작성과 병행하여 핵 등 대량살상무기 탐지 및 제독장비와 약품의 준비, 치료병원의 동원 지정 확대 등을 추진해야겠다.

국방부 집행계획도 전반적으로 재작성해야 한다. 행정부의 한 곳으로 국방부는 전시 해야 할 일이 있으며, 그런 일을 하기 위한 집행계획이 필요하지만 현재는 이를 위한 계획이 없는 것과 같은 만큼 새로운 계획을 작성해야 한다.

7) 북핵대비 정부연습의 실시

연습과제의 구분

정부의 연습과제를 핵심과제와 일반과제로 구분해서 연습하되, 핵심과제는 전쟁의 진행 및 결과에 중대한 영향을 미칠 과제로 북핵 관련 사항, 식량배급제, 병력동원, 전쟁비용과 전시예산, 수도권 안정대책, 북핵대비 등이 될 것이다. 핵심과제는 부처의 장이 주도하는 연습과제로 선정할 필요가 있으며, 연습통제단에서 부처의 협조아래 선정할 수 있을 것이다. 일반과제는 전쟁발발 시 발생할 수 있는 부처의 업무로서 통상적으로 해야 할 일이다.

핵심과제로서 북핵대비 정부 차원의 연습

북핵 위협이 가시화된 지 10여 년이 되었지만, 그간 군사 분야 위주의 대비만 언급되면서 비군사 분야의 대비는 소홀하였다. 지금까지의 민방위 훈련처럼 형식적인 훈련으로는 핵 피폭 시 대비를 제대로 할 수 없다. 2023년 처음 북핵대비 정부연습을 하였으나 여러 문제가 발견되었다.

2023년 연습결과 문제점을 개선하여 2024년도 정부연습에서는 군과 중앙정부와 자치단체가 연계되는 연습을 함으로써 관련계획의 발전과 더불어 실질적인 대응능력을 향상시켜야 할 것이다. 도상연습은 물론 실제연습과 더불어 행정각부가 참여한 종합적인 연습을 해야 한다, 연습의 핵심은 중앙 및 자치단체의 핵관련 기구 편성 및 운용의 적절성, 핵상황에서 정부기능 연속성 유지대책, 매뉴얼에 의한 상황조치 등이 될 것이다. 또한 연습시는 경보전파 수단의 적절한 운용, 대피소의 적절성, 대피소 내 생존물자의 점검, 핵EMP 대책, 부상자 구조 및 구호와 치료계획, 전재민 수용계획, 사망자 수습 및 처리, 낙진 시 주민안전대책, 복구관련 등도 연습을 통한 점검이 되어야 할 것이다.

8) 북핵대비 사무실 위치 이전

한반도의 안보 환경여건 상 언제 북한의 도발로 위기상황이 발생되고 악화되면서 긴박한 상황으로 전개되어 충무사태를 선포할 수 있는 상황이 될 것인지 판단의 어려움이 있다. 이럴 경우, 군사적 위기관리와 방어준비태세의 변경과 보조를 맞추면서 정부도 신속히 전시 전환태세로 전환할 필요가 있으며, 이를 위한 시간적 요소는 중요하다.

행정안전부 비상대비정책국은 충무사태 선포 시 단시간에 정부종합상황실 운영 준비를 갖추어야 하며 이를 위하여 평시 사무실 근무위치는 중요하다. 현재 비상대비정책국은 세종시에 위치하면서 충무2종 사태 선포 시 과천 문서고로 이동하여 정부종합상황실을 개소하는 등의 준비를 갖추어야 한다. 이는 충무사태 선포 시 긴박한 상황의 전개를 염두에 둔다면 매우 부적절한 것으로 판단되는 만큼 개선되어야 한다.

따라서 현재의 세종시에 위치한 비상대비정책국을 과천시 정부청사로 위치를 이전하여 평시 문서고의 정부종합상황실 운용 준비상태를 유지하며 충무사태 선포 시는 신속히 정부종합상황실로 이동하여 상황실을 개소 및 운용할 수 있도록 할 필요가 있다. 이는 한반도

안보여건상 특히 북핵을 감안할 시 신속한 대응능력의 확보를 위하여 대단히 중요한 문제로서 정치적 경제적 행정적 이유로 접근할 사항이 아니다.

7. 북핵대비 국민 숙지 및 행동요령

핵공격에 대비하여 정부가 할 일도 많고 군의 역할도 중요하나 국민 개개인도 본인의 생명은 자기가 보호한다는 생각으로 개인방호요령을 숙지하고 준비해야 할 사항은 준비해야 한다. 이는 그만큼 정부와 군의 대비 및 조치와는 별도로 핵 상황에서 평시 개인이 숙지하고 전시 행동해야 할 사항이 많다는 의미이다. 개인의 생존을 위해서는 평시 숙지해야 할 사항과 준비해야 할 사항, 전시 핵 공격 시 행동해야 할 일로 구분할 수 있다.

먼저 개인의 생존을 위하여 알아야 할 사항이다. 이는 어디에 민방위 대피소가 있는지? 핵 공격을 받을 시는 어떻게 생존을 보장할 것인지, 즉 개인방호요령을 몸에 익히는 것이다. 먼저 대피소 위치 숙지이다. 대개의 지하철역에는 지하에 승강장이 있고, 공공시설의 지하와 대형건물의 지하에는 상가시설이나 주차장이 있다. 이러한 지하시설은 전시 대피소로 사용되는 만큼 이들의 위치를 숙지해야 할 것이다. 이러한 시설에는 입구에는 대체로 민방위 대피소 표지가 부착돼 있다. 공공시설의 대피소는 스마트폰에 '안전디딤돌' 앱을 설치하여 앱 초기 화면에서 민방공 대피소를 조회하면 찾을 수 있다. 아파트 지하주차장도 비상시 대피소로 사용할 수 있는 만큼 관리사무실에서는 이와 관련되는 사항을 준비해 놓을 필요가 있다.

다음은 핵 공격을 받을 시에 대비하여 개인방호요령을 숙지하는 것이다. 첫째, 야외에서 노출된 상황아래 핵 공격을 받은 상황이라면 폭발 반대방향으로 엎드리되 눈과 귀를 모두 막고 입을 벌려 폭발 시 발생하는 폭풍과 소리로부터 눈과 귀를 보호하며, 몸도 지표면으로부터 이격해야 한다는 것을 알고 있어야 한다. 인근에 배수로, 동굴, 웅덩이 등이 있으면 즉시 그곳으로 피하면 피해를 줄일 수 있다는 것도 알아야 한다. 둘째, 미사일 경보가 발령된 상황이라면 인근의 대피소로 대피한다는 것을 알아야 한다. 대피소가 인근에 없다면 대피처로 이용 가능한 곳, 예컨대 웅덩이나 동굴 및 도랑도 피해를 줄일 수 있는 유용한 곳인 만큼 이런 곳으로 대피해야 한다. 핵폭발 시 열복사선은 물론 폭풍으로 인해 건물 등의 파괴된 물체가 비산하면서 피해를 줄 수 있는 만큼 이런 곳으로 피한 뒤 잠시 그대로 있어야 한다는 것도 알아야 한다.

가정에는 행정안전부에서 발행한 핵폭발 시 국민행동요령 팜플렛을 준비해 놓는다면 작은 도움이 될 것이다. 개인 휴대폰에는 행정안전부의 국민행동요령 앱(Application)을 설치해 놓는 것도 좋을 것이다. 개인방호를 위해서는 이러한 사항을 준비하고 숙지해야 한다.

다음은 개인이 준비할 사항이다. 이는 전시 핵 공격에 대비하여 평시에 필요한 물자를 준비해 놓음으로써 생존성을 보장하기 위한 것이다. 그렇다면, 어떤 물자를 준비해 놓을 것인가? 이는 생활필수품과 의약품, 화생방전에 대비한 물자와 약품, 그 외에 핵 공격을 받을 시 주거지가 파괴되는 등에 대비하여 가옥과 토지 및 금융관련 서류 등을 포함한 생존배낭을 준비해 놓으면 그만큼 생존 가능성과 재산피해가 발생할지라도 차후 대비 가능성이 높아질 것이다. 〈표 7.20〉은 전시 화생전을 포함한 핵 공격 등의 상황이 발생할 시에 필요한 물자의 목록을 제시한 것이다.

이와는 별도로 아파트 같은 집단거주 지역에는 방사능 오염시에 측정기구로 사용할 수 있는 상용 방사능 측정기와 방사능에 오염되었을 시 이를 제거하는 데 사용할 수 있는 제독물질(예를 들면 비누나 합성세제 등)을 준비해 놓는다면 실제적 대응능력을 강화하는 데 도움을 줄 수 있을 것이다.

〈표 7.20〉 비상시 대비 준비물

품목	용도	비고
비상식량	• (가급적) 조리와 보관 용이한 식량: · 라면, 통조림, 건빵류 • 조미료류(소금, 설탕 등)	• 가족 기준 2주일분
취사도구	• 식기, 코펠, 숟가락, 병따개 등 • 버너와 부탄가스, 식수보관용통, 음용수(사전비치)	
침구 및 의복류	• (계절 감안) 의류 및 침구(담요, 이불 등), 양말, 활동복 • (여름) 모기장과 모기약, (겨울) 취침낭	
라디오	• 배터리용 라디오, 여분의 배터리	
비상약품	• 의약품: 소독제, 해열진통제, 소화제, 화상연고, 지혈제, 소염제 등 • 의약외품: 핀셋, 가위, 붕대, 탈지면, 반창고, 삼각건 등	
등화도구	• 휴대용 랜턴 또는 플래시와 여분의 배터리, 양초 등	
화생방전 대비	• 방독면(또는 수건 및 마스크), · 보호 옷(또는 비닐 옷, 우의) • 방독장화 및 장갑(또는 고무장화 및 장갑) • 약품: 해독제, 피부제독제(또는 비누, 합성세제) • 그 외 접착테이프(창틀, 문틀 밀폐용)	
기타	• 신분증 사본(주민등록증, 운전면허증, 기술자격 등) • 계약서 사본(보험증서, 매매 및 전세서류 등) • 가족관계기록부(주민등록등본) • 기타 서류: 금융서류, 가옥 및 토지 등의 서류 ※ 현금은 별도로 준비/휴대 • 배설물 보관비닐과 응고제, 화장지 등	

출처: 박계호 외, 『핵과 국가비상대비업무』, p.242.

8. 소결론

1) 국가비상대비업무의 중요성 인식

전쟁은 군사적 영역의 작전과 비군사적 영역으로서 정부와 국민이 수행하는 민방위 및 국가비상대비업무를 통하여 시행된다. 국가비상대비업무는 전시 총력전을 통하여 승리를 보장하기 위한 업무이다. 총력전 시대의 전쟁이었던 제1차 세계대전 및 제2차 세계대전에서 연합국이 승리하였던 이유는 군사적 승리를 기본으로 국력의 통합적인 운용이 있었으며 이를 위하여 정부와 국민의 지원이 있었기 때문이다.

한반도에서 예상되는 북한의 위협과 전쟁양상을 볼 때 군사적인 승리만으로 전쟁에서의 완전한 승리를 달성할 수 없으며 이를 위하여 정부와 국민의 지원이 있어야 하며, 이것이 국가비상대비업무이다. 정부는 국가비상대비업무의 중요성을 인식하여 전시대비태세에 만전을 기해야 한다.

2) 국가비상대비업무의 문제점 개선

북한의 위협이 시대를 달리하면서 악화되었지만 국가비상대비업무를 수행할 조직은 지속적으로 약화되었고 인원은 감소되어 현재는 전시업무를 수행함에 있어 많은 어려움이 예상된다. 이는 국가비상대비업무에 안보상 논리가 아닌 정치적 경제적 행정적 논리에 따른 결과로 보인다.

국가비상대비계획인 충무계획은 전쟁단계에 맞춰 작성되어야 하겠으나 그렇지 못하면서 전쟁수행에 있어 어려움이 예상되며, 전시업무를 수행할 비상대비정책국은 세종시에 위치하면서 전시에는 과천의 문서고로 역행군해야만 하는 상황이다.

정부연습도 전쟁의 진행 및 결과에 중대한 영향을 미칠 과제 위주로 해야 할 것이지만 그렇지 못하며, 기관별 역할에 부합하는 연습을 진행한다고 평가하기도 어렵다.

3) 국가비상대비업무 발전 소요

현재 국가비상대비업무의 미흡사항 및 장차 예상되는 위협과 전쟁양상 등을 고려할 시, 대폭적인 변화가 필요하다. 이러한 변화의 핵심은 북핵 등에 대비할 수 있도록 법령의 개정과 조직의 강화, 계획의 대폭적 보완, 정부연습의 내실화 등이 될 것이다.

8장
결론 및 제안(종합)

1. 결론

김정은 정권의 핵위협이 하루가 다르게 악화되고 있다. 재래식 무기의 현대화 및 신형무기의 개발, 기습과 속전속결 및 배합전을 중심으로 하는 군사전략, 특히 핵을 포함한 대량살상무기와 사이버 및 무인기 등을 이용한 비대칭전력의 위협 등 북한의 한반도 적화를 위한 위협은 하루가 다르게 노골적으로 강화하고 있다.

여기에 북한은 남북 간 체결된 9·19 군사합의를 파기하면서 기습적으로 미사일을 울릉도 지역에 발사하거나 아군 수역에 포병사격을 하였으며, 무인기를 침투시켜 정찰활동을 하는 등 우리가 허점을 보이거나 약점을 노출할 때는 도발을 반복하는 양태를 거듭하고 있다.

최근 김정은 정권은 선전포고, 핵전쟁 등의 말을 자주 언급하고 있는데 국가 간 선전포고, 핵전쟁 등의 말은 아무렇게 쉽게 쓸 수 있는 단어가 아님에도 불구하고 쉽게 사용하고 있다. 우려할 만한 상황이 지속되는 것이다. 이에 대응하기 위해서 군도 각종 무기체계의 발전과 특히 핵에 대비하기 위하여 3축 체계의 구축과 합참의 핵·WMD대응본부와 전략사령부의 창설, 한미 간 확장억제의 협의, 그 외에 전략 및 전술의 발전, 한미동맹을 바탕으로 하는 한미연합작전 등도 꾸준히 발전시키고 있다. 김정은 정권의 위협 심화에 따라 군사 분야는 그 속도는 어떨지라도 국방부 및 합참과 각군본부가 주도하여 꾸준히 발전시키고 있다.

전시대비는 군사대비태세와 비군사 분야의 대비태세가 통합 및 연계되어야 하며, 비군사 분야의 대비는 민방위 및 국가비상대비업무이다. 군사 분야의 발전과는 달리 비군사 분야에서는 진보 또는 보수

정부를 막론하고 무관심 속에 그동안 조직과 인력이 계속하여 축소되는 과정을 거치면서 명맥만 유지하고 있다. 전시에 대비하기 위한 정부의 계획은 불완전하고 정부연습도 축소 또는 생략하는 등을 거치면서 전반적으로 정체되어 있다.

그러한 결과로 지금은 비상대비관련 법령은 물론 조직의 약화, 전시대비 계획의 불완전성 등 여러 문제점이 나타나고 있다. 정부연습은 남북관계의 개선이나 코로나19 등을 이유로 형식적 실시 또는 건너뛰기를 하면서 전시대비에 의구심이 제기되어 왔다. 비상대비업무가 약화된 이유는 정치적 및 경제적 논리, 남북관계 개선 등의 이유로 야기된 것이며 이러한 상황이 반복되면서 전시업무에 있어 많은 어려움이 발생하였다. 다행히 윤석열 정부에서 제자리를 찾아가고 있지만 가야 할 길은 멀다.

민방위 업무는 물론 비상대비업무도 정치적이거나 경제적 논리, 이념지향적 논리, 인기영합적 논리 등으로 접근해서는 안 되며 우리나라가 당면하는 안보위협을 중심으로 하여 수행할 업무를 반영해야 할 것이다.

민방위 및 비상대비업무의 발전을 위하여 우선적으로 정부의 관심과 행정각부에 편성되어 있는 비상대비업무 담당부서에서 해당부처의 전시업무를 수행함에 있어 야기될 수 있는 상황을 분석하고 판단하여 과업을 식별하고 이를 수행할 계획을 작성하는 등의 노력이 필요하다.

민방위 및 비상대비업무의 중요성에 대한 정부인식의 개선도 필요하다. 민방위 및 비상대비업무는 전시 국민의 보호와 국민생활 안정의 유지 및 정부기능 유지 등 전쟁의 승리를 위한 정부의 핵심적인 업무임을 인식해야 한다. 이러한 인식에 대한 변화없이 민방위 및 비상대비업무는 현재의 정체된 현상을 벗어나기 어렵다.

이 업무에 대한 정부의 관심 제고를 위해서는 한국이 당면하는 안보위협과 전시 발생할 수 있는 상황에서 우리의 취약한 분야가 무엇인지를 객관적으로 인식하기 위한 노력이 우선되어야 한다. 이러한 인식을 전제로 이 분야에서 당면하는 문제점을 찾아서 개선함으로써 전시대비의 실효성을 높일 수 있어야 하며, 이는 곧 전시 국민의 안전을 보장하면서 전승에 기여할 수 있도록 한다.

북한이 핵무기를 개발 및 보유하면서 한반도에서의 안보환경이 근본적으로 변화하고 있다. 이러한 안보상황의 변화에 군사적 대비는 물론 민방위 및 비상대비업무에서의 대비도 종전과 같아서는 안 될 것이다. 군사분야의 대비인 3축 체계와 확장억제는 물론 전략 및 전술의 개발과 훈련 등 군사적 대비를 통하여 전쟁을 억제하는 한편 전쟁이 발발할 경우 승리를 보장해야 한다. 또한 민방위 및 비상대비업무를 통해서는 군이 전쟁에서 승리할 수 있도록 지원하면서 동시에 정부기능의 유지 및 국민생활의 안정유지를 통해 궁극적으로 승리를 할 수 있도록 해야 할 것이다.

민방위 및 비상대비업무의 혁신이 필요하다. 현재의 민방위 및 비상대비업무와 관련되는 법령과 조직 및 계획, 관련 연습 등 현재의 체계로서는 전시 국민의 보호는 물론 정부업무 수행의 어려움 발생, 국민생활의 안정 곤란 등이 불가피할 것으로 판단하기 때문에 민방위 및 비상대비업무의 발전을 위한 정부의 관심과 더불어 혁신적 차원 개선이 필요하다.

민방위 및 비상대비업무의 혁신은 관련 법령의 개정을 기본으로 비상대비 조직의 재설계, 계획의 대폭적 보완작성, 신속한 경보체계와 다양한 경보수단의 발전, 대도시 및 중소도시 등의 도시여건 및 거주

환경 등을 감안한 다양한 형태의 민방위 대피소의 발전과 생존에 필요한 물자의 준비, 실질적인 민방위 훈련과 정부연습 실시, 세종시에 위치한 비상대비업무 담당부서의 과천 정부청사 지역으로 사무실 이전 등이 될 것이다.

결론적으로, 이렇게 민방위 및 비상대비업무가 정체된 이유는 무엇보다도 첫째, 전쟁은 군인들만 한다는 인식이 팽배하면서 민방위 및 비상대비업무 분야에 대한 역대 정부에서의 무관심과 법령 등의 미비 및 조직의 지속적 약화 둘째, 행정각부의 전시대비 계획을 발전시키기 위한 노력 및 연구의 부족 셋째, 이 업무를 담당할 부서에서의 전문성 결여와 이 분야의 업무를 주도하여 발전시켜야 할 비상대비업무 부서 책임자의 업무 식견의 미흡 등을 들 수 있을 것이다.

2. 제안(종합)

1) 민방위 및 국가비상대비업무에 대한 인식 개선 및 대국민 홍보

첫째, 정부의 민방위 및 국가비상대비업무에 대한 인식의 개선이 필요하다. 민방위 업무는 전시 국민의 안전을 보호하고 국가비상대비업무는 전쟁에서 승리하기 위하여 충무계획의 3대 기능인 정부기능의 유지 및 국민생활의 안정 유지, 군사작전 지원을 위한 자원의 동원 등을 포함하는 업무이다.

제1차 세계대전 및 2차 세계대전 등 주요 전쟁사를 보면, 전쟁에서의 승리는 군사작전의 승리만으로 달성된 것이 아니며, 정부와 국민의 지원이 있었기 때문에 가능하였다. 한반도가 당면하는 안보위협, 특히 북핵의 위협과 우리의 민방위 및 비상대비 환경 등을 고려해 볼 때 전시 정부와 국민의 지원을 효과적으로 활용하기 위해서는 민방위 및 국가비상대비업무에 대한 정부의 인식 개선이 우선 필요하다.

둘째, 민방위 및 비상대비업무에 대한 국민홍보 방안이 필요하다. 핵 등 대량살상무기 공격을 받을 경우, 정부는 물론 개인적으로 생존을 위한 노력은 매우 중요하다. 생존을 위해서는 각 상황에 따라 무엇을 어떻게 조치해야 하는지 숙지를 해야 한다. 정부는 국민의 생존을 높일 수 있도록 핵무기 등 대량살상무기는 물론 재래식 무기의 공격으로부터 안전을 보장할 수 있는 방안을 포함한 팜프렛 등을 제작하여 공급하는 방안, 시청각 자료를 제공하는 방안 등이 필요하다.

충무사태 선포 시는 라디오 및 TV 등은 물론 휴대폰 등 다양한 수단을 이용하여 국민에게 즉각적으로 관련 정보를 알릴 수 있는 방안을 강구해 놓아야 한다. 이를 위하여 평시 각종 홍보자료를 저장장치 등에 준비해 놓고 정부연습시 자체 또는 유관기관 합동으로 홍보자료의 타당성을 검토할 필요가 있다. 실제 상황에서는 준비된 자료를 당시의 상황에 부합하게 부분 수정하여 사용함으로써 신속한 대응이 가능하게 될 것이다.

2) 민방위 분야의 개선 과제

컨트롤 타워 지정 및 역할 강화

평시 국가안보실이 컨트롤 타워가 되어 핵 공격을 받을 시 발생 가능한 상황을 염두에 두면서 지침의 작성 등 전반적인 업무를 지시 및 감독하고, 행정안전부(비상대비정책관실)은 행정각부의 업무를 총괄한다. 국가안보실은 컨트롤 타워로서 전쟁지도 및 수행과 관련된 정부의 지침에 핵 피폭 시 대비 군과 행정각부의 역할 등을 포함해야 할 것이다. 국가비상대비계획에는 핵 피폭 대비 행정각부와 군의 역할 및 상호간 지원할 사항이나 협조할 사항을 포함해야 한다. 육군 및 해군, 공군의 전시지원계획에 행정부 요청 시 군이 지원할 사항을 포함하여 작성해야 하겠다.

핵 공격 경보전파 시는 국가안보실-국방부-행정안전부-자치단체 등의 긴밀한 협조체제를 구축하며, 경보전파 및 피폭 시 대응체제를 강구한다. 핵 공격 가능성이 예상될 시 사전에 충분한 대피시간의 제공을 위하여 민방위 예비경보 상황을 발령한다. 북한이 탄도미사일을 발사하거나 폭격기가 출격 시 이들에 대한 요격과는 별도로 최대한 빠른 시간에 공습경보를 발령하여 주민들이 대피할 수 있도록 한다. 민방공 경보전파를 방송과 휴대폰 등 모든 시스템을 망라하여 할 수 있도록 시스템을 개발해야 한다.

핵 공격을 받은 이후 행정안전부 비상대비정책국에서는 (가칭)중앙핵피폭대응본부와 관련 행정부에 대응본부를 설치토록 하고 군의 지원을 검토한다. 군에서는 작전활동과 피폭지역 및 피해상황 등을 고려하여 (가칭)핵피폭지원사령부를 편성, 지휘체계를 구성하여 지원활동에 신속히 투입한다. 예비군 및 민방위대 투입 시 행정부처와 협조하여 이를 운용한다. 국방부 및 육군본부에는 군 지원활동을 위한 부대를 편성 및 지원하며, 군과 행정기관 상호간 연락관을 파견하여 업무를 협조한다. 피폭지역 투입이후 방사선 등의 위험과 안전을 고려하여 작업시간을 통제한다. 이러한 사항들이 가능하도록 컨트롤 타워의 역할을 정립하자.

핵관련 사항을 「민방위기본법」에 포함

「민방위기본법」은 재난은 물론 북핵에 대비할 수 있도록 민방위 대피소 사항, 대피소내 물자 준비, 건물 등의 신축시 대피소 설치 등에 관한 사항도 포함할 수 있도록 개정하는 방안이 필요하다. 민방위 계획에는 이러한 법적 개정에 병행하여 기본지침, 기본계획, 집행계획, 시행계획, 실시계획에 이르기까지 핵관련 사항을 반영하여 작성해야 한다.

민방공 경보 전파 수단의 다양화

군과 협조된 민방위 경보발령 관련 사항에 대하여 법에 명시할 필요가 있다. 한반도에서 급격히 전개가 예상되는 북핵 상황에서 군과 협조된 민방위 경보발령 관련 업무를 발전시킬 수 있도록 해야 할 것이다. 이를 통하여 경보발령에 대한 명확한 책임의 부여가 필요하다. 이는 핵무기가 사용될 수 있는 전장에서 피해를 줄이기 위해서는 신속한 경보발령이 중요함을 강조하기 위한 것이다.

각종 발전되는 각종 IT기술 및 인공지능 등의 수단을 이용한 신속한 경보발령 방법을 도입해야 한다. 지하철역 및 아파트 등의 입구에는 발성 및 발광장치가 부착된 '유·무선 복합 민방위 대피소용 경보기'를 설치하여 민방공 경보 발령 시 신속하게 대피할 수 있도록 기반을 마련해야 한다. '민방위 대피소 안내용 앱'을 개발하여 경보발령 시 신속히 가장 가까운 대피소로 안내할 수 있도록 방안을 강구하며, 경보발령 시 아파트 관리실과 기관의 사무실 등에서는 유·무선으로 경보를 수신하여 사람이 없더라도 이를 각 가정, 사무실 등으로 중계 전파할 수 있도록 '유·무선 복합 민방공 경보 수신 방송설비'의 발전이 필요하다. 이러한 방법으로 야간이나 고층아파트 등에 거주하는 주민, 사무실 등에 근무하는 사람에게 경보를 용이하게 전파할 수 있을 것이다. 정부는 이러한 경보전파 방법이 가능하도록 재난방송 기관인 KBS는 방송을, KT에서는 이에 필요한 선로를 설치할 수 있도록 해야겠다.

민방위 계획과 군 및 국가비상대비계획과 연계

북한이 극초음속 미사일을 개발하면서 경보발령 시간이 단축되고 있음을 고려하여 신속한 탐지 및 경보체제를 구축해야 한다. 이를 위하여 발전되고 있는 인공지능 등의 기술을 이용한 경보체제 구축에 대한 정부차원의 관심 및 지원이 필요하다.

킬-체인을 시행할 시 사전 군과 연계하여 예비경보를 발령하는 방안에 대한 검토가 필요하다. 북한이 미사일 발사를 준비하면서 자위적 차원에서 킬-체인을 시행할 시 정부는 사전에 예비경보를 발령하여 주민에게 경각심을 줄 필요가 있다.

피해발생시 복구 등 관련 사항과 군의 지원계획의 연계가 검토되어야 한다. 핵공격을 받을 시 피해의 광범위 및 참혹성 등을 고려하여 민방위 및 비상대비 차원에서 군의 지원계획이 필요하다. 국가안보관련 지침이나 계획 등에서는 이와 관련된 지침을 포함하고 군은 행정안전부 등과 협조하여 관련 계획에 이러한 사항을 포함하여 발전시켜야 한다.

민방위 대피소 개선을 통한 국민보호 능력 확대

현재의 민방위 대피소를 점차 핵공격에 대비할 수 있도록 방폭문을 설치하는 방향으로 하되 특히 비상대비시설을 우선적으로 추진할 필요가 있다. 다만, 예산상의 제약이 클 것인 만큼 중·소도시 등은 우선순위를 뒤로 하는 방향으로 검토가 필요하다.

아파트 모든 지하 주차장은 점진적으로 대피소로 사용토록 지정을 확대하며 대피소로 지정 확대시 규정된 내부설비나 물품 등을 준비할 수 있도록 권장해야 할 것이다. 또한 향후 건축되는 아파트, 공공용 건물 등은 지하 대피공간을 설치하면서 기본적으로 민방위 대피소로 활용하도록 하고 내부 설비 및 준비물 등을 포함하도록 의무화하는 방안이 필요하다.

대도시 등의 지역은 지하 대피소를 이용하여 대피할 수 있도록 하되 중소도시 또는 군단위 지역에서는 지하 대피소가 가용할 시는 대피소를 이용하며 그렇지 못할 경우는 간이형 대피호를 만들어 대피할 수 있도록 하는 방안도 필요하다. 이를 위하여 정부는 표준도면의 제공과 충무사태 선포 이후에는 이에 필요한 자재를 빠른 시간에 제공할 수 있도록 해야겠다.

대피소의 내부설비 및 준비물의 종류 및 수량 등의 기준 제시가 필요하다. 공공기관의 경우는 핵공격을 받을 시에 대비하여 대피소에 일정한 기준을 갖춘 방폭문을 설치하고 내부에는 식수와 음식물, 정전 시에 대비한 전기 충전용 조명장치, 후레시와 양초 등의 등화대책 등 일정기간 생존할 수 있는 설비와 물자를 준비토록 지도해야 한다.

지하철역 등 시민들의 왕래가 많은 대피소도 공공기관에 준하는 수준에서 내부설비 외 필요한 물자 등의 기준을 제시하고 점진적으로 갖추어 나가는 방향으로 추진해야 할 것이다. 백화점이나 마트, 상가 등 대형 유통시설도 지하 주차장 등을 대피소로 사용할 수 있도록 내부 준비물의 준비와 더불어 여건이 허락되는 한 방폭문 설치 등을 권장할 필요가 있다.

향후 새로 건축되는 모든 시설은 지하 대피소를 설치하면서 일정한 기준을 갖춘 방폭문을 설치하도록 기준을 설정해서 제공할 필요가 있다. 아파트의 지하 주차장은 핵 공격 시에 대피소로 사용할 수 있도록 출입문과 환기구 등을 보강하거나 일정기간 생존할 수 있도록 비상식품과 음료수 등의 물자도 준비하도록 기준을 제시하고 준비를 권장해야 한다.

경보발령 시 신속한 대피가 가능하도록 국민홍보 방법 개선

서울 등 대도시에는 지하철역이나 공공건물과 아파트 등 많은 민방위 대피소가 있다. 그러나 경계·공습경보 발령시 신속하게 대피소로 접근할 수 있도록 안내할 수 있는 표지판 설치 등은 미흡하다.

따라서 경계 및 공습 등 경보발령시 인근의 대피소로 신속히 대피할 수 있도록 시민의 왕래가 잦은 거리의 주요 지역에는 대피소까지의 거리와 방향이 포함된 안내표지판을 잘 보이는 곳에 설치할 수 있도록 평시에 준비해 놓고 충무사태 선포 시 즉각 설치토록 해야 할 것이다.

아파트 거주 주민의 경보발령시 대피요령의 교육이 필요하다. 고층아파트 주민의 경우, 경계경보 발령시는 지하로 대피하되 공습경보 발령시는 2~3층 이하는 지하로 대피하고 그 이상은 화장실 등 일부 방호력을 제공하는 곳을 이용하여 대피하도록 홍보를 해야 한다. 이는 단전시에 대비하기 위한 것이다. 시민이 처한 상황에 따라 대피를 용이하게 할 수 있는 방안이 필요하다.

실질적 민방위 훈련 실시

민방위 훈련 방법의 개선 및 강화가 필요하다. 법령에 규정된 민방위 교육시간을 준수하되 이론적 강의와 병행하여 대량살상무기 공격을 받을 시 생존관련 사항을 반드시 실습으로 하는 방향으로 민방위 훈련을 실시해야 한다. 방독면을 착용한다든가 응급처치법 등을 실습을 통하여 숙지시키는 방법으로 훈련을 할 필요도 있다.

핵공격에 대비한 훈련을 중점적으로 하되 거리에서 지하철역 등으로 대피는 물론 아파트와 주택이나 빌라 등에서의 대피도 포함하며, 민방위 훈련 전에는 각각의 대피방법을 TV 방송을 통하여 알려준 뒤 훈련을 한다면 더 효과적인 훈련이 될 수 있다.

또한 정부연습시는 북핵에 대비하여 민방공 경보 발령 → 대피시설로의 대피 → 대피시설 및 생존물자의 점검 및 사용법 → 부상자 구조 및 구호실시 → 사상자 처리 → 전재민 수용 및 지원 → 제염활동 등 핵공격을 받을 시 발생할 수 있는 모든 과정을 도상연습과 실제훈련 등을 통하여 실시해보고 문제점을 찾아서 개선하는 방향의 훈련도 필요하다. 지금까지 북핵에 대비하기 위한 정부 각부처와 군이 통합된 민방위 훈련, 정부연습이 없었던 점을 고려해 보면 이렇게 민방위 훈련을 실시할 경우 많은 문제점과 개선 소요를 도출할 수 있을 것이다.

대피소 내 주민에 대한 물품 등의 공급계획 수립

핵공격으로 주민이 대피소 내에서 장기간 머무를 경우, 정부와 자치단체는 주민의 생존에 필요한 물품 등의 공급계획을 수립해 놓아야 한다. 개별 아파트는 정부 및 자치단체의 계획과 관계없이 대피할 주민수를 고려하여 물품을 준비할 방안을 계획해 놓아야 한다.(개인과 아파트관리소가 준비할 사항 구분)

더불어 지하철역의 경우 내부에 편의점이나 음식점은 물론 다양한 상점이 있다. 민방공 경보 발령 이후 시민들이 대피하여 오랜 시간 내부에 머물러야 할 상황일 경우, 상점에 있는 음용수를 포함한 취식 가용한 식품 등을 사용할 수 있도록 하고 그에 따른 보상 등의 정부방침이 검토되어야 한다.

아파트 등의 대피소 수용인원에 대한 검토

현재 대피소로 지정된 곳은 물론 그 외에 지하 주차장을 갖춘 모든 아파트는 기본적으로 모두 대피소로 활용됨을 주지시키면서 동시에 대피소로 점진적으로 지정해야 할 것이다. 아파트 거주 주민은 본인이 사는 아파트의 지하 주차장으로 대피해야 하는 점을 고려할 시 수용인원을 판단하는 것은 그 의미가 없다.

다만, 수용 적정인원이나 최대 인원을 판단해야 할 경우라면 현재의 1인당 소요면적이 적절한 것으로 판단되지는 않는 만큼 일정기간 잔류를 판단하고 그에 적절한 면적소요를 계산하는 방식으로 개선이 필요하다.

주택과 빌라 등의 대피소 설치 방안

서울 등의 일부지역에서는 부유층 주택을 중심으로 방폭문을 갖춘 지하 대피소를 설치한 곳이 있다. 이러한 건물은 지하에는 육중한 방폭문이 있고 철근 구조물에 강화 콘크리트를 사용하여 핵폭발에 따른 열과 압력을 차단하며 입구의 출입문은 입구의 출입문이 파괴돼도 또 하나의 문이 방폭이나 방풍, 화생방(낙진 등) 물질을 차단하도록 되어 있다. 대피소 내부에는 간이침대와 화장실이 있으며, 가스 유입을 차단할 수 있는 설비와 정전시 대비 전기설비 역시 설치되어 있다. 그 외에 비상탈출구와 간이 칸막이 형태의 화장실도 있으며 식량 조달만 된다면 장기간 대피할 수 있다.

일부 업체에서는 방사능과 독가스를 차단할 수 있는 공기정화시설과 전자기파(EMP) 차단 방폭 밸브, 자가발전시설 등을 갖춘 핵 방공호를 수입 및 판매하고 시공까지 하는 곳도 있다. 이렇게 일부에서는 핵대피용 대피소를 건축하는 곳도 있는 만큼 개인의 능력 범위에서 이를 설치할 수 있도록 정부가 권장하는 방안도 강구할 필요가 있다. 정부가 이런 시설의 설치를 지원하지 못하면서 개인의 설치까지 막을 필요는 없다고 본다.

파출소 및 주민복지센터, 농협 등의 통합건물 신축 및 대피소 설치 방안 검토

수도권은 물론 지방에서도 파출소와 주민복지센터 및 농협 또는 기타의 기관 등을 신축할 시 이를 통합하여 사무실을 신축하면서 동시에 지하에 주차장과 식당 등을 설치하고 유사시 이를 대피소로 활용하는 방안의 검토가 필요하다. 신축건물은 지하에는 식당과 주차장, 1층은 파출소, 2층은 농협, 3층은 주민복지센터 등으로 사용하도록 설계하며 이렇게 신축할 경우, 이에 따른 부지소요 및 신축 비용의 절감과 행정의 편의성은 물론 핵상황에서 대피소로 사용할 수 있는 등의 장점이 있다.

3) 국가비상대비 분야의 개선 과제

북핵 대비 법령제정

북핵은 대량살상무기로서 일단 공격을 받으면 대규모의 인명 및 시설 등의 피해가 발생하기 때문에 군사적 대비 및 대응과는 별도로 정부의 신속한 대응이 필요하며, 이를 위하여 전시대기법으로서 「(가칭) 핵 공격 시 피해복구 지원을 위한 법령(案)」이 필요하다.

이 법령이 필요한 이유는 핵공격을 받을 시 피해가 광범위 및 참혹하게 발생하기 때문에 이러한 피해를 최소화하면서 신속히 극복할 수 있도록 컨트롤 타워를 지정하고 지정된 컨트롤 타워가 신속하게 관련 행정각부를 통합하여 운용을 할 수 있도록 강력한 권한을 보장하기 위한 것이다. 「(가칭) 핵 공격 시 피해복구 지원을 위한 법령(案)」을 제정하고 있다가 실제적인 상황이 발생한다면 즉시 효력을 발휘토록 할 필요가 있을 것이다.

북핵대비 계획작성 지침 및 계획작성

북핵이 한국 안보의 최대 핵심으로서 계획 등의 작성은 시급한 문제이다. 이를 위하여 이에 필요한 국가안보관련 문서에 필요한 지침을 포함하고 이를 근거로 비상대비계획의 작성이 필요하다.

따라서 「국가안보전략서」, 「전쟁지도지침」과 같은 국가안보 관련 문서에 핵대비 계획작성을 위한 기본지침을 포함하고 이를 바탕으로 행정안전부는 비상대비계획에 계획작성 지침과 행정각부의 업무를 고려한 집행계획, 자치단체의 시행 및 실시계획 등을 작성해야 한다. 이 과정에서 국방부의 계획과 행정각부의 계획이 연계되어야 하는데, 이는 핵무기로 인한 피해의 특성과 이로 인한 피해를 신속히 복구할 필요성 때문이다.

전쟁수행의 핵심적 과업으로서 북핵 관련 계획작성

전쟁이 발발할 경우 업무를 수행함에 있어 핵심적인 과업이 있는가 하면 일반적인 과업도 있다. 핵심적인 과업은 전쟁의 진행이나 결과에 중대한 영향을 미칠 수 있는 과업으로 주요 전쟁사를 보면 동원령 선포이후 병력동원, 전시 전쟁비용의 조달과 전시예산 편성 및 시행, 군소요 무기 및 탄약 등의 공급, 식량의 안정적 공급을 위한 대책으로서 배급제 시행 과 농작물 생산 확대 등을 들 수 있다. 북핵의 심각성을 고려할 시 이 또한 핵심적 과업에 포함해야 한다.

북핵관련 여기에 포함할 사항으로는 전시 핵공격 상황을 상정하여 신속한 경보의 발령과 대피소로 대피, 생존물자의 준비 등 민방위 관련 사항과 핵공격에 의해서 피해가 발생할 경우에 인명피해의 최소화를 위한 사항, 긴급복구 관련 사항, 종전이후 장기간 치료를 요하는 사람들에 대한 치료와 복구계획의 수립 및 이에 필요한 재원의 조달 방안 등을 포함해야 할 것이다.

군사분야와 비군사 분야를 연계한 북핵대비 계획작성

북핵은 그 피해의 광범위 및 참혹성 등으로 인해 군사 및 비군사 분야가 연계된 계획으로 작성이 되어야 비로소 그 피해를 최소화할 수 있을 정도로 중대한 문제이다. 따라서 국가안보실이 주관하고 국방부 및 행정각부가 협조하는 것이 타당하다.

국방부의 지원이 필요한 부분은 인명의 구호 및 구조병력과 전재민 등을 수용할 병영시설의 제공, 군 병원 등의 치료시설과 의약품 및 군의관과 간호 등의 의료인력 제공, 각종 수송 및 건설기계 장비 등이 될 것이다.

행정각부는 행정각부대로 고유업무와 연계하여 핵관련 계획을 작성하되 자체의 능력이 부족하는 등으로 군의 협조가 필요한 부분을 발굴하여 협조를 요청해야 할 것이다.

북핵관련 비군사 업무 주관부처 지정

지난 2월 8일 개최된 중앙통합방위협의회에서 국민을 보호하기 위하여 북핵관련 사항 등을 논의하였는데 이는 「통합방위법」에 의거 합참이 주관하여 실시한 것으로 판단된다. 화생무기 및 방사능 물질 등은 평시에도 북한을 포함한 적대세력 등이 사용할 수 있으며 통합방위차원에서 국민보호를 위하여 발전방안 등을 논의할 수 있을 것으로 판단되나 핵문제는 다른 경우로서 북한이 핵무기를 사용할 경우 이는 전쟁상황으로 판단해야 하며 이를 염두에 두고 주관부처를 지정해야 할 것이다.

전쟁상황에서 민방위 업무와 국가비상대비업무는 행정안전부가 주관 행정부처인 만큼 북핵관련 비군사 업무를 행정안전부로 지정해야겠다.

국가비상대비계획상 북핵관련 조치부호 설정

북한의 도발로 국가비상사태가 발생하고 악화하면 정부는 일련의 절차를 거쳐 상황에 따라 충무사태를 선포한다. 사태가 악화하면 사태별 조치부호에 따라 북핵관련 조치사항을 시행할 수 있도록 해야 한다. 예를 들면, 3종 사태가 발생할 경우, 북핵관련 중앙 및 자치단체별로 대피시설을 점검하고 2종 사태가 발생하면 병원이나 약품 등의 보유량을 확인 및 부족시 동원할 준비를 하며 1종 사태 시는 중앙정부 및 광역자체단체에 핵 피폭 시에 대비하여 (가칭)핵피폭대응본부를 설치 및 운용할 준비를 한다. 이후 전쟁이 발발하여 핵 공격을 받은 상황이 발생하면 즉시 (가칭)핵피폭대응본부를 확대 편성하여 임무를 수행할 수 있도록 한다.

이러한 사항을 작성하기 전에 관련부처가 모두 모여 합동토의를 통해 대응 방향을 설정하는 등의 대응방안도 강구할 필요가 있다. 미국은 국가안전보장회의와 관련부처인 국방부, 환경부, 노동부, 보건부, 국토안보부, 교통부 등이 모여 핵위협 및 방사선 등에 대한 준비 및 대응지침을 작성해 놓고 있다. 우리도 이러한 사항들을 논의를 거쳐 비상대비계획에 반영하고, 실제 상황 발생시 (가칭)핵피폭대응본부의 통제아래 임무를 수행할 수 있을 것이다.

북핵대비 동원능력 점검

핵 공격 시 발생할 피해는 여러 여건에 의해 좌우될 것이지만, 수많은 사망자 및 부상자 피해 발생은 불가피하다. 그 피해도 평시에는 좀처럼 볼 수 없는 화상이나 방사선 피폭환자들이다. 그런 만큼 화상이나 방사선 피폭과 같은 환자들을 위한 전문치료 인력과 약품, 시설과 장비를 필요로 한다. 현재 국내에는 화상환자 치료를 위하여 전문병원이 5곳과 지역별로 일부 방사선 전문병원이 있다. 이 몇 개소의 병원만으로 동시에 대규모로 발생할 환자들을 치료할 수 없을 것이다. 화상치료제의 경우도 마찬가지이다. 그렇다고 평시부터 많은 인력과 시설 및 장비, 약품을 유지하기에는 어려움이 많이 따를 수밖에 없다. 따라서 핵 피폭 시는 전문치료인력이나 약품과 병원 등을 동원에 의존할 수밖에 없는 환경이 될 것이다. 그런 만큼 지역별 전문인력과 병원과 약품 등을 확인하고 공격을 받을 시는 중앙정부 차원에서 즉시 동원토록 계획을 수립해 놓아야 한다.

북핵 관련 정부와 군의 협의체 편성 및 운용 검토

핵무기가 한반도 안보의 최대위협요인으로 대두되면서 이로부터 국민들의 안전을 위하여 군사 및 비군사 분야 연계된 대응이 필요하게 되었다. 핵 공격을 받을 시 피해 발생 최소화 및 신속한 복구 여건 조성 등을 위하여 행정안전부 비상대비정책관실의 인원과 조직을 확대하여 국방부 및 합참의 조직과 업무 협조 시스템을 갖추자. 병행하여 민방위 및 비상대비업무의 영역과 범위 등을 고려하여 현재의 비상대비정책관실은 조직을 확대 편성하고 전문 인력을 배치하는 등으로 비상대비업무 능력을 강화하는 방안도 검토가 필요하다. 여기서는 북핵관련 군과 행정부간의 업무 협조 및 계획을 발전시키고 각종 지침과 계획발전을 발전시키며 을지연습 등의 업무를 협조할 수 있을 것이다. 아울러 행정부 각종 계획발전에 대한 지원과 자문도 할 수 있을 것이다.

(가칭)핵피폭지원사령부 편성 및 운용 검토

핵 공격을 받을 시 대규모의 피해 발생은 피할 수 없는 상황이 된다. 이런 상황에서 정부의 능력을 제한될 수밖에 없다. 군의 지원이 절대적으로 필요한 상황이 되며, 이를 위하여 핵피폭지원사령부를 편성함으로써 야전군 작전부대의 군사작전 전념여건을 보장하고, 군이 피해복구를 지원함으로써 국민적 신뢰 여건을 조성하는 한편, 단일화된 지휘체계를 구성하여 지원활동을 보장하기 위한 것이다.

이 부대는 피해 상황을 고려하여 편성하되 보병과 공병, 의무, 보급(영현), 헌병 등으로 편성하고 전시 운영을 위한 예규를 작성해 놓아야 한다. 전시 핵 피폭 시는 행정부의 요청에 의거 피폭지역에서 부상자 구호 및 구조, 치료 등의 제공과 사망자 수습 및 처리의 지원, 전재민을 위한 시설의 설치 및 수용 등의 지원, 국가기반시설 등에 대한 긴급피해 복구 지원, 낙진 오염제거 지원 등을 할 수 있을 것이다.

예비군 대대의 편성 및 운용방안 검토

예비군 자원 과다지역인 대도시 지역을 중심으로 핵 공격을 받을 시에 대비하여 예비군을 활용할 필요성이 대두된다. 장차 예상되는 대량살상무기의 피해로부터 향토방위 및 긴급피해 복구 지원, 충무계획 시행 지원을 통한 지역 안정유지 등에 기여할 수 있다.

예비군 대대를 편성할 곳은 자원이 충분한 특별시 및 광역시 대상으로 하며, 서울시와 부산 및 대구, 광주, 인천, 울산, 대전 등이 그 대상지역이다. 예비군 대대는 대대본부와 기동중대, 긴급복구중대, 다목적 중대로 편성하며, 기동중대는 기동타격과 중요시설 경계증원 및 방호 등의 임무를 수행하고, 긴급복구 중대는 시설 등의 파괴 시 복구 지원 임무를 수행하며, 다목적 중대는 전재민과 난민 구호 및 구조, 전상자 처리 등을 지원할 수 있을 것이다.

군 지원 시에 대비한 안전관리 프로그램 제정

핵 피폭지역에서 지원활동 시 방사선 노출, 건물붕괴 및 화재 등 다양한 위험에 처해질 가능성이 농후하다. 현재 핵 피폭 지역에서 군 지원병력 등의 활동 시에 대비한 안전관리 및 부대방호 등의 지침과 계획의 발전은 미흡하다. 피폭지역에서 원활한 인명구호 및 구조 등의 지원활동 보장을 위한 프로그램을 보급하여 활용할 필요성이 제기된다.

이 프로그램에는 지원부대의 편성 및 장비의 종류와 보유 기준, 안전 및 방호를 위한 부대훈련 수준, 피폭지역 투입 시 절차와 지원 등에 관한 사항, 피폭지역에서 부대 활동과 작업시간 등에 관한 사항, 행정부와 협조사항 등을 포함한다. 실제적 적용은 핵무기 피폭 시 부대가 준비할 사항의 준비와 구호 및 구조 등의 임무를 위하여 투입될 부대와 지원활동간 안전관리 지침으로 활용한다.

대량살상무기 대응 책자 제작 배포

핵무기는 물론 화생무기 등이 국민의 안전위협의 최대 요인으로 대두되고 있다. 이러한 안전위협 요인들의 증가에도 불구하고 국민들은 핵을 포함한 화생무기의 위협에 관한 관심의 부족과 더불어 쉽게 볼 수 있는 자료도 제한되고 있다. 국민들이 화생방 위협에 직면할 시 대응할 수 있도록 관련 지식을 포함한 자료를 만들어 배포하여 활용토록 제공할 필요가 있다.

이 책자에는 국민들이 전·평시 당면할 수 있는 반드시 알아야 할 사항 포함하되, 대량살상무기 위협으로부터 각종 자연재해 및 재난으로 야기되는 피해를 포함함으로써 그 활용성을 높일 수 있을 것이다. 작성 시는 이해하기 쉽고 흥미를 유발할 수 있도록 삽화 및 만화 등을 포함하며, 배포 시는 가정과 직장 등의 소요 파악하여 비매품으로 지급할 필요가 있다. 병행하여 행정안전부의 각종 안전관련 웹사이트와 연계 홍보를 함으로써 그 활용성을 높이도록 하면 좋을 것이다.

표준 낙진위험예측도 작성 및 배포

핵 공격을 받을 시 핵무기 위력과 일기조건에 따라 낙진이 발생하고 풍향에 따라 확산된다. 낙진이 확산됨에 따라 행정부와 자치단체 등에서 우선적으로 확인할 사항과 조치사항 등을 강구토록 위험예측도 배포할 필요가 있다.

여기에는 핵무기 위력별 폭발 시 피해범위와 일기조건에 따른 낙진 등의 범위예측도, 낙진 시 행정기관별 확인 및 조치할 사항, 정부기관 및 국민 등이 알아야 할 사항 등을 포함함으로써 활용도를 높일 수 있을 것이다. 이 프로그램은 컴퓨터 프로그램 또는 책자 등의 형태로 제작할 수 있을 것이다.

북핵 대비 정부와 군의 합동연습 실시

정부연습 기간을 이용하든 별도의 시간을 이용하든 핵 공격 상황을 상정한 연습을 통해 관련계획의 점검과 실제적 능력의 확인 및 미흡분야의 발전을 도모할 필요가 있겠다. 도상연습으로 하는 방안도 있고, 실제적 상황을 상정한 훈련을 하는 방법도 있다. 이들 통하여 행정각부와 군의 역할과 협조할 사항을 식별하는 등으로 실제적 상황 발생 시에 대비하여 부족한 역량을 강화할 수 있을 것이다.

(잠정적) 핵 공격 시 대비 긴급복구 우선순위 판단 및 계획

핵 공격을 받을 시 긴급복구 대상을 정부기능 유지와 국민생활 안정, 군사작전 지원 자원동원 등의 관점을 고려하여 우선순위를 판단하고 복구할 방침을 정해 놓되, 실제적 시행은 당시의 상황과 긴급복구에 가용한 자원, 긴급복구의 필요성 등을 고려하여 실시한다.

피폭지역 내의 사상자 등의 조치 방안 정립

핵 공격을 받을 시 대량 사상자 발생이 불가피한 상황이 될 것인 만큼 이에 대비한 계획이 필요하다. 먼저 사체를 어떻게 분리하고 처리할 것인가에 대한 방침이다. 사망자를 식별하기 위하여 간단히 DNA 샘플을 채취하거나 휴대한 증명서를 확인하며 사체에 대한 기록방법 등을 강구하는 등의 대책이 필요할 것이다. 부상자는 부상형태 및 정도 등에 따라 분류하고 관련 시설에서 진료토록 하는 등의 방침 설정이 필요하다.

히로시마나 나가사키의 사례를 볼 때 많은 고아가 발생할 가능성도 있는 만큼 이들을 찾아 일정기간 수용하면서 가족이나 친척을 찾아 인계하는 등의 활동도 필요하게 될 것이다.

개인도 주민등록증이든 운전면허증이든 개인의 신원을 확인할 증명서를 항시 휴대함으로써 어떤 돌발적 상황 발생할 경우 신원확인을 용이토록 해야 할 것이다.

북핵대비 대민지원 교리 연구

핵을 포함하는 대량살상무기로 인한 대규모의 피해가 발생할 시는 군의 지원이 불가피한 상황이 발생될 것이다. 그런 만큼 군의 병력과 장비를 투입하고 지원활동을 언제 어떤 방법으로 어떻게 피해복구 활동을 전개하는지 등을 포함하는 교리를 정립해 놓아야 할 것이다.

북핵대비 매뉴얼 작성

핵공격을 받을 시 피해가 광범위하고 참혹하며 장기간 지속되는 상황을 감안하여 핵 공격을 받더라도 정부차원에서 피해를 최소화하면서 신속한 복구를 위하여 단계별 과업별 행정각부의 역할 및 행동절차 규정 등을 포함한 매뉴얼을 작성해야 놓아야 한다.

정부연습시는 이 매뉴얼을 적용하여 연습하면서 취약하거나 미흡한 분야를 발굴하고 보완하여 북핵대비 대응능력을 강화해야 한다.

정부연습 실시 및 북핵관련 사항 연습방안

정부연습은 범정부적인 전시대비 연습이지만 현재 방식의 연습으로서는 많은 시간과 노력이 투자되는 것에 비하여 그 효과는 미흡하다고 생각한다. 이는 과거답습식의 훈련과제와 진행 등으로 기인한다. 따라서 중앙부처는 상황판단, 현재 상황 조치 및 장차 예상되는 상황에 대한 선조치 개념으로 훈련을 진행하고 자치단체는 현재의 상황 조치 위주로 훈련을 진행토록 해야겠다. 이것은 중앙부처 및 자치단체의 기관 성격에 맞는 정부연습을 실시해야 할 필요성 때문이다.

연습과제는 전쟁의 진행 및 결과에 중대한 영향을 미칠 과제를 중점적으로 선정해야겠다. 이 연습과제는 행정각부간 협조된 조치가 반드시 필요한 과제가 되며, 따라서 연습을 통제하는 곳에서는 전쟁단계별로 핵심적인 과제를 선정하여 연습상황을 유도할 수 있도록 상황을 조성해야 한다.

연습상황의 부여는 연습통제단에서 정보상황 및 행정각부가 반드시 연습을 진행해야 하는 상황으로 면밀하게 검토하여 조성하며 행정각부는 행정각부와 관련되는 국내외 상황을 일련의 상황평가 과정을 거쳐 조치하는 방법으로 진행하도록 부여할 필요가 있다. 광역시·도의 연습상황으로 수도권 지역과 영호남 지역의 전장상황이 같을 수가 없을 것인 만큼 이러한 상황도 염두에 두면서 전장상황을 조성해야 한다.

연습의 진행은 연습통제단에서 전송하는 메시지에는 행정각부가 조치할 사항을 포함하지 말고 단지 전쟁단계별 시간대별 발생가능한 또는 발생하고 있는 상황을 조성해 주며, 행정각부에서는 이렇게 조성된 상황을 자율적으로 평가하여 그 상황에 부합된 현재 또는 장차에 대비하는 조치를 연습하도록 유도해야 한다. 이는 실제 전쟁상황이라면 행정각부가 고유의 업무를 고려하여 자체적으로 상황을 판단 및 평가하여 조치할 과업을 식별하고 조치토록 하기 위한 것이다.

연습평가는 행정각부가 조성된 연습상황을 평가하여 주요한 조치를 하는 개념으로 연습을 진행하는 만큼 연습평가단에서는 행정각부가 조치하는 상황에 대한 객관적인 평가를 위하여 해당 행정부의 전시업무를 잘 아는 평가관이 필요하다.

신규 아파트 등의 설계 및 신축시 핵대비 시설 설비

전국적으로 여러 곳에서 아파트 공사가 진행되고 있다. 최근의 아파트 공사에는 지하에 다양한 운동기구는 물론 심지어는 실내수영장 시설을 설치하면서 거주 주민이 이용할 수 있도록 발전되는 추세이다. 이왕이면 핵 상황에서도 거주 주민의 대피와 안전을 위하여 이러한 운동시설을 대피소로 활용할 수 있도록 설계에 반영하는 것은 물론, 차량 진출입로를 폐쇄할 수 있도록 일종의 방폭문 역할을 할 수 있는 설비의 설치를 정부는 권장해야 한다. 북핵 위협이 가중되면서 아파트 공사시 대피소 설비의 확보가 좋은 기회가 됨에도 불구하고 종전처럼 아무런 대비를 하지 않는 것은 정부의 역할 방기가 아닐까?

이와 더불어, 지하철역이나 아파트 설계시 채광용 등의 지붕은 지양하며 입구의 계단은 긴급한 상황에서 지하철로 들어가려고 할 때 장애물이 될 수 있으므로 약간의 경사도를 고려하여 설계토록 하는 것도 검토해 볼 만하다.

민방위 및 비상대비용 물품 생산 확대방안 수립

북한의 대량살상무기 위협이 시작된 이후 수십 년이 지나고 있지만 그에 대비할 방독면으로부터 각종 약품, 방사능 측정기 등의 준비는 미흡하므로 이에 대비할 장비 및 물자의 생산 확대와 보급 등의 준비가 필요하다.

정부는 평시 적정량의 장비와 물자를 보유할 수 있도록 계도하면서 충무3종 사태 선포 시는 각종 장비 및 약품 등의 생산량을 대폭 확대하여 중앙행정기관, 자치단체, 아파트 관리실 등 필요한 곳에 보급할 수 있도록 그 수요를 판단하고 관련 업체를 중점관리업체로 지정하여 관리할 필요가 있다.

행정안전부 및 산업통상자원부와 보건복지부 등에서는 이러한 장비와 물자 등의 기준과 수요를 판단하고 계획에 반영하며 중점관리 업체를 지정하고 단계별 생산량을 판단한 뒤 기관별 보급계획에 반영하는 등으로 전시대비태세를 강화해야 한다. 정부는 충무사업과 전시 예산을 편성하는데 이러한 사업을 반영해야 한다.

수도권 방호 계획의 검토 및 보완

정치 및 경제, 외교 및 군사 등이 집중되어 있는 수도권의 중요성을 감안하여 군과 정부 및 자치단체가 참여하여 방호실태를 점검하고 개선하기 위한 노력이 필요하다. 과거에 재래식 전력의 위협을 감안하여 실태점검 및 발전소요를 제기한 바 있으나 핵위협이 현실화된 상황에서 핵을 포함한 대량살상무기의 공격으로 인하여 피해가 발생할 경우에 대비할 방호계획과 조치계획 등의 점검이 필요하다. 군과 협업으로 수도권 지역에 대한 민방위 및 비상대비계획 시행 준비실태 점검과 미흡한 분야는 계획의 보완을 추진해야 할 것이다.

이를 시행할 때는 지상작전사령부 및 수도방위사령부 등 군과 서울특별시 및 경기도 등이 협조한 가운데 군의 계획과 연계하여 정부의 민방위 및 비상대비계획 시행준비 상황을 점검해야겠다. 점검결과 문제점을 정부 및 자치단체의 수도권 방호 개선 중점추진과제로 제기하여 발전시켜야 할 것이다.

핵상황하 정부기능 유지대책의 강구

핵 상황에서 정부기능의 유지는 전쟁의 진행은 물론 궁극적인 승리를 위해서도 대단히 중요한 문제이다. 정부는 핵공격을 받더라도 정부시설의 기능유지와 공무원 인력의 안전대책을 강구해야 한다. 정부는 핵EMP 대책을 수립하여 중앙정부와 자치단체 등의 기관과 C4I를 유지할 수 있어야 한다.

4) 그 외 국가비상대비업무 개선 과제

여기서 제시하는 그 외의 국가비상대비업무 개선과제는 북핵과는 직접적 관련이 적기는 하지만 국가비상대비업무의 발전을 위해서는 개선이 필요한 부분이다.

국가비상대비업무 범위 확대

현재의 국가비상대비업무의 영역은 전쟁 등으로 충무사태가 발생할 시 정부기능을 유지하고 인적 및 물적자원의 동원을 통해 군사작전을 지원하여 국민생활의 안정을 도모함으로써 국가총력전을 효율적으로 수행하여 국민의 피해를 최소화 하는 가운데 전쟁에서 승리하기 위한 정부의 전시대비 업무이다.

그런데 현재의 업무에는 전시 총력전으로 정부기능 유지, 군사작전 지원 자원동원, 국민생활의 안정유지 등을 위한 전시에 대비하는 개념으로 기술하고 있는데 전쟁기간과 연계하여 볼 때 불분명한 부분이 있다. 즉. 전쟁은 통상 전쟁이전 단계로부터 개전 및 방어단계, 반격 및 격멸단계, 종전 및 전후처리 단계를 거쳐 진행되며 전쟁지도지침에서도 이를 반영하고 있다.

현재의 개념에서는 포괄적인 개념으로 기술하면서 전쟁 전 단계, 특히 반격 및 격멸단계와 종전 및 전후처리 단계에 행정각부의 업무에 관한 내용이 현재 계획에서는 전혀 없다고 할 정도로 미흡하다.

따라서 국가비상대비의 개념을 현재의 개념에 추가하여 종전이후의 업무까지를 포괄하는 개념으로 확대하면서 이를 근거로 반격 및 격멸단계와 종전 및 전후처리 단계의 계획까지 발전시키도록 할 필요가 있다. 즉, 국가비상대비를 전시 등 충무사태 선포 시 정부기능을 유지하고 자원동원을 통해 군사작전을 지원하여 국민생활의 안정을 도모함으로써 국민의 피해를 최소화하는 가운데 국가총력전을 효율적으로 수행하며 종전이후 국가를 정상화하는 데 필요한 업무라고 정의하는 것이다.

이렇게 종전이후 국가를 정상화, 즉 동원을 해제하고 복원을 하며 파괴된 국가기반시설 등의 피해를 긴급히 복구하고 이에 따른 비용을 조달하며 국가기관을 본래의 정상적 위치로 복귀시키는 등의 업무를 포함하도록 하는 것이다. 이러한 업무는 국가비상대비업무에 상관없이 전후복구 과정에서 필연적으로 해야 하는 업무이기는 하지만, 이를 국가비상대비업무에 포함함으로써 행정각부가 국가비상대비계획의 완전성 유지에 관심을 갖도록 하는 것이다.

국가비상대비업무의 영역을 확대함으로써 전쟁 전 단계에 걸쳐 전쟁과 관련되거나 전쟁으로 야기된 문제를 정상화하는 과정까지 포함하면서 계획을 작성토록 할 수 있을 것이다.

비상대비계획의 전반적 보완

전쟁지도지침과 군 작전계획 등과 연계하여 한반도에서 예상되는 전쟁단계를 반영하여 비상대비계획을 전반적으로 다시 작성하며, 전쟁임박 → 개전 및 방어 → 반격 및 격멸 → 종전 및 전후처리 단계를 포함해야 한다.

특히 전쟁사에서 나타난 주요 사례와 한반도에서 예상되는 상황을 포함 및 연계하여 전쟁단계별 계획 작성시 반영해야 한다. 현재 우리의 비상대비계획에서 가장 문제가 되는 것은 전쟁 전 단계에 걸쳐 적용할 수 있는 계획이 아니라는 것이다. 개전 이전 충무사태 위주로 작성되면서 반격 및 격멸단계 이후를 중점적으로 보완되어야 한다.

또한 계획작성 시는 전쟁단계별 중앙정부, 자치단체의 전시 임무 및 역할을 분명하게 제시해야 한다. 즉, 행정각부는 집행계획과 사태 조치목록에서 행정각부가 할 업무와 광역자치단체가 할 일을 명확하게 제시함으로써 전시 혼란의 발생을 최소화하면서 신속한 업무가 될 수 있도록 해야 한다.

전시 예상되는 상황을 고려한 과업을 식별하고 반영해야 한다. 전쟁사에서 나타난 수많은 사례를 보거나 한반도에서 예상되는 전쟁 양상을 볼 때 주요한 과업으로 등장할 수 있는 과업으로 예를 들면, 전시 여성인력이나 청년인력 또는 군복무를 마친 예비역 등이 비상대비 업무에 기여한 사례가 너무나 많다.

향후 한반도에서 예상되는 여러 상황을 감안하여 여성은 물론 장년층 등의 남성들도 직간접적으로 비상대비업무의 수행에 기여할 수 있도록 정부는 그 분야를 식별하여 비상대비계획에 포함할 수 있도록 해야 할 것이다. 이러한 모습이 진정한 총력전의 모습이고 전시대비계획에 포함해야 할 전쟁사에서 나타난 주요한 사례이다.

우리는 전시 수백만의 예비군 동원은 물론 수십만여 대의 차량과 건설기계 등의 동원 등 동원에 의존하는 바가 크다. 종전이 되면 이렇게 동원된 예비군을 포함한 수많은 자원을 관련 법령에 의하여 동원해제 및 복원해야 하는데 이 과정이 대단히 어렵고 지난한 과정이 될 수 있다. 그러나 이에 대한 연구는 물론 관련 계획도 거의 없는 상황으로, 이는 대단히 잘못된 것인 만큼 빠른 시간에 보완이 필요하다. 전후 복구계획과 행정복원 계획 등의 분야도 마찬가지이다.

비상대비정책국 과천정부 청사로 위치 이전

비상대비정책국은 세종시에 위치, 충무2종 사태 발령시 과천 문서고로 이동하여 정부종합상황실을 개소 및 운영하는 개념으로 되어 있다. 이는 충무사태 선포 이후 긴박하게 전개될 상황을 감안할 시 매우 부적절하다. 행정안전부가 세종시로 이전하면서 안보상황을 수행할 부서의 업무에 대한 고려보다는 정치 및 행정적 논리에 따른 결과로 판단한다.

현재처럼 하다가는 자칫 충무사태 선포 시 1분 1초가 중요한 시기에 세종에서 과천으로 이동하느라고 길바닥에서 시간을 소비하면서 정부의 대비태세 지연을 초래하여 커다란 문제를 야기할 수 있다. 따라서 비상대비정책국을 과천 정부청사로 이전하여 과천에서 평시부터 근무하면서 정부종합상황실의 관리 등 전시 대비태세를 유지해야겠다.

과천의 정부청사에서 근무하다 충무사태 선포 시는 신속히 문서고로 이동하여 정부종합상황실의 개소 및 각종 전시행정망 확인 등 운영상태를 확인하고 유지함으로써 전시 준비태세 등의 강화에 기여할 수 있도록 해야겠다. 이는 급속히 전개될 수 있는 한반도의 안보상황의 특성, 휴전선으로부터 수도 서울이 근접해 있는 전장의 특성, 수도권에 정부의 중요한 기능과 경제력 및 인구가 집중되어 있는 현실 등을 고려할 때 때 대단히 중요한 문제이기 때문에 반드시 시정되어야 한다.

종전 비상기획위원회 이상의 조직 개편

북한의 재래식 전력의 현대화, 북핵 등 대량살상무기의 개발 및 사용 가능성 등 안보환경의 악화와 비상대비 수요의 증가를 감안하여 종전의 비상기획위원회 이상으로 비상대비업무를 수행할 조직으로 개편 및 확대와 인력의 강화가 필요하다.

개편될 비상기획위원회의 위원장은 장관급으로서 장관급 장교 출신의 예비역, 부위원장은 차관급 정무직으로 편성하고 위원장 및 부위원장 책임하 비상대비업무를 수행할 수 있도록 권한의 부여와 동시 책임질 수 있도록 여건을 보장해야 할 것이다. 이렇게 비상대비정책국을 확대 개편하면서 위원장을 장관급, 부위원장은 차관급 정무직으로 편성해야 하는 이유는 광범위한 민방위 및 비상대비업무의 영역과 군은 물론 행정각부와의 업무협조, 뒤떨어진 업무의 조속한 정상화 등의 필요성 때문이다.

개편될 비상기획위원에는 핵 및 화생방 담당 부서를 편성하여 국방부 및 합참의 부서와 협조를 하며, 전문가를 편성하여 민방위 및 비상대비 계획의 작성과 정부연습 및 훈련 등을 지도할 수 있도록 해야 할 것이다.

국방부 비상대비계획의 작성 개선

국방부는 행정부의 하나이면서 군관련 정부 전시업무를 수행한다. 이 과정에서 행정각부와 협조할 사항이 많으나 이러한 협조계획이 없다. 현재 국방부의 비상대비계획은 병무청의 병력 및 전시근로소집, 산업부 및 국토부 등의 물자동원 계획을 종합한 것으로 이는 국방부의 전시대비 계획이 없는 것과 마찬가지이다.

따라서 국방부의 역할에 맞은 계획을 작성하도록 기본지침의 작성과 이에 따라 국방부는 집행계획을 전반적으로 재작성해야 한다, 이를 위하여 비상대비정책국에서는 국방부 집행계획 작성을 위한 기본지침을 제시해야 하며, 이를 바탕으로 국방부는 집행계획을 작성하되 국방부 자체계획은 물론 행정각부와의 협조사항을 식별하여 포함해야 한다.

국방부의 집행계획을 전면 재작성토록 기본계획의 지침을 수정하고, 국방부는 기본계획에 따라 집행계획을 재작성하며, 현재의 계획은 집행계획의 부록으로 포함하면 될 것이다. 재작성시는 전쟁단계별 국방부의 비상대비 환경의 분석과 가정을 설정하고 가정과 연계된 국방부의 집행계획을 전쟁단계별로 작성하며, 이때 행정각부와 지원 및 피지원 사항 등을 반영해야 한다.

주민자치조직의 활용 방안

북핵 등 관련하여 모든 것을 정부가 다 할 수는 없을 것이다. 이를 보완하여 주민자치 조직을 이용하는 방안도 수립해 놓아야겠다. 예를 들면, 읍·면·동이나 아파트 단위에는 부녀회, 노인회 등의 조직들이 평시 활동하면서 다양한 역할로 주민의 편의 등을 도모하고 있다. 이러한 조직들도 충무사태 선포 이후에는 정부의 전달사항을 전하는 것은 물론 독거노인, 소년소년가장 등 사회적 취약계층에 대하여 대피는 물론 비상식품의 전달 등 여러 도움을 줄 수 있다. 이러한 조직을 활용하는 방안도 수립하자.

민방위 및 국가비상대비분야 과제의 준비 시기

앞에서 제시한 민방위 및 국가비상대비분야의 과제는 가급적 이른 시간에 끝내야 할 것이 있는가 하면 평시에는 시행할 준비를 하고 충무사태가 선포된 이후에는 즉시 시행할 수 있도록 준비할 과제도 있다. 이렇게 판단을 할 기준으로는 계획작성 및 준비 등에 장기간의 시간과 행정각부간의 협조가 필요한 경우, 평시에 준비하면 국민의 생활에 영향을 줄 수 있는 경우, 충무사태 선포 이후 준비와 시행을 함으로써 효율적 준비와 시행이 가능한 경우 등을 들 수 있다. 다만, 여기서 제시하는 여러 사항에는 우선순위가 있을 것인 만큼 관련 부처에서는 이를 판단하여 시행하기를 요망한다.

북핵대비 능력 확보를 위한 예산 반영

앞에서 북핵대비 여러 가지를 언급하였지만 이러한 사항들은 예산의 뒷받침 없이 할 수 있는 부분은 거의 없다고 생각한다. 종전처럼 이 부분에 대한 예산의 투자없이 국민을 살릴 길은 없을 것이다. 예산상 여러모로 압박을 받겠지만 국민을 살리는 것보다 더 중요한 것이 없다는 생각으로 행정각부는 충무사업에 반영하거나 전시예산에 편성하는 등으로 북핵대비 역량의 강화에도 힘써야 할 것이다.

북핵대비 예산의 배정

앞에서 여러 문제점을 언급하였지만 이러한 사항들을 개선 및 발전시키기 위해서는 대부분 예산상의 뒷받침이 필요하다. 예산 당국은 국민의 안전과 관련되는 부분에 예산을 더 배정해서 이 부분이 획기적으로 발전할 수 있도록 배려해 주기를 기대한다.

결론적으로 비상기획위원회의 창설과 비상대비계획의 작성, 정부연습 등을 실시한 이후 70여 년이 지나고 있지만 현재 시점에서 보면 재래식 무기는 물론 북핵에도 대비할 우리의 전시대비태세업무가 완벽한 지에 대해서는 여러 의문이 있다. 더 늦기 전에 정부는 전문가들의 의견을 들어 민방위 및 국가비상대비업무에 관련된 법령으로부터 조직 및 계획, 예산, 민방위 훈련 및 정부연습 등의 문제점을 찾아내서 발전시킬 것을 촉구한다.

마치면서

2019년 핵과 국가비상대비업무를 쓴 지 4년여의 기간이 지나고 있다. 이 기간 중 진보를 표방하였던 정부가 보수정부로 교체되었다. 진보정부간 북핵은 남북대화나 미북대화를 통해 마치 대화로서 북핵이 비핵화가 될 것처럼 호도하였으나 이는 국민을 속이는 기만의 기간이었다. 이 기간 북한은 하루도 멈추지 않고 핵무기를 은밀하게 고도화하였고 이제 그 실체가 여러모로 나타나고 있기 때문이다.

국방부와 합참은 군사적으로 북핵대비에 박차를 가하고 있다. 북핵위협이 심각해지면서 3축 체계의 구축 등 무기체계의 발전뿐만 아니라 전략사령부의 창설 등 대응조직도 재정비하고 있다. 정부도 무엇인가 하는 듯 하기는 하지만 눈에 보이는 발전적 변화를 찾아보기는 어렵다. 이런 모습을 보면서 북핵이 군사적 대비만으로 끝나는 것은 아닌데 하는 의구심을 갖지 않을 수 없다. 정부가 해야 민방위 업무인 복합적 민방공 경보체계의 발전을 통한 사각지역 최소화 및 신속한 대피여건 마련과 대피소의 위치를 신속하게 인식할 수 있도록 하는 방안, 대피소의 보강을 통한 국민의 보호능력의 강화, 민방위 훈련의 개선 등 할 일이 태산과 같이 많다. 이는 국가비상대비업무에서도 마찬가지이다.

핵무기는 대량살상무기이다. 단 한 발의 공격을 받더라도 수만~

수십만의 사상자가 발생할 수 있다. 그런 만큼 정부와 군이 통합된 민방위 훈련이나 정부연습을 할 방안도 강구해야 하는데 그렇지 못하다. 현 정부에서 북핵대비 민방위 훈련이나 정부연습의 정상화를 통해 여러 면에서 발전적 변화가 있는 것은 사실이지만 현재에 만족하기에는 아직도 갈 길이 멀다고 생각한다. 더 늦어지기 전에 북핵대비 국민의 안전을 위한 시스템을 갖추어 놓기를 희망한다.

마지막으로, 명의(名醫)는 한 명 한 명의 생명을 살리는 데 그치지만 민방위 및 국가비상대비업무는 전시 5천만 국민의 생명을 보호하고 승리를 하는 데 있어 핵심적인 역할을 한다는 것을 명심하자.

부록

* 이 부분은 필자의 저서인 「핵과 국가비상대비업무」의 부록 303쪽으로부터 319쪽까지 부분 수정하여 인용하였다.

** 행정부의 전시업무와 핵이 투하된 상황을 염두에 두면서 행정각부가 해야 할 일을 포함한 것으로, 중앙부처를 중심으로 작성하였다. 여기서 제시하는 사항 외에도 행정각부의 발전적인 업무의 발굴과 창의적인 적용이 필요하다.

1. 국방부

가. 역할

1) 탄도미사일 및 항공기 등의 공격 대비 민방공 조기경보 시스템 점검 및 유지
2) 탄도미사일 및 항공기 등의 핵공격 대비 시스템 유지
3) 낙진위험 예측도 판단 및 전파
4) 핵공격 이후 정부의 구조 및 구호 활동 지원 등

나. 민방위 및 국가비상대비업무(예)

구분		주요 내용
민방위	평시	• 탄도미사일, 항공기 등의 공격 시 탐지 및 경보발령 시스템 정비 • 산하기관 민방위 대피시설 준비, 대피시설 내 생존물자 준비 등
	전시	• 탄도미사일, 항공기 등의 공격 시 탐지 및 경보발령 • 산하기관 대피소 대피
비상대비	평시	• 핵 공격 대비 사전 정보 수집 및 전파 체제 • 핵 피폭 시 대비 동원방침 • 핵 피폭 이후 낙진위험예측 판단 및 전파 • 핵 피폭 이후 생존자 구호 및 구조관련 국방부 지원방침 • 피해시설 복구 지원에 대한 국방부의 방침 • 표준화된 낙진예측 프로그램의 개발, 투입부대 안전관리 지침 설정 등
	공격이전	• 핵 공격 가능 정보입수 및 판단과 전파 • 병력 및 예비군, 장비와 물자 등의 안전 및 전투력 보존대책 • 전자장비 보호 등의 대책

	공격이후	• 정부와 협의하여 군 지원여부 및 투입규모 판단
		  – 필요시 (가칭)핵피폭지원사령부 편성 및 투입
		• 낙진위험예측도 판단 및 전파(행정각부)
		  – 안전지역 설정, 생존자 이동 시기 및 이동로 판단
		  – 생존자 이동에 필요한 수단 지원(인력 및 장비, 물자 등)

구분		주요 내용
비상 대비	공격 이후	• 작전활동 고려, 정부요청에 의거 구호 및 구조 등의 활동 지원(관련부처) – 피폭지역으로부터 생존자 등의 안전지역으로 이동 – 안전지역에서 필요한 수용시설의 설치 – 안전지역에서 방사능 오염 환자의 제독 – 오염 환자에 대한 치료(군인력 및 시설, 약품 등의 지원) – 대규모 사망자 처리(매장, 화장 등) – 피폭지역에서 전염병 확산방지, 소독 등의 활동 • 군 및 예비군 등의 피해 최소화 대책, 장비 및 물자 오염 제거 등 • 각종 유언비어 통제대책 강구(계엄사령부) • 오염지역 내 인원 및 장비 등의 출입통제 지원(행안부) • 피폭지역에서 동원지정 자원 파악 및 대체지정 요청(관련부처) • 피폭지역 내의 군 시설 등의 피해확인 및 복구 필요성과 우선순위 판단 – 복구에 필요한 자원소요 판단 및 요청 • 피폭지역에서 예비군 운용 조정 등 • 안전관리 프로그램에 따라 부대 운용
사후처리 (종전 이후)		• 피해복구 지원(병력, 장비, 물자, 시설 등) • 동원 피해업체 및 인력 확인 및 조치

2. 행정안전부(비상대비정책국)

가. 역할

1) 핵피폭 대비 국민방호 요령 전파 및 대피시설 등의 준비 지도
2) 핵피폭 시 컨트롤 타워를 운영할 주무부처로서 행정부 조정 및 통제
3) 핵피폭 시 대비 행정부의 비상대비 지침

나. 민방위 및 국가비상대비업무(예)

구분		주요 내용
민방위	평시	• 대피시설의 기준 설정 및 전파(공공시설, 아파트 등) • 민방위 대피시설 현황 유지 및 관리, 개선 • 핵 공격 시 대비 개인방호 및 대피요령 등 계도 • 민방위 대피시설의 대피 표지 설치 및 관리 등
	전시	• 탄도미사일, 항공기 등의 공격 시 군으로부터 경보 받아 발령 • 전국적 피해 현황 종합 및 유지 • 전국적 민방공 경보망 유지
비상대비	평시	• 핵피폭 시 대비 비상대비계획 작성 지침 • 정보화 기술을 접목한 표준화된 낙진예측 프로그램 개발 • 핵 피폭 시 대비 장비 및 물자 소요 판단 및 획득
	공격 이전	• 핵 공격 가능성 경고 및 대비 등의 전파 • 핵 공격 시 경보발령 및 대피 지시 • 차량과 주민 등의 이동 통제대책 • (시간 가용시) 가정 및 직장 등에서 임시대피소 구축 독려 • (각종 위험물) 사전 통제(밸브잠금 등) 조치 전파
	피폭 이후	• 피해규모 종합 및 판단, 군 등의 지원여부 판단 및 건의, 협조 • 낙진위험예측도 전파(전 부처) – 지역별 낙진 도달시간 판단 및 전파: 국방부(통합방위본부) – 안전지역 위치, 피폭지역 이탈 적절시간 및 이동로 등을 판단 및 전파 – 생존자 이동에 필요한 지원요청(국방부, 국토부 등) • 소방인력 및 민방위대 동원 필요성 판단 및 동원지역과 규모 판단(관련부처) – 피폭지역 투입시 방사능 오염 방지책을 강구 – 피폭지역에서 생존자 구조, 긴급복구 등의 임무 수행 – 피폭지역에서의 화재진압 임무수행 등 • 안전지역에서 구호 및 구조대책 등의 업무 조정 및 통제(관련부처) – 수용소 설치: 국방부(군시설), 교육부(학교), 행안부(관공서), 국토부(임시 수용시설 설치) 등 – 수용소 운용에 따른 각종 지원소요 조치: 식량(농림부 등), 전기/수용텐트(산자부), 음용수(환경부) 등 – 환자 상태별 분류 및 치료(국방부, 복지부) – 오염 환자 제독 및 치료(국방부, 복지부) – 수용소 운용에 필요한 장비 및 물자 조치(관련부처) • 피폭지역에서의 업무 조정 및 통제(관련부처) – 피폭지역으로 소방인력, 민방위대 투입 여부 판단: 낙진위험, 투입 시 예상되는 임무 등을 고려 – 피폭지역으로 불필요한 주민 등의 진입 통제(국방부, 행안부) – 피폭지역 내의 대규모 사망자 처리 방안: 국방부(병력과 장비), 행안부(매장장소), 복지부(위생) 등

구분		주요 내용
비상 대비	피폭 이후	- 사체 부패 등에 대비 방역 등 소독 시행(복지부) - 피폭지역에서의 강·절도 등 치안질서 문란행위 단속: 국방부(계엄군), 행안부(경찰) - 피폭지역에서의 화재 등의 진압(소방) • 피폭지역에서 군사작전 지원, 국민생활 안정, 정부 기능유지 등을 위한 긴급복구 소요 판단 - 피해 정도와 긴급복구 필요성 등을 감안 - 행정각부의 소요 판단결과 종합하여 우선순위 판단 • 인명, 물자 등 피해현황 종합(전 부처) • 피폭지역 인원출입 및 행정복원 가능시기 판단(국방부, 행안부 등)
사후처리 (종전 이후)		• 피해복구 소요 종합 및 판단 • 피해복구 업무 조정 및 통제 등 • 피해기록 종합 및 역사자료 준비 • 피해복구 지원기관 설립

3. 행정안전부

가. 역할

1) 행정부의 대피 소산 지침

2) 주민대피 지도

3) 핵피폭 시 전재민 수용소 설치 및 운용

4) 피해주민 행정업무 지원 등

나. 민방위 및 국가비상대비업무(예)

구분		주요 내용
민방위	평시	• 본부 및 산하기관 민방위 대피시설 현황유지 및 정비 • 행안부 소관 시설 및 자원 등의 피해방지 및 복구 방침
	전시	• 산하기관 대피 • 행안부 소관 시설 및 자원 등의 피해 확인 및 집계, 복구 방침
비상대비	평시	• 행정부의 각종 대피시설 설치 기준 등의 설정 • 대피시설 설치 및 현황유지 • 대피시설내 각종 준비물 준비지침 설정 • 핵 공격시 주민대피 지도 • 핵 공격 이후 주민안전대피 등의 지도 • 피폭자 수용시설 운영
	피폭 이전	• 주민 및 차량 등의 이동 통제/대피 안내 • 행정부 피해 최소화 대책
	피폭 이후	• 낙진위험예측도 전파에 따라 주민 안전지역으로 이동 지도(국방부, 행안부 등) - 안전지역 위치 및 이동로, 이동시기, 이동 시 휴대준비물 등을 전파 - 피폭지역 내 주민 안전지역으로 이동 지원 - 주민 이동지원을 위한 민방위대 동원여부 판단: (필요시) 피폭지역으로 기동홍보팀 파견, 주민철수 지원(오염방지 대책 강구) • 안전지역에서의 행정지원 활동 - 사망자 및 생존자, 부상자 등의 현황 확인 - 생존자 지원에 필요한 지원소요 조치 - 수용자 시설 조치: 학교, 군시설, 공공시설 사용 또는 수용텐트 설치 등 ※ 수용소 운용에 대한 전반적 책임 • 피폭지역에서의 업무(국방부, 행안부, 복지부, 국토부 등) - 피폭지역으로 주민 출입통제: 이동통제소 설치, 행정요원과 경찰 배치 - 오염지역으로 출입이 필요한 인원은 시간과 장소, 복장 등을 통제 - 피폭지역에서 치안질서 문란행위 및 강·절도 단속(경찰, 계엄사) - 대량사망자 처리방안 협조(복지부) - 사체처리 장소 및 방법 등을 결정 - 피폭지역 내의 정부기관 피해현황 종합 • 유언비어 유포자 색출 및 단속(계엄사) • 피폭지역 행정기능 회복과 주민 출입 가능시기 판단(행안부, 원안위 등) - 잔류방사능 위험 정도에 따라 주민 출입여부 판단(원안위) - 방사능 위험정도에 따라 주민 출입 시기 및 장소 판단 • (필요시) 생존자 수용을 위한 각종 시설의 동원 요청(국토부, 국방부 등)
사후처리 (종전 이후)		• 행정체제 회복 지원 • 주민등록업무 지원 • 정부기관 피해 종합 • 행정분야 역사자료 준비

4. 보건복지부

가. 역할

1) 핵공격으로 피해발생 시에 대비 의료인력 및 병원시설, 약품동원 등의 지정
2) 핵공격 이후 피해 인원에 대한 구호 및 구조 등의 업무
3) 핵공격 이후 예상되는 전염병 방지대책 강구 등

나. 민방위 및 국가비상대비업무(예)

구분		주요 내용
민방위	평시	• 본부 및 산하기관 민방위 대피시설 현황유지 및 정비 • 복지부 소관 시설 및 자원 등의 피해방지 및 복구 방침
	전시	• 산하기관 대피 • 복지부 소관 시설 및 자원 등의 피해 확인 및 집계, 복구 방침
비상대비	평시	• 핵 공격 시 대비 지역별 인력 및 병원 등의 지정 • 치료약품 등의 비축사업 추진 • 대량사상자 발생시 환자 분류, 치료 등의 방침 수립 • 대규모 사망자 발생시 처리 방침 수립 • 오염지역에서의 전염병 확산 방지, 소독 등의 방침 수립
	피폭이전	• 인력과 병원 등의 피해 최소화 방안 • 병원 등의 입원환자 대피 등의 지도
	공격이후	• 안전지역에서 활동(행안부, 국방부, 환경부 등) – 오염 환자 치료 지원을 위한 인력 및 시설, 약품 등의 동원: 대규모 인원 피해 고려, (필요시) 전국적 범위에서 인력과 약품 등의 동원 검토 – 방사능, 열상, 일반 환자 등에 대한 분류 및 치료 지원 – 방사능 오염 환자 제독소 운용지원 – 기동의료반 등 의료지원팀 운용 • 피폭지역에서 활동(행안부, 국방부, 국토부, 산자부 등) – 대량사망자 사체처리 방법 강구: 매장시기 및 장소, 방법(화장, 매장 등) 강구 –사체 보관 백 수요량 등을 판단 및 조치

구분		주요 내용
비상 대비	공격 이후	- 대량사망에 따른 전염병 확산 방지대책(특히 하계): 인체 및 동물 사체 부패, 식수오염 등으로 인한 전염병 발생 및 확산 방지 - 의료시설 등의 긴급복구 필요성 및 대상과 시기 등의 판단 - 고아 수습 및 관리 • (장기적) 방사선 등의 오염환자 경과 확인 대책 강구
사후처리 (종전 이후)		• 피해현황 종합 및 지원계획 수립 • 피폭자 치료 및 지원활동 • 고아 등의 관리 및 지원활동 • 보건복지분야 역사자료 준비

5. 국토교통부

가. 역할

1) 국토부 소관 시설 및 자원 피해 예방 지침

2) 핵공격 이후 피해 극복을 위한 자원동원 및 지원

3) 핵공격 이후 긴급복구 등의 소요 판단 및 조치

4) 오염장비 및 물자 등의 오염제거 등

나. 민방위 및 국가비상대비업무(예)

구분		주요 내용
민방위	평시	• 본부 및 산하기관 민방위 대피시설 현황유지 및 정비 • 국토부 소관 시설 및 자원 등의 피해방지 및 복구 방침
	전시	• 산하기관 대피 • 국토부 소관 시설 및 자원 등의 피해 확인 및 집계, 복구 방침
비상대비	평시	• 핵 공격 시 대비 소관자원 안전 및 피해방지 방침 • 피해발생 시 복구 우선순위 및 방침 • 핵 공격 시 방사능 및 낙진 등의 오염제거 및 복구방침 • 피폭지역 내 동원자원 피해 발생시 대체지정 방침 • 피폭지역 복구를 위한 자원동원 방침
	피폭 이전	• 국토부 소관 자원 등에 대한 안전대책 지시 • 국토부 소관 교통수단 운행여부 판단 및 지시
	피폭 이후	• 안전지역에서 활동(행안부, 산자부 등) – 수용소 설치 및 운용에 필요한 지원소요 지원 – 수용소 운용에 필요한 장비 동원 및 지원 – 시설 및 장비 등의 오염제거 대책 검토 • 피폭지역에서 활동(행안부, 원안위 등) – 피해지역 내 긴급복구 대상 및 우선순위, 필요성 판단 및 시행 검토: 교량, 건물, 터널 등 – 피해복구를 위한 인력 및 장비 등의 동원여부 검토 – 오염지역 내 폐기물 처리 시기 및 방침 등의 검토 • 오염지역 내 주민 안전지역으로 이동 지원(행안부) • 동원지정 장비 및 업체 피해 발생시 대체 지정 검토 • 피해 자원에 대한 대체지정 • 지하철·철도 등의 운행 재개 시기 판단 • 각종 국가기반시설 피해 복구 시기 판단
사후처리 (종전 이후)		• 철도, 도로, 교량 등 국가기반시설 등의 피해 현황 종합 • 피해우선순위 판단 및 복구 시행 • 오염 폐기물 등의 처리 • 국토교통부 소관 업무에 대한 지원 등 • 국토교통분야 역사자료 준비

6. 농림축산식품부

가. 역할

1) 농림축산식품에 대한 오염방지 방침
2) 핵공격 이후 오염 농축산물 처리 기준
3) 방사선오염 농축산식품에 대한 처리 방침
4) 피해 주민에 대한 식량 등의 지원 등

나. 민방위 및 국가비상대비업무(예)

구분		주요 내용
민방위	평시	• 본부 및 산하기관 민방위 대피시설 현황유지 및 정비 • 농림부 관련 시설 및 자원 등의 피해방지 및 복구 방침
	전시	• 산하기관 대피 • 농림부 소관 시설 및 자원 등의 피해 확인 및 집계, 복구 방침
비상대비	평시	• 핵 공격 시 대비 농림축산분야 조치 방침 • 핵 공격 시 피해 최소화 방안 • 핵 공격 시 수용소 수용인원에 대한 급식지원 방침 • 핵 공격 시 농림축산분야 오염방지 대책 • 핵 공격 시 농림축산분야 오염물자 처리방침 • 피해 주민에 대한 식량 등의 지원방침
	피폭 이전	• 농림축산식품 등에 대한 피해 방지대책 강구 • 농림축산식품 등에 오염 시 처리 등의 대책 강구
	피폭 이후	• 안전지역에서의 활동(행안부) – 수용소 수용인원에 대한 긴급 구호 식량 등의 획득 및 보급 • 피폭지역에서 활동(행안부, 원안위 등) – 피폭지역 내 오염 농축산물자 수거 및 폐기 방법 결정/시행 – 피폭지역 내의 가축 등의 오염여부 판단 및 처리 결정 – 오염농산물 수거 및 처리 – 피폭지역 내 농산물 오염 정도 측정 및 취식 가능여부 판단 및 전파 • (장기적) 농경지 등의 낙진 등 오염 해소 대책

구분	주요 내용
사후처리 (종전 이후)	• 농지, 식량 등 농림부 소관 피해 현황 종합 • 피해우선순위 판단 및 시행 • 농림부 소관 오염 폐기물 등의 처리 • 농림부 소관 업무에 대한 지원 등 • 농림식품분야 역사자료 준비

7. 문화체육관광부

가. 역할

1) 민방위 및 핵공격 시 국민행동요령 등 정부 전달사항 홍보

2) 핵공격 시 경보전파 및 생존방법 등 전파

3) 핵공격 이후 안전지역으로 이동 등 생존요령 방송 등

나. 민방위 및 국가비상대비업무(예)

구분		주요 내용
민방위	평시	• 본부 및 산하기관 민방위 대피시설 현황유지 및 정비 • 민방위 대피훈련, 민방위 대피훈련 홍보
	전시	• 산하기관 대피, 피해 확인 및 집계, 복구 • 민방위 관련 사항 대국민 홍보 등
비상 대비	평시	• 핵 공격 시 개인 및 국민행동요령 등의 홍보방침 및 준비 • 핵 공격 시 주의사항 홍보 • 핵 공격 등에 대비한 국민의 준비사항 등
	피폭 이전	• 핵 공격 가능성 경고 방송 • 핵 공격 시 개인 및 국민행동요령 강조 • 대피 시 휴대해야 할 장비 및 물자 등의 휴대 강조

구분		주요 내용
비상 대비	피폭 이후	• 핵 공격에 따른 주의사항 및 강조사항 등의 전파(행안부) • 피폭지역으로부터 안전지역으로 이탈시기 및 방법 등을 전파(국방부, 행안부 등) - 최기거리의 안전지역 위치, 낙진고려 피폭지역 이탈시간 - 안전지역으로 이동 시 휴대준비물과 주의사항 • 피폭지역 내에서 준수해야할 안전사항 강조(행안부) - 방사능 오염 각종물자 취급 금지 - 오염 동물의 사체 취식금지 - 피폭지역 내에서 이동 금지 • 민심안정대책 홍보 - 정부의 구호 및 구조활동 홍보 - 정부가 국민에게 당부하는 사항 등에 대한 전파 • 유언비어 유포에 대한 국민들의 협조사항
사후처리 (종전 이후)		• 방송, 체육 등 문화체육관광부 소관 기관 등의 피해 현황 종합 • 피해우선순위 판단 및 복구 시행 • 문화체육관광부 소관 업무에 대한 지원 등 • 문화체육관광 분야 역사자료 준비

8. 환경부

가. 역할

1) 핵공격 이후 대기 중 방사능 측정 및 전파

2) 핵공격 이후 음용수 관리 및 지원

3) 핵공격 이후 방사선 오염물질 처리 지침 등

나. 민방위 및 국가비상대비업무(예)

구분		주요 내용
민방위	평시	• 본부 및 산하기관 민방위 대피시설 현황유지 및 정비 • 민방위 대피훈련 등
	전시	• 산하기관 대피, 피해 확인 및 집계, 복구
비상 대비	평시	• 핵 공격 시 발생하는 오염 물자에 대한 처리방침 • 전재민 수용소 등에 대한 음용수 지원계획 • 핵 공격 시 대비 식수원 보호 대책 • 핵 공격 시 대기 오염측정 방침 • 핵 공격 시 오염물질 처리 방침
	피폭 이전	• 정수장 등의 안전대책 • 식수원 등의 안전대책 • 각종 유독물질 안전관리 대책
	피폭 이후	• 낙진 확산 시 - 정수장 등 식수원 안전 및 오염방지대책 강구 • 안전지역에서 활동(행안부 등) - 수용소 운영에 필요한 먹는 샘물 등의 동원 - 수용소에 필요한 급수시설 등의 설치 - 방사선 오염환자 처리과정에서 발생하는 오염물질 처리 - 유독성 오염물질 등 지정폐기물 보관소 지정 및 운용
		• 피폭지역 내의 활동(행안부, 원안위 등) - 피폭지역 내 대기 중 방사능 오염 등의 조사 - 피폭지역 내 정수장 등의 오염상황 판단 및 전파 - 피폭지역에서 발생한 오염물자 처리지침 검토 및 조치 - 피폭지역에서 유독물 누출 등의 확인 - 오염물질 등 지정폐기물 보관소 지정 및 운용 - 긴급복구 목표 및 방법과 우선순위 판단 • 방사능 측정반 가동(원안위) • 낙진제거 제염제 소요 판단 및 조치
사후처리 (종전 이후)		• 상수도, 하수도 등 환경부 소관 시설 등의 피해 현황 종합 • 피해우선순위 판단 및 시행 • 환경부 소관 업무에 대한 지원 등 • 환경분야 역사자료 준비

9. 산업통상자원부

가. 역할

1) 본부 및 유관기관, 산업체 등의 민방위 대피역량 강화방안 강구
2) 핵공격 전 산업시설에 대한 피해 최소화 지침
3) 핵공격 이후 산업부 소관 업체 피해 최소화 지침
4) 피해발생 시 행정부 지원요청사항 지원 등

나. 민방위 및 국가비상대비업무(예)

구분		주요 내용
민방위	평시	• 본부 및 산하기관, 산업체 등의 민방위 대피시설 현황유지 및 정비 • 산업체의 민방위 대피시설 준비 지침 • 민방위 대피훈련 등
	전시	• 산하기관 대피, 피해 확인 및 집계, 복구
비상대비	평시	• 핵 공격 시 대비 산업부 소관업체의 피해 방지 방침 • 핵 공격 이후 산업부 소관업체 피해 복구 방침 • 핵 공격 시 행정부처 지원 방침 • 핵 공격 시 대비 산업부 소관업체의 운영지침
	피폭 이전	• 산업부 소관 인원 및 업체, 시설 등의 보호대책
	피폭 이후	• 낙진에 대한피해 방지책 강구 - 산업부 소관업체에 대한 낙진경고 등 • 안전지역 생존자 수용에 필요한 행정부의 소요 지원(행안부 등) - 수용소 설치를 위한 텐트 등의 지원 - 수용소 운용에 필요한 각종 비품류 - 수용소 운용에 필요한 전력시설의 설치 - 수용소 운용에 필요한 가스 및 석유 등의 조달

구분		주요 내용
비상 대비	피폭 이후	• 피폭지역에서 활동(행안부, 복지부 등) - 대규모 사망자 처리에 따른 지원요청 사항 지원: 사체보관 백 등 - 산업부 소관업체 인원 및 업체 등의 피해 종합 및 복구소요 판단 - 산업부 소관업체에서 발생하는 오염물질의 처리 - 산업부 소관업체의 시설에서 유독물 누출 등 예방 - 산업부 소관 동원업체 및 물자 피해판단, 조정 - 산업부 소관 업체 중 긴급복구 대상 업체 및 필요성, 우선순위 판단 등 • (장기적) 피폭지역의 산업부 소관 업체 피해복구 필요성 및 우선순위 판단
사후처리 (종전 이후)		• 원전, 발전, 전력 등 산업부 소관 피해 현황 종합 • 피해우선순위 판단 및 복구 시행 • 산업통상자원부 소관 업무에 대한 지원 • 산업통상자원부 역사자료 준비

10. 교육부

가. 역할

1) 교육기관 민방위 대피역량 강화방안 강구

2) 핵공격 시 대비 개인방호 및 대피 등 생존요령 교육

3) 핵공격 시 학교 운용 지침

4) 수용시설로 학교 요청 시 제공 등

나. 민방위 및 국가비상대비업무(예)

구분		주요 내용
민방위	평시	• 본부 및 산하기관 민방위 대피시설 현황유지 및 정비 • 학교 등의 민방위 대피시설 준비지침 • 민방위 대피훈련 등
	전시	• 산하기관 대피, 피해 확인 및 집계, 복구
비상 대비	평시	• 전시 핵 공격 시 대비 개인방호 및 대피 등 생존교육 시행 • 핵 공격 시 대비 학교 운영 지침 • 핵 공격 시 수용시설로 학교 요청 시 제공 등
	피폭 이전	• 핵 공격 가능 경고 시 학생 대피 • (시간 가용 시) 학생 귀가 등의 조치 등
	피폭 이후	• 안전지역에 있을 경우 - 학교 운영 지침 수립 및 전파 - (정부요청 시) 학교 시설을 수용소 시설로 활용 제공 • 피폭지역 내에 있을 경우 - 학생 피해/대피 현황 등의 확인 - 피폭지역으로부터 학생 안전지역으로 이탈 업무 지시(행안부, 국방부 등) - 학교 등의 피해 현황 종합 및 복구 여부 등의 판단 - 학교 운영지침 수립 등
사후처리 (종전 이후)		• 학교, 교육청 등 교육부 소관 피해 현황 종합 • 피해 우선순위 판단 및 복구 시행 • 교육부 소관 업무에 대한 지원 • 교육부 역사자료 준비

11. 원자력안전위원회

가. 역할

1) 핵공격 시 대비 방사능 측정 및 전파 방침의 발전
2) 핵공격 시 방사능 측정 및 전파
3) 핵피폭 지역에서 방사능 환경 평가 및 전파
4) 핵공격 시 폐기물 처리 관련 행정부 협조 등

나. 민방위 및 국가비상대비업무(예)

구분		주요 내용
민방위	평시	• 본부 및 산하기관 민방위 대피시설 현황유지 및 정비 • 민방위 대피훈련 등
	전시	• 산하기관 대피, 피해 확인 및 집계, 복구
비상대비	평시	• 핵 공격 시 방사능 측정 및 전파 • 전시 핵 공격 시 방사능 측정 및 전파/낙진 위험 예측 등 • 핵 공격 시 피폭지역에서 방사능 환경 및 영향 평가 및 전파 • 핵 공격 시 폐기물 처리 관련 방침 • 핵 공격 시 원자력발전소 운영지침 등
	피폭 이전	• 원자력발전소 안전대책
	피폭 이후	• 낙진위험 예측 및 전파(국방부, 행안부 등) • 피폭지역에서의 활동(관련부처) – 방사능 측정 및 전파 – 방사능 환경 및 영향 평가 및 전파 – 폐기물 처리 협조 • 원자력발전소 안전 관리 등
사후처리 (종전 이후)		• 지역별 방사선 측정 및 안전위험 판단과 제공 • 방사능 위협요인 제거 지원 등

12. 식약품안전처

가. 역할

1) 식품 및 의약품 등의 전시 동원대비
2) 수용 주민들에 대한 식품 및 의약품 등의 동원
3) 의료기기 등의 동원
4) 오염 식품 등의 처리

나. 민방위 및 국가비상대비업무(예)

구분		주요 내용
민방위	평시	• 본부 및 산하기관 민방위 대피시설 현황유지 및 정비 • 민방위 대피시설 준비 등의 확인 • 민방위 대피훈련 등
	전시	• 산하기관 대피, 피해 확인 및 집계, 복구
비상대비	평시	• 전시 동원식품 대상 및 규격 • 의약품 및 의료기기 동원 • 식품 및 의약품 제조업체, 의료기기 수리업체 등의 동원 • 동원의약품 생산 등
	피폭 이전	• 식품 및 의약품, 의료기기 등의 피해방지 대책 • 동원자원에 대한 피해방지 등
	피폭 이후	• 낙진 위협에 대한 전파 • 안전지역에서 활동지원(행안부, 농림부 등) - 수용소 주민들에 대한 식품 등의 동원 및 지원 - 의약품과 의료기기 등의 지원 • 피폭지역 내에서의 활동지원(행안부, 농림부 등) - 피폭지역 내 식품 등의 폐기 등의 처리 지원 - 피폭지역 내의 가축 등에 대한 방사능 오염 여부 판단 및 처리 지원 - 피폭지역 내의 약품 등의 처리 지원 - 피폭지역 내에 위치한 의료약품 업체 및 시설 등의 대체지정 판단
사후처리 (종전 이후)		• 식품안전 분야 방사능 위험 판단 및 제공 • 방사능 잔존위협 확인 등

참고문헌

국내문헌

국방부, 『대량살상무기 문답백과』, 신오성기획인쇄사, 2004.

______, 『대량살상무기에 대한 이해』, 소랑, 2007.

______, 『대량살상무기의 이해와 실제』, 국방부, 2018.

______, 『2022 국방백서』, (주)다니기획, 2022.

김용석 외, 「국가비상대비조직의 문제점과 미래 발전방안 연구」(구, 국민안전처 정책연구), 2015.

박계호, 『총력전의 이론과 실제』, 북코리아, 2012.

______, "변화되는 북한의 안보위협대비 국가비상대비업무 발전방향 연구", 『2020 비상대비연구논총』, 통권 제46권, 제일기획, 2020.

______, "을지태극연습의 개선방안 연구", 『2021 비상대비연구논총』, 통권 제47권, 제일기획, 2021.

박계호 외, 『핵과 국가비상대비업무』, 북코리아, 2019.

박계호·김용빈, "북핵 위협하 비군사분야의 대비방안에 관한 연구", 『전략연구』, 한국전략문제연구소, 제24권(통권 제72호), 2017.

박계호·엄영호, "예비전력 정예화 및 향방작전 실효성 제고방안", 『2013년 육군전투발전: 미래 육군의 지상작전 수행개념 발전방향』, 한국전략문제연구소, 2013.

박휘락, "한국 핵 억제전략의 보완: 핵민방위 포함 여부를 중심으로", 『국가전략』 제20권 3호, 2014.

______, 『핵전쟁에서도 살아야 한다: 생존상식 10단계』, 21세기 군사연구소, 2015.

앤터니 비버, 김규태·박리라 옮김, 『제2차 세계대전』, 글항아리, 2017.

육군본부, 야교 운용-3-10(초안) 『핵전하 작전』, 국군인쇄창, 2015.

______, 참고 교범-5-21, 『핵 및 화생방 방호』, 국군인쇄창, 2015.

이동윤, 『핵전쟁과 의학』, 도서출판 세란, 1995.

이춘근·김종선, "고고도 핵폭발 피해 유형과 방호대책", 과학기술정책연구원, Vol. 189, 2016.

정하명 외, 『세계전쟁사』, 황금알, 2005.

존 키건, 류한수 옮김, 『2차 세계대전』, (주)청어람미디어, 2009.

케이스 휠러, 『한국일보 타임-라이프 번역, 원폭과 일본 패망』, (주) 한국종합물산, 1987.

폴 콜리어, 강만수 옮김, 『제2차 세계대전』, 플래닛 미디어, 2008.

행정안전부 재난안전실, 『전시 비군사분야 대비 연구』, 행정안전부, 강문정보문화, 2009.

국외문헌

Bruce W. Bennett, *Preparing for the Possibility of a North Korean Collapse*, RAND Corporation, 2013.

Bruce R. Lindsay and Francis X. McCarthy, *CRS INSIGHT: Stafford Act Assistance and Act of Terrorism*, CRS, 2016. 6. 21.

CRESSON H. KEARNY, *NUCLEAR WAR SURVIVAL SKILLS: UPDATED AND EXPANDED 1987 EDITION*, Oregon Institute of Science and Medicine, 1987.

David Albright, INSTITUTE FOR SCIENCE AND INTERNATIONAL SECURITY(ISIS,), *North Korean Nuclear Weapons Arsenal: New Estimates of its Size and Configuration*, 2023.

Elizabeth H. Donnelly, etc, *Medical Planning and Response Manual for Nuclear Detonation Incidence: A Practical Guidance*, United States Department of Health and Human Services. 2011.

DEPARTMENT OF DEFENCE, *QUADRENNIAL DEFENCE REVIEW 2014*.

DEPARTMENT OF DEFENCE, *STRATEGY FOR HOMELAND DEFENCE AND DEFENCE SUPPORT OF CIVIL AUTHORITIES*, DEPARTMENT OF DEFENCE, 2013.

Federal Emergency Management Agency, *Protection in the Nuclear Age*, Washington, D.C, 1985.

FEMA, *Are You Ready: An In-depth Guide to Citizen Preparedness*, 2004.

FEMA, *Planning Guidance for Response to a Nuclear Detonation (Third Edition)*, FEMA, 2022.

Hans Mumenthaler, "Civil Defence: Means for Disaster Relief," *Swiss Neutrality and*

Security: Armed Forces, National Defence and Foreign Policy (New York: St. Martin's Press, 1990.

Hiroshima Prefecture and The City of Hiroshima, *Hiroshima Reconstruction and Peacebuilding Research Project: Hiroshima's Path to Reconstruction*, Rijo Printing Co. Ltd, 2015.

Joint Chief of Staff, *Defence Support of Civil Authorities (Joint Publication 3-28)*, Joint of Staff, 2013.

Joseph S. Bermudez, Jr., *Overview of North Korea's NBC Infrastructure*, US-Korea Institute at Johns Hopkins SAIS, Johns Hopkins University, Washington, 2017.

Martin Zuberi, *Atomic Bombing of Hiroshima and Nagasaki*, Strategic Analysis, August. 2001.

Masao Tomonaga et al., *Research of on Impacts of Nuclear Weapon in Various Aspects*, Ministry of Foreign Affairs of Japan, 2014.

National Security Staff Interagency Policy Coordination Subcommittee for Preparedness & Response to Radiological and Nuclear Threats, *Planning Guidance for Response to a Nuclear Detonation(Second Edition)*. 2010.

PAUL HAM, *HIROSHIMA NAGASAKI: THE REAL STORY OF THE ATOMIC BOMBINGS AND THEIR AFTERMATH*, St. Martin's Press, 2014.

Stephen Broadberry and Peter Howleft, *Blood. Sweat, and Tears: British Mobilization for World War Ⅱ, A World At Total War: Global Conflict and the Politics of Destruction, 1937~1945*, Cambridge University Press, 2010.

The US Government Printing Office, *The United Strategic Bombing Survey: The Effect of Atomic Bombs on Hiroshima and Nagasaki*, The US Government Printing Office, June 30, 1946.

THE WHITE HOUSE, *NATIONAL SECURITY STRATEGY*, WASHINGTON, 2015.

Thomas J. Murphy, *Disaster Response Staff Officer's Handbook: Observations, Insights, and Lessons*, Center for Army Lessoned Learned. 2010.

U.S DEPARTMENT OF DEFENSE, *2022 NUCLEAR POSTURE REVIEW*, WASHINGTON, 2022.

U.S Department of Defense, *2023 Department of Defense Strategy for Countering Weapons of Mass Destruction*, Washington, 2023.

인터넷 자료

http://atomibombmuseum.org.
http://atomicarchive.com.
http://dod.hawaii.gov.
http://edition.cnn.com.
http://ghs.guam.gov.
http://hiroshimapeacemedia.jp.
http://ir.lib.hiroshima-u.ac.jp.
http://nuclearsecrecy.com/nukemap.
http://premium.chosun.com.
http://worldradio.ch.
http://www.atomicheritage.org/.
http://www.dannen.com.
http://www.di-focus.com
http://www.nationalarchives.gov.
http://www.safekorea.go.kr/.
http://www.trumanlibrary.org.
http://zaaenlife.com.
https://ahf.nuclearmuseum.org/.
https://apjjf.org.
https://bemil.chosun.com/.
https://daily.jstor.org/.
https://geneva-academy.ch/.
https://m.khan.co.kr/.
https://m.yonhapnewstv.co.kr/.
https://nuclearsecrecy.com/nukemap/.
https://ww1hull.com/.
https://www. kaeri.re. kr/.
https://www.airports-worldwide.com.
https://www.aljazeera.com/.
https://www.bbc.com/news/magazine.
https://www.chosun.com/.
https://www.dailymail.co.uk/.
https://www.donga.com/.
https://www.epa.gov/.
https://www.findmypast.co.uk/.
https://www.forexct.au.article.
https://www.google.co.kr.
https://www.history.com.
https://www.historyonthenet.com.
https://www.hnsa.org.
https://www.icanw.org/.
https://www.israel21c.org/.
https://www.iwm.org.uk/.
https://www.joongang.co.kr/.
https://www.kaeri.re.kr/.
https://www.kwnews.co.kr/.
https://www.loc.gov/.
https://www.nam.ac.uk/.
https://www.nytimes.com.
https://www.president.go.kr/.
https://www.ratis.or.kr/.
https://www.ready.gov/.
https://www.reddit.com.
https://www.seoul.co.kr/.
https://www.shutterstock.com/.
https://www.swissinfo.ch.
https://www.theguardian.com.
https://www.thelocal.ch.
https://www.timesofisrael.com/.
https://www.upinews.kr/.
https://www.usnews.com.
https://www.wired.com.
https://www.wsj.com/.
https://www.yna.co.kr/.

찾아보기

ㅇ

ㅈ

ㅊ

ㅋ

ㅌ

ㅍ

ㅎ